“十二五”普通高等教育本科国家级规划教材

中西服装发展史

（第3版）

冯泽民　刘海清　编著

中国纺织出版社

内容提要

本书以大历史的眼光，从人类文明的角度，系统地阐述了中西服装发展的历程，并运用文化学原理，从历史的服装现象中透析不同时代、不同地域、不同民族服装的文化本质。

全书先从服装发展的共性特征入手，总领人类服装的演变历史，再分别重点表述中国和西方的服装发展进程，最后对中西服装做了跨文化的比较。每章前后都有概况与综述，以求史论融为一体。全书配有六百余幅图例，便于阅读理解。

本书是"十二五"普通高等教育本科国家级规划教材，同时还可供文史、服装爱好者以及相关人员阅读、参考。

配套视频《中国古代服装简史》1-9集，请参见华服志网站"资源库"之"视频"，查询"中西服装发展史"。

网址：http ://www.huafuzhi.com

图书在版编目（CIP）数据

中西服装发展史／冯泽民，刘海清编著 .—3 版 . -- 北京：中国纺织出版社，2015.1（2024.7重印）

"十二五"普通高等教育本科国家级规划教材

ISBN 978-7-5180-0930-5

I. ①中… II. ①冯… ②刘… III. ①服装—历史—世界—高等学校—教材 IV. ① TS941.74

中国版本图书馆 CIP 数据核字（2014）第 211965 号

责任编辑：苗 苗　　责任校对：王花妮

责任印制：储志伟

中国纺织出版社有限公司出版发行

地址：北京市朝阳区百子湾东里 A407 号楼　邮政编码：100124

销售电话：010 — 67004422　传真：010 — 87155801

http: //www.c-textilep.com

中国纺织出版社天猫旗舰店

官方微博 http: //weibo.com/2119887771

北京通天印刷有限责任公司印刷　各地新华书店经销

2005 年 6 月第 1 版　2008 年 11 月第 2 版　2015 年 1 月第 3 版

2024 年 7 月第 24 次印刷

开本：889 × 1194　1/16　印张：21.25

字数：334 千字　定价：45.00 元

出版者的话

全面推进素质教育，着力培养基础扎实、知识面宽、能力强、素质高的人才，已成为当今教育的主题。教材建设作为教学的重要组成部分，如何适应新形势下我国教学改革要求，与时俱进，编写出高质量的教材，在人才培养中发挥作用，成为院校和出版人共同努力的目标。2011年4月，教育部颁发了教高［2011］5号文件《教育部关于“十二五”普通高等教育本科教材建设的若干意见》（以下简称《意见》），明确指出“十二五”普通高等教育本科教材建设，要以服务人才培养为目标，以提高教材质量为核心，以创新教材建设的体制机制为突破口，以实施教材精品战略、加强教材分类指导、完善教材评价选用制度为着力点，坚持育人为本，充分发挥教材在提高人才培养质量中的基础性作用。《意见》同时指明了“十二五”普通高等教育本科教材建设的四项基本原则，即要以国家、省（区、市）、高等学校三级教材建设为基础，全面推进，提升教材整体质量，同时重点建设主干基础课程教材、专业核心课程教材，加强实验实践类教材建设，推进数字化教材建设；要实行教材编写主编负责制，出版发行单位出版社负责制，主编和其他编者所在单位及出版社上级主管部门承担监督检查责任，确保教材质量；要鼓励编写及时反映人才培养模式和教学改革最新趋势的教材，注重教材内容在传授知识的同时，传授获取知识和创造知识的方法；要根据各类普通高等学校需要，注重满足多样化人才培养需求，教材特色鲜明、品种丰富。避免相同品种且特色不突出的教材重复建设。

随着《意见》出台，教育部于2012年11月21日正式下发了《教育部关于印发第一批“十二五”普通高等教育本科国家级规划教材书目的通知》，确定了1102种规划教材书目。我社共有16种教材被纳入首批“十二五”普通高等教育本科国家级教材规划，其中包括了纺织工程教材7种、轻化工程教材2种、服装设计与工程教材7种。为在“十二五”期间切实做好教材出版工作，我社主动进行了教材创新型模式的深入策划，力求使教材出版与教学改革和课程建设发展相适应，充分体现教材的适用性、科学性、系统性和新颖性，使教材内容具有以下几个特点：

（1）坚持一个目标——服务人才培养。“十二五”普通高等教育本科教材建设，要坚持育人为本，充分发挥教材在提高人才培养质量中的基础性作用，充分体现我国改革开放30多年来经济、政治、文化、社会、科技等方面取得的成就，适应不同类型高等学校需要和不同教学对象需要，编写推介一大批符合教育规律和人才成长规律的具有科学性、先进性、适用性的优秀教材，进一步完善具有中国特色的普通高等教育本科教材体系。

（2）围绕一个核心——提高教材质量。根据教育规律和课程设置特点，从提高学生分析问题、解决问题的能力入手，教材附有课程设置指导，并于章首介绍本章知识点、重点、难点及专业技能，增加相关学科的最新研究理论、研究热点或历史背景，章后附形式多样的习题等，提高教材的可读性，增加学生学习兴趣和自学能力，提升学生科技素养和人文素养。

（3）突出一个环节——内容实践环节。教材出版突出应用性学科的特点，注重理论与生产实践的结合，有针对性地设置教材内容，增加实践、实验内容。

（4）实现一个立体——多元化教材建设。鼓励编写、出版适应不同类型高等学校教学需要的不同风格和特色教材；积极推进高等学校与行业合作编写实践教材；鼓励编写、出版不同载体和不同形式的教材，包括纸质教材和数字化教材，授课型教材和辅助型教材；鼓励开发中外文双语教材、汉语与少数民族语言双语教材；探索与国外或境外合作编写或改编优秀教材。

教材出版是教育发展中的重要组成部分，为出版高质量的教材，出版社严格甄选作者，组织专家评审，并对出版全过程进行过程跟踪，及时了解教材编写进度、编写质量，力求做到作者权威，编辑专业，审读严格，精品出版。我们愿与院校一起，共同探讨、完善教材出版，不断推出精品教材，以适应我国高等教育的发展要求。

中国纺织出版社

教材出版中心

第3版前言

本书出版以来受到广大读者的关心和支持，多次印刷发行，已走过了10个年头，我们在此表示真诚的谢意。

对于人类服饰文化的学习，本书坚持：一是将中西方服装历史合为一体考察，二是重视服装历史文化内涵的把握。多年来在教学中，以上两点得到了实践的检验，不仅适应了教学改革的需要，也成为本书的一大特色。本书2010年获得了“纺织服装教育‘十一五’部委级优秀教材奖”。2012年获得了“中国纺织工业联合会科学技术进步三等奖”。2012年经教育部严格程序的遴选后，定为“普通高等教育‘十二五’国家级规划教材（本科）”，为此再次进行修订。第3版主要从以下几个方面进行了修订：

1. 重新对全书内容及文字进行了全面的校订，对每章的导语进行了精炼，使之更为简捷和明确，与各章综评前后呼应。

2. 重点改写了第二篇的第四章、第五章、第六章、第七章以及第三篇的第十二章、第十三章、第十四章相关章节的内容。

3. 对全书的图例进行了调整，更换了不清晰的图片，增加了彩色图片，使读者在阅读时更为方便。

4. 根据读者建议，为阅读时查询便捷，在文中增添了名词解释，并对不常用的汉字加注了汉语拼音。

数千年的中西方服饰，作为人类服饰文化遗产，是创造新服饰文化的基石，在此我们引用世界著名设计师薇薇安·韦斯特伍德的一句名言与读者共勉：“学习传统重温历史是创造服装未来的唯一途径。”

由于中西服装史涉及时间长、跨度大，知识点多、涉及面广，编著的过程也是不断学习研究的实践过程，虽经多次修订难免存在缺憾，敬请各位专家、读者不吝赐教予以批评指正。

冯泽民　刘海清

2014年10月

第2版前言

中国服装史和西方服装史是服装专业学生必修的基础理论课程，对培养和提高学生的分析、鉴赏与识别能力，正确地处理传统与现实、民族与时代的关系，继承中西方服装文化的优秀遗产，开拓服装设计的创新思维具有重要的意义。

作者根据多年的教学体验以及教学改革的需要，将中西服装史合编于一册，用“大历史”的眼光来观察服装的发展，不再拘泥于一朝一代的服装变化，而是以服装在历史中的大演变为阶段划分出不同时期，并从文化的角度去审视服装演变过程中的一些现象。该书自出版以来在教学实践中取得了良好的成效，得到了服装教育界、服装理论研究领域以及相关专家学者的热情关注和支持，并荣幸地被教育部定为普通高等教育“十一五”国家级规划教材。

本次再版从以下方面进行了修订：

1．在整体框架上，对全书的结构进行了重新调整，共分为四篇，这样有助于读者从更为宏观的角度认识服装文化，将服装文化看做是人类文化的一个组成部分，运用文化学理论，从历史的服装现象中透析不同时代、不同地域、不同民族服装的文化本质。

2．在具体内容上，对中国服装史中的近现代部分的服装发展进程，尤其是改革开放以后中国服装发展的状况进行了修订；对西方服装史中的现代部分，主要是20世纪的服装发展进程以及西方当代服饰变化的新动向、新特点进行了修订；对其他各章节的部分内容也进行了不同程度的修订。

3．增补了第十五章的内容，运用跨文化比较这种现代学术研究方法分析了中西服装文化在几个主要方面的差异，以及形成差异的原因，以引发读者对中国服装文化的发展道路的积极思考。

4．对书中的图例进行了部分调整与修正，并随书附赠彩色光盘一张，其中不仅包含了教学大纲、教学课件、自测习题等，还收录了中外服装史的形象资料，以补充教材的内容，扩展学生的视野。

本书在修订过程中，得到了中国纺织出版社的大力协助与支持，对于他们以及所有关心、帮助此书出版的朋友、同事，在此表示衷心的感谢！

服装发展史是将人类服装的进程记录下来并给予历史学研究的一门学科，这是一项复杂的工程，由于学识有限，书中疏漏、不足之处在所难免，敬祈专家、学者及广大读者给予指正。

冯泽民　刘海清

2008年8月

第1版前言

服装的产生、变化和发展与人类社会的产生、变化与发展密切相关，服装的发展史，就是人类生活史的侧影。由于服装的物质材料和精神内涵的不断发展和积淀，所以服装的历史也折射出人类社会科技和文化的发展。再者，由于人类居住环境和地区的差异、审美心理的变化以及社会习俗的不同，服装史也就成为一部不同地域人类的风俗史。

因此，对服装发展史的学习与研究，不仅仅是重现历代的服装样式，而是通过历代千姿百态的服饰来洞察其中的文化本质和发展规律。从这一目的出发，我们要揭示各个历史时期和特定历史地域的经济、政治、宗教、文化、艺术、科技、战争等各种因素对服装的作用与影响，以期了解服装发展过程中传承与变革的真正原因，为今天的服装研究找寻科学依据，提供有益的借鉴。由于人类历史的悠远和人类活动范围的广阔，前人给我们留下了无数的服装遗产，尽管这些遗产是以不同的形式保存至今，尽管各个地区各个时代服装存在着共性或差别，我们仍能从其主流中寻找出彼此间内在的关联，发现其独自的个性中所反映出的文化内蕴。

科学的研究方法是顺利达到目标的有力保证。对服装发展的研究，应根据实际情况来选择科学的方法，中国、西方服装史料多，历史跨度大，不可能也没必要将中西服装发展的历史逐个朝代面面俱到地予以介绍，如果这样，就会使服装史失去中心，模糊了重点，把握不了主脉，更何谈把握服装发展的规律，洞悉服装文化的本质。所以，我们采取大历史观的研究方法，把服装的演变作为主体，考察其在历史上不同阶段的静态形式和动态轨迹，突出不同重点，宏观与微观相结合，让历史为服装作证，让服装为历史代言，使一部无言的服装史变成生动的倾诉历史变迁的演剧。

本书将中国服装发展史划分为六大时期，分别从原始社会、奴隶社会、封建社会的前期、中期、后期和近现代社会（即半封建半殖民地社会及社会主义社会）的服装予以介绍与评说，各历史时期侧重不同的方面，以避免流水账式的记载。西方服装发展史同样分为六大时期（但因欧洲历史的划分与中国的不同，不能一一与中国服装发展史予以对应），这里粗略地勾勒出西方服装的演变，突出表述不同时期的服装特点及其历史地位和影响。

在我们学习研究中西服装发展史的过程中，还应注意以下几个问题：

1. 服装与社会不能割裂　不同的服装形式与当时人类生活的社会环境是处于同一时空状态下的，因此服装必然会和这一状态下的其他因素密切关联，诸如政治、宗教、思想、经济、科技、社会道德等，彼此不可割裂开来，我们应运用历史唯物主义的方法来考察不同时代的服装现象。

2. 服装与历史不能断裂　人类历史有文字记载的有五千年，考古发掘可以证明的则长达数百万年，漫长的历史中服装的遗存微乎其微，我们只能借助其他实物或记载来考察不同时期、不同地域的服装现象，这样难免会有空白点，而这些空白点的弥补，则需要我们根据科学的推断来实现。实际上，我们对渊源流长的服装史了解很少，而且有些已知的服装史料中也难免存在偏差失误之处，所以服装发展史的线索不可能已臻完善，它还需要我们细心地考证和分析。尽管如此，主线还是清晰的。我们不能不注意到一个时代的服装形式的出现，与其前后时代服装形式的相互关系。因为任何一个历史现象的出现都不是孤立的，它必定有其原因，也必定会产生新的结果，服装也是如此。

3. 服装与地理不可分裂　人类生活在不同的自然环境中，不同的地理状况直接影响人类的服装形式，寒冷地区与炎热地区的服装在材料和形制上显然不同。高山、平原、大漠、湖泊等自然地理限定了人类生存的自然环境与范围，生活在这些环境中的人类所穿着的服装必然与之相适应，同时也与在这样不同地理条件下生活劳动的需要相适应。所以对服装的分析，不可与当时地理条件分裂开来，与人类生活劳动的自然环境分裂开来。

服装发展史作为一门考察服装演变状况和变迁规律的学科，是服装科学体系中一个不可缺少的分支，它不仅在整个服装科学体系中占有基础学科的重要地位，同时在我们研究这门学科的理论结构和认知规律上有着重要的奠基作用。清代思想家龚自珍说：“欲知大道，必先知史。”英国哲学家培根说：“读史使人明智。”所谓大道，即指政治理论，所谓明智，即是理性思维。他们所谈读史的作用，同样适用于服装史的研究。历史是产生理论的沃土，是理论的宝库。要研究服装的理论，不能不首先重视服装史的研究；同样对服装史的研究，将有助于我们认识水平和理论水平的提高。理论付诸实践，则能激发人的创造力，能从历史的尘埃中发现灿烂的文化思想，才能在今天的实践中重铸辉煌。

在服装史的研究中，还必须涉及其他学科的研究成果，诸如古今中外的哲学、宗教、法律、经济、科技、文学、艺术等领域的典籍和实物资料，借鉴这些资料，可以推断服装演变的因果，证实服装造型的真实性。通过对中西服装史的学习和研究，开阔学术视野，启迪理性思维，在回顾几千年的服装史之后，面对21世纪的服装新天地，我们会创造出更加美好绚丽的明天。

编著者

2005年4月

教学内容及课时安排

章/课时	课程性质/课时	节	课程内容
第一章（4课时）	基础理论（8课时）		· **人类服装的起源**
		一	原始社会的服饰状况
		二	原始人类的着装动机
		三	服装起源与人类生产劳动的关系
第二章（4课时）			· **人类服装的共性特征**
		一	影响服装变化的主要因素
		二	服装变化的现象
		三	服装发展的一般规律
第三章（2课时）	基础理论与应用训练（中国部分）（23课时）		· **原始社会服装**
		一	最早的缝纫工具和身体饰物
		二	纺织工具与麻、毛、丝织物
第四章（5课时）			· **奴隶社会服装**
		一	原始信仰及其对服装观念的影响
		二	礼制与冠服制度
		三	冕服
		四	两种基本服装形制：上衣下裳和上下连属
		五	服饰礼仪与社会民俗
第五章（4课时）			· **封建社会前期服装**
		一	丝绸与丝绸之路
		二	楚汉袍服
		三	魏晋南北朝衣衫
		四	男子冠巾与时尚
		五	女子发式及时尚
第六章（5课时）			· **封建社会中期服装**
		一	纺织印染与衣料
		二	唐宋官服
		三	唐代女服
		四	唐代女妆
		五	宋代女服
		六	服饰时尚与百工百衣
第七章（4课时）			· **封建社会后期服装**
		一	衣料与图案的新变化
		二	辽、金、元的民族服装
		三	明代官服
		四	明代妇女服装
		五	清代官服
		六	清代妇女服装
		七	明清服饰时尚

续表

章/课时	课程性质/课时	节	课程内容
第八章（3课时）	基础理论与应用训练（中国部分）（23课时）		**· 近现代社会服装**
		一	晚清时期服装
		二	辛亥革命后的男装
		三	新文化运动后的妇女服饰
		四	近代中国民族服装的发展
		五	新民主主义与社会主义时期服装
第九章（4课时）	基础理论与应用训练（西方部分）（23课时）		**· 古代服装**
		一	古代西亚与北非服装
		二	古代欧洲的服装
第十章（3课时）			**· 中世纪服装**
		一	拜占庭服装
		二	5~12世纪的西欧服装
		三	哥特式服装
第十一章（4课时）			**· 近代前期服装**
		一	文艺复兴时期的服装
		二	巴洛克时期服装
		三	洛可可时期服装
第十二章（4课时）			**· 近代后期服装**
		一	工业革命及其对服装的影响
		二	男装的嬗变
		三	女装的流行
		四	高级时装业的兴起
第十三章（4课时）			**· 20世纪服装（上）**
		一	世纪之交与第一次世界大战期间的服装
		二	20世纪20年代的服装
		三	20世纪30年代与第二次世界大战期间的服装
		四	第二次世界大战后及20世纪50年代的服装
第十四章（4课时）			**· 20世纪服装（下）**
		一	20世纪60年代的服装
		二	20世纪70年代的服装
		三	20世纪80年代的服装
		四	20世纪90年代的服装
第十五章（2课时）	综合分析（2课时）		**· 中西服装跨文化比较**
		一	中西服装发展轨迹比照
		二	中西服装文化差异性特征分析

注 各院校可根据自身的教学特色和教学计划对课程时数进行调整。

目录

第一篇 总 论

【本篇内容】

- 人类服装的起源
- 人类服装的共性特征

在人类文明史上，服装与人的关系非常紧密，它既是人类为了生存而创造的必不可少的物质条件，又是人类在社会性生存活动中所依赖的、重要的精神表现要素。它与人的身心形成一体，成为人的“第二皮肤”。

同人类的历史一样，服装的产生与发展经历了一个漫长的时期，它伴随着原始人从远古走来，又紧跟着现代人向未来走去，服装的出现，加快了人类向文明社会迈进的步伐。

无论是东方还是西方、古代还是当代，服装的演变直接反映了人类社会的政治变革、经济变化和风尚变迁。同时，服装的发展不仅受到人类物质生产方式的制约，更受到人类社会生活和精神生活的影响。在这种相互作用中，人类服装的发展变化充分显示出其具有普遍意义的特征：人类创造了服装，服装也塑造了人类。

基础理论——

人类服装的起源

课题名称： 人类服装的起源

课题内容： 原始社会的服饰状况
原始人类的着装动机
服装起源与人类生产劳动的关系

课题时间： 4课时

训练目的： 通过本章学习，学生应知道原始人类服装产生的过程及原因，着重把握服装与人类各种需求的关系，以及人类生产劳动对服装的产生与发展的重要作用。

教学要求： 1. 初步了解人类原始社会的服饰状况。
2. 重点掌握关于人类着装动机的主要理论。
3. 了解人类生产劳动在服装发展史上的重要作用。

第一章　人类服装的起源

本章导语

我们今天的社会是从蒙昧野蛮的原始社会发展而来，与人类生活和文明紧密关联的服装（衣生活）也是经过蒙昧而逐渐发展起来的。追溯服装的起源，就是要研究人类何时穿衣与为何穿衣的问题，并从其源头来探讨服装的本质。

数百万年前的人类生活状态，而今只能从为数极少的古代遗物和古籍文献记载中加以推断。考古学、古人类学为我们提供了许多原始人类的化石，这些远古留存下来的信息，使我们知道人类已生活了几百万年。所以我们对服装起源的认识，只能反映原始人类着装的下限，而非上限，换句话说，并未能全面真实地反映原始服饰的真正源头。人类穿衣的历史远没有不穿衣的历史长，服装的起源并不像人类的起源一样遥远，但比人类的文明史要早得多。这种现象何以出现，正是今天研究者难以解答的问题。当今众多的理论纷争正说明原始服装起源的复杂性。几百万年来原始人类广泛地生活在世界各地，在他们与大自然进行的艰苦斗争中，总会产生许许多多的事件，时空的漫漫无际，不可能用某一种理论来概括殆尽。但随着研究的深入，考古的不断发现，我们必将会一步步接近真理。

第一节　原始社会的服饰状况

1871年英国生物学家达尔文出版了《人类起源与性的选择》，指出人类是由类人猿逐渐演变而来；1876年恩格斯写了《劳动在从猿到人转化过程中的作用》，揭示了人类起源和人类社会产生的规律，提出了劳动创造人的理论。一百多年来的科学研究证实了他们学说的科学性，从猿到人的过渡经过了一千多万年，最后进化为“完全形成的人”（恩格斯语）。最早的人类分为能人、直立人和智人等阶段，他们生活于距今300万~1万年前。人类最初的服装就是在这个漫长的时期逐渐产生的。

我们根据原始人类的着装状况来划分这个时期，并借助考古学的划分方法来描述他们的衣生活。

一、“裸”态生活期

“裸”态，意指原始人类利用自身体毛生活的状态（相对今天穿衣服的人们）。“裸”态生活期是一个漫长的时期，距今约300万~20万年，地质时代属于更新世早期至中期，考古学上属于旧石器时代初期，民族学上的分期则属于蒙昧时代的低级阶段。人类已进化成直立人，我国习惯上称为猿人。直立人分布在欧、亚、非三大洲，代表性人类有我国的元谋人、蓝田人、北京人和德国的海德堡人、坦桑尼亚的舍利人等。这个时期人类能简单地打制砍砸石器，能利用天然火。他们用砍砸石器挖掘块根、打击野兽、切削植物，用火来取暖、烤食。这期间，地球已经历了三次冰河期，出现了几十万至上百万年的寒冷期，直立人以自身体毛和火来御寒。最早的用火遗迹发现于非洲肯尼亚的切萨瓦尼亚，那里有40块烧过的黏土小碎块，估计是篝火的遗迹，年代约142万年前。在法国马赛附近的埃斯卡尔洞穴，也发现了75万年前的木炭和灰烬；在我国北京周口店洞穴中也发现北京猿人（距今约70万~20万年前）大量用火的遗迹。当时的人类依靠自身体毛这种天然的衣服生活，同时也能用火御寒，表明了人类对取暖已有主动创造的能力，向创制服装迈进了一大步（图1–1）。

二、兽皮叶草与装饰期

距今25万~1万年前，人类进入了智人阶段，地质时代属于更新世中期至晚期，考古学上属于旧石器时代中期至晚期。智人分为早期智人（古人、旧人）和晚期智人（新人）。早期智人最早生活在30万~20万年前，一般定在25万~4万年前这一时期，是人类蒙昧时代的中级阶段。晚期智人生活在4万~1万年前，其体质特征与现代人类已没有多大差别，是人类蒙昧时代晚期到野蛮时代。今天在欧、亚、非以及澳、美洲都有化石发现，说明此时人类已遍及全球。重要的晚期智人有法国克罗马农人、南非的弗罗洛里斯巴人及我国的柳江人、山顶洞人等。

智人已经能制造多种石器，包括砍砸、刮削、尖刺工具，晚期智人还能制造弓箭、石矛、石刀、切割器、雕刻器等，能用兽骨制成渔叉、鱼钩和骨针、骨锥，还能用兽牙、贝壳、石子制成项链等饰物。当时正处于第四纪冰河期，智人的体毛已逐渐退化，自然生活环境使他们学会了人工取火、架木为棚，并能剥取大型动物的皮，经简单处理后围裹于身。服装的起源追溯到这里，我们仅能从考古发掘的遗迹推测，智人生活的数十万年间创造了原始的服饰，其中最具代表性的是骨针、骨锥以及各种饰品（图1–2）。

骨针的发明，是人类服装起源中的一项重要事件。它标志着最早的缝纫工具的诞生，同时也为以后的编织技术提供了一定的条件。智人能在细小的兽骨一端钻出小孔来穿引缝制兽皮的线状物，说明服装制作已在原始人类生活中受到重视。从出土的骨针来看，法国的克罗马农人的骨针已相当细而尖利，我国的山顶洞

图1–1　“直立人”阶段的原始人类

(1) 晚期智人时期的石锛、石斧、石网坠、骨鱼叉、骨镞、骨鱼钩

(2) 克罗马农人遗址中的骨针

图1–2　原始人的石器及骨针

人的骨针，针孔直径仅1.5毫米，其钻孔技术令人惊叹。这个时期的骨针，比那些直到文艺复兴为止的历史上所有著名时代的骨针更加精美，即便是罗马人也没有可与这个时期媲美的针。

用骨针缝合的兽皮毛主要适用于气候较寒冷的北方，南方天热，无须“衣皮服”，则用骨锥扎叶、穿藤皮长草编制成衣。《尚书·禹贡》中提到：“冀州岛夷皮服，扬州岛夷卉服。”说北方夷族以皮为服，南方夷族以草卉为服。推之远古，当属可信。《左传·襄公十四年》中记载：“乃祖吾离被苫盖。”言其祖先吾离披在身上的是苫草做的衣服。我国如此，南部非洲的先祖更是如此，并且风俗至今犹存（图1–3）。

南方人类对植物的认识和利用，为后来发现植物纤维奠定了基础。皮服和卉服这种北方与南方人类共同创造的原始服装，标志了原始服装的诞生，是人类服装的萌芽。

智能阶段的原始人类，已有了朦胧的审美意识和图腾崇拜的原始宗教信仰。奥地利出土的小石雕“维仑多夫的维纳斯”是2万3千年前的作品，高仅11厘米多，雕像头部有一排排发辫，通体赤裸，巨乳、大腹、丰臀，表现了当时的性崇拜心理（图1–4）。在捷克则出土了人类早期的兽牙项链，用猛犸象牙、狼牙和狐牙制成。这类饰品在同期的考古遗址中多有发现（图1–5），这表明原始人已懂得用附属品来装饰自己，而且我们从许多史前遗物和现代原始部落中还看到不同的人体装饰现象，如皮肤着色、文身（刺痕、瘢痕等）、人为变形（穿鼻、穿唇等）（图1–6）。原始人对肉体修饰和在身体上附加装饰物这种人为的改变外观形象的行为，无论是出于原始信仰、象征标识、异性吸引，还是装饰审美，都充分表明人类在进化到穿衣以前曾有过

图1–4　奥地利出土的“维仑多夫的维纳斯”

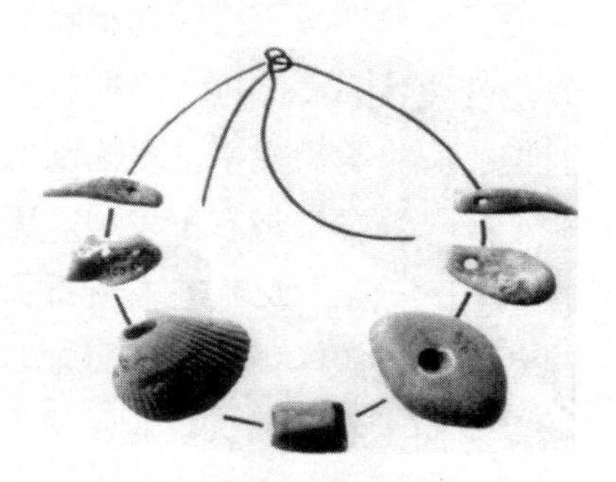

图1–5　山顶洞人遗址中的饰物

(1) 刺痕文身用于肤色较浅的人群

(2) 瘢痕文身用于肤色较深的人群

图1–6　原始人的文身

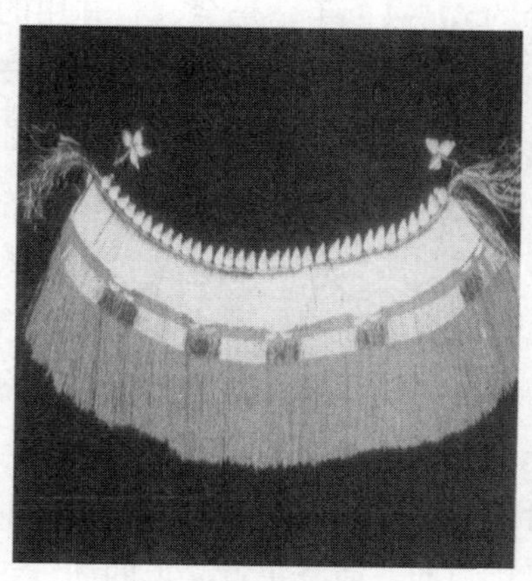

(1) 特罗布里恩德群岛土著民的腰蓑

(2) 非洲原始部落人的装束

图1–3　原始人的卉服

人体装饰阶段，当人类真正的服装出现以后，装饰的意义也就转化为服饰的语言。

三、纤维织物期

约1万5千年前，旧石器时代开始向新石器时代过渡，西方史称中石器时代。随着全球冰期的结束，气候转暖，植被和动物群发生变化，人类已进入晚期智人时期，狩猎与采集生活也渐渐发生变化，渔猎经济有了发展。距今约1万年前，人类进入新石器时代，即民族学中所说的野蛮时代，发明了农业和畜牧业，这是人类历史上的一次巨大革命，称为农业革命或新石器革命。恩格斯说："野蛮时代的特有标志，是动物的驯养、繁殖和植物的种植。"（《家庭、私有制和国家的起源》）人类从食物的采集捕获者转变为生产者，由此改变了人类与自然的关系，人类能够认识自然、利用自然、改造自然，并且从旧石器时代的迁徙生活逐渐转为定居生活，故人口也得到较大的增长，带来了新的社会分工和物品交换。

原始的农业、畜牧业的出现，使人类认识到生产、生活用具的重要性，新的工具和用品开始产生。这时期人类学会了制陶，并饰以纹线、图案；石器则予以磨光、钻孔，形状端正、制作精细。这标志了人类进入野蛮时代，即距今约1万年的新石器时代的开始。

也就在这样的生产力水平上，人类逐步掌握了制造皮革以及纺织棉、麻、毛和编织等技能，原始服饰有了重大的进步，标志着人类对纤维衣料的使用由此开始。在欧洲及北美大陆的畜牧地区，人们发明了纺织羊毛的方法；在印度，人们懂得了从野生棉桃中制出棉纱；在中国，人们懂得了从野生的蚕茧里提取并练出丝线。目前世界上最古老的亚麻织物是在瑞士发现的约1万年前的亚麻残片。之后人们又陆续在美国发现9千年前的山艾蒿布制的凉鞋；在土耳其发现8千年前的毛织物残片。在中国仰韶文化时期（约5千~6千年前）的遗址中，则出土了纺轮、骨针、纺坠和织物等实物（图1–7），如江苏吴县草鞋山遗址发现的距今6千年前的麻织物残片。这个时期正是中国传说中的神农氏时期，《淮南子·齐俗训》中说：神农氏"身自耕，妻亲织"，就是对这一男耕女织生活较准确的描述。在人类对天然纤维的利用中，中国的养蚕缫丝技术做出了重要的贡献，在中国浙江出土有约4千7百多年前的丝绸织物。

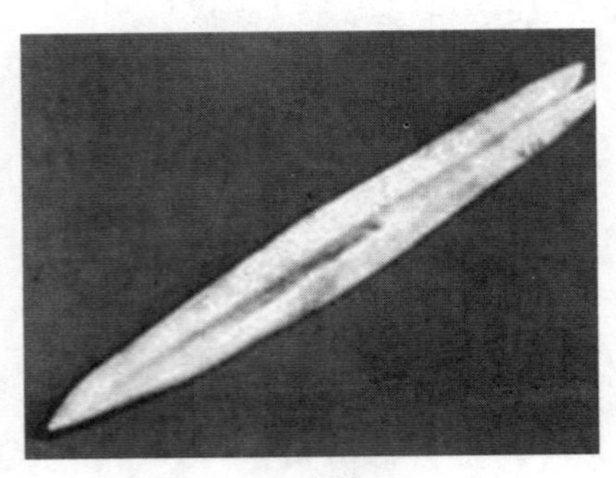

(1) 骨梭

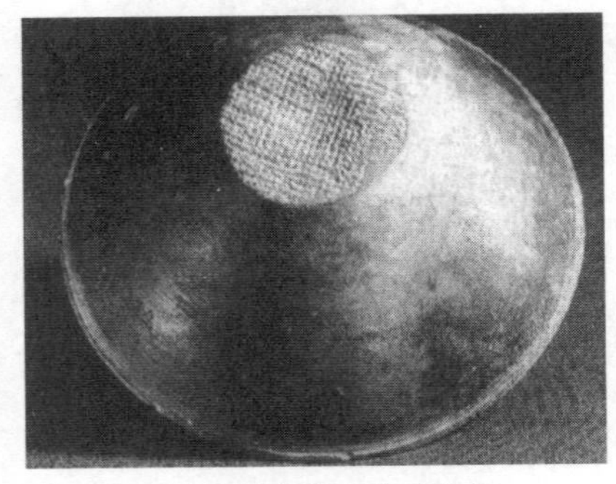

(2) 带有麻织物印痕的碗底

图1–7 "新石器时代"遗址中的器物

新石器时代的后期，距今约5千~4千年，是金、石并用的时期，人类已开始利用天然铜，稍后又掌握了冶炼技术，纺织技术也取得长足的发展，出现了第二次社会大分工，手工业成为独立经济，原始社会逐渐解体，人类进入了青铜时代。

从几百万年前至四五千年前这一漫长的原始社会时期，人类从裸态生活进步到利用兽皮、兽骨、兽牙制作服饰和工具，再进步到利用动物、植物纤维来纺织缝纫编织衣物，从蒙昧、野蛮最终走入文明的时代。服饰的产生与发展，是随着人类的产生与发展而来的，至于准确的产生时代，目前还不能划定一个具体的时间，只能大致判定在旧石器时代晚期。而真正意义上的纤维织物服装的产生，大约在1万年前。原始社会服装的兴盛期应是纺织技术有所发展，纤维材料更为丰富的新石器时代后期，距今5千年左右，当时原始社会已处于父系氏族公社阶段，人类已经普遍穿着纤维织物的服装在自然与社会中生存和交往了。各种纤维材料在人类衣生活中的使用是服装史上的一次飞跃，它不仅从根本上改变了人类的衣着状况，也对人类文明做出了巨大贡献。

第二节 原始人类的着装动机

原始人类有过几百万年的裸态生活期，为什么在最后几万年的时期内会产生服饰这一现象，他们创造或发明服饰以及相关工具的动机是什么呢？关于“为什么穿衣”的问题，理论界有诸多不同的说法，这些不同的服装起源说都有其一定的合理性，各自举示出的证据也有其可信度，概括来说可分为三大类。

一、生理需求论

这一类学说从人类的生理与自然环境的关系角度予以分析，认为服装是人类在生存过程中因生理上的保护需要而必然产生的。目前赞同此类观点的人较多，其中代表性的有两种说法。

1. 气候适应说

论者认为人类是为了抵御寒冷、酷热、干燥而创造了服装。如10万~5万年前欧洲大陆上的原始人为抵御第四冰河期的寒冷，开始制作兽皮衣物；亚、非大陆上的原始人又因高温低湿而制作服装来防晒保湿。所以服装的穿着动机是为了适应气候，保护身体。恩格斯也曾说：“人也学会了在任何气候下生活。……从原来居住的总是一样炎热的地带，迁移到比较冷的、在一年中分成冬夏两季的地带后，就产生了新需要，需要有住房和服装来抵御寒冷和潮湿，需要有新的劳动领域以及由此而带来的新的活动。”（《劳动在从猿到人转变过程中的作用》）

2. 身体保护说

这种说法认为人类在采集和狩猎过程中，难免受到伤害，诸如岩石、荆棘、猎物、昆虫等会对人的不同部位或器官造成威胁，尤其直立后的人类性器官缺乏保护，于是发明了不同的保护性衣物，来保护头部、躯干、四肢及性器官等。如发明腹布、兜裆布把性器官保护起来，发明皮带、尾饰物来驱赶叮人的昆虫，用泥土、油脂或植物汁液涂身来防晒和虫子叮咬等。

二、心理需求论

这类学说与上述观点相反，他们否定人类最先是从保护身体出发来发明服装的，而应是从心理上对自然和社会寻求某种需要才发明服饰。代表性的说法有三种。

1. 护符说

这种说法认为，原始人类相信万物有灵，对给人类带来疾病灾害的凶恶灵魂，需求躲避，而避邪求安的形式就是在身体上佩挂饰物，这样既能保护自己不让恶魔近身，又可取悦凶灵不再加害于身。这就形成原始的护身符，然后逐渐发展成为服饰。如原始岩画中人头上的羽毛、犄角，身后的长尾饰，都是一种祭祀时沟通神与人的中介物，既可敬神，又能护体不受侵犯。

2. 象征说

这种说法认为佩饰在最初是作为某种身份象征来使用的，后来演变成衣物和饰品。原始人类中的勇敢者、首领、富有者为了突出自己的地位和力量、权威与财富，用一些有象征意义的物件装饰在身上，诸如猛兽的牙齿、珍禽的羽毛、稀有的贝壳、玉石等。这种象征性装饰是原始人的一种炫耀其地位与财富和显示尊严与勇敢的心理体现。另外，有的装饰具有识别氏族的作用，后演化为图腾。

3. 装饰审美说

这是心理需求论的一种较为典型的说法。论者认为人类服装起源于人类对美的追求。美化自身是高等动物包括原始人类所共有的本能。在裸态时期就曾出现用彩泥涂身、在身上刻痕、文身、染齿、涂甲等行为，之后出现的饰物、衣服，都是从美化自身出发而发明的，这种原始的审美心理成为服装发生、发展的最初动力。最有力的论据是：从古至今虽然有不穿衣的民族，但极少有不对身体进行装饰加工的民族。

三、性需求论

人类对异性的回避和吸引，实质上包含了生理和心理两方面的因素，所以另分出一大类予以介绍。这种代表性的观点有两种。

1. 遮羞说

论者认为服装起源于人类出现了性羞耻感之后，男女为避免对方看到自身与性有关的部分而用物体掩盖起来，以得到心理上的安全感。如苏门答腊人认为露膝是不正当的行为，所以掩盖双膝；有的民族遮住阴部，有的则遮住面部或全身。有的论者引用《圣经》中亚当、夏娃吃了禁果后知羞耻，以叶蔽身的例子，来说明服装起于遮羞。

2. 吸引说

这种说法与遮羞说在因果上正好相反，认为男女为了吸引对方，把身体的某一部分装饰起来以突出其性别、激发性欲。原始人认为性爱是一种美好而神圣的行为，他们渴望人种繁殖，并出现过性崇拜，即将两性生殖器做成模型来膜拜。如果说性崇拜是原始人的社会心理，那么性装饰则是原始人心理的另一种表现形式。人体上佩戴饰物包括美化自身和装饰、掩盖性器官，是为加强对异性的吸引力，服饰就是基于这种性心理而逐渐发展起来的。如澳大利亚的库克人夫妇全身赤裸，仅有项链和臀带，带前有小饰品，以吸引人的目光；巴布亚人则用葫芦套起生殖器官，目的在于张扬和炫耀。

上述诸种有关原始人类服饰动机的学说，都分别说明了服饰在不同条件和不同时期产生的动因，但它们彼此不能互相取代。从发生学角度来说，尽管各种学说的推测都有例证，但人类今天任何主观判断，都难以避免带有想象和猜测，稍有偏差，其指向就会产生极大差距甚至相反。所以说上述任何一种学说都无法全面准确地揭示人类的服装动机，都或多或少地存在片面或武断，因为对每一学说我们都能举出反证来予以否定。

第三节　服装起源与人类生产劳动的关系

值得提出的是，人类服装的起源不是在某一天、某一地的某个人身上突然发生的，它是在漫长的人类劳动和生活中，由于许多因素激发了人类对服装的需求，所以人类才发明了不同服饰以满足不同地方、不同人的不同需要，并逐渐发展成不同的服装形式。其中，劳动是不可忽略的重要因素，劳动既然创造了人，也必然创造出一切与人有关的物品与技艺，服装也是如此。

当原始经济处于渔猎、采集阶段时，人类从劳动中认识到自然界中不同物质的不同特性及其功能，如硬果有壳、动物有皮，食用时必须先破壳、剥皮，所以砍砸切割工具成为最先的发明，这说明工具的产生最初是为了生活劳动的便利。其后发明的所有工具，都从不同方面为人类提供了方便，在方便的前提下，逐渐进化到美观。如与服装有关的工具——骨针，在发明之前就应该有类似缝纫的行为，只因不便才逐渐发明了这种以孔引线的穿刺物，而最初的制作，肯定失败过无数次，只有达到十分熟练的技艺程度，才能用原始工具制作出精巧的骨针。譬如兽牙项链，就是在兽牙上钻孔，这为骨针的制作打下了技术基础。再依此思路往前推理，骨针为缝制兽皮而发明，那为什么要缝制兽皮呢？是防寒防晒吗？但一块小小的兽皮也达不到此目的，何况有的地域还没有严寒酷热。

至于心理需求和性需求，那应是服装发明之后很久才产生的，并不是服装的初始动机。而身体保护说与劳动密切相关，但也忽略了原始服饰的保护功能太少，何况经过几百万年的进化，原始人在劳动中已经有了自我保护的本能，是不会再依靠原始的衣物来保护身体的。恩格斯说：“蒙昧时代是以采集现成的天然物为主的时期，人类的制造品主要是用作这种采集的辅助工具。”（《家庭、私有制和国家的起源》）据此可知，服装的原始功能也是作为辅助工具来发明的，以求采集时的便利和其他劳动时的省力。有的学者提出了“纽衣说”，认为服装是人类为了在劳动时拉重物方便，在身上系结纽带绳结而渐渐发展起来的。这是“劳动说”的观点，有其合理性。人类捕杀了巨大的野兽，需要搬回居地，则用抬和拉来移动猎物，或就地分解后分别背运，最初的搬运工具就是最简单的木杠和藤条。人类对树木和藤条的认识应早于对其他自然物的认识。携带和使用这些工具，或许就需要在身上绊结兽皮、藤条等，求其便利省力。此外，外出狩猎，并不能保证有所获，或许顺便也要采集果实，则其他工具也得携带在身，诸如树皮、芦苇编成的篮子，兽皮制成的皮袋等。这些工具如果背在身上，遇到猎物时奔跑起来不方便，必须牢牢地捆在身上，求其简便者，只用腰带系兽皮，既能方便地围在身上又能包裹采集的果实，还能省力地携带木棍、藤条，用力时还能起垫隔作用，保护肢体。

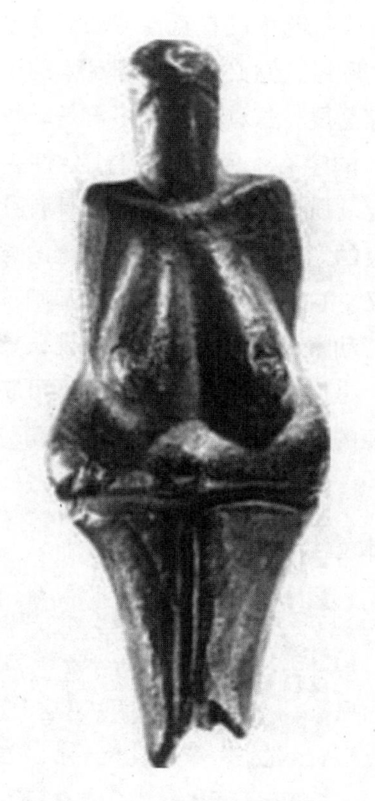

图1–8　克罗马农人遗址中的女性雕像

德国著名的艺术史家格罗塞在他的名著《艺术的起源》中《人体装饰》这一章提到：“最有意义的原始腰饰，是在澳洲找到的。澳洲的男人照例有一条或用皮割成或用纤维编成的腰带。这条腰带通常没有装饰，大概是实用的意义大而装饰的目的小。”文后注释说：“这种腰带的第一功用是携带小件的武器和工具，第二功用是作为止饿的裤带。”尽管格罗塞认为原始人的服饰源于审美，但这条例证却说明服装与劳动密切相关，是不可忽略的。图1–8和图1–9反映了人类早期的服饰形式。

图1–9　中美洲早期人类的泥塑人像

我们认为，服装是人类社会生活发展的必然产物，它的产生和发展与人的自觉性劳动活动紧密联系，它必然首先满足人的生存需要，这种生存，不再是动物式的生存，而是人的社会性生存。所以服装自其始创就具有社会的意义，同时也具有文化的意义。自然界是文化产生的基础，劳动本身也是自然力的表现，社会是文化得以运动的须臾不可脱离的环境，人类的劳动与劳动对象和环境共同提供了服装产生的源泉，并不断向前发展。

人类对服饰的认识和创造，经历了千万年，其间存在极为复杂的因素，随着劳动渐渐地复杂化，人类产生了服饰动机，而这种动机也绝非只是唯一的原因，应该是不同物质环境和劳动方式综合而成的，如果追溯至最原始的动机，那只能借助想象力来推测。但可以肯定一点，服饰动机和其原始本质有着必然的联系，找到了原始本质，动机自然不言而喻。这个课题还需要我们深入地研究，也需要其他学科的新的发现，才能最终揭示原始人类服装的真正动机。

本章综评

马克思主义认为："人们为了能够创造历史，必须能够生活。但是为了生活，首先就需要衣、食、住以及其他东西。因此第一个历史活动就是生产满足这些需要的资料，即生产物质生活本身。"（《马克思恩格斯选集》第一卷第32页）从这个意义上说，服装就是人类自己生产的物质生活的一种形式。它是人类智慧的创造，是人类摆脱动物状态的重要标志之一，也是人类取得自由的物质确证。

原始人类由"裸"态生活发展到以兽皮乃至纤维织物为衣的时代，是百万年劳动及社会实践进化的结果，人类从劳动中认识了大自然，逐渐利用大自然，再发展到改造大自然，这无论在原始社会还是在今天，都是一条颠扑不破的规律。在生产或发明了服饰之后，服装的进化就从未停止过，人类不断地在服饰上积淀着新的符号意义和精神功能，不断地增加服饰的文化、科技含量，以致今天推究原始服装动机时，产生众多不同的学说。考古材料为我们提供了研究原始服装本质的重要根据，一切与服装有关的原始工具或材料，都向我们无声地昭示原始社会人类挑战自然，征服自我的伟大精神，其在服装史上产生的影响至今无法泯灭。

思考题

1. 联系人类文明发展的历史，谈谈人类的起源与服装起源的关系。
2. 简述人类服装的始创过程。
3. 关于人类着装的原始动机有哪些？试分析其具体内容并谈谈你对人类为何穿衣的看法。
4. 如何将服装起源与人类生产劳动联系起来？
5. 人类创造服装的过程对我们有怎样的启示？

人类服装的共性特征

课题名称： 人类服装的共性特征

课题内容： 影响服装变化的主要因素
服装变化的现象
服装发展的一般规律

课题时间： 4课时

训练目的： 通过本章学习，学生应认识到服装是一个动态的文化现象，它受到不同因素的影响，而这些因素的交叉又产生复杂的现象，并重点把握动态而复杂的服装发展的一般规律。

教学要求： 1. 初步了解影响服装变化的两大因素。
2. 深入了解服装变化的三种现象。
3. 重点把握人类服装发展的六大规律。

第二章　人类服装的共性特征

本章导语

人类服装自原始社会起至今，经数千年的风云变幻，发展过程蜿蜒曲折，从最质朴的服饰到千奇百怪的服装大观，加上时代性、地域性和民族性的千差万别，似乎难以寻觅其共同的特征与规律。要把握服装发展的基本规律和根本动力，必须认清人类服装在整个发展史上所存在的共性特征，这些特征是不分服装的时代、地域和民族而存在的，其差别只是突出的方面不同而已。

共性特征一词，是一个辩证统一的概念，言其共性，指的是普遍性；言其特征，指的是普遍性中的突出点，即个性特点。普遍与独特的对立统一，在服装史上表现得尤为鲜明。用这种辩证统一的思维来考察人类的服装史，就能抓住事物的总纲，透彻地洞悉服装变化的本质特性，从而掌握其规律，为新的创造提供理论指导。

服装的发展和社会的发展一样，其变化的速度是由慢到快，同时和任何事物的发展过程一样，要经历产生、发展到兴盛直至衰退的全过程。从服装与人的关系、服装与环境（包括自然和社会）的关系来看，其发展过程亦无法摆脱这两个重要因素的影响。总之，不论服装的外部形态如何繁复多变，其内在的共性特征是可把握的。我们应本着这一思想原则去阅读人类服装的历史，去理解服装在人类历史中的重要角色，并在新的历史时期去重新塑造和完善这一角色。

第一节　影响服装变化的主要因素

从大历史的眼光来审视，服装总处在一种不断变化的状态。而这种变化，究其根本，是服装自身属性上的变化，其属性包括实用性和社会性。实用性指服装对人体的实际作用，如保暖御寒、防护各种伤害、便利劳作和起居、有助运动与休闲、标识或隐蔽身份等；社会性指服装对人的精神和社会交际上的作用，如审美、礼仪等。随着社会的发展，服装用途分得越来越细，但具有同样属性的服装为什么也在不断变化，是什么因素在影响它们呢？

我们从“环境—服装—人”这一公式出发，分别对影响服装变化的因素进行分析，可以概括出两大因素，即环境因素和功能因素。

一、环境因素

这是一种外部因素，对服装的影响具有强制性和制约性。它包括自然环境、社会环境两大类。

1. 自然环境

在服装变化中，自然环境是相对稳定的因素，一般指的是人类生活所处的地理、气候及相关的生态环境。如果环境出现变化，比如植被变化引起气候变化，水平面升高导致陆地沉没，洪水泛滥、绿地沙漠化而造成生态变化等，居住此地的人们自然为适应新的环境而在服装上发生变化（图2-1）。

2. 社会环境

人的社会环境处于相对变化的状态，变化速度或快或慢，或急或缓，但不会长期停滞不前，具体可分为三个方面。

（1）政治思想和人文：社会政治思想的变革，往往直接影响服装的改革。在许多东方国家的文明中长期保持着严格不变的等级制度，服装样式甚至在几百年中也没有新的改变，但是，在以政治动乱和军事战争为标志的历史时期，往往也是服装变化的时期。在人类社会历史发展中，朝代的更替、不同时期政治斗争带来的社会动荡、法制对服饰的明确改易、宗教对服装的潜在影响、战争造成的间接作用以及文化思潮的影响等，都会在服装中体现出来，古今中外，莫不如是。

（2）科技和经济：服装的变化从生态角度分析，必然以它所处时代和地区的科技与经济为依托。服装的材料、制作工艺、生产能力、供求关系等方面，都会对服装的变化产生影响。经济的发达，不仅可以促进科学技术的发展，而且从消费心理角度来看，它还可以在无形中改变人们对服装的购买行为，同时，在购买中人们的审美素质也会得到相应的提高。科技越发达，经济越强盛，变化的速度就越快，反之，则迟缓或处于停滞状态。

（3）习俗心理和时尚：不同民族都有其独特的服装习惯和服饰审美心理。习俗心理往往是较顽固的，如果抵制外来因素影响，他们的服饰就会长期保留传承下来，如果某种习俗发生变化，审美心理与前不同，则服装也会变化。

目前，我国还有很多少数民族因信仰、习惯和传统的不同而保持着自己特有的穿着特征，虽然随着社会交流范围的扩大，他们也会受到冲击，但由于习俗心理在他们的思想中已根深蒂固，因而反映在服装上的变化是较小的。时尚对服装的影响在现代社会相对明显一些，尤其是第一、第二次世界大战后，人们的思想越来越开放，人们敢于抛弃旧的，渴望得到新的、时尚的服装。随着时尚的流行，它像催生剂一样促进了服装的迅猛发展（图2-2）。

(1) 热带荒漠气候的服饰

(2) 寒冷气候的服饰

图2-1　人在不同自然环境中的着装

图2-2　具有波普艺术的现代西方服饰

图2-3 功能性较强的运动服装

二、功能因素

这种因素是服装与人结合的综合因素，其主体是人，表现物为服装，属于服装变化的内在因素，它和环境因素交互在一起，而不能截然分开，有时从服装变化中感受出诸种因素的合力影响。功能因素大致上可分为两种。

1. **物质功能因素**

服装的实用功能有其一定的时效性，即服装的某一种实用功能会随着人们生活劳动的变化而产生、发展或减弱以至于消失。如某种职业的消亡、新的劳动形式的出现、先进功能对落后功能的取代等都能直接造成服装功能的变化（图2-3）。

2. **精神功能因素**

人之所以为人，在于有与动物不一样的头脑，有精神需求和愿望，由于这种特殊性赋予了服装以特殊的含义。在封建等级制社会，贵族为了显示其高贵地位，把服装装饰得奢华富贵；朋克、嬉皮族为了表示其另类，装扮得极其怪异（图2-4）；婚礼上为了表示其喜庆气氛，新娘被装扮得五颜六色，或如白色天使，这些都是人的精神需求的具体表现。同时，还有文化象征、思想变化、性格倾向等这些精神表现形式都能影响服装的变化。正是因为有了人的精神的存在，服装才会异彩纷呈，才能不断地被创造出更新、更好的服装。

以上所列，只是影响服装变化的主要因素，而服装变化有时是很复杂的，服装革新的出现，往往是多种因素共同作用的结果。我们从另一角度来概括人类服装变化的诸种现象，再结合上述因素来考察，就更能感受这种共性特征在服装史上的突出作用。

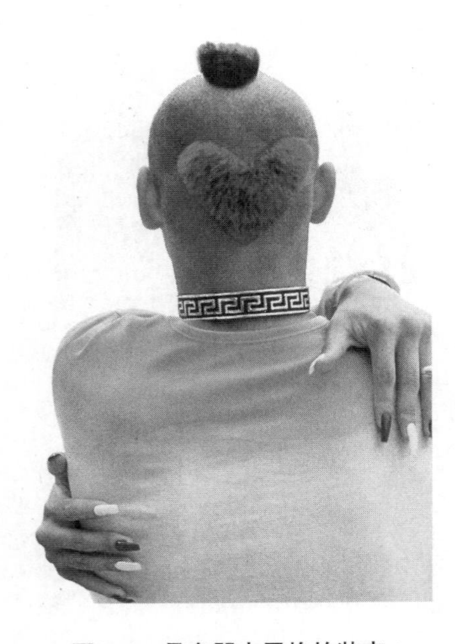

图2-4 具有朋克风格的装束

第二节 服装变化的现象

一、阻力与动力的矛盾

服装变化的速率依赖于两股作用力，即限制或妨碍变化的消极因素和刺激或加速变化的积极因素。服装变化的过程中，无时不受这两种力的影响，一种力阻碍服装的进步；另一种力促进服装的发展。

1. 阻力因素

阻力因素包括的内容有落后的经济、封闭的地域、陈腐的制度及顽固的习俗等。

（1）落后的经济：经济不发达时，人们首先考虑的是如何生存，我国古代文人管子曾经说过“仓廪实而知礼节，衣食足而知廉耻”，人只有解决了温饱问题，才能懂得人与人之间的礼节等文明行为，才能去追求精神上的东西，才有时间和精力去改变现有的生产力，与人紧密相连的工业、农业和科学技术才会提高。因此，落后的经济是阻滞服装发展与创新的主要因素。

（2）封闭的地域：无论是自然的还是人为的使某一地域处于封闭状态，其思想和文化自然会与外界隔断。缺乏交流，必然会影响人们服装的正常发展，而出现服饰模式僵化，停滞不前的现象。世界上很多土著民族就因为地域偏远，无法与外界沟通而固守自己原有的服装样式。在古代社会的服装发展缓慢期，往往有这个因素在起作用。现代在交通、传播媒介难以达到的地方，服装就处于相对停滞的阶段。

（3）陈腐的制度：国家以法制的形式来规范人们的行为，使社会得以安定。如果法制仅从维护统治阶级利益出发，而违背人性，甚至直接对服装的形制加以限定，势必阻碍服装的发展，使其失去鲜活灿烂的景象。在奴隶主与封建君主统治下的等级制、朝代更迭后的易服制、宗教控制下的教规等都是极其陈腐的制度，是直接干预服装发展的重要因素，所以服装的变革有时首先要推翻这些制度才能实现。

（4）顽固的习俗：习俗既包含有民族的心理因素，又包含有具体的生活表现形式。服装与民族习俗的关系十分紧密，所以得以保存其传统风格。但如果习俗不汲取新的因素，永远停留在以前的状况，就会对服装的创新变化与进步造成消极影响（图2-5）。

2. 动力因素

动力因素包括的内容即阻力因素的对立面，指发达的经济、开放的地域、先进的制度、有生命力的习俗。此外，还有以下几种值得注意的因素：

（1）新的生活方式：时代发展必然会改变旧的生活方式，带来新的生活方式，并且通过新的生活内容来构筑，尤其是在经济和科技水平快速向前发展的条件下，各行各业开始兴起，如各种职业活动、体育、社交和休闲等都为服装的创新提供了广阔的空间。

（2）教育的普及和文化的提高：教育的目的就是使人们摆脱愚昧无知和盲目生活，学习和掌握科学文化知识，提高生产力水平。如1919年“五四运动”后，我国掀起新文化运动，各地纷纷建立各种学堂，学习西方的各种先进技术，这也促进了我国纺织服装业的发展，服装样式开始走向多样化。因此，教育是促进科技发展和提高人们文化素质的最有效手段。文化可以从教育中得到，也可以从人们的交往和生活实践中得到，它不仅可以提高人的修养、规范人的行为，而且还可以提高人的审美素质，使人们懂得如何去欣赏、如何去创造美的事物。

（3）时尚青年与妇女：青年永远是最年青、最活跃的一代，他们对流行的服装最敏感，

图2-5　中世纪前期的欧洲服饰

图2-6 1894年准备骑自行车的欧洲妇女

而且还有一种求新、求异的心理，会驱使他们不断追求新的东西，因此，他们是最不落伍的，是服装流行和传播的主要因素。女性着装水平的高低，在一定程度上反映着一个地区或国家服装的盛衰，也可以反映出人们服装审美水平的高低。从某种意义上说，服装就是女性的天下，在面料、款式、花色上变化最多的就是女性服装，因此，女性给服装变化带来了广阔的发展天地，无论现在还是将来，服装的生命将依赖于女性。

（4）社会变革：服装及人类的着装行为从根本上说也是一种社会行为，它参与社会的思想、文化、艺术的活动，彼此互动，相互消长。而重大的社会变革，包括政权的更替、思潮的激变、文化的激烈冲撞、国情的转换等，都会影响服装，甚至成为服装变化的转折点。服装同社会历史一样，总是向前发展的，所以单纯从服装变化角度来看，社会的变革会涤除陈旧的服饰，创新出鲜亮的衣物（图2-6）。

阻力和动力两种作用于服装上的力，有时会在同一时间或地区发生冲撞，矛盾的双方如果处于平衡状态，则会出现同时并存的新旧服装现象。如哪方力量强大，那么服装的主流就偏向哪方，这种现象今天在许多国家都存在，如日本、中国、韩国等亚洲国家，新老兼蓄，相安无事，本土与外来并存的穿着也构成了一道奇特的服装风景线。

二、渐变与激变交叉

渐变指服装在相当长的一个时期缓慢地变化着，人们慢慢地习惯它，不知不觉地予以接受和认同；激变指在极短的时期内服装发生根本的改变；交叉是说这两种变化可能在同一时空内并存，也可能在相对的时间段里交替出现。如辛亥革命推翻了数千年封建帝制后，传统服装受到外来服装的强烈冲击，但从服装的特性来看在相当长一段时间内还有旧的服饰保留着，农民的常服没有多大的变化，而是接受着渐变的规律，慢慢地脱掉旧的穿上新服。这种服装变化状态既处于渐变的过程，又处于交叉的过程。又如明代服装的缓慢发展，至清代发生激变，稳定之后又走向缓慢，至现代又发生激变，再趋缓慢。这种交叉现象是服装变化中固有的模式（图2-7）。

激变的范围起初较小，当其稳定之后，会逐渐扩大，而影响到渐变的服装，最后取得统一。科学技术的高度发展，大大地促进了服装的激变速度，以前服装从几百年不变到十几年、几十年不变，现代服装在新科技的影响下，则出现几年一变，一年一变的趋势。自20世纪90年代以来，西方服装的变化极快，新面料和新工艺的产生都会导致新样式的推出，这表明科技与服装变化速度的关系日趋紧密，是激变的主要因素之一，此外政治动乱、军事战争等重大事件的发生以及

图2-7 20世纪初欧洲妇女裙子长度的变化周期

文化现象艺术思潮的变更也会使服装发生激变（图2–8）。

三、外因与内因的冲突

内外因的冲突即人类对衣生活态度和环境的冲突。当个体的人或社会集团对服装的欲望与需求占上风，即内因起决定作用时，外因（环境）不会对内因起太大影响。反之，外因起决定作用时，即环境以其强制性要求个人或社会集团改变其服饰时，内因只能顺应环境的变化。在一般情况下，内因是服装变化的主要因素，如果它顺应环境，服装发展就比较正常；如果它抵制环境，服装发展就会产生较大的波动。

(1) 第一次世界大战前

第三节　服装发展的一般规律

规律是事物之间内在的必然联系，它决定着事物发展的必然趋向。服装的发展规律研究的是服装在发展变化的过程中，人和服装与环境之间的内在关系以及这种关系是如何运动、如何发展变化的。找到这种规律，我们就能正确认识几千年服装发展史的本质以及当今服装发展的由来，也能科学地预测未来服装发展的趋势。

人类从动物进化而来，本身就具有自然与社会双重性，无时不受到环境的影响和制约，人类所创造的一切文化，都是在这个自然环境和社会环境交织的状态中培育出来的。所以，服装作为一种文化，也必然要放到这种自然与社会环境中加以考察。在人、服装、环境（自然的、社会的）三个元素中，人是主体元素，他本身具有的自然属性和社会属性，是通过服装反映出来的，不考虑人而谈论服装是毫无意义的；服装在三元素中是一种中间介质，它既折射出人所处时期的历史文化状态又反映出环境和人的关系；环境元素因其内涵的丰富，其变动性极大，它既可以制约人和服装，也可以接受人的干预和调节。三个元素间内在的必然联系及彼此之间的关系，是构成服装发展规律的主要内容。列宁说："规律就是关系。……本质的关系或本质之间的关系。"（《哲学笔记》）因此，服装发展规律是我们研究服装发展共性特征的一个重要方面。我们从三个元素所构成的六大关系中（下表），演绎出六大规律，来概括人类纷繁复杂的服装发展现象。

(2) 第一次世界大战后

图2–8　第一次世界大战前后欧洲妇女服饰的变化

人、服装、环境三大元素关系表

元素	人	服装	环境（自然与社会）
人	人际关系	人服关系	人境关系
服装	人服关系	服际关系	服境关系
环境（自然与社会）	人境关系	服境关系	境际关系

一、模仿从众与标新立异的规律

模仿和从众都是一种社会心理现象，它们发生在人际关系之间。在人际和社会交往中，个体的人会在知觉、判断、行为、意识等方面与他人或群体做出一致反应的心理和言行。服装的模仿是个体通过穿用同一种服饰，以求获得与被模仿者同样的社会价值的服饰行为，并在服装上优于以往、心理上超出过去。模仿者一多，形成社会的流行趋势，这时会引起少数未模仿者的心理变化，即出现从众心理。他们放弃自我价值而选择群体价值，以求心理安慰。这时社会流行服装成为主流，推动了服装的发展。到了一定时期，流行的刺激性消失，就会出现标新立异的个别服饰行为，创造出新的服装，这种行为得到人们认可，就会出现新一轮的模仿、流行、消失。如果大多数人不认可新的服装，服装主流就会停留在上一轮流行服装之中，最后被固定下来（图2–9）。

(1)1986 年朋克们在伦敦女王的生日庆典上

(2)纹彩、文身成为当今妇女的流行时尚

图2–9　个性化服饰

二、趋简求便与装饰求美的规律

服装对于人来说一般是为满足生活劳动和精神心理两方面的需求。前者与后者在统一中分化，在冲突中发展。为了便于劳作和生活，人们要求服装穿脱简便，还要便于身体的运动和有利于操作各种工具和用具，便于洗涤和收藏，这些是促进服装向功能方面不断改进的动力。物极必反，求简走到极端后，会引起人们心理需求的渴望，即对美的渴望，审美心理会抵抗这种服装，就出现在服装上饰以装饰的行为，并逐渐扩大、发展、创新出美轮美奂的新服装，以满足人们的求美心理。而装饰到一定程度，势必会影响正常生活和劳动包括社会交际等，就又会在原有审美心理的前提下，趋向简约，以求美和实用的统一。随着人们审美心理的不断变化，服装与人之间的关系也在不断地变化和向前发展（图2–10）。

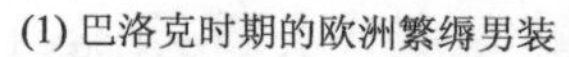
(1) 巴洛克时期的欧洲繁缛男装

(2) 现化都市生活中的简约女装

图2-10　服装发展中繁与简的变化

图2-11　民国初年剪辫成为拥护革命的标志

三、顺应环境与内因支配规律

环境包括自然环境和社会环境。人类发展过程中人对环境的服从是不可否定的事实，顺应自然环境是维持人们生存的基本前提，顺应社会环境是维护社会稳定无可非议的手段。自然环境除了地貌、气候、植被、物种等天然环境之外，还有人们赖以生存的自然经济环境、劳动环境，它们对人的制约给服装样式变化带来了局限性。社会环境中的礼制、风俗、宗教等对服装提出了意识形态层面的要求，人们在思想意识上一旦接受，服装则是这种意识的直接反映。如环境出现新的变化，服装自然也出现变化，这是发展的主流。从人与环境关系看，人是内因，当内因受到的制约较小而处于优势地位，即内因的意愿占主导时，环境的制约力下降并妥协，服装会受到内因支配，排挤外因环境的影响，以求两者的平衡，往往在这种情况下，服装的变化发展速度很快。如果内因和外因出现交替变化，服装也就得以发展。而当外因的两种因素，出现交织性波动时，内因就会波动起伏，影响服装的发展速率。如当政治变革引起科技滞后、思想动荡进而导致环境恶化时，人们对服装的要求会出现抵制心理，反之则会欣然接受（图2-11、图2-12）。

图2-12　美国时尚歌手嘎嘎小姐（Lady Gaga）以着装出奇著称

(1) 我国少数民族的装束

(2) 经过改造后的旗袍成为20世纪上半叶我国女性的时尚追求

图2-13　我国的民族服饰

四、融合吸收与自我传承的规律

这是一种出现在服境之间的变化规律，融合吸收指的是本民族服装对外来民族服装在功能、形式、技术、材料等方面的融合或吸收外民族服装的优势，以促进本民族服装的发展与变革。不同民族的服装都存在自身的优秀素质，值得被他民族所借鉴，同时也会借鉴他民族的优质来提高本民族服装的功能和审美层次，这种相互的借鉴融合，有时是直接引入，有时是略加改进，以符合本民族的习惯。如果民族间缺乏交融的机会，或是人为地抵制外族服装的影响，就会产生保存本民族服装特质的现象，并代代传承下去。当融合吸收和自我传承存在于同一时空时，服装会呈现出多彩状况，然后在内部彼此地冲撞、激荡，互朝各自的方向发展，而保持自身的本质特点（图2-13）。

五、符号标识与个性自由的规律

从服装与环境的角度来观察，服装是处在被动角度的，尽管人是服装的载体，但一旦服装成为一种抽象符号时，环境尤其是社会环境就会忽略人的主体因素，而授予服装特殊的含义，即服装的符号化，它可以起到识别民族、身份、地位、性别等作用，也可以达到整体和统一美的效果。标识服装是因人和社会的需求而出现的，无论是在今天还是在古代，标识服装对社会秩序和日常活动起到了巨大的作用。如果标识失误或倒置势必引起社会秩序的混乱，所以服装的符号功能往往会受到极大的重视，中国历代服饰制度的变化、现代社会中的军服、各种特殊职业的职业装以及纪念性活动的统一服装等都能说明这一点，这是促进服装向系列化、整体化发展的主要因素之一。

当服装不受社会环境的影响，即社会环境对服装没有强制性或者影响很小的时候，服装就会向多彩、自由和个性的方向发展，在激烈的冲撞中，某一种或几种服装会成为流行。在古代社会，这种服装流行规律一般是自上而下的，也就是说先是从上流社会或贵族开始的。在上流社会中，他们有先进的工具、材料和出色的匠师，一旦抛开政治活动或有较少服装约束而处于闲余时，他们的服装变化很丰富，首先是在内部流行然后传播到民间；在现代文明社会，这个规律往往表现为自下而上或相互平行的，现代人们有较高的审美需求，能够提出自己的看法和主张，并使其处于指导或引导地位，从心理角度分析，平民最真实，很容易引起广大民众的共鸣和认同，从而形成整体和时尚氛围，因此，流行首先来源于民间的个体或集团，然后上升到整个社会（图2-14、图2-15）。

图2-14　穿制服的欧洲妇女（1935年）

六、发扬优秀与淘汰陈旧的规律

每个民族只要没有地域或人为限制的影响，一定会发生往来，服装就不可避免地相互吸引、借鉴，在这种相互冲击、相互借鉴的条件下，促使了服装不断向前发展。这种发展可表现为两个方面：一方面是由于在对立和比较中，通过改进自身的服装而发展；另一方面是因为他民族服装较优秀，能适应本民族人们的审美和社会的需求且能得到审美心理的认可，则对其加以借鉴和吸收，这种变化既满足了人们和社会的需要，又促进了本民族服装向优质化方向发展。

淘汰陈旧的服装是从主观角度来讲的，主要指各民族服装在比较、竞争中，抛弃过时的东西，或者因制度的更替、战乱、革命等人为的取消；从客观的角度来讲，随着社会的发展，有些民族的服装会自然消亡，旧的、功能性差或功能内容消失的服装已不再适应社会的需要，保留下来的是在功能和审美上有优势的服装或服装构件（图2-16、图2-17）。

图2-15　20世纪80年代青年人时尚偶像

上述六大规律，是从服装三大元素的关系中概括出来的，但并不能把服装发展的规律囊括殆尽，还有许多分支性的规律或现象，都能从不同角度对服装发展总结出令人可信的规律。如日本学者小川安朗曾归纳出五大类型20条规律，其中有的与上述六大规律相同或相似，有的则另有创建，如渐变习惯化规律、表衣脱皮规律、形式升级规律、性别对立规律等，都不乏真知灼见。

无论怎样归纳总结，服装的发展必然存在一定的规律，这些规律是不以人的意志为转移的，是客观存在的，如何更科学、更准确地发现它的规律，是我们服装史研究者的一项极为重要的课题和任务。相信随着研究的不断深入，以及一代代研究者们的不断努力，人类服装发展的总规律最终会全面呈现在人们面前。

图2-16　近代欧洲片面追求立体造型的女装

图2-17　三宅一生设计的富于雕塑感的时装

本章综评

服装发展是一个动态现象，从历史的眼光观察，服装出现的每一个变化都受到自然和社会以及人类本身三大元素的影响，同时它的变化本身又会影响其他的同时异域或异时同域服装的形式和发展趋势。对影响诸因素要从宏观上把握，对服装变化现象要从矛盾统一中把握，对服装发展的六大规律要从辩证角度上把握。人、服装、环境是服装发展中的重要元素，离开这三点，或者仅侧重于某一两点，都不能全面揭示服装的共性特征。

由于环境包括自然环境和社会环境，它们的因素又极其繁杂，互相交织，其间还渗透着人的思想意识，所以对环境的理解，必须更全面，同时也要更抽象。

服装变化现象中的三种矛盾和影响服装变化的两大因素，存在于一切服装发展史中，六大规律的提出，概括了三元素之间的内在关系，是服装发展史中不可回避、不可忽视的问题。当我们以超历史和地区的目光审视人类服装发展的共性特征时，一切细枝末节都显得微不足道，只要把握了服装发展这条滔滔不绝的大河流向，我们就能借助理论的罗盘航行到未来的彼岸。

思考题

1. 名词解释：激变与渐变现象，模仿从众规律，顺应环境规律，内因支配规律，符号标识规律，个性自由规律。

2. 影响服装变化的主要因素有哪些？

3. 服装变化的速率依赖于哪两股作用力？它们分别包括哪些内容？

4. 怎样理解服装的渐变与激变的交叉，外因与内因的冲突？

5. 简述服装发展的一般规律并举例说明。

第二篇 中国服装发展史

【本篇内容】

- 原始社会服装
- 奴隶社会服装
- 封建社会服装
- 近现代社会服装

中华民族是人类历史上最古老的民族之一，其伟大发明与卓越建树，为世界作出了巨大贡献。其中，作为人类文明重要标志的服装，也以其独有的东方神韵，屹立于世界服装艺苑之中，为世人所瞩目。我们的祖先以披着兽皮和树叶起步，直到出现精致的冠冕服饰，逐步创造出了一部灿烂的中国服装发展史。

中国服装不断发展，历经了上古时代的萌芽，先秦时代的形成，秦汉时代的成熟，至隋唐时代达到鼎盛，又经宋元时代的融合、渗透，再到明清时代的完备与腐熟，直至近现代社会的蜕变等各个不同的历史时期，绵延数千年，不断变迁，从未停止，以其多样的款式、精巧的工艺、鲜明的色彩、独特的妆饰著称于世。它是中国各族人民智慧的结晶，是一种独特的文化语言，也是精神力量的显现。

当最后一个封建王朝在20世纪初被彻底推翻以后，中国服装也发生了激烈的变革。那些不适应社会发展的形式和内容随之淘汰与消亡，而那些富有生命力的服装内涵和丰富的服装形态，则随着社会时代与生活方式的变更，已逐渐发生转换与改观，中国服装开始走向新纪元。

基础理论与应用训练（中国部分）——

原始社会服装

课题名称： 原始社会服装

课题内容： 最早的缝纫工具和身体饰物

纺织工具与麻、毛、丝织物

课题时间： 2课时

训练目的： 通过本章学习，学生应了解中国原始社会的服装形态，原始的服装工具与材料的产生在中国服装发展史上的重要意义。

教学要求： 1. 了解中国原始服装的萌芽状态。

2. 重点了解中国服装初始时期在工具、材料和技术上的表现。

第三章　原始社会服装

——朦胧与萌芽

（距今200万年前~公元前21世纪）

本章导语

原始社会历经了十分漫长的蛮荒时代，漫长得使我们几乎无法想象，历经几百万年的时间人类才脱离动物本能，以自己的双手来改造自然，并利用自然去创造属于人类的文化。中国上古时代是从200万年前的旧石器时代早期到公元前21世纪的青铜时代，这是服装史上的朦胧和萌芽时期。原始人类对服装的认识是逐渐从朦胧到清晰的，同样，史书中对上古先民的服装状态的描述也是迷蒙不清的。今天我们对我国原始社会服装的探寻，只能依靠这些零星的记载与考古发现相印证，将一切与服装有关联的事物，拼凑成一幅原始社会人民的衣生活画卷，演绎出我国服装发展史的源头，通过了解服装在萌芽时期的状况，来思考灿烂辉煌的中国服装文化源远流长的原动力。旧石器时代占人类历史99%以上，我国原始社会完成了从猿到人的进化过程，人们在采集、渔猎过程中逐步认识了大自然，利用大自然，打制的石器成为原始人最早生产的工具，也是战胜自然的武器；旧石器中晚期时代的人们发明了弓箭、骨针等先进武器和缝纫工具；进入新石器时代后，出现了以农业、畜牧业为主的生产经济，社会发生过两次大分工，第一次畜牧业与农业分离，第二次手工业成为独立经济。中国从考古遗迹上把这个时期用几个遗址地名来划分为若干个文化代表期，其中与服饰现象有关的主要有河姆渡文化、仰韶文化、大汶口与龙山文化等，前后跨度三千余年。这三千余年间，我国远古人类创造了丰富的陶文化和石骨器文化，发明了十分重要的纺织工具和材料，使原始服装萌芽一出土就根深苗壮，充分体现了中华民族原始时代的创造精神，源远流长的服装史的源头竟是充满生机和活力的一片灿烂景象。

第一节　最早的缝纫工具和身体饰物

我国境内最早人类现象产生的年代是随着考古的新发现而不断改变的。目前研究结果表明，中国原始人类最早的活动时期大约是200万~170万年前的旧石器时代早期。在重庆市巫山县、山西省芮城县西侯度和云南省元谋县上那蚌村所发现的石器及古人类的化石等是中国最早的人类遗存。其后有100万~75万年前的陕西蓝田人和70万~20万年前的北京人，直至离现代人类最近的距今1万8千年前的北京山顶洞人。考古发现告诉我们，一百多万年间，在中国大地上已广泛地生活着远古人类，他们在极其恶劣的自然环境中，以智慧与双手战胜了寒冷与饥饿，最终从蒙昧走入野蛮时代。

真正追溯我国原始社会时期的衣生活状况，我们不得不划去一百多万年的时间，原始人类裸态生活未给我们留下什么与服饰有关的遗物或化石，我们有把握证明的原始衣生活只能是在兽皮骨牙期出现之后。《礼记·礼运》中记有孔子的一段话："昔者先王未有宫室，冬则居营窟，夏则居橧巢；未有火化，食草木之实鸟兽之肉，饮其血茹其毛；未有麻丝，衣其羽皮。"《墨子·辞过》也有"古之民未知为衣服时，衣皮带茭"的句子，描述的是原始人类的衣、食、住的三种状态。当时人类还住在洞穴中，没有发明人工取火，正处于采集狩猎的旧石器时期早中期，人类还未发现植物纤维，只能利用兽皮、羽毛以及宽大的树叶防寒蔽体。经考古发现，在辽宁省小孤山洞穴遗址中出土了大约3万年前的骨针、穿孔兽牙及装饰品等十余件。在北京山顶洞人的遗址中也发现了多件穿了孔的装饰品与1枚骨针，距今有2万7千~1万8千年。骨针长82毫米，粗3.1~3.3毫米，针孔仅1.5毫米（已残），通体光滑，已达到相当高的制作水平。可以推测，骨针是缝制兽皮或树叶用的，今天少数民族地区仍有其遗痕。陈鼎《滇黔记游》记有："夷妇纫叶为衣，飘飘欲仙。叶似野栗，甚大而软，故耐缝纫，具可却雨。"而在北方，鄂伦春族人把鹿、狍筋腱晒干捶击，选出其中筋丝当线用。大凉山彝族人也以獐子皮条作线，此与古人颇为相似。钻孔技术是原始人类最先发明的技术之一，在玉石、兽牙、鱼骨、贝壳上钻孔，用动物韧带或植物皮条串成项链，而且有的还用赤铁矿染成红色，这些都是原始人常常制作的饰物。由此而发展到制作骨针，并逐渐精细，孔径之小，至今也非人工所能轻易做到（图3–1）。

与服装现象密切相关的人体装饰的出现比骨针的出现要早，在我国，有关资料极其丰富。从5万~6万年前旧石器时代中晚期的兽牙、骨管、贝壳、鸵鸟蛋壳、石珠等制作的串饰，到4千~5千年前新石器时代后期的碧玉、玛瑙、石英、大理石等精美的各种饰物，都充分说明中国原始社会人类的原始审美意识是与人体自身密切相关的，这种从朦胧到有明确追求的人体装饰心理，对服装的发展起到极其重要的导向作用。从萌芽阶段开始，人类就在服饰实用的功能上追求非实用的装饰功能。

中国原始人类最早的饰物是颈饰，在旧石器时代晚期就有简单的兽牙、贝壳等制成的串饰。人类何以最先对人体颈项部位予以装饰，值得深思。在距今1万年前的新石器时代早期，女子的颈饰就发展到极其繁盛阶段。在甘肃皋兰糜地岘的新石器墓葬中，发现一具人骨的颈部绕了5圈骨珠，共计1千粒左右；陕西华县元君庙一幼女墓中出土了1147颗骨珠；又在陕西临潼姜寨一少女墓中，发现了8577颗骨珠串饰，估计全长可达16米。其后在各

(1) 原始人生活场景

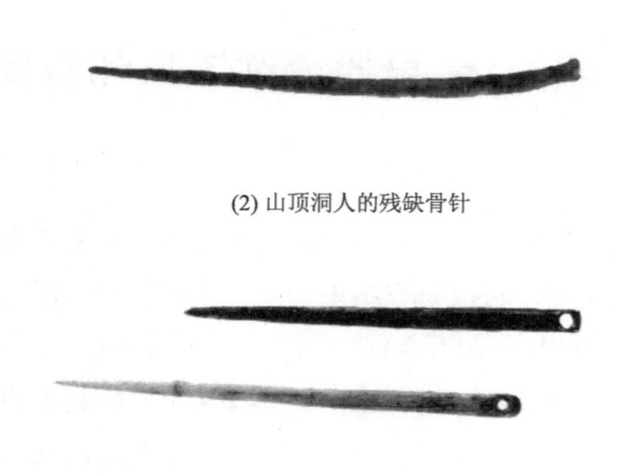

(2) 山顶洞人的残缺骨针

(3) 辽宁省小孤山遗址出土的约 3 万年前的骨针

图3–1　原始人的缝纫工具

地陆续发现不同时期的颈饰，材质逐渐精美，以绿松石、玉制成，有珠形、管形等不同形制。人体饰物发展到新石器时代，就出现全面发展的状况，从颈饰发展到耳饰、臂饰、手饰，等等（图3-2）。

从众多人体饰物和较高的骨针制作水平上我们可以得出结论，原始人类对自然界的动物遗骨和天然矿石的加工能力已经逐渐达到较高的水平，这些物质由于不易毁坏得以保存下来。据此也可以推测，原始人类对竹木兽皮的加工水平应处于同一层次，可惜因为其易于腐坏而至今无法见到。

尽管发现的这些饰物和骨针距今约数万年，但其初创时，应远在更早的旧石器时代的晚期。它们的出现，标示出人类服装的源头，此前只能据史籍推测，而实物的发现则可以明确地推断，中国原始服装已从朦胧中走出，揭开了服装史的第一章。

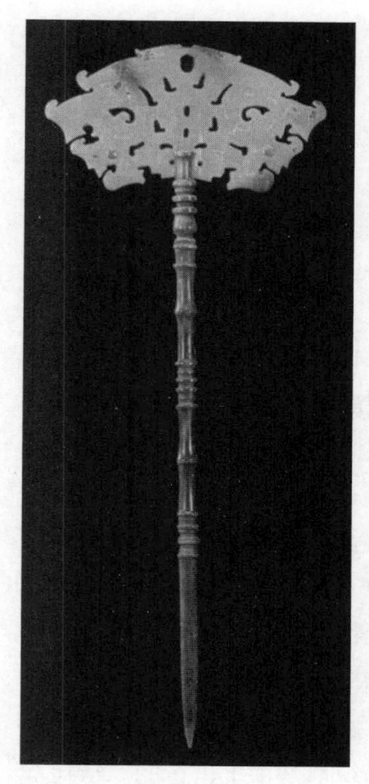

(1) 河南“龙山文化”遗址出土的玉笄

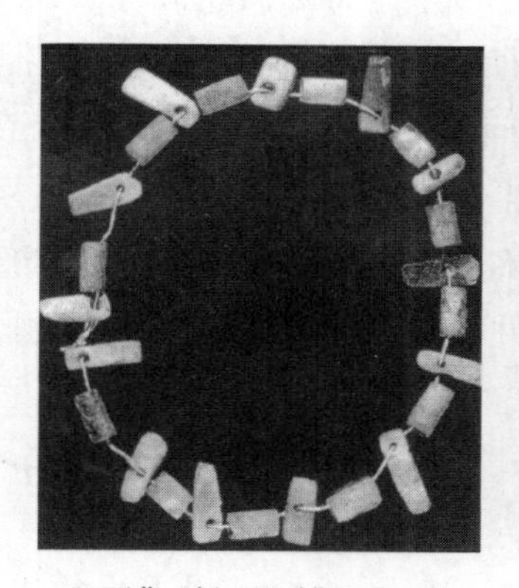

(2) 西藏“新石器时期”的项饰

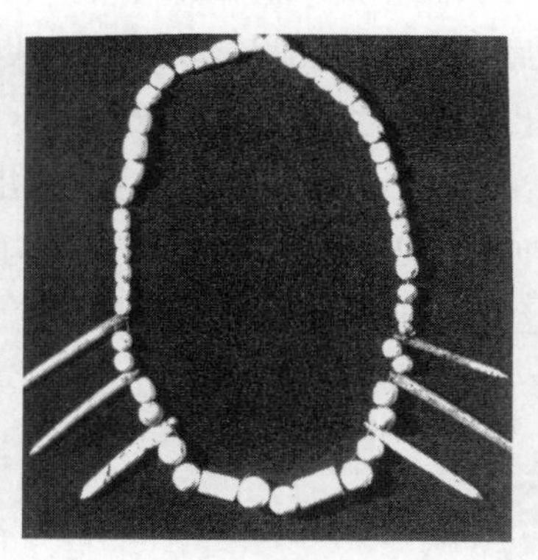

(3) 上海“良渚文化”遗址出土的玉制饰物

(4) 浙江“良渚文化”遗址出土的玉瑗

(5) 甘肃“新石器时代”遗址出土的人头形彩陶罐

图3-2　原始人的饰物

第二节　纺织工具与麻、毛、丝织物

我国原始人类在旧石器时代晚期能制作出细小骨针的同时，也就应该能制成极细的线，这才能穿过孔径仅1.5毫米的针孔。在农业和畜牧业的产生和发展过程中，人类认识了植物、动物纤维的特点，逐渐发明了纤维纺织技术。

在没发明纺织工具之前，一切编织都是手工进行的。从搓捻绳索到编结罗网，从编织篮筐席垫到原始的织物，都只能低效率地制作，但人们从长期的劳动实践中掌握了纤维的规律，发现了新的天然材料，并创造出最初的纺织工具，提高了织物的加工精度，并高效率地制成布帛，这时人类才有了正式的衣裳。

最早的纺织工具是纺坠[1]，它是手工纺纱最简单有效的工具。它的出现不仅改变了原始社会的纺织生产，而且对后世纺纱工具影响深远。在河北磁山遗址中出土的距今七千多年的纺轮，是新石器时代初期用石片制成的。之后，纺纱技术的普及使纺坠成为妇女最受欢迎的工具，并在死后随葬于墓中，在我国七千多处大规模新石器文化遗址中，几乎都有纺坠的主要部件纺轮出现，有的还绘有花纹（图3-3）。

纺轮最初由粗陋的石片打磨，后来用黏土制坯后烧成陶纺轮，并绘上饰纹，并由厚重较大的鼓型发展到轻薄的扁平型，这期间融入了原始社会妇女们无数的智慧和经验。从晚期纺轮的趋向轻薄和直径变化不大的实物上来看，当时人们已经能纺出较细的纱，自然也会织出精细的布来。

纺纱的目的是织布，只有大量的织布需求，才会有大量的纺坠为其提供纱源。所以在纺坠广泛普及之时，人们就发明了原始的织机。我国新石器时代早期，就有了原始腰机和综版式织机。原始腰机的发明是新石器时代纺织技术上的重要成就之一，它的出现使人类解决了真正的穿衣问题并进入了纺织品时代。在浙江余姚河姆渡的新石器遗址中出土的距今六千多年的织布用的木刀、木圆棒，正是原始腰机构件中的打纬刀、卷布辊、分经棍和综杆。图3-4是根据这些工具并参照今天少数民族保存的同类型

图3-3　湖北“新石器时期”遗址出土的彩陶纺轮

图3-4　原始腰机示意图

[1] 纺坠：纺坠是最古老的纺纱工具，由纺轮和捻杆组成，利用其自重和旋转将细纤维纺成纱。

的织布方法绘制的，大体符合原始腰机的使用方式。

原始人类用于纺纱和织布的材料大致有麻、毛、丝三种。

麻是植物纤维，是我国最早被发现和利用的纺织材料，包括葛、苎麻、大麻、苘（qǐng）麻（俗称青麻）等，其中苎麻的质量最佳，纤维细长，坚韧，有良好的抗湿、耐腐性，散热性好，洁白又有光泽，成为后来各个时期服装中广泛使用的材料。在我国新石器时代的遗址中出土了不少麻纤维制成的织物残片和绳子（图3–5）。葛衣是质地很差的服装，一般为百姓穿着，《韩非子·五蠹（dù）》中说，尧“冬日麑（ní，小鹿）裘，夏日葛衣，虽监门之服养，不亏于此矣”。写他衣着简陋如看门人，当时也正是纺织衣物刚出现不久，葛作为主要纺织材料的一个时期。

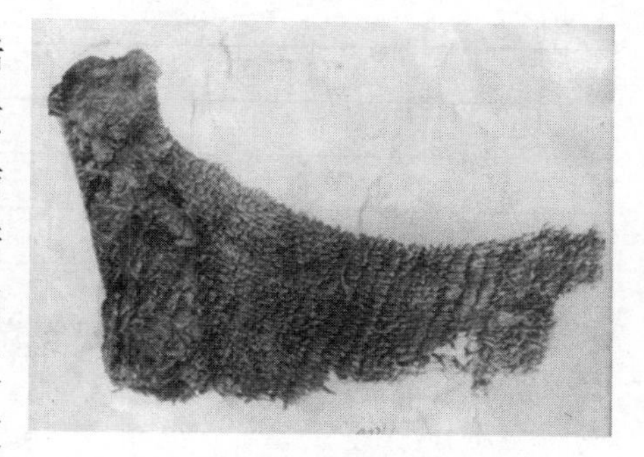

图3–5 江苏草鞋山出土的葛布残片

作为动物纤维的毛，主要来源于家畜，兼采于野兽，后经长期实践，渐渐以羊毛为主。以毛为纺织原料的使用地主要在我国北方，由于毛织物不易保存，考古中极少发现毛织物实物遗存。在青海都兰诺木洪新石器时代遗址中出土了一块毛布和一块毛毯的残片，经线粗0.8毫米，纬线粗1.2毫米。表明四千多年前我国北方民族已具有一定的毛纺织水平。此外，骨针的制作更为精细，在西安半坡村新石器时代遗址中出土的281枚长短不一的骨针，滑溜圆润，最细的直径不到2毫米，针孔约0.5毫米。如此多的骨针集中出土，充分说明当时用纤维织物缝制衣服已相当普遍，纤维的细度和强度已达到相当高的水平。

丝是我国最值得骄傲的优良纺织材料，它的发现和利用，是中国服装史上极其重要的成就，是对世界服装和纺织业的一项伟大贡献。丝最早来源于野蚕，后来野蚕经过饲养，成为驯化的家蚕。从家蚕身上抽出的丝比野蚕长100倍，于是人工养蚕为丝织品提供了丰富的原料。我国养蚕取丝最早在何时，历来说法不一，从考古的材料中推断，七千多年前我们祖先就对蚕有所认识，至4000年前则能更好地加以利用，织成丝帛。在河姆渡遗址中出土的一只象牙盅上，刻有四条蠕动的虫纹，其身上的环节数，均与家蚕相同，应是当时人们对家蚕的熟悉和喜爱的反映（图3–6）。1927年山西夏县阴村出土了一个截断的蚕茧和一个纺坠，时间为五千多年前。1958年又在浙江钱山漾发现4千7百年前的居民遗址，出土了一段丝带和一小块绢片，经鉴定，纤维全部出于家蚕蛾科的蚕。这块丝品残片，是迄今为止世界上出现最早的丝织品实物，经与现代生产的丝织品比较，规格相当接近，令人惊叹（表3–1）。在进入封建社会之后，我国的丝绸达到巅峰水平，传至西方后，成为当时人们最喜爱的服装面料，丝绸对世界服装产生了巨大影响。

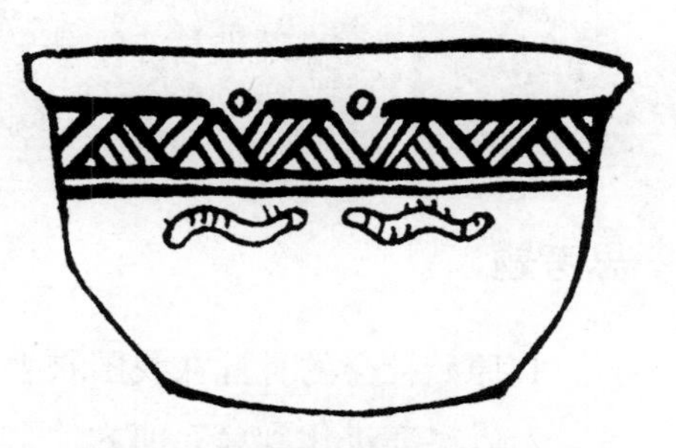

图3–6 刻有蚕纹的象牙盅

表3-1　出土绢片与现代电力纺的比较

规格＼类别	出土绢片	现代电力纺
经密（根/厘米）	52.7	72
纬密（根/厘米）	48	41.8
蚕丝直径（微米）	12.6~16.3	12.8~16
纬纱平均直径（微米）	167	134

有关我国原始社会的服饰现象请参见表3-2。

表3-2　中国原始社会的服饰现象简表

时期	具有代表性的史前人类与文化	距今时间（前）	直接和间接的服饰现象
新石器时代	龙山文化 浙江良渚文化 山东大汶口文化 仰韶文化 浙江河姆渡文化 河北磁山文化 江西仙人洞文化	4800~4000年 5200~4200年 6300~4400年 7000~5000年 7000~5400年 8000~7500年 约9000年	骨笄、牙梳、玉玦、玉环、串珠等各种发饰、耳饰、颈饰、手饰、臂饰及佩饰。羊毛织物、麻织物残片，编织物印痕，蚕茧、蚕纹装饰器物，丝织物残片，骨针、骨梭、石纺轮等各种原始纺织工具
旧石器时代	山顶洞人 小孤山人 丁村人 长阳人 北京人 蓝田人 元谋人 巫山猿人	2.7万~1.8万年 约3万年 约10万年 约20万年 70万~20万年 约100万~75万年 约170万~160万年 约200万年	骨针、穿孔石珠、兽牙或兽骨 染色饰物、身体装饰 网绳 渔猎、弓箭 兽皮树叶 石斧、刮削器 火的使用 打制石器

本章综评

原始社会是服装的初创时期，其发展经历了两个阶段。朦胧阶段，旧石器时代中晚期的北京人，出现了朦胧的服饰行为，至小孤山和山顶洞人时期，出现了具有重要意义的原始缝纫工具——骨针，以及原始装饰物，使人的着装心理得到发展；萌芽阶段，人类进入新石器时代，有了充分利用植物和动物纤维的能力，发明了纺坠、腰机等纺织工具，纺织出麻、毛等不同纤维的纺织品，并创造了世界古代史上独特的丝绸织物。新石器时代服装材料的充分发现和利用，大大改变了我们祖先的衣生活状况，从帽子到衣裳和鞋子，都已具备。服装已融入了人类生活之中，并逐渐从简单的生理需要、劳动需要发展到更高层次。原始服装带着各种深深的印记，随着人类跨入了文明时代。此后服装与饰物得到了全面迅速的发展，为华夏文明的服装文化奠定了坚实的基础。

思考题

1. 原始社会的骨针在我国衣生活中具有怎样的意义？
2. 人类在进化到穿衣前为什么会有人体装饰阶段出现？其意义是什么？
3. 简述原始社会纺织工具和纤维衣料的特点及其使用过程。
4. 我国新石器时代的丝织物达到了怎样的水平，具有什么意义？

奴隶社会服装

课题名称： 奴隶社会服装

课题内容： 原始信仰及其对服装观念的影响
礼制与冠服制度
冕服
两种基本服装形制：上衣下裳和上下连属
服饰礼仪与社会民俗

课题时间： 5课时

训练目的： 通过本章学习，学生应认识到中国奴隶社会的礼制对服装的深远影响，重点掌握两种基本服装形制在中国服装史上的重要地位。

教学要求：
1. 初步了解原始信仰影响下的服装观念的形成及其特点。
2. 了解周代礼制对服装的管理，从官服制度中理解政治与服装的关系。
3. 重点把握中国奴隶社会服装的基本形制。
4. 深入了解中国奴隶社会的服饰礼仪与社会民俗。

第四章　奴隶社会服装

——积淀与定型

（公元前21世纪~公元前481年：夏、商、西周、春秋时期）

本章导语

奴隶社会的时间跨度约1600年，其间的政治、经济、科技、文化、军事、宗教等都得到充分的发展，从形式到内容上已经完全规范了当时人们的生活准则，极大地加速了先民思想从朦胧到清醒这一发展过程。这一时期是对原始社会政治、文化全方位的整理和运用的时期，将政治和文化融合在一起的巫史文化发展到末期，出现了分化，政治制度日趋完善，文化活动更加繁多，社会生产力也有了长足的进步，工艺技术迎来了青铜时代，金属工具代替了木、石工具，并产生了文字，使国人的思想和知识得以传承下来。原始信仰的对象逐渐明朗化，与政治紧密地结合起来。以“礼”为核心的政治制度在规范全社会行为的同时，制约了人们的思想。直到春秋时期礼崩乐坏，才出现思想空前活跃的百家争鸣时期。

服装在这个时期，起到一个承上启下的作用，同时也是中国服饰文化定型的重要阶段。它在政治、经济、科技和文化的影响下，表现出两方面的特点：一是将上古鲜明的宗教意识与统治者的需求结合起来，逐步形成并积淀了强烈的象征意义和装饰风格的服装符号元素，这对后世的着装观念具有重要影响。二是在形态上出现了上衣下裳和衣裳连属两种基本形制，规定和确立了一整套严格的服饰制度，并纳入礼制的范畴，在朝廷官员和民间极力推行。因此这一时期的服装，从今天的考古资料和史籍中，我们看到最多的还是和礼制有关的服装，其中表现出奴隶社会时期人们共同的社会心理。

第一节　原始信仰及其对服装观念的影响

我国奴隶社会的生产力虽然比原始社会有了极大的进步，但人们对许多自然现象、社会现象缺乏正确的认识，于是产生一些原始宗教式的信仰。他们看到日月的往复无穷、河水的涨落变化、植物的生长循环、人们的生老病死都感到困惑，最终以为自然的一切物质都有神灵来主宰，就产生了自然崇拜；认为人是有灵魂的，人死后仍能生活在另一世界，并注视着生前一切，能降福祸于人间，就产生了祖先崇拜；认为每个氏族都是由某种动物繁衍而来的，这种动物是氏族的原祖和保护神，必须作为神来敬奉，就产生了图腾崇拜；认为万事万物都是在对立中循环的，如昼夜、生死、四季、盈亏等，而构成世界万物的基本元素只有木、火、土、金、水五种，彼此相生相克，就产生阴阳五行的观念。这些信仰有的是原始社会人们的一些思想意识在此时期的积淀，有的是在新的生产力基础上的萌生，并在几千年间逐渐明确化和制度化，当这些原始信仰渗透到奴隶制国家的政治、文化、经济生活中时，势必对服装的形式产生影响。

一、服装体现了对自然和祖先的崇敬

人们认为服装的主要作用不是为了满足身体的需要，而是体现对自然神灵和祖先的崇拜和敬畏。服装的形制和色彩，都分别传达出奴隶主及统治者们的这种原始信仰心理，这种状况在原始社会末期就已初现端倪。《易·系辞下》：“黄帝、尧、舜垂衣裳而天下治，盖取诸乾坤。”黄帝及尧帝、舜帝发明了布帛制的衣裳，来教化天下，治理好了国家。衣裳的形制是按天地的特征来制定的。乾为天，未明时为玄色（黑色），坤为地，为黄色，所以最初的上衣下裳分别是上玄下黄的服色。所以至夏代以及后来的商周，都承袭这种在服装中体现自然崇拜的观念。古代尤其重“冠”，因其居头之上，上与天近，冠的形制更要体现对天的崇拜（图4–1）。“天”字的本义就是人的头顶，甲骨文、金文都是在“大”（即人）字上加一横或圆点以突出之。天子之冠有12旒，每旒贯以玉珠12颗，“12”这个数字体现了人们对一年12个月的天文观。由“12”的观念引申到宇宙万物，概括出12纹饰来分别代表不同的意义，其中就有日、月、星辰、山、龙、华虫等自然事物，都加强了这种崇拜信仰（图4–2）。

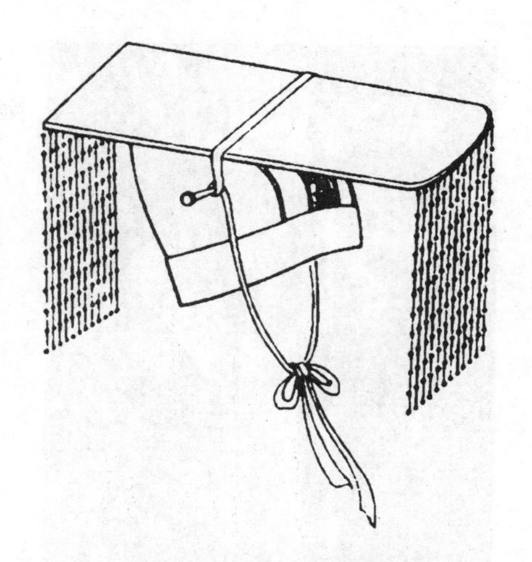

图4–1　冕旒示意图

对神灵和祖先的敬畏，是以祭祀仪式来表达的。祭祀是商周最大的政治活动，为五礼之首，称为吉礼。《礼记·祭统》记有：“凡治人之道，莫免于礼。礼有五经，莫重于祭。”五经即五礼，即吉礼、军礼、宾礼、嘉礼、凶礼，分别都要举行仪式活动，诸如军事、会盟、喜庆、丧葬之类，参加活动的人在服装上有着严格的要求。而祭祀作为吉礼最为隆重，要求也更加严格。《礼记·郊特牲》：“祭之日，王被衮（gǔn，衮服）以象天。戴冕璪（即藻）十有二旒，则天数也。乘素车，贵其质也。旂十有二旒，龙章而设日月，以象天也。天垂象，圣人则之（以天为法则仿效之），郊（祭天）所以明（宣扬）天道也。”这段文字更详细地描述了周王出行祭祀时的舆服所代表的自然崇拜。被衮，指披着画有日月星辰之章的祭服；素车，指未有绘饰的御车；天垂象，说的是大自然表现的特殊现象，如日月循环一年12月之类；圣人则之，谓圣王以天象为准则，在服装上来效仿。《礼记·明堂位》又说在夏商周不同时代的君王，祭服上的文饰也是逐步发展的：“有虞氏（舜帝）服韨（fú，祭服之蔽膝），夏后氏山（画山纹），殷（商）火（画火纹），周龙章（画龙纹为章）。”这其中既表明了不同朝代对自然物的崇拜主

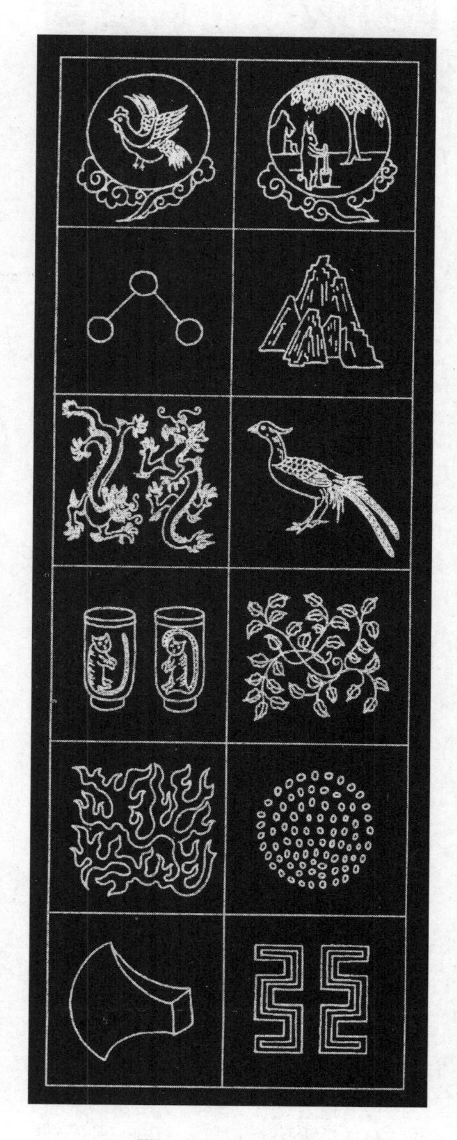

图4–2　十二章纹

图4-3　四川三星堆出土的青铜大立人

(1) 河南安阳出土的商代玉人　(2) 四川广汉三星堆出土的青铜人像

图4-4　已出土的祭祀人像

体不断增加，也表明了他们祭祀时对天地神灵、祖先的不同祈求。这种祈求在人们祭祀时所进行的各种活动中满足了他们的崇拜心理需求，而祭祀者的穿戴打扮、服饰样式则成为满足心理需求不可缺少的重要手段，在这个时期的许多考古发掘出土的人物形象中，我们都能深切地感受到服饰已成为人与天沟通的中介之一。

1968年在四川广汉三星堆遗址出土了一座晚商的青铜立人（图4-3）。这尊通高2.6米，重达180公斤的青铜铸像，是我国至今发现最早的和最大的青铜造像，他气宇非凡的面部和似乎握着某种法器的大手，以及所穿的服饰（头戴华美的冠冕，身着龙纹斜襟长衣，赤足佩脚镯）都鲜明地体现了正在祭祀中的大巫的形象。而图4-4是两件已出土的三千多年前的祭祀人像，从其服饰、佩件、姿态等方面也都向我们传达出处于黄河和长江流域的我国古代先民所具有的崇拜习俗和信仰观念。

二、服装体现了阴阳五行的宇宙观

阴阳五行思想是中国古代社会中一种十分博大精深的哲学和社会思想，深刻地影响着古代人们的宇宙观、社会观以及科学技术和其他文化思想。其源于何时尚无定论，但在商周时代已有强烈的表现，在服装的服饰、色彩上表现尤为突出。

五行指的是古人以木、火、土、金、水五种自然物来代表宇宙一切物质，分别配上方位、颜色、季节、动物等，其间彼此相生相克，循环不已。后来不断扩大其范围，配上更多的事物，至战国末，由邹衍用之于朝代更替之中，形成“五德终始说”，但这种学说的原始观念在商周时就有反映。

《礼记·月令》中对四季四方及颜色与五行关系有明确的记载，同时也记载了天子在不同季节穿不同颜色的衣服，以表明人们顺应天时节令，不得违时而服。原文说："先立春三日太史谒天子曰：某日立春，盛德在木。天子乃齐（斋）。立春之日，天子亲率三公九卿诸侯大夫以迎春于东郊。""孟春之月……天子……衣（身着）青衣，服（佩）仓（同苍，青色）玉……。"

商周时对上衣下裳的色彩搭配也有相当多的规定。《礼记·玉藻》："衣正色[1]，裳间色，非列彩不入公门。"所谓正色，即五方之色，为青、赤、黄、白、黑；所谓间色，指五行中克与所克的色相调和的颜色，如青为木，木克土，土色黄，则青黄二色相调之色即间色。五间色即绿、红、碧、紫、骝黄。古代贵正色，贱间色。列采，指正服的彩色必须按尊卑品第排列，也就是说服装的颜色还与官职尊卑联系起来，不可乱穿。所以《礼记》又说："士不衣织，无君者不贰采。"一般的士大夫，不能穿染丝而织的衣，去位之臣的衣裳要与冠同色。这种规定把一种宗教式的信仰纳入了礼制之中，足见五行思想影响之深。

由于对色彩功能的极端重视，夏商周三代都崇尚不同的颜色，并在所有文化之中表现出来。《礼记》中记载三代国家有养老人的规定，按国老和庶老分别置于不同的地方，发给统一的服装。"有虞氏（舜）……深衣（白布衣）而养老，夏后氏……燕衣（黑色朝服）而养老，殷人……缟（gǎo）衣（白布衣）而养老，周人……玄衣（黑衣白裳）而养老。"（《王制篇》）夏代尚黑，商代尚白，周代尚赤，赤衣不可用于养老，故周代兼用前二代衣色，定为玄衣即上缁（zī）衣，下素裳。舜时，尚无染色之技，故衣白。自周代尚赤色始，已表现出五行相克在政治上的象征意义。商尚白，白为西方金，克金者为火，火之五行色为赤，周克商自然选中赤色，以示火克金之意。而商之尚白，并未因夏代尚黑而来，其时五行的思想还未形成，或处在朦胧阶段，若已有五行观念，其应选克水（黑）的土色（黄）为国色，可见其时没有五行相生相克的观念。

夏商周的服装观念，深受原始信仰的影响，在这种观念指导下，又以国家的名义制定成制度，在礼服中体现出来。同时又因礼制的渗入，服装就尤其鲜明地突出了社会功能，从奴隶社会到封建社会，官服都保留了这种政治符号的特点。所以追溯服装上原始宗教观念具有极其重要的意义。

第二节 礼制与冠服制度

礼制是周代形成的一套典章制度，是治理国家和人民的规则与道德行为准则，目的是维护统治者的政权，要求全社会按照礼的要求来行使个人的义务和权力，最终维系贵族内部的等级秩序。《礼记·曲礼》曰："夫礼者，所以定亲疏（确定人物之间的亲疏关系），决嫌疑（判别人物身份避免产生嫌疑），别同异（区别事物之间的同异以免混淆），明是非（明确规范行为准则使人知道是与非）也。"整个国家的管理和人们生活法则都建立在一套礼制基础上，所以荀子说："人无礼则不生（无法生活），事无礼则不成，国家无礼则不宁。"（《荀子·修身》）

由于礼制是统治国家人民的最高制度，在礼的制约下人的着装行为自然受到极其严格的规范，由此产生了关于服装的典章制度。在当时由于生产力的限制和人们对衣服的大量需求，国家垄断了服饰生产资料，对官服做了严格的控制，从生产、制作、服饰管理到样式、佩物都有了明确规定，使服装的社会功能上升到突出地位，最后形成

[1] 正色：指与五行及其生克关系相对应的五种颜色：青、赤、黄、白、黑。这种宗教化、伦理化的色彩观，对我国古代服装色彩的运用具有支配性的影响。

并完善了一套服饰制度，即礼服制度，通常称冠服制度，成为统治阶级整个行政系统划分等级贵贱的法则。

冠服是根据着装者所戴冠帽的不同而命名的各类服装的总称。在古代，戴什么冠[1]配什么服都有定制，天子和贵族因不同身份和参加活动的性质，配穿不同的服饰，这些服饰在颜色、纹样、材质、尺寸等方面都有不同的规定。

一、冕服

冕服在冠服制度中属于最高等级，它是天子、诸侯、大夫上朝和参加重大活动时穿的服装（详细内容见第三节）。

图4-5　爵弁服（宋聂崇义《三礼图》）

二、弁服

弁（biàn）服是仅次于冕服的冠服，为天子平常视朝之服，诸侯也是如此。弁服无章彩纹饰，这是与冕服的最大区别。皮弁由首服、上衣和下裳等组成。

首服是指头上戴的服饰的总称，在弁服中变化最多也最有讲究。首服有爵弁、皮弁、韦弁之分。爵弁用与爵（雀头）色相同的赤而微黑的革制成，皮弁用白鹿皮制成，韦弁用赤色的革制成（图4-5）。

爵弁形与冕相似，但无旒。《仪礼·士冠礼》贾公彦疏："凡冕以木为体，长尺六寸，广八寸，绩麻三十升布，上以玄，下以纁（xūn）……其爵弁制大同，唯无旒，又以爵色为异。"升是织布记丝缕的单位，1升80缕，30升布是布中最细的，麻布幅宽2尺2寸，30升共由2400缕麻织成，足见其细密，较丝织物还难，所以后来孔子说："麻冕，礼也；今也纯（黑丝），俭；吾从众。"（《论语·子罕》）说明春秋时用丝帛代替了麻布，在织工上较之节俭多了，孔子也表示赞同。爵弁有笄，与之配套的服装是玄衣纁裳，身前为赤黄色蔽膝。周代规定衣与冠同色，因冕都是黑色，所以上衣要与冠同色，只能穿黑色。爵弁赤而微黑，但也要求玄衣缁带。纁为浅绛色，是染过三次的丝织帛而成，属于正色色系，蔽膝与裳同色。

皮弁的形状呈圆锥状，用白色鹿皮分裁成若干三角形再会合缝成。每缝合处嵌以12颗五彩玉石，顶部会合处用象骨缀上。有笄（jī），有纮（hóng，套在颈部的带子）。与皮弁相配的服装仍是上衣下裳，但颜色随官阶不同而有所区别，天子为白衣朱裳、诸侯则为玄衣朱裳、大夫为玄衣素裳、上士为玄衣玄裳、中士为玄衣黄裳、下士为玄衣杂裳，裳前系白色蔽膝。

三、玄端

玄端是自天子至士皆可穿的上衣，天子平时燕居（日常生

[1] 冠：一指帽的总称；二指古代官员所戴的礼帽；三指古代男子成年的一种礼仪。

活）时穿，诸侯祭祀宗庙时也穿，大夫、士早上入庙或叩见父母时也穿，可见是一种较普通的礼服。玄端为黑色无纹饰的服装，由于裁剪时以一幅2尺2寸的布料整幅裁，即衣袂和衣长都是2尺2寸，故名玄端（图4-6）。

图4-6　玄端（宋聂崇义《三礼图》）

四、深衣

深衣是周代最广泛穿着的长衣，亦称“申衣”，由上衣下裳合并而成。因被体深邃，故得名。《礼记·玉藻》：“朝玄端，夕深衣。”指深衣为在家所服之衣。《深衣》中又曰：“（深衣）故可以为文；可以为武，可以摈相（迎宾），可以治军旅。完且弗费（用途全面而不费工），善衣之次也（仅次于礼服）。”深衣是周代的最有使用价值的服装，也是庶民日常的服装（详细内容见第四节）。

五、裘服

商周时期人们已经掌握了制造熟皮的方法，可将兽皮制成柔软的裘服。周代礼服制度中对裘服的穿着是根据皮质和颜色来划分等级的。天子的大裘用黑羔皮制成，与冕和上衣同色。一般裘服以狐裘为最贵重，其中天子穿狐白裘，是狐中最珍贵者。狐青裘、狐黄裘为诸侯、大夫、士所穿。天子狐裘和羔裘不用袖饰，而臣子的狐裘、鹿裘都有不同兽皮作袖饰。裘服外一般都有罩衣，称“裼（xī）衣”，如“君衣狐白裘，锦衣裼之。”（《礼记·玉藻》）裼衣为保护裘皮之用，与毛色大体接近，裼衣外则为朝服或上衣。一般庶民则只能穿犬羊裘，不加裼衣（表4-1）。

表4-1　周代裘服制简表

裘服	天子	诸侯		大夫		庶民
皮质	狐白裘	羊羔裘	狐黄裘	狐青裘	幼鹿	犬羊
袖口饰	无	豹皮	豹皮	豹皮	豻(àn)青	无
裼（tì）衣	素锦衣	缁衣	黄衣	玄绡衣	苍黄衣	无

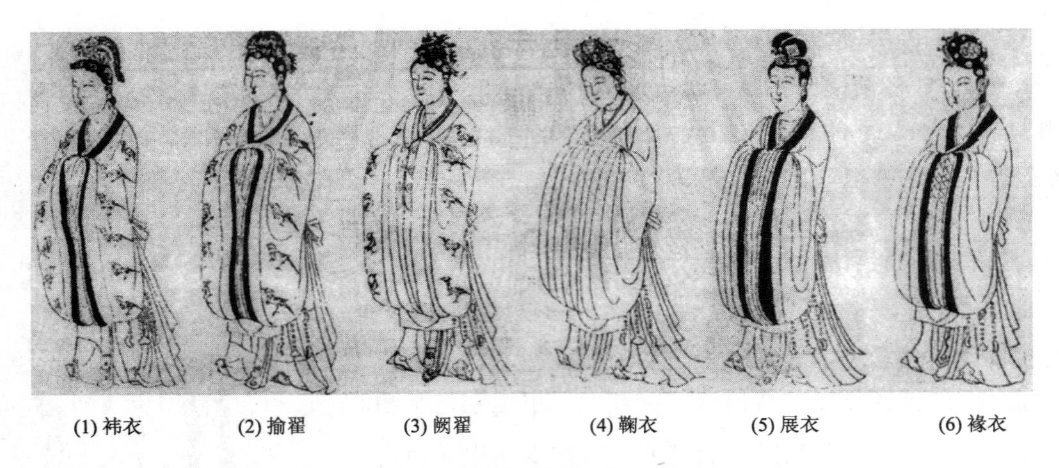

图4-7　六种命妇服（宋聂崇义《三礼图》）

六、命妇服

周代礼服制度中对王后及其以下各夫人的服装也都有规定，专门设了“内司服”机构掌管王后六种礼服，设“追师”掌管首服头饰。命妇服装都是上下连接的袍制，颜色上下一致，寓意为妇人尚专一。

“王后袆（huī）衣、夫人揄（yáo）狄，君命屈狄。”（《礼记·玉藻》）袆衣为玄色，揄狄又名揄（yú）翟、褕狄，为青色，屈狄为赤色。前二衣绘有雉形并设有五彩，后一衣有形无彩。屈狄又名阙狄、阙翟（dí），阙色彩之意。君命指子爵男爵之妻，受王后之命可服屈狄之衣。这是前三种礼服。王后随从天子祭先王则服袆衣，祭先公则服揄狄，祭山川万物则服屈狄。礼服是与身份高低和活动内容主次而递减等级来穿的。后三种为鞠衣，黄色，为视桑蚕之事时所穿；展衣，白色，以礼会王与宾客时所穿；褖（tuàn）衣，黑色，平时燕居之服。这是宫廷内的服制规定，在外则依次为子男之夫人及卿大夫和士之妻所服。至于诸侯夫人在其国内可与王后相同的穿戴（图4-7）。

首饰分副、编、次、衡、笄。副即覆，为盖于头顶的饰物，像后来的步摇，是随王祭祀活动时所戴；编，用假发编于头上，用于桑蚕之事；次，以假发续长，用于见王。平时不加副、编、次，而用笄总发而已。衡是祭服时所用，玉制，垂于副的两侧，在双耳边，悬上瑱珠。命妇首饰与服装配套，穿鞠衣、展衣者戴编，穿褖衣者戴次。

第三节　冕服

冠服制度中最为严格的是冕服，它是天子率百官举行各种活动时的服装，从首服衣裳到佩戴饰物和韨（fú，即蔽膝），都根据活动内容和官职做了规定，不得僭越。夏商代应有冕服制雏形，但未有文字保存下来。孔子曾说：“夏礼……殷礼……文献不足故也。”说明在春秋时期夏商二代的礼制就已无文献保存下来。周代冕服制在《周礼》《礼记》《仪礼》中都有记载，加之金文及出土文物印证，还能较完整地保存，供今天研究（图4-8）。

《礼记·冠义》疏引世本云：“黄帝造旃（zhān）冕，

是冕起于黄帝也。”黄帝在原始社会末期，是传说中发明服装的首领，造冠冕以标志身份，但不可能建立完善的礼服制度。夏代冕冠纯黑而赤，前小后大；商代冕冠黑而微白，前大后小；周代冕冠则黑而赤如雀头之色，前小后大。这是后汉蔡邕的说法，因夏尚黑，商尚白，周尚赤，其说也许有所根据。孔子说：“周监乎二代，郁郁乎文哉，吾从周。”（《论语》）认为周代的章服制度是具有浓郁的文采的。根据《周礼·春官》所记周代的冕服有六种：大裘，衮（gǔn）冕，鷩（bì）冕，毳（cuì）冕，絺（同希，chī）冕，玄冕。这六种冕服是天子参加祭祀时分别使用的（表4-2、图4-9）。

图4-8　冕服

表4-2　冠服制度简表

类别	冕服						弁服			其他	
	大裘	衮冕	鷩冕	毳冕	絺冕	玄冕	爵弁	皮弁	韦弁	朝服	玄端
首服	天子冕12旒	天子12旒公9旒	天子9旒侯伯7旒	天子7旒子男5旒	天子5旒卿大夫3旒	天子3旒	爵争革弁	白鹿皮弁	红色革弁	玄冠	玄冠
上衣	玄衣纹章六种（第1~6）	玄衣纹章五种（第4~7/9）	玄衣纹章三种（第6/7/9）	玄衣纹章三种（第7/8/10）	玄衣纹章一种（第10）	玄衣无纹章	纯衣（青丝）黑	白布衣	红革衣	15升缁布衣	15升缁布衣
带	天子素带朱里，诸侯至大夫皆素带，士缁带;天子佩白玉，黑绶；公侯佩山玄玉，朱绶；大夫佩水苍玉，缁带；士佩石玉，黄绶						缁带	缁带	缁带	缁带	缁带
下裳	纁裳纹章六种（第7~12）	纁裳纹章四种（第8/10/11/12）	纁裳纹章四种（第8/10/11/12）	裳纹章两种（第11/12）	纁裳纹章两种（第11/12）	纁裳纹章一种（第12）	纁裳	素裳	红革	素裳	玄裳
蔽膝	天子赤韨，诸侯黄韨，大夫素韨，士爵韦韨						染赤韦韨	素韨	朱韨	素韨	缁韨或爵韨
舄	赤舄						赤舄	白舄	赤舄	黑舄	屦
用途	祭天	吉礼	祭先公；飨射	四望、山川	祭社稷、先王	祭林泽百物，天子朝日与听朔	大夫祭家庙，士助祭于王，士冠礼、婚礼	天子视朝诸侯听朝	兵事	诸侯朝服，卿大夫祭祖祢	天子与诸侯常服，大夫、士朝服，士常服、礼服

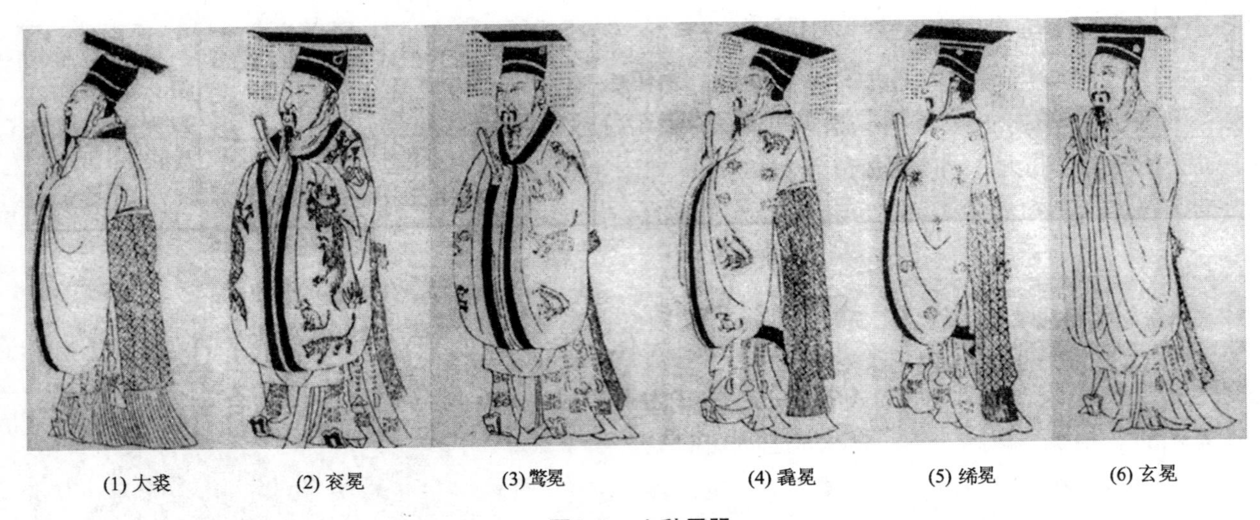

图4-9 六种冕服

一、冕

冕的形制大体一致，在圆形帽卷（名武）上覆一块冕板（名綖），长为1.2~1.6尺（周代一尺约合今22.5~23cm，《中国历代度量衡变化简表》），宽6~8寸。冕板后高前低，有前俯之状，象征君王关怀百姓。俯的异体字为“俛”，从人从免，冕之名称由此而来。冕板以木为体，包一层麻，上为玄色象天，下为纁色象地。冕板前悬有旒，最多为天子大裘和衮冕之冕，12旒，依次按9、7、5、3旒递减。旒用五彩绳穿五色玉珠，冕有多少旒，则每旒穿多少玉，如衮冕12旒，则每旒12玉，毳冕只7旒，每旒则7玉。垂旒的意义表示君主不视非不视邪。冕冠左右各开一孔，玉笄穿过与发髻固定（图4-10）。笄双端系有纮（丝带），绕于冕者颈下，以固定冕于头上。笄两端垂丝球于耳旁，称为“充耳”，一说垂玉珠，称为“悬瑱”（zhèng），表示不轻信谗言。帽卷固定有一条长带，横贯左右而垂下，称天河带。

图4-10 商代骨笄（当时主要用以束发，固冠）

二、冕服章纹

冕与服是配套来穿的，都与身份有关。同时六种冕服都是祭祀为主的礼服，平时穿戴并不多。在衣裳上都绣有图案以与冕之等级相符，共有12种图案，称为十二章[1]（图4-2）。

[1] 十二章：中国古代帝王冕服上的12种图案：日、月、星辰、山、龙、华虫、宗、彝、藻、火、粉米、黼（fǔ，刀斧）黻（fú），寓有极强的政治与道德意义。

十二章按序名为：一曰日，二曰月，三曰星辰，取其三光照临，象征帝王统治天下；四曰山，象征帝王如山之稳重，安镇四方为人所仰；五曰龙，象征帝王如龙善变，随机教化百姓；六曰华虫，即雉，象征帝王有文章华美之德；七曰宗彝，为二兽，虎取其猛，蜼（wèi，长尾猿）取其智，象征帝王智勇双全；八曰藻，即水草，象征帝王为政廉洁；九曰火，象征百姓取暖似的归附君王；十曰粉米，象征帝王对百姓有济养之德；十一曰黼（fǔ，刀斧），取其能断割，象征帝王有决断之力；十二曰黻（fú），为两“弓”字相背的图案，象征背恶向善或君臣离合。总之，十二章不仅是服装上的装饰图案，而且还寓有极强的政治与道德意义，同时也成为区别等级的标志符号。

十二章的名称最早见于《尚书·益稷》，舜帝对禹曰：“予欲观古人之象，日、月、星辰、山、龙、华虫，作会（同绘）；宗彝、藻、火、粉米、黼、黻，絺绣。以五彩彰施于五色，作服。”但《尚书》一书为战国末年所编，其中不乏战国时对远古的追记臆想之说，夏代至商尚无十二章纹饰，周代十二章出现后，战国时人托于舜时，于历史不合。文字中的“作会”和“絺绣”，分别指绘画和刺绣。故后人解释说上衣六章为绘画，下裳六章为刺绣。实际上是先绘后绣，二句互文。考证于后世冕服，未见有纹章绘画于服上者，全是刺绣而成。

三、韨

冕服与弁服相同，身前围蔽膝，称为韨[1]，又名芾（fú），弁服则称之为韠（bì）。蔽膝，顾名思义是遮蔽双膝之物，源于原始社会劳动需要。《诗疏》载：“古者佃（田猎）渔而食，因衣其皮，先知蔽前，后知蔽后。后王易之以布帛，而犹存其蔽前者，重古道不忘本也。”蔽前，即有保护生殖器的作用，传至夏商周，其实用功能消失，社会功能上升，成为服装上必备的饰物。《礼记·明堂位》云：“有虞氏（即舜）服韨（言其无纹饰），夏后氏山（加山纹），殷火（加火纹），周龙章（加龙纹）。”周代韨与冕服配套，用皮革制成，色与裳相同。《礼记·玉藻》云：“韠，君朱，大夫素，士爵韦。”是指不同冕服的韨色，天子为朱韨，是最高等级的佩饰，但到了西周晚期，朱韨成为对臣子授以职位的一种象征，不再限于天子使用了。青铜器“颂鼎”是西周后期著名铜器，上载周王命令一位名叫“颂”的人建造新宫，授予他官职，监造宫殿，赐有“玄衣黹（zhǐ，刺绣）纯，赤市（同芾，即韨）朱黄（即衡）”等物。“玄衣黹纯”是绣有花纹衣边的玄衣；“赤市”即赤韨，原为天子所佩，赐给颂，以示对其器重；朱黄即朱衡，衡为发笄，也以颜色表示等级，朱衡与赤韨应是高等官员的服饰物品。

韨的形制大体一致，上狭下宽，两边及下缘都包边，以革制成。具体尺寸为长3尺，上宽1尺，下宽2尺。上部5寸处收束为领，宽也为5寸。两侧用爵韦（雀头色皮）包边，离底边5寸处止，下边用白丝帛包边，在各包缝处嵌上五彩条。天子之韨四角为直线，诸侯韨上下各减5寸，以他物补饰，呈方形。大夫韨下角为方，上角裁圆。士因职位卑下，可与天子韨相似为方角，意为君不嫌之意。从出土的周代玉雕人物上可以看到韨或韠下端呈钺形（图4-11），也许有艺术化的倾向，但底部不是平直的这一点似可以肯定。

[1] 韨（fú）：古时服装上的一种饰物，也叫“敝膝”原为遮蔽腹下膝前的一块布，待服装成形后，人们仍把它挂在腰间，以不忘先祖创衣之意，后逐渐演变成为一种祭服的一个组成部分。

图4–11 河南安阳出土的商代玉人

四、舄和屦

舄和屦都是鞋的古名，但在冕服中有区别。

舄是夹层的底，屦是单层的底。舄全用兽皮制成，屦则有皮质和葛质两种，为冬夏之分别穿用。所以舄贵而屦贱。王之舄分三等，赤舄为最，是冕服之舄，其次为白舄，黑舄。天子诸侯在吉礼时才穿舄，平时穿屦。王后则玄舄为上，是袆衣之舄，其次有青舄，赤舄，着鞠衣以下则穿屦。着服时舄屦要与裳同色，如纁裳着纁屦，玄裳着黑屦等。

舄（xǐ）屦（jù）在鞋面与鞋底相连之处，嵌以绦（tāo）带，称为繶；绦带有赤、黄、黑等色。鞋口用绦带包边叫纯，鞋头翘起如鼻叫絇（qú）。舄屦的色彩搭配也十分讲究，如穿玄端，则着黑屦，青色的絇、繶和纯；如穿素绩（白色的裳），则着白屦，用缁絇、繶和纯；穿爵弁时，就着纁屦，用黑絇、繶和纯。屦上有鞋带叫綦（qí），穿过絇上的小孔可系于脚跟后。周代王公贵族的屦装饰得十分华贵，如《诗经·车攻》中提到的“赤芾金舄”，是指用黄金饰于鞋头絇的诸侯之舄。在《晏子春秋·谏下》中也记有齐景公的屦，鞋带用黄金编成，饰上银、串上珍珠，鞋头的絇用一尺长的良玉饰成，真正是“足下生辉”。奴隶主对服饰的重视，既在形制上来强调等级的区别，又在装饰上极尽奢华。

第四节 两种基本服装形制：上衣下裳和上下连属

夏商周历经千余年的服装，最终积淀为两种形制，即上衣下裳和上下连属之制。这两种形制，对我国历代服装产生深远影响，几千年的古代服装，就是在这两种形制的基础上交互变化不断演变和发展着的，形成了中华服饰独特的风格。

一、上衣下裳形制

上体的衣和下体的裳、裤、裙的组合配套穿着方式，称为上衣下裳形制。上古时期中国服装大多分为两节，上体所穿的称为衣，下体所穿的称为裳，故有上衣下裳之别。如周代典籍中作为礼服的冕服、弁服，以及秦汉后的袴（kù）褶、襦（rú，短文）裙、袄裤等都是这种形制（图4–12）。

1. 衣

最早衣的形象我们从甲骨文及金文中的象形字中可以看到，上部作曲领状，曲领之下朝两端伸开如衣袖，袖下两边分开，似左右两襟相掩。从出土的商周时期文物也能看到衣为交领右衽（rèn，衣襟）的贵族人物形象，衣长过膝，腰间系带。

衣的形制起初是短衣，右衽。古时男子未冠礼之前只能穿短衣和袴，冠礼之后才能穿裘裳。衣两旁曰衽，长2.5尺，

(1) 河南安阳出土的大理石人（残）

(2) 上衣下裳（正、侧、背示意图）

图4-12　着上衣下裳的石人

形如燕尾，也用于掩裳。连于领和前衣片叫襟，左襟掩于右襟之上，襟上系带结于右腋下，即所谓右衽。襟有两种形式，一种为交领式，又分两式，其一左襟在领口斜直而下至右腋处，其二左襟在领口曲折作方形，再从右胸前下至右腋处，称曲领。另一种为直领式，即对襟衣。作为礼服之衣长及膝下。上衣在古代根据单夹、长短、内外的不同有各自的称谓，如襦、袷（jia，夹衣）、禪衣（dàn，单衣）、褐（粗布衣）、褶等。

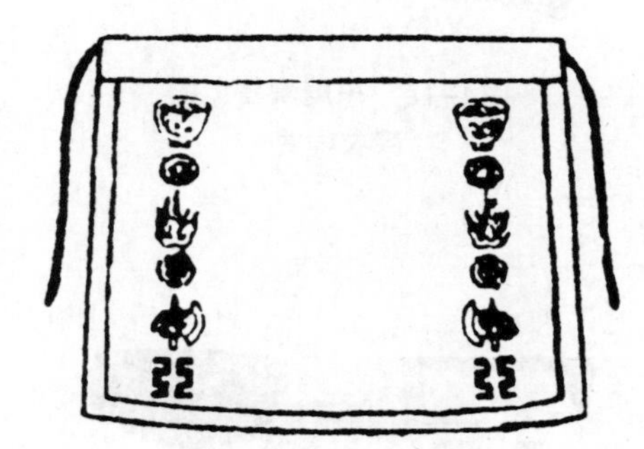

图4-13　古裳

2. 裳（chánɡ）

裳[1]是人类最早的服装，由原始社会的兽皮，树叶制成的"遮羞布"发展而来。自原始社会晚期至夏商周仍保留其形式，用布帛制作。裳内无裤，冷时脚上套胫衣而已，所以裳的主要功能在蔽体。商周时裳是男子成人所服的下衣，形如后来的裙。穿裳，必与衣相配，所谓"衣必有裳"（《礼记·丧大记》）。裳的裁制不同于深衣的裳，由于史籍记述不详，对裳的具体形式历来也有不同解说（图4-13）。

裳又分为帷裳和裳，帷裳又称帏，即围之意，用一幅布围在腰上。《论语·乡党》云："非帷裳，必杀之。"说不是帷裳必须杀缝，反之，帷裳是不杀缝的，这种帷裳是较原始的形制，或者为女子临炊之用围腰之类。

裳的裁剪可根据汉代郑玄所说来复原，郑玄注《仪记·丧服记》："凡裳前三幅，后四幅也。"裳分为两片，前片用3幅做成，后面用4幅做成，1幅宽2.2尺，7幅共15.4尺，在腰部打折，大小与着裳人腰围相合。前后裳在人的腰部两旁相掩而不相连接，穿时先服后裳，再服前裳。

3. 袴

商周时期男女下衣是一种原始的形制，仅仅为两条套腿的裤套，所以又称为"胫衣"，外再着裳，即成为一套下衣服装。《释名·释衣服》载："袴（kù），跨也，两股各跨别也。"指出袴的名字由来。袴是后来下衣发展成型的基础之一。由胫衣到有裆不缝合而以带

[1] 裳：裳有两种含义，一读shānɡ，指衣服和服装；一读chánɡ，指遮蔽下体的衣裙、裤。裳的主要功能在蔽体。穿裳，必与衣相配。

图4–14　早期的下衣形制

图4–15　东周陶器上的深衣样式

系缚，即开裆，称为“穷袴”，继而缝合成一裆，即合裆，又称为“裈（kūn）”，这一过程应包含有较多的心理因素，与增加防寒和保护的功能关系不大，应该与保护贞节的性观念有联系（图4–14）。

二、上下连属形制

所谓上下连属的形制就是把上衣和下裳缝合在一起的一种服装形制，它不同于上衣加长的长衣，其中最典型的是深衣（图4–15）。

深衣出现于春秋战国之际，盛行于战国、西汉时期，不论尊卑、男女均可着之，其地位仅次于朝服，东汉以后多用于妇女，魏晋以后，则以袍衫代替（图4–16）。深衣虽然上下连属，但古人制作时仍分开裁制，然后在腰部缝合而成，裁制时有严格的形式和尺度规定，表示了古代人们在服装上赋予的社会符号意义。

图4–16　身着曲裾深衣的战国木俑

古代深衣在形制上有如下特点，《礼记·深衣》中载：“古者深衣，盖有制度，以应规、矩、绳、权、衡。短毋见肤，长勿被土。”深衣的不同部位象征日常生活中的圆规、矩尺、直绳、秤等工具，又说，“袂（袖口）圜（huán）以应规，曲袷（jié，交领）如矩以应方，负绳（背缝直如垂绳）及踝以应直，下齐（裳末端）如权衡以应平。故规者，行举手以为容（举止有礼仪），负绳抱方（方领）以直其政，方其义也（象征行为正直思想端正）。”深衣的形制要求源于社会对人们行为的要求，把服装的社会功能提高到道德规范的高度，是周王朝在服装上的一大创举，这一思想一直潜在地影响着历代封建王朝的冠服制度。

深衣的具体尺寸在《礼记·玉藻》中提到："深衣三袪（qū，袖口），缝齐（裳下沿）倍要（同腰，裳上沿），衽（裳交接处）当旁，袂可以回肘。长、中（长衣、中衣）继掩尺（连接袖口掩盖1尺），袷（曲领）2寸，袪尺2寸，缘（袖口镶边）广寸半。"在《礼记·深衣》中有："袼（gē，腋下）之高下可以运肘，袂之长短反诎（qū）之及肘。带（腰带），下毋厌（超过）髀（bì，髋骨），上毋厌胁（肋骨），当（正在）无骨者（腰际软处）。"这段文字强调了裁制深衣的一个原则：既按人的身体来裁制，所谓回肘、运肘、及肘、厌髀、厌胁皆此意，还规定了袖子的大小比例，古时布幅宽2尺2寸，裁衣时以幅宽为度，袖宽与衣长相等，至袖口则开口1尺2寸，多1尺则缝缀如袋。《仪礼·丧服记》载："袂属幅……袪尺二寸。""三袪、缝齐、倍要"，是指裳的上沿长度（即腰）是袖口展开长的三倍，为7.2尺，而下沿（齐）是腰的二倍，为14.4尺。即所谓"要缝半下"（《深衣》）之意。至于长衣、中衣、袖子还要续长1尺，即"长、中继掩尺"之意，因深衣袖长只有2.2尺（幅宽），长衣为外衣，故需加长以罩内衣。古代（战国）1尺约合现在的23.1厘米，可知深衣尺寸与人体大致相符；"袷二寸"，指领口之宽边为2寸；"缘广寸半"，指袖口边为1.5寸。

对深衣结构的理解分歧最大的是《深衣》中提到的"续衽，钩边"一句。较权威的说法是深衣的裳用6幅，斜裁为12幅，以应一年12个月，裁片窄的一头叫"有杀"，在裳的右后衽上，用斜裁的裁片缝接，接出一个斜三角形，穿的时候围绕于后腰上，如汉代曲裾相似。清代任大椿有《深衣释例》一文说得更详细："在旁曰衽。在旁之衽，前后属连曰续衽。右旁之衽不能属连，前后两开，必露里衣，恐近于亵。故别以一幅布裁为曲裾，而属于右后衽，反屈之向前，如鸟喙之勾曲，以掩其里衣。而右前衽即交乎其上，于覆体更为完密。"此段说得相当清楚，但说裾向前则不准确，裾应勾向后。"续衽钩边"是为了掩住里衣，起到遮羞的作用（图4-17）。

在我国服装演变史上，两种形制并行不悖，上衣下裳制的服装后来妇女穿着较多，使用时间较长，男子在汉魏后一般多穿上下连体袍衫。

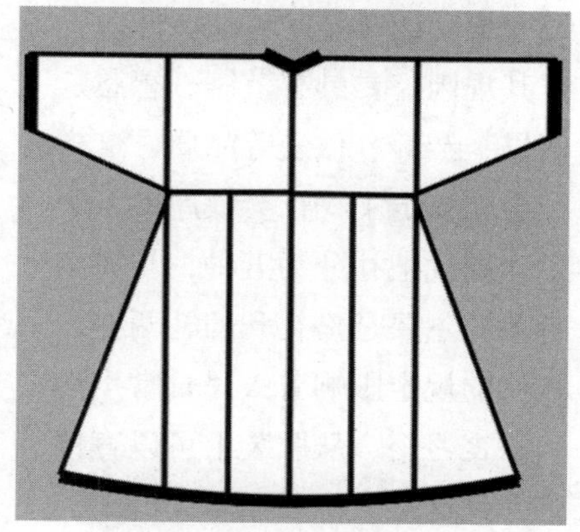

图4-17　深衣结构图

第五节　服饰礼仪与社会民俗

服饰礼仪既是社会政治制度的构成因素，又是民风民俗的文化表征。夏商两代礼仪未有定形，周代才大体健全，制定了详细的国家管理制度，并用"礼"作为核心，指导国家的运转和人民的生活。但值得注意的一点是，三代都具有敬神鬼的观念，成为其教化民众的重要内容之一。所以周代的服饰礼仪，在这一层次上是承袭前两代而来的，民俗中敬畏鬼神的行为在生活中无不存在，自然也包括服装礼仪。

礼，是一种政治制度，是指导人们生活的道德规范和行为准则，也是一种宗教仪式和社会活动程式，要求全社会人民要遵守规定的尊卑、长幼次序，各守其规则，要具有节制、感恩、敬畏、恭谦、仁爱等品质，这样社会就安定了，社会秩序就正常了。周代把礼分为五种，与民生有关的主要是嘉礼和凶礼两类，礼仪的规定影响着人民日常生活和婚丧习俗，从服装上可以直接感受到这点。

图4-18　河南安阳出土的戴发笄的商代玉人

一、男女成人礼俗

1. 冠礼

周代男子二十岁曰弱，要行冠礼，即举行一个戴冠的仪式，表示从此是成人，可以从事成人的活动，包括有了穿戴某些服饰的资格。二十岁以前为幼，不可穿皮服、丝帛和裳，不能驾车，不能主持宾客之事。遇父丧事不可穿缌（sī）服（细布丧服）。冠礼是人生一重大事情，称为“礼之始也”。《礼记·冠义》载：“古者圣王重冠。古者冠礼：筮日、筮宾，所以敬冠事，敬冠事所以重礼，重礼所以为国本也。”把加冠一事与重视礼制和国家之根本联系起来。

加冠除了要用筮法求吉日嘉宾外，还对具体仪式有所规定，在冠的程式上就有三次，先加缁布冠，再加皮弁，最后加爵弁。拜见母亲和兄弟之后，换去冠，着玄端服，带着雉鸡为礼拜见乡里年高德望者后，加冠礼才算完毕。

缁布冠是一种深黑色的布帽，专为加冠而用。当时人们均戴玄冠，以丝缯制成，有笄，缁布冠则无笄，用一条青色缨带系在头上。皮弁为白鹿皮制成，爵弁以赤而微黑之革制成，与冕相似，但无旒。皮弁、爵弁都有笄，即横穿冠侧与头发固定以防脱冠的簪子。笄，贵者以玉制成，其次为石、骨制成。

2. 笄礼

女子十五许嫁，脖上戴缨（玉石等颈饰），表示已有归宿。发上加笄[1]，成为妇人。如果十五岁没有许嫁，到二十岁时也要行笄礼，表示已经成人了。古时男女成人后都要用笄固定头发，形成一种风俗（图4-18）。头发洗净梳好用缁纚（shǐ，黑色丝巾，一幅宽，六尺长）裹束住，绕起在头部作结，加笄固定，再用总（丝带）束住末梢，丝带两端下垂为装饰，再加其他头饰。未许嫁女子加笄后，平常在家时，可去笄散发，仍以处女相处。

二、以赠俪皮、束帛为礼的婚俗

奴隶社会婚姻的一个根本特征是私有制婚姻观念最终确立，

[1] 笄（jī）：古代男女用来束发、固冠的簪子。

已经普遍实行一夫一妻制，但一妻指的原配，并未限制男子纳妾。婚姻关系的确立，夏商周三代都有一个相同的礼节，即男子要送聘礼给女方。《通典》载：“人皇氏始有夫妇之道；伏羲氏制嫁娶，以俪皮为礼。”伏羲是传说中原始社会时期的部落首领，但后人把制定嫁娶婚姻制度之创始者推给他，未免推得太早，从社会发展史看，婚姻制度的出现应在奴隶社会早期的夏代。送彩礼必须以两张鹿皮为标准，反映了人们对服装在婚姻中的重要地位的认识。这种送皮料的风俗，一直流传至后，周代遂成为定制，且增加了标准，将整个订婚过程作了规定，使婚俗有所制约。

周代婚礼规定有六礼，即：纳采、问名、纳吉、纳征、请期、亲迎。其中纳征是确定婚姻关系的重要一环，男方送礼给女方，如同今天的订婚。纳征又称纳币。币，指一种交换物，有男子以物易人之意，是奴隶社会人们婚姻观的一种反映。

《礼记·杂记下》载：“纳币一束，束五两，两五寻。”规定了纳币的标准，送给女方一束丝帛。1寻为8尺，5寻即1匹长40尺，从两端向中间卷起为2卷，1束丝帛共10卷，即5匹，共长200尺。因女子婚后主要承担家务做饭、做衣，古人衣服之礼特别多，一人需要很多衣服来满足礼仪活动要求，加之每件衣服所需用料也特别多，一般需要几十尺布。此外还要送鹿皮2张，皮衣一套。由此可见当时人们特别看重服装。

三、丧服以布的精粗来区别亲疏

商周敬畏鬼神，人们对死亡带有极大的恐惧，往往要以最隆重的礼仪来完成丧葬之事，在程式上、丧服、棺木等方面都有极繁琐的规定。哀悼者的丧服是较突出的一个方面，主要借以体现人们对逝者的悲痛、怀念和敬畏之情。

周代根据逝者的身份和亲属关系，给吊丧者制定了五种丧服规定，来标志等级和亲疏。称为五服[1]，即斩衰（cuī）、齐（zī）衰、大功、小功、缌麻。丧服用麻制成，有粗细之别，斩衰最粗，缌麻最细。《礼记·间传》记：“斩衰三升，齐衰四升、五升、六升，大功七升、八升、九升，小功十升、十一升、十二升，缌麻十五升去其半。”升指一幅布所含的纱缕数，1升有80缕纱，3升为240缕，是麻中最粗稀的布。15升的布为吉服所用，计1200缕，缌麻15升去其半，则为600缕。缌是先煮制纱缕后再织成的，为熟缕生布，其他的皆是生缕生布，所以缌麻较前者为细。麻越粗，表示亲属关系越近，哀悼之情越深。天子崩，诸侯与臣也服斩衰，如死父母一样。民俗中为父母、公婆、祖父母、夫吊丧皆服斩衰，服制三年。其余丧服则为逐渐疏远的亲属所穿，服制也递减（图4–19）。

丧服又叫衰，《礼记·曲礼下》记：“衰，凶器，不以告，不入公门。”唐孔颖达疏：“衰者，孝子丧服也。……用布为之，广四寸，长六寸，当心。”布，指麻布，商周时尚无棉。

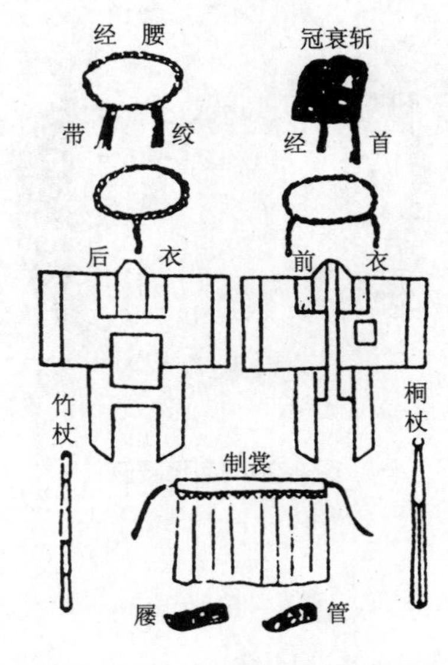

图4–19　（古代丧服）配套图

[1] 五服：中国古代人们在处理丧事时所穿的五种服装层次，根据人的身份等级和与死者的亲疏关系来穿着，分为斩衰、齐衰、大功、小功、缌麻五种。

“当心”指披挂在胸前。丧服不缝边不缉缝，以示哀痛。丧事服丧服的习俗流传很久，至今有的农村仍保留这一遗俗，如为去世父母披麻戴孝即是。

四、男女随身佩带物品方便生活的风俗

图4–20　商代腰佩

周代男女成人后，有孝顺父母公婆的义务，加之周礼特别烦琐，生活中往往会有所不便，所以为了使长辈生活中不至于不便，要求男女随身佩戴一些必用工具，犹如今天人们随身带的折刀小剪一样。《礼记·内则》说男子：“左佩纷（抹布）、帨（shuì，手巾）、刀砺（小刀与磨刀石）、小觿（xī，象骨制的解小绳结用的工具）、金燧（晴天从日中取火工具，如现在的凹镜面，可聚光取火）；右佩玦（射箭时便于拇指钩弦的工具）、捍（皮袖套，以利射箭）、管（笔套）、遰（shì，刀匣）、大觿、木燧（阴天钻木取火工具）。”而女子所佩带之物，左佩和男子相同，右边“佩箴（缝衣用针）、管（针套）、线纩（丝绵）。施縏（pán）帙（装针线的囊袋），大觿、木燧、衿缨（香袋）”。佩带物之多，之齐，可见非一般贫民所能做到，都是奴隶主贵族男女所用之物。但佩物之风在民间也有，只是件数较少，都是自己随身用品。如《诗经·芄兰》：“芄兰之支，童子佩觿……童子师韘（即玦）”，可知解结、射箭工具是男子必佩之物（图4–20）。

周代对服饰的规定，有些只能是纸上谈兵，在民间无法全面施行，所以到了春秋时期，服饰装束就随时尚而变化。如齐桓公好紫衣，导致全国尽服紫色衣；又如齐灵公喜好女子穿男子服饰，于是国人尽仿效女子男服，齐灵公派人禁止，见到女子男服者，“裂其衣，断其带”，但仍禁止不了，后问于晏子，晏子说，君王必须先令宫廷内不让女子男服，自然国内无人仿效了。果然一个多月后，国内再无女子穿男服了（见《晏子春秋·内篇·杂下》）。

礼仪和风俗是相互关联的，但风俗最终会占上风，礼仪渐渐会被时间淘汰。服饰风俗的生命力较服饰礼仪要长久得多。

本章综评

奴隶社会的服装大体上应分为两个阶段，夏商前期，是对原始服装的积淀阶段，商后期到西周、春秋，则是我国远古服装形制的定型阶段。前一阶段的实物和文字资料极少，仅能从有限的出土文物或只言片语中推导出当时的服装状态。后一阶段的资料特别丰富，总体上为我们绘出了奴隶社会礼制服装的繁复画面。统治者力求完善冠冕服制的思想和措施，自然刺激了服装的设计和制作，所以这个时期服装样式丰富而精美，首饰、佩饰更是极为繁多而令人惊艳。其中每一服饰，都传达出两种或更多的信息，既有对先前服饰的继承和扬弃，又有时代政治和社会心理、生活需要的表达。当上衣下裳制和上下连属制这两种服装基本形制定型后，就表现出奴隶社会对原始社会在服装上的创新，这一点积极因素一直影响着整个封建社会时期。从消极方面来考察，周代出现完善的冕服制后，其形制、服色、章纹、种类等，都纳入了礼制的范畴，使一切艺术的东西、实用性的东西都从属于政治和伦理，这一点成为后来封建社会服装中消极层面上的遗传因素，久久难以抹掉。

思考题

1. 名词解释：正色，弁服，深衣，十二章，冕旒，笄，衽，裳，五服。
2. 为什么说追溯服装体现的原始信仰对认识我国服装文化具有重要意义？并分析其具体内容。
3. 什么是官服制度？它为何成为我国古代社会礼制的重要组成部分？请举例说明。
4. 什么是冕服？简述其形制和种类。
5. 简述上衣下裳和上下连属两种基本形制及其对我国历代服装产生的影响。
6. 夏商西周的民俗民风是如何影响服饰礼仪的？请举例说明。

封建社会前期服装

课题名称： 封建社会前期服装

课题内容： 丝绸与丝绸之路
楚汉袍服
魏晋南北朝衣衫
男子冠巾与时尚
女子发式及时尚

课题时间： 4课时

训练目的： 通过本章学习，学生应知道中国封建社会前期的服装已经发展到成熟时期，并且融会了不同民族和地区的服装特点。

教学要求： 1.了解汉代丝绸的空前发展在中西服装史上的深远意义。
2. 重点了解楚汉文化与袍服之间的关系。
3. 了解魏晋南北朝时期的文化对服装的影响。
4. 了解中国封建社会前期的时尚在男女服装上的体现。

第五章　封建社会前期服装

——成熟与融会

（公元前481~公元589年：战国、秦、汉、魏晋南北朝时期）

本章导语

战国时期由于频繁的战争，思想禁锢放开，出现百家争鸣的局面，礼的束缚被挣脱，儒家、道家、墨家、法家、阴阳家、纵横家在这一时期纵论天下，形成不同内容的思想体系，对汉民族思想文化的影响尤为深远。儒的醇厚，道的超逸，墨的严谨，法的冷峻，阴阳的流转，纵横的实在等思想风格不同程度地反映在服装中，从而展现出类似的风格。战国时期，各地域文化在相互交流和冲撞中，又保持有独自的个性，出现了所谓区域文化格局，诸如齐鲁文化、楚文化、吴越文化、巴蜀文化、秦文化、三晋文化等。不同区域文化有其特质，服装就在这不同特质中熏陶、浸染，而趋向成熟。

汉代为维护统一的大国，需确定一种思想来约束天下百姓，于是“罢黜百家，独尊儒术”，使汉民族的思想、文化以及一切法度都以儒文化为主流，礼文化进一步得到完善。

政权的巩固、经济的发展、外交的活跃，使汉代社会风尚有了显著的变化，人们对装饰的要求日趋强烈，服装水平相应得到提高，一种具有气势恢宏而又古拙的服装风格，令人惊叹地呈现在服装的历史画卷上。从这一时期出土的大量丝绣品，可以看出汉代纺织、染色技术的精妙绝伦。

由于三国至魏晋南北朝时期战乱频繁，大汉帝国一元化的文化被粉碎，儒学产生裂变而趋向衰微，于是新的思想潮流产生，源于老庄的玄学思想流行起来，崇尚思辨、注重审美、向往自然、追求超逸的人生价值观影响着这个时代的文化艺术。文人们的那种清淡无为，放荡不羁，超然物外，具有玄虚恬静的魏晋风度，是一种追求自由自在不受传统束缚的意识的体现，对服装的时尚起到意外的导向作用。北方胡文化进入中原后被吸收而汉化。服装的融合是这一时期促进服装向前发展的突出表现，并为隋唐以后的服装鼎盛奠定了思想基础和人文艺术基础。

从整个封建社会前期一千余年间的服装发展来看，服装的变化起伏极为频繁，服装由奴隶社会的定型而又呆板中逐渐解放出来，汲取了其他艺术的美和科学技术的精髓，体现出一种前所未有的灿烂景象：战国时期以楚国为代表的南方服饰充满了浪漫主义色彩，秦汉恢弘的气势在服装上形成朴实与舒放的独特风格，魏晋时期民族服装的互相渗透与吸纳，是服装史上人们最先追求时尚的一种集中表现。

第一节　丝绸与丝绸之路

一、丝绸纺织的空前发展

自奴隶社会以来，我国古代的蚕桑丝绸一直在纺织衣料生产中处领先地位，到春秋战国时期，随着社会经济在不同诸侯国地区的发展，纺织技术飞跃进步，出现了许多蚕桑丝绸业中心，生产出丰富花纹的丝织品以及精美的刺绣和织锦。战国至秦汉时又出现了以纺织品精冠全国的地方性丝绸和织锦。北方以齐鲁为最优秀的丝织品出产地，《汉书·地理志》说齐地："织作冰纨、绮绣、纯丽之物，号为冠带衣履天下。"《史记·韩安国传》曰："强弩之极（末）矢不能穿鲁缟。"注引《汉书音义》曰："缟，曲阜之地，俗善作之，尤为轻细，故以喻之。"当时就有齐纨鲁缟的说法，都是对齐鲁所产纨缟之轻薄细质的推许。

战国中期楚国伐齐灭吴，引入了齐越丝织技术，后来居上，使当时楚国织品纳南北精华东西特异，融各地之长而成为楚国之独创，从湖北江陵楚墓出土的丝绸实物来看，其精湛工艺达到同时期最高水平。魏晋时期，南方四川的蜀锦名冠一时，取代了以前陈留、襄邑锦织物的盟主地位。四川的蚕桑丝织生产历史十分悠久，其地原始社会时期就有蚕桑之业。蜀人的始祖名叫蚕丛，教民种桑养蚕，"蜀"字的本意就是蚕，《说文》："蜀，葵（即桑）中蚕也，上目象蜀头形，中象其身蜎蜎（yuān，虫子爬行状）。"可知蜀国是以蚕桑为业的原始部落发展而来的国家，其纺织水平自然高于其他晚于蜀国开发蚕桑丝织业的地区。锦是古代丝帛织造技术最高水平的代表，而蜀锦又是汉代至魏晋时期锦织品中的精品。元朝的代费在《蜀锦谱》中说："蜀以锦擅名天下，故城名以锦官，江名以濯（zhuó）锦。"成都附近，有古锦官城，是闻名全国的蜀锦生产中心。至三国时，织锦生产是蜀国经济的重要组成部分。晋代左思《蜀都赋》也说："阛阓（huì，街市）之里，使巧之家，百家离房，机杼相和，贝锦斐成，濯色江波。"反映了当时蜀锦生产的盛况。

汉代的纺织手工业有了极大的发展，纺织和印染技术的不断提高，民间手工业中最普通的也是纺织业，致使丝绸产品出现空前的丰富。官办织布厂的加入，使丝绸从原来只为宫廷贵族享受的高级衣料，成为普通百姓用来制成服装，甚至成为富商用来装饰墙壁的材料。丝绸纺织的普遍使用，又很大程度上推动了丝绸纺织技术的发展，进一步提高了丝绸质量，一时达到了服装衣料的顶峰。

二、丝绸产品的类别

古代丝织品根据丝的生、熟和纺织结构及厚薄、色彩等取了不同的名称，这些名称反映了丝织品在纺织、印染等技术上

图5-1　长沙马王堆出土的素纱禅衣

的先进性和复杂性。最初的丝织品统称为“帛”，又称“缯”（zēng），以区别用麻葛等织成的“布”。当科技和文化融入丝织品中以后，就出现了令人眼花缭乱的丝绸产品。这些丝绸名称按照组织结构可以分为以下几种：

1. 平纹织物

（1）纱：纱是一种经纬线构成方孔的平纹丝织物，有纤细、稀疏、轻盈、透亮的特点。纱的孔眼均匀，布满整个织物表面。1972年在长沙马王堆汉墓出土了大量丝质纱衣，其中一件薄如蝉翼、轻如烟云的素纱禅衣身长128厘米，袖长190厘米，重量仅48克，其精细工艺令人惊叹，即使是现代技术也无法还原。纱是秦汉时期人们做夏服和衬衣的一种流行衣料（图5-1）。

（2）縠（hú）：縠是纱的分化物，也是平纹方孔，但表面起皱纹，又称绉纱。其生产工艺要比纱复杂，需要先将经线强捻，左右捻向不同的经丝相间排列，煮练定形，出现凹凸皱纹的效果。

（3）绡与绢：绡是生丝织成的平纹织物，密度稍稀，经丝较纤细，质地轻薄如雾，诗人常用“雾绡”来形容它。绢也属于这一类，但有生绢、熟绢之别。古代所说的缟、素是生丝未染而织的。

2. 绞丝织物——罗

罗是最具代表性的绞丝织物，它是经丝互相绞缠后呈椒孔的丝织物，特点是质地轻薄，丝缕纤细，结实耐用。罗未起花的叫素罗，在罗地上起花的叫花罗或提花罗。花纹图案很多，往往根据图案命名。如菱纹罗、牡丹罗等。罗又根据经丝绞缠的数分为二经绞罗、三经绞罗、四经绞罗等，到元代时已发展到七经绞罗。罗在南方夏季常用作帐幔，故有“罗帐”一词。

3. 提花织物

（1）绮：绮是平纹地起斜纹花的提花丝织物。汉代的绮是用一组经丝和纬丝交织的一色素地，生织后炼染的提花织物，质地松软，光泽柔和，色调匀称（图5-2）。东汉魏晋时期绮的织品较多，在史传和诗歌中常有反映，如《乐府·陌上桑》：“缃绮为下裳，紫绮为上襦。”

（2）绫：绫是斜纹（或变形斜纹）地上起斜纹花的丝织物。其实是在绮的基础上发展起来的，所以绫在汉代才开始出现。“绫，凌也。其文望之如冰凌之理（纹理）也”（《释名》），可知最初的花纹是冰凌之形。绫的纹路由散花纹、山形纹、几何纹发展到动物纹、人物纹。由于绫是后起的丝织精品，所以它一时成为显贵们青睐的时尚品，并进入宫中制成官服。一直到唐代，绫的生产都处于高峰。

4. 染色多层织物——锦

锦是用染好的色丝以水平纹或斜纹的多重或多层组织织成各种花纹的丝织物。锦的制造较前几种丝织物复杂，先将蚕丝染色，再按色丝排列配置牵经，然后根据花纹图案的提沉起花要求，穿综上机，再编成规律性的提花程序，最后织成五彩缤纷鲜艳夺目的锦，所以锦的工艺水平是丝织物中最高的。汉代锦的纹饰极其丰富，尤以动物、植物为主，织物也往往以纹饰和字样来称名，如孔雀锦、凸花锦、延年益寿、大宜子孙锦（图5-3）。

图5-2　叙利亚出土的汉代双菱四兽纹绮

图5-3　新疆出土的东汉“万事如意”锦袍

丝织品的种类还有许多，如绨、缟、缚、纨、绌、缦等，有的是因时代变迁而产生的异名。繁多的丝绸名称，不仅使我们看到中国丝绸的悠久历史和灿烂文化，其精湛技术更能说明中国丝绸能走向世界从而产生巨大影响的原因所在。

三、丝绸之路的开辟

我国是丝绸的发源地，早在东周时期，秦国就常以丝绸和西戎交换战马，并经过西北游牧民族运往西方。在德国斯图加特出土的公元前5世纪的衣服碎片上，就嵌满了鲜艳的中国丝绸。希腊人在公元前5世纪就到过中国，将丝绸带回希腊，所以他们对中国的认识就是从丝织物开始的。

秦汉疆域扩大，西部最大外患为匈奴，时受侵扰，战事不休。汉武帝先后派大将卫青和霍去病击破匈奴，重兵轭守，以阻匈奴入侵。其间遣张骞出使西域，以沟通中国和西域诸国的交流，并合力抗击匈奴。汉时对玉门关、阳关以西中亚西亚乃至欧洲，都称为西域。而狭义的西域指的是今天甘肃敦煌以西至新疆地区。

张骞第一次出使西域是公元前138年，但到西域后，被匈奴扣押了10年之久，后脱逃回汉，途中又被俘，一年后因匈奴内乱而再次得以脱身。出使时一百余人，最后回到长安时仅有两人。第二次出使在公元前119年，其时匈奴浑邪王已经降汉，河西走廊畅通无阻。张骞率三百余人，携大批丝绸礼品及上万头牛羊，马六百余匹，浩浩荡荡，经武威，过酒泉，出玉门关，顺利到达乌孙国（今伊犁河和伊塞克湖一带），并分遣副使到大宛、康居、月氏、大夏（今阿富汗）等国。从此汉朝与西域的交流正式沟通。此后汉武帝连年派遣使官到更远的波斯、印度和埃及以及欧洲诸国，中华文化也随着这些频繁交往而被广泛地传播到中亚和西欧等地（图5–4）。

西域交通打通之后，从中国传到中亚以至欧洲的货物，主要是丝和丝织品等，这条东起长安西至罗马的中西交往的必经之道就称为“丝绸之路”。在丝绸之路开通以前，丝绸在罗马的价格可与黄金相等。丝绸之路开通之后，大量丝绸输入西方，罗马人穿丝织服装也多起来，逐渐成为习尚。

东汉初年，匈奴又强盛起来，征服了西域大部分地区，丝绸之路一度被切断。汉明帝派班超出使西域，使西域各国恢复了同汉朝的关系，于是阻塞了58年的丝绸之路重新开通，中西交流更为广泛。随着丝绸贸易的发展，中国服饰文化开始走向世界，并与亚欧及西域民族的服饰有了相互交融、相互影响。

丝绸之路的开辟，将中国丝绸推向中亚和欧洲，这不仅为汉王朝带来巨大的经济收益，更在彼此不同文化的交流中，推动了

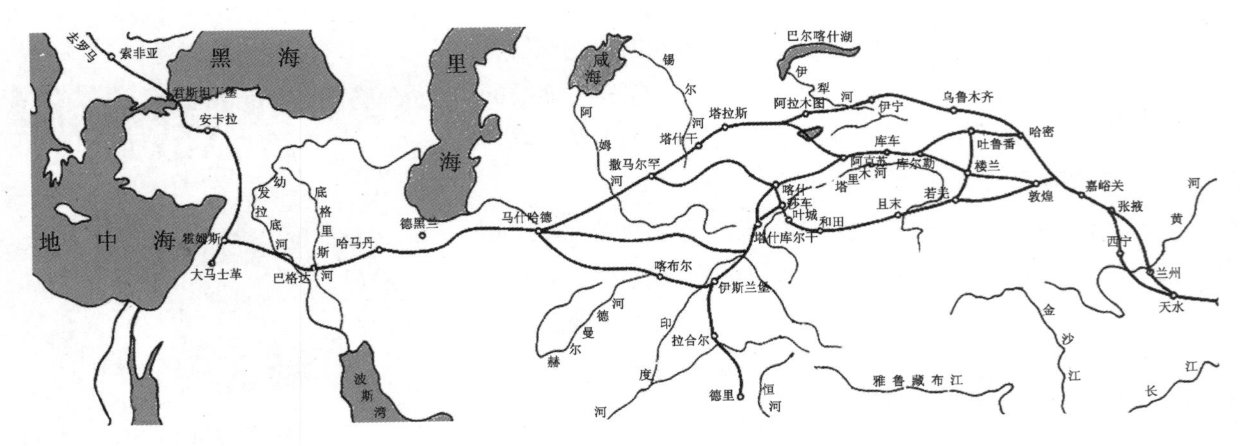

图5–4　丝绸之路示意图

中国和世界服装的发展。丝绸之路作为举世闻名的商贸之路，对后世也产生了深远影响，具有划时代的意义。

第二节 楚汉袍服

一、楚式袍服

战国时期，楚国的地域在七国中最大，跨越数省的疆土以湖北、湖南、河南、安徽等地为中心，形成浓郁的楚国文化。从20世纪中期以来出土的楚国文物来看，楚文化在先秦时期后来居上，超越了其他区域文化。楚国有最早用失蜡法铸造的青铜器，金币和银币也为楚国独有，先秦的木雕工艺品和竹编工艺品全出自楚国，帛书帛画更是唯楚独有，目前发现的先秦竹简几乎全在楚国，青铜编钟举世无双，漆器之精美叹为观止，精妙绝伦的丝织锦绣衣裳，令其他地域的丝织品望尘莫及，其纹饰图案丰富的夸张力和浪漫的想象力，色彩配置的艺术效果和地域特色，成为楚文化的缩影，更是战国时期文化的典范（图5-5）。

楚文化在战国时发展到鼎盛，而高超的丝织和丝绣水平，是这一时期的重要标志之一。1982年，湖北江陵发掘了一座战国时期的楚墓马山1号墓，出土丝织物及服饰品50多件，其品种之繁多，工艺之精湛，保存之完好，都是前所未有的。其中出土有女性墓主人的单衣、锦袍、夹衣、裤、裙、帽、鞋等服饰达20多件，真实的展现出当时的服饰状况。衣袍均为交领、右衽、直裾、上衣下裳相连属的样式，有绵、夹、单三类，单就袍服数量为最多，达到8件。称之为袍指与单衣、夹衣相区分而言的内有填充的长衣。其样式均为直裾，衣身、袖子及下摆等部均呈平直状，无明显弧度。领、袖、襟、裾[1]均有一道缘边，衣袖缘边较为奇特，通常用两种颜色的彩条纹锦镶沿。最突出的是两件其袖展开长为3.45米的锦袍，衣襟开口既不在侧面，也不在正中，而是开在中间偏右的部位，这是以往出土服式中较为少见。值得一提的是，出土的袍服中，衣袖间嵌接有袖裆的矩形衣片。这种缝于腋下的“嵌片”，体现出在当时的服装制作中已具有立体结构的造型意识。

(1) 战国时期的漆器衣箱

(2) 湖北江陵出土的战国锦绣纹样

图5-5 已出土的战国时期物品

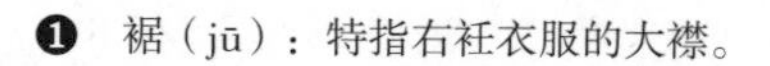

[1] 裾（jū）：特指右衽衣服的大襟。

从出土的战国楚袍实物可以看出，与先秦两汉典籍所记载的深衣制式是有差异的。因而我们把楚袍称为楚式袍服。楚袍一般是直裾[1]，曲裾袍较少。马山楚墓在公元前三四世纪之际，属战国中晚期，正是楚文化的鼎盛期，直裾应为当时的时尚。（图5-6）曲裾[2]楚袍的样式，则在出土的其他形象资料中可以看到。

如长沙陈家大山楚墓中出土的帛画上描绘女性的曲裾形制最有特色。衣领、边等部位有宽阔深色的厚实锦缘边，绣有条纹，衣袖为琵琶袖，小口大袖，即俗说的“张袂成荫”。袍身瘦小，袍长曳地，绣有卷曲纹，曲裾绕于前，腰系宽带。又如长沙子弹库楚墓出土的帛画中所描绘的男性人物，头戴高冠，身穿大袖袍服，衣襟盘曲而下，是典型的曲裾样式。可见当时男女服饰样式相同（图5-7）。

在出土的楚国彩绘木俑和漆奁所绘舞女的服装上，也可以看到曲裾和细腰的特点（图4-16），而且大多也是袍长垂地。男女束紧腰身使宽大的长袍显得更为灵动，这一风尚于春秋时

(1) 战国锦袍　　(2) 战国直裾袍

图5-6　湖北江陵出土的楚袍

图5-7　战国帛画

[1] 直裾：一种衣襟自领口处向右垂直而下而形成的裾形。

[2] 曲裾：出现于楚汉时期的一种衣襟缠绕身体的裾形。

楚灵王好细腰装束的典范直接相关，史籍中多有记载。如《墨子·兼爱中》："昔者楚灵王好士细腰，故灵王之臣皆以一饭为节（节制），胁息（屏住气）然后带（系腰带）扶墙然后起。比期（jī）年（过了一年），朝有黧黑之色（饥瘦而脸色发黑）。"后来有民谚说："楚王好细腰，宫中多恶人。"即指出当时社会从众的着装心理，一君所好，全国效仿。

楚袍的纹样色彩有南方山川迤丽，风光奇瑰的风格，也有楚国人敬鬼好巫，崇日尚赤的地方特色。马山一号墓出土的绣绢衣衾和彩色织锦，大多数是龙凤升腾舞蹈的形象，色彩达二十多种，以白、土黄、深褐、浅褐、绛红、紫红、黄棕、黑色为主，还有少量点缀作用的色如蓝、灰绿、灰黄、茄紫、茶褐、粉红、银灰等。值得一提的是黑色的运用，在图案中常用作主色，尤其在深浅褐色中作衬托。据《尚书·禹贡》记载，荆州产"玄纁"之色，可知当时楚国黑红等色属于名贵产品。此外楚袍花纹色彩中的对比色运用也颇具匠心，具有强烈的楚国漆器的特色。

图5-8　陕西西安出土身着三重衣的秦代陶俑

二、汉代袍服

秦统一全国后，为了清除周王朝遗下的繁缛礼制，秦始皇废掉了冕服中的前五种，并定袍为礼服（图5-8）。《中华古今注》："秦始皇三品以上绿袍深衣，庶人多为白袍。"

至西汉建立，在秦文化和楚文化的基础上，形成了汉文化，其主流是史官文化，特点为写实性多，朴厚，宏伟而飞动，礼文化中的儒学上升到经学地位，有一种破除陈旧创建新风的精神，有一种独尊天下迈视群雄的气势。司马迁的《史记》创史书之体例为史书之冠，被称为"史家之绝唱"；汉赋从楚辞发展而来兴盛于两汉，华丽的辞藻，流露出一种自豪和博大的情绪；汉代壁画和漆画中强烈的动感，表现出时代的生命力和飞扬跋扈的神采；汉代向西域的扩张，也是一种宏大精神的表现。总之，汉文化是一种具有宏伟气魄和积极乐观的时代精神文化。作为服装，自然会在这种文化背景中展示出自身的特点。

汉初承秦制，以袀玄为祭祀之服。至公元前104年，汉武帝改历法，以正月为岁首，定服色，以黄为上，但还没有制定详细的章服制度。直到东汉明帝永平2年（公元59年），才制定了官服制度，使儒家学说的衣冠制度开始在全国全面施行。

汉代服饰中最具代表的服饰是袍服，袍服在当时最具有普遍意义。上自帝王，下及百官，礼见朝会都可穿着。《后汉书·舆服志》中云："乘舆（皇帝）常服，服衣，深衣制，有袍，随王时色。……今下至贱更小吏，皆通制袍，单衣，皂缘领袖中衣为朝服"。袍服虽被视作礼服，士庶百姓也能穿着，只是质料较为粗劣。史籍中常出现"绨袍""麻袍""布袍"等名称，大多指百姓所穿之袍。袍服，以大袖为多。袖口部分收缩紧小。紧窄部分为"祛[1]（qū）"，袖身宽大部

---

[1] 祛：指袖子的袖口部分。

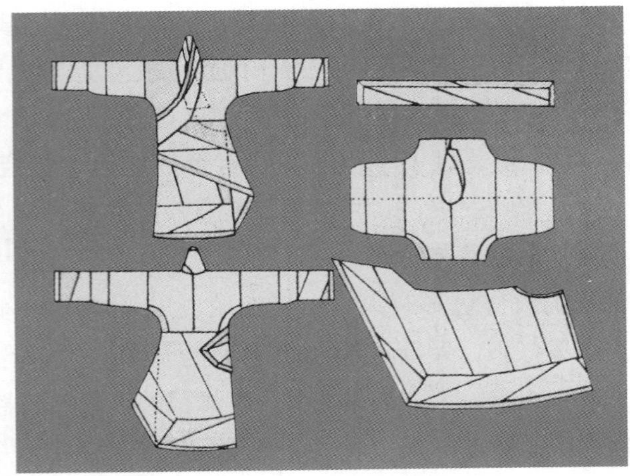

图5–9　长沙马王堆出土曲裾袍服及款式结构图

分为“袂[1]（mèi）”。袍服的衣领口坦露，穿着时其衣领的两襟相交，称为交领，能露出里衣。交领的领口形状不求一致，袍服在领、袖、襟、裾等部位缀以缘边。一般其色彩、纹样上较之衣身有所变化，所以有“衣做绣，锦为缘[2]”之说。

汉袍在原楚袍的基础上有所发展，特别是在花纹图案上发展了楚文化的浪漫主义风格，从对称规矩的图案一变成为飞扬流动活泼灵巧的不对称图案，同时吸收西域民族织物中的图案题材，极大地丰富了服装图案的审美内容。

在湖南长沙马王堆一号西汉墓出土的袍服是汉袍遗存至今最重要的实物，随之出土的还有大量的丝织品，其中前面提到的那件薄如蝉翼的素纱禅衣，足见汉代南方丝织工艺的精细水平。汉袍中按照裾的变化，可分为曲裾袍服和直裾袍服，其中尤以曲裾袍服最有特色（图5–9）。

曲裾袍是在衣襟右侧连缀一块三角形的帛，使衣襟延长，尖端绕至身后再从左腋下绕至身前，也有稍短的曲裾只绕至身后止。曲裾袍服在东周时就已出现，流行于西汉时期，当时不分男女贵贱，都喜穿这种服饰，特别是女性穿着更为普遍。长沙马王堆汉墓出土的帛画中，妇女都穿的曲裾袍，下摆宽大，纹样华美（图5–10）。出土的墓主人的12件袍服中，其中有九件都为曲裾样式。

直裾是楚袍的延续，自西汉至东汉逐渐普及，而最终取代曲裾，成为全社会都可穿的服装。究其原因，是下衣的变化所带来的。西汉时，下层劳动者流行穿一种短裤，名叫裈（kūn），形似犊鼻，故又叫犊鼻裈。相关史料记载，司马相如在市上当垆卖

(1) 帛画局部

图5–10

[1] 袂：指袖子的袖身部分。

[2] 缘：指衣服领口、袖口和衣襟的边缘装饰，其纹样、色彩、质地、宽度依不同时代有不同的表现。

酒，就穿着这种犊鼻和杂役一起干活。这种短裤有裆，不必用袍服罩于外，又便于劳作。下衣的发展使曲裾袍逐渐退出，而较为方便的直裾受到重视，并广为流行起来（图5-11）。

袍为长衣，包裹身体从上到下严严实实，有种深沉而庄严的气度。汉袍褒衣博带，宽袂如荫，曲裾如翼，纹绣体美，是对前朝袍服的发扬，又是汉风宏大深博精神的一种表现。

(2) 帛画

图5-10　长沙马王堆出土的帛画

第三节　魏晋南北朝衣衫

魏晋南北朝是我国古代史上一个重大变化时期，整个社会政治、经济、文化都处于激烈动荡之中。一方面战争连绵，政权更替频繁，处于长期的混战分裂割据的状态之中；另一方面，各族人民四处迁徙，相互交融，整个社会呈现出民族大融合的趋势。社会生活的动荡，意识形态领域的诸多变化都对人们服装观念产生重大的影响。各民族间的服装影响丰富发展了汉民族的服装文化，也为隋唐服装的高度发展奠定了基础。

一、社会政治文化对服装的影响

这一时期，社会时局的变化，也会使服装产生多变。《抱朴子·讥惑篇》有过这样的记载："丧乱以来，事物屡变，冠衣服履，袖袂财制，日月改易，无复一定，乍长乍短，一广一狭，忽高忽卑，或粗或细，所饰无常，以同为快。其好事者，朝久放

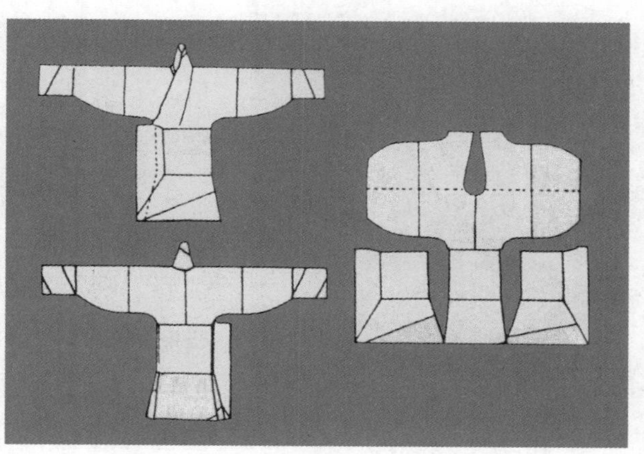

图5-11　长沙马王堆出土的直裾袍服及其款式结构图

效，所谓京辇贵大眉，远方且半额也。”这种变化无定，而又相互效仿的服装风气，是与动荡的社会和文化相共振的。这种服饰变化现象，我们还可以从这一时期其他文献记载中体现出，如《搜神记》记载有这类的例子：“孙休（三国时吴国国君）后，衣服之制，上长下短。又积领（上衣重叠而穿）五六（十分之五六），而裳居一二（十分之一二）。”“晋武帝（司马炎），泰始（公元265年—公元274年）初，衣服上俭下丰（上衣瘦小下衣宽大），着衣者皆掩腰（掩腰，指下衣掩住上衣）。”“晋惠帝元康中，妇人之饰有五佩兵（兵器状饰物），又以金、银、象角、瑇帽（玳瑁）之属（材料）为斧、钺、戈、戟而载之，以当笄。”从服装样式的变化中我们可以感受到当时政治文化的动荡对服装的影响，但另一角度也告诉我们，服装在动荡时期出现了较自由的发展空间，打破了束缚人的礼仪。人的思想解放，既有时代的原因，也有社会的原因。

图5-12　大袖衫
（顾恺之《洛神赋》）

两晋南北朝时玄学兴起，影响了人们的世界观和价值观，尤其在文人之中，崇尚思想自由，强调理性思辨，追求精神愉悦而放浪形骸，向往大自然的山水之美，崇尚清淡，超然物外，具有玄虚、恬静、超脱的特色。从某种意义上来说，这体现了文人不受传统束缚的自由意识的觉醒。这对于传统礼法的蔑视直接影响到服装观念和风尚的变化。周汉礼制中的服饰制度，把人们禁锢在繁琐褥节的生活中，必然会在这种自由奔放的精神思潮中遭到变革。

同时，因为两晋南北朝佛道盛。佛教所倡导的“空”与魏晋玄学的“无”相结合，影响了这一时期的艺术风格。反映在服装装饰的图案纹样上，打破了过去的神兽云气，枝蔓缭绕的传统内容，而出现一些新题材：大量具有塞外风味及西域特色的装饰纹样。如葡萄纹、狮子纹以及作为佛教装饰象征的莲花纹。其服饰上所反映的清秀艺术特点具有时代意义。

二、魏晋大袖衫

魏晋时期服式上仍以襦、衫、裙、为主。比之汉代其衣式明显宽博，男子多褒衣博带。女子则大袖翩翩，服装整体外观衣纹线条自然、流畅。见其秀丽之象，柔和，清疏之美。这得意于当时风靡一时的大袖衫。

大袖衫为交领直襟式，长衣大袖，袖口不收缩而宽敞，有单夹两种。另有对襟式衫，可开胸而穿不系衣带。这种衣衫的样式在许多形象资料中都有所表现（图5-12）。《晋书·五行志》：“晋末皆冠小而衣裳博大，风行相放(仿)，舆台（下层人士）成俗。”大袖衫因穿着方便又能体现人的洒脱和闲雅之风，所以大受欢迎，以至于从官吏到平民，从文士到劳役都相习成风。

晋代文人著名的竹林七贤，崇尚虚无而轻视礼法，放任自我，吟啸山林，他们身着大袖衫，敞领开怀，解衣当风。或捋袖至肩，或分襟露足，或退衣出臂，或去冠散发，全然一幅与世隔绝隐居山林的悠闲洒脱之态（图5-13）。魏晋士人这种讲求体形清瘦，以秀骨清风，不拘一格的着装方式，显然是对传统“穿衣之礼”的否定。

大袖衫的形制还影响到妇女的服装，魏晋时妇女仍以襦、

(1) 竹林七贤砖刻画

(2) 唐人孙位《高逸图》所绘的魏晋名士的风度

图5-13　着大袖衫的魏晋人士

衫、裙为主，但受时风影响，而趋向宽博。与男子的褒衣博带相号召，妇女也以大袖衫为时尚，衫为对襟，束腰，两腋上收线成弧形下垂过臀形成大袖，袖口缀有色条边。下衣为条纹间色裙，或其他裙式。南北朝时也大同小异（图5-14）。

大袖衫是深衣的一种发展和延续，在动荡的年代，大袖衫的实用便利，趋简易适体性是它所形成的重要原因。把袍的礼服性质消减，便服性质扩增，所以衫是便装外服最受人们欢迎的服装，也是服装和日常生活紧密结合的成熟的一种表现。此时不论上等官员，还是下等侍从也都穿着大袖衫，晋顾恺之绘的《女史箴图》中有八个舆夫，都是大袖飘飘，细纱笼巾的晋代衣冠（图5-15）。

(1) 河北出土的戴笼冠着大袖衫的北朝女官俑

(2) 女子大袖衫（顾恺之《洛神赋》）

图5-14　着大袖衫的女子

图5-15　着大袖衫的舆夫（晋代《女史箴图》）

三、裤褶与裲裆

从西晋以后北方和西北方的少数民族，都先后在中原地区建立政权。北方游牧民族与汉族之间文化相互融合，各族服装在原有的基础上有所改进，胡服之窄袖长衫和汉族的宽大衣裙共同构成一种新的服饰景观。由此可见少数民族服装的样式、习惯也丰富和影响了华夏民族的衣冠服饰。其中最具有影响的是两种典型服装样式：裤褶和裲裆。

1. 裤褶（xí）

上衣下裤的服式称为裤褶服。这时的裤不同于秦汉前的“胫衣”和“穷袴”，而是源于北方的戎装，经改制而成为胫衣和穷袴的结合体，可以直接穿在外面，行动方便，与上衣褶配套也体现出简捷便利的风格。裤为合裆，裤脚有小口大口之分，大口裤即保持汉族衣服宽大的习俗而制成，但不便于活动，于是又在膝下缚一带子，称为缚裤。这种吸收外族服装形制的例子在中国服装史上屡见不鲜。褶为上衣，交领，长及膝上，有夹层，其形若袍，因与裤配穿，故统称裤褶。裤褶流行颇广，不分贵贱男女，都喜好穿用，上至皇帝，下至侍女，都以裤褶之服为美，遍及全国，并延续到隋唐（图5-16）。

2. 裲裆

裲裆为前后两片衣片，在肩部和腋下用袢带联结。军戎服中有裲裆甲，分为前后两片，一护胸，一护背，没有衣袖，这种形式来源于民服中的裲裆，但一般穿在里面。早在汉代已有此服制和名称，刘熙的《释名》中有所记载。裲裆为夹衣，里面填有絮，男女皆穿，后来因穿于外面，而绣上图案。如南朝王筠有《行路难》写道：“胸前却月两相连，”却月即半圆形图案。《晋书·舆服志》：“元康末，妇人衣裲裆，加于交领（上衣）之上。”正是妇女对这种服装能保温又便于活动的喜爱。1979年在新疆吐鲁番阿斯塔那的晋十六国时期的墓葬中出土有裲裆实物残片，以红绡为地，上用黑、绿、黄三色丝线绣成蔓草纹、圆点纹和金钟花纹，四周以素绢镶边，衬里为素绢，夹层纳以丝棉。远在新疆能出土晋代的这种服装，可见裲裆服装的流行范围之广（图5-17）。

在这时期原为北方胡人服装的裤褶和裲裆，融入中原服饰，表明北方游牧民族与中原民族服饰文化的融合进入一个新的阶段。

(1) 穿裤褶的晋代侍人

(2) 戴突骑帽，披小袖衫的官吏（北朝）

(3) 北朝侍从俑

(4) 北朝女俑

图5-16　着裤褶的侍者及官吏

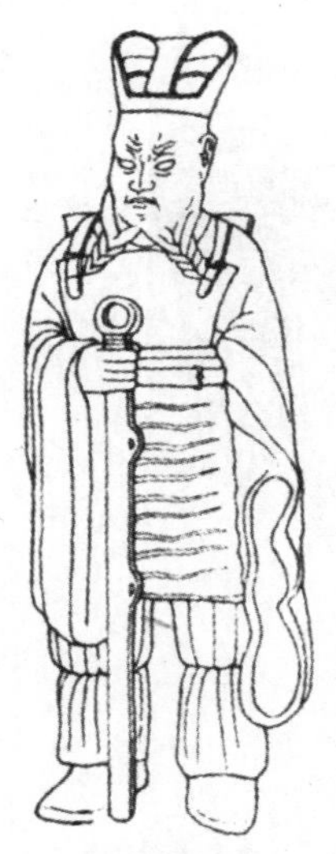

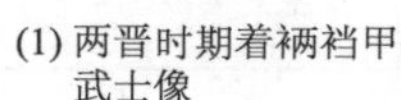

(1) 两晋时期着裲裆甲的武士像

(2) 河北出土的南北朝时期，戴小冠，穿裲裆裤褶的男俑

(3) 穿裲裆甲和裤褶的南北朝的武士画像砖

图5-17　着裲裆裤褶的男士

第四节　男子冠巾与时尚

一、冠

冠巾是古代男子必戴的头衣，既表示身份地位，也折射出各时期的社会风尚和人们的审美趣味。

1. 楚冠

战国时期，礼崩乐坏，各国衣冠异制。当时就有“楚冠”之说，又称“南冠”。楚国居南方，南方服饰风尚为头顶高冠。史书记载楚文王好獬(xi è)冠，一时举国风行（《淮南子・主术训》）。獬冠现不知其形制，据《后汉书》记载，即是法冠，高5寸，实际上是从前者演化而来的。屈原的《离骚》中有：“高余冠之岌岌兮。”《涉江》中有“冠切云之崔嵬”的句子,好高冠成为士大夫之风尚。长沙子弹库楚墓出土的帛画中男子头戴峨峨高冠，显然是楚国南冠风格（图5-7）。楚国的人体审美在于细腰，加之高冠，人就更显得修长，这种以细腰为美的着装在楚汉时期多为流行。

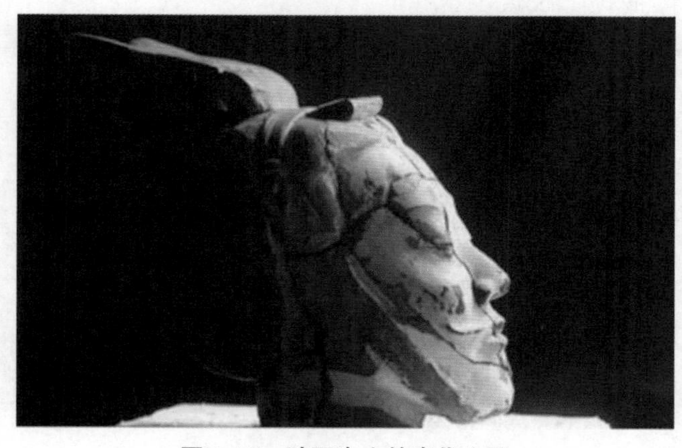

图5-18　陕西出土的秦代文冠

2. 秦冠

秦统一统六国后，对冠服制度做了大规模调整，将周代的六种冕服去了五种，只保留了玄冕。《后汉书・舆服制》：“秦以战国接天子位，灭去礼学，郊祀之服，皆以袀（jūn）玄。”“袀玄”即黑色服装。因秦认为周代为火德，尚赤，而灭火者水，所以秦王自为水德，尚黑。这也是五行思想在服装上的反映。秦代冠巾一律黑色，百姓被称为“黔首”，小吏及侍从又称为“苍头”。2001年在陕西秦始皇陵封土的西南角的一个大型陪葬坑中，发现了秦代文职秦俑12件，戴单板或双板长冠，是秦冠第一次面世（图5-18）。从形制上看与汉代的长冠相似。

3. 汉冠

汉代的冠也是区分等级地位的标志。儒家礼治对维护等级秩序是极其讲究的，对冠的划分自然较周代细致，从史书和汉代绘画雕塑等遗存中可以知道，汉冠有19种之多，有的是古制的沿袭，有的是汉代的独创（图5-19）。现根据资料整理出表格，以见汉代冠制的总貌（见下页表）。

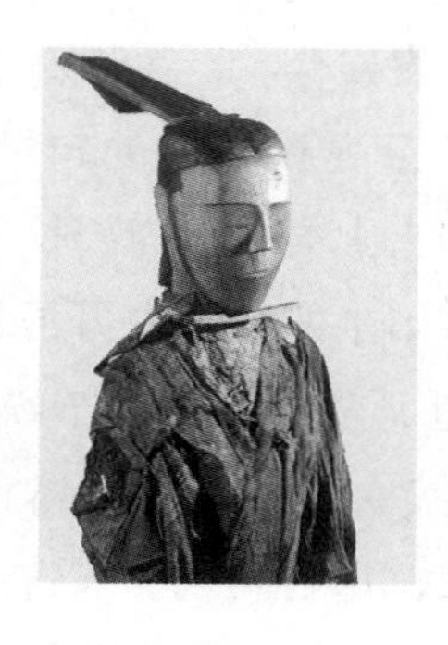

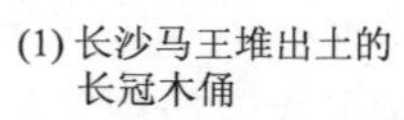

(1) 长沙马王堆出土的长冠木俑

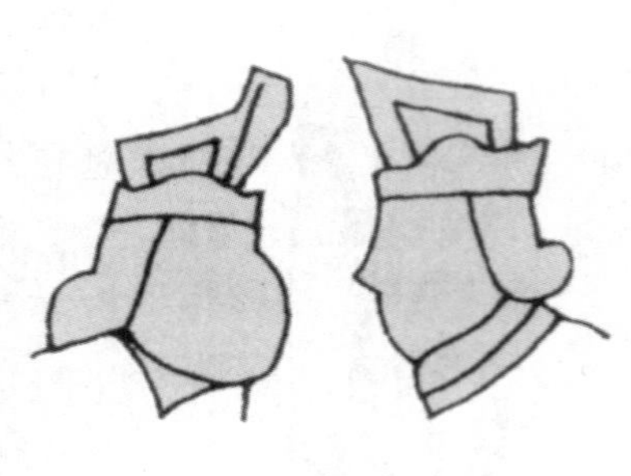

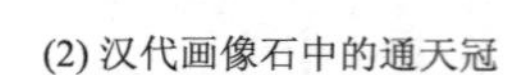

(2) 汉代画像石中的通天冠

(3) 武弁

图5–19　汉代的冠

汉代冠制一览表

冠名	形　制	冠者及用途	来　源	别　名
冕冠	綖板长12寸、宽7寸，前圆后方，外黑，内为红绿二色，皇帝12旒，系白玉珠；诸侯7旒，青玉珠；卿大夫5旒，黑玉珠	皇帝、公侯、卿大夫，祭祀及重大礼仪所用	循古制	—
长冠	高7寸、广3寸，促漆，纚为之，制如板，以竹为里	公以上官员祭祀时用	刘邦称帝前所戴，原为秦之冠	刘氏冠、斋冠
委貌冠	长7寸，高4寸，上小下大，形如复杯，皂色绢制成	公卿诸侯大夫辟雍、行大射礼之冠	古玄冠、皮弁的发展	玄冠
爵弁	广8寸，长12寸，前小后大，上用雀头色缯，有版持笄	内侍祀天地、五郊、明堂，玄翘乐舞人亦冠之	周代爵弁发展而来	—
通天冠	高9寸，正竖顶少斜，直下，为铁卷梁，梁前有展筒，有山、述	百官朝贺时，天子戴之	—	—
远游冠	与通天冠相似，但有展筒横于前，无山、述	诸王所戴	—	—
高山冠	直竖无山、述	中外官、谒者、仆射冠之	原为齐王冠，秦赐近臣谒者戴之	侧注冠
进贤冠	前高7寸，后高3寸，长8寸，公侯有三梁，博士以上二梁，博士以下一梁。宗室刘氏为二梁	文官、儒士冠之	—	梁冠
法冠	高5寸，以纚为展筒，铁柱卷	执法者冠，御史常冠	原为楚王冠，秦赐执法近臣，汉沿用之	獬豸冠、柱后
武冠	有貂尾为饰，赤黑色，侍中插左，常侍插右，后汉时，加双鹖尾竖于左右	武官所戴	原赵王之冠，秦赐之近臣	武弁大冠，貂蝉冠
建华冠	以铁为柱卷，穿大铜珠9枚	祀天地、五郊、明堂、乐舞人冠	—	鹬冠
巧士冠	前为5寸，腰后相通、直竖	郊天时黄门从官4人冠之	—	—
方山冠	近似进贤冠，五彩縠为之	郊天时从人及仪仗中用，一说歌舞乐人用之	—	—
术士冠	前圆	司天官所戴，东汉已不用之	—	—
却非冠	如长冠而下促，高3寸	宫殿门吏、介射所冠	—	鹊尾冠
却敌冠	前高4寸，通长4寸，后高3 寸，形如进贤冠	卫士报戴	—	—
樊哙冠	广9寸，高7寸，前后出各4寸，似冕	司马殿门卫所戴	樊哙护刘邦于鸿门宴所戴	—

注　汉代1寸=2.31厘米。

(1) 汉代文吏

(2) 西晋陶俑

图5-20　戴进贤冠的人士

从所列表中可以看出，汉代尽管制定出十几种冠，但有的使用范围很小，除了祭礼之外，常为文武官员所戴的不外乎进贤冠和武弁两种，其余则为门卫和舞人所戴。现着重介绍最有特点的进贤冠。

进贤冠是我国服装史上影响深远的一种冠式，自汉代出现后，历两晋南北朝至唐宋，进贤冠在礼服中始终居重要地位。明代的梁冠实际上也属于进贤冠的改制，可以说进贤冠自汉以后沿用一千八百余年，足见其影响之大。《续汉书·舆服志》："进贤冠……文儒者之服也。前高七寸，后高三寸，长八寸。公侯三梁，中二千石以上至博士两梁，自博士以下至小吏，私学弟子皆一梁。宗室刘氏亦两梁，示加服也。"可知进贤冠自公侯至小吏以及学校弟子都可戴，区别在于冠上的梁数（图5-20）。

二、帻与巾

"帻（zé）者，韬（约束）发之巾，所以（用来）整乱发也。当在冠下，或单着之。"（颜师古《〈急就篇〉注》）帻为男子包束头发的首服，目的是长发不至下垂蒙面。后来帻的形制有了变化，在前额加一平面称为颜题，后逐渐加高，形成帻屋，又加耳，此时大体已和帽相类似（图5-21）。汉代戴进贤冠时，先戴帻，再加冠。帻有平巾帻（平上帻）、介帻、空顶帻之分，前两种为男子基本首服，后一种为未成年少年所服，露双髻于外。不同场合所冠戴的帻以颜色来区别，如斋用绀帻，耕用青帻，猎用缃帻等。颜色也区别不同身份，如侍者用绿帻，文吏春服时用青帻，武吏用赤帻等。

巾的起源很早，商周时庶民用来约发，而士以上者有冠无巾，秦时广为流行于士卒中，汉代时巾颇受王公大臣欢迎，常以巾裹头，而以此为雅尚，其风波及魏晋，为文人儒士所喜好。

魏晋时巾帻的后部逐渐升高，中呈平型，体积缩小至顶部，称为平巾帻或小冠。冠上加笼巾，称为笼冠，用黑

图5-21　戴巾帻的汉代男子

图5-22　戴笼冠的男子

图5-23　战国穿窄袖衣的杂技艺人

图5-24　穿窄袖衣的秦代男俑

漆纱制成，故称漆沙笼冠，至南北朝时通行于全国，男女皆戴（图5-22）。

三、胡服、佩剑及带钩

大小诸侯纷争，各国衣冠异制，风尚自有不同，或出自政治军事原因，或出自民族审美原因，最为突出的是流行穿胡服，着带钩及佩剑风尚。

公元前307年，赵国国君武灵王赵雍（史称我国最早的服装改革者）苦于受北方匈奴和西部林胡、楼烦的侵扰，发现军队宽袍大袖不利于作战，决定进行军事改革，命令军队改穿胡人服饰，短装、皮带、皮靴；战车改成骑兵，很快提高了军队的战斗力。一时胡服骑射成为赵国的流行风。短窄精悍的胡服，从军队传到民间。从赵国传到其他国家，给中原地区服饰带来全新的面貌，极大地促进了服饰的发展（图5-23）。秦国军队也进行改装，服装随兵种而设计，以便于作战为标准，大袖一律变窄袖。民间服饰也发生变化，衣短齐膝，袖身变细，革带上配带钩（图5-24）。

男子佩剑是这时期的风气。春秋时期，青铜铸造业十分发达，青铜剑成为武器中的上乘，铸造精美，工艺达到登峰造极的地步。越国以铸剑闻名，有关铸匠干将莫邪的故事甚为流传。剑的大量生产，为男子佩剑风尚提供了可能。《战国策》记冯谖（xuān）客孟尝君故事，冯谖家贫不能自给，去孟尝君门下当门客，因待遇太低而不满，三弹其铗。铗即剑，尽管贫困，但佩剑还不能没有，冯谖的剑没有装饰，《史记》记载："冯先生甚贫，犹有一剑耳，又蒯缑（用绳子缠剑柄）。"好剑之风由此可见。《庄子·说剑》载："赵文王喜剑，剑士夹门而客三千余人。"更是举国之士以习剑为尚。南方楚国屈原在《涉江》一诗中写道："余幼好此奇服兮，年既老而不衰。带长铗（剑）之陆离（长貌）兮，冠切云（冠名）之崔嵬（高貌）。"《离骚》中也有"高余冠之岌岌兮，长余佩之陆离。"之句，都是佩剑风尚的写照。长剑高冠也是楚国的风尚。《说苑·善说篇》载："昔者荆（楚国）为长剑危（高）冠。"（图5-7、图5-25）

汉代，公卿百官至小吏平民佩剑蔚然成风。据史书记载，魏相好武，令诸吏带剑奏事，有未带剑者，入朝奏事时，就借剑佩戴才敢入内，又有"道路张弓拔刃然后放行"的记录（《汉

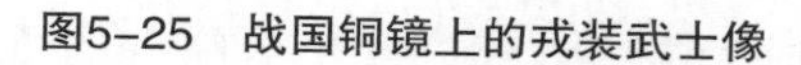

图5-25　战国铜镜上的戎装武士像

图5-26　战国佩剑铜人

图5-27　战国漆绘佩戴钩的男子

书·严延年传》；《后汉书·舆服志》刘昭按：“自天子至于庶人，咸皆带剑。”从出土文物中可以看到这样的形象，如战国时佩剑的铜人和汉代佩剑的门吏（图5-26）。

春秋早期就有带钩出现，男女皆用，用青铜做成，固定在革带的一端，束腰时把带钩钩住革带另一端的环或孔，使用方便，与今天所用的皮带相类似（图5-27）。因带钩在衣服外面，所以讲究美观，工艺也日益精湛。战国时带钩制得极为精美，材质高贵，工艺精良，形式多样。1951年在河南辉县固围村5号战国墓中出土的包金嵌琉璃的银带钩，长18.4厘米，宽4.9厘米，呈琵琶形底，银托面包金组成浮雕兽首，两侧二龙缠绕，至钩端合为龙首；口衔状若鸭首的白玉带钩，两侧鹦鹉二只，钩背嵌三毂纹白玉玦，两端的玦中嵌琉璃珠，玲珑剔透，极尽奢华。此外，在其他战国墓还出土过金带钩、金银错铁带钩、玉带钩等。

至汉代，带钩材质更为贵重，工艺日趋精巧。如1984年广州市南越王墓出土了一件玉龙虎带钩，长19.5厘米，宽4.1厘米，通体琢浮雕变形龙虎纹。同墓出土了玉龙附金带钩，龙尾嵌套金质，长14.4厘米，精美异常。此外，少数民族地区出土的带钩，纹饰浮雕表现出民族特色，猛兽相搏，飞马奔驰等，极具动感，风格粗犷（图5-28）。

(1) 战国及汉代的金带钩

(2) 云南出土的汉代银错金带扣

图5-28　战国及汉代的带钩带扣

东汉晚期，腰带上为了佩挂随身小用具，又出现了銙（kuǎ）环，銙环上挂几根附有小带钩的小带子，称为“鞢（dié）韄（xiè）”，其带故名“鞢韄带”。这种带具一直沿用至魏晋南北朝时期，以及初唐，中晚唐后逐渐消失。南北朝时最高级的鞢韄带装有13环，为君王之带，但也可赐予重臣。

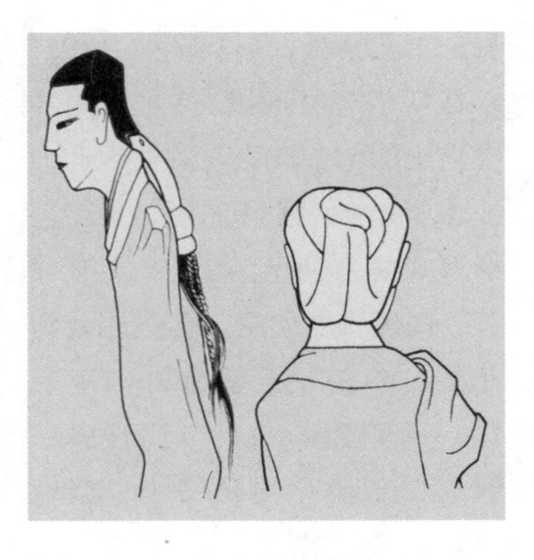

图5-29　马王堆出土的汉代女俑发式

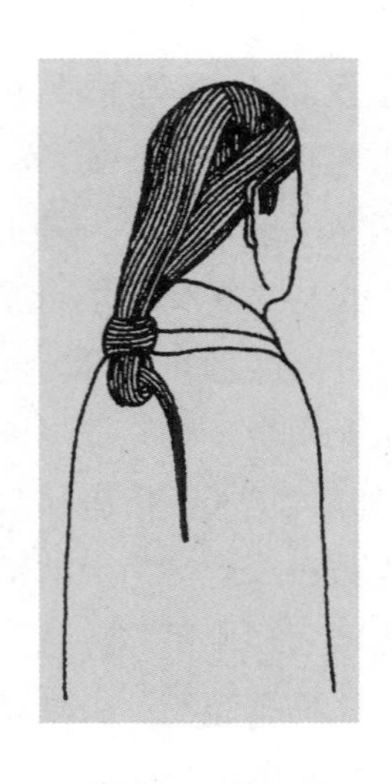

图5-30　湖北出土的梳堕马髻木桶

第五节　女子发式及时尚

一、发式

古代男女都不剪发，头发长长后就梳理盘辫，男子盘于头顶用巾包裹后加冠，女子无冠，以发笄固定，所以女子发式变化最多并和发饰相映成趣，成为中国古代妇女不可缺少的重要装束。

商周女子与男子一样以梳辫为主，曲卷垂于肩或盘成顶心髻，加骨笄横贯其间来固定。战国时，编辫方法有了变化，有的在后背长辫发中结成双环，有的下垂作圆锥形，有的双辫搭在胸前，还有的在辫梢上接以假发延长至膝。汉代女子发式也大致为两种，一垂背后，一盘于头顶。从长沙马王堆汉墓出土的女俑中可以看出社会下层女子的发式（图5-29）。

女子发式称为髻，通常从头顶正中分开为两股，然后将两股发编成一束，由下朝上反搭，挽成各种样式。西汉时流行垂髻，下垂至肩如云般娴雅，名叫垂云髻，后流行高髻，有童谣说：“城中好高髻，四方高一尺。”

东汉曾流行一种堕马髻，侧在一边，沉甸甸的垂在耳后，如从马上摔下来后发髻变形的样子。这种堕马髻是汉桓（huán）帝时，皇后的哥哥大将军梁冀之妻孙寿所创，并画愁眉、啼妆，走路时装作足不胜力，叫折腰步，笑时装作牙痛样，称为龋齿笑，表现出一种病态愁苦的娇容。一时全国妇女仿效之，形成风气。皇帝一时大怒，令予禁止，派兵前往收捕，扯髻折腰，不几年把梁冀一族诛杀。堕马髻流行于民间，可在东汉乐府诗中看到，《陌上桑》描写一名采桑女子罗敷：“头上倭堕髻，耳中明月珠。缃绮为下裙，紫绮为上襦。”倭堕髻即堕马髻之变式。此后，堕马髻一直沿传到唐、宋、元、明各朝（图5-30）。

魏晋南北朝时，女子发髻受宗教画中仙女和飞天形象的影响，出现新的样式，诸如灵蛇髻、飞天髻、盘桓髻、双环髻等，但没有汉代的高髻和堕马髻对后来唐代发式的影响大。总体上南北朝妇女发式逐渐向高大方面发展，借假发来装饰，千姿百态，表现出独特的社会时尚（图5-31）。

古代妇女，唯一可予外人见的是头部，对头部的化妆成为女子最重要的事情。商周时期经济不发达，妇女的头饰并不突出，最华贵的不外“副笄六珈”，对发式的新奇变化意识还没有觉醒。秦汉时经济飞跃，社会有了长时期的和平，妇女对自己的发式十分注意，出现了极大的变化。

为了追求人的修长之美，妇女追求一种高髻，与南方男子戴高冠有共同的心理。高髻要用假发，又称“义髻”，可以随心所欲来制成各种形式，并饰上华美首饰。秦代的发髻名目就美不胜收：望仙髻、凌云髻、神仙髻、迎春髻、垂云髻、参鸾髻、黄罗髻、迎香髻；汉代又有瑶台髻、堕马髻、盘桓髻、分髾（shāo）髻、同心髻；魏晋南北朝时期又有灵蛇髻、反绾髻、百花髻、芙蓉归云髻、涵烟髻、流苏髻、飞天髻、回心髻等，更是五花八门，不断翻新。当如此众多的发髻出现在社会上时，整个风尚都注重于妇女头上，进而促进了妇女对时兴发髻的仿效。

图5-31　南北朝时期梳丫髻的妇女

假髻流行风习日炽，这一时期无论贫富，妇女在一定场合都要装饰假髻，富者日趋华贵，贫者因无力置办，只能借用，晋代称这一行为为“借头”。《晋书·五行志》：“太元中（公元376~公元396年）公主妇女必缓鬓倾髻，以为盛饰。用发既多，不可恒戴，及先于木及笼上装之。名曰假髻，或名假头。至于贫家，不能自办，自号无头，就人借头。”可见对发髻的重视胜于对发饰的要求。有一种用假发和帛巾做成帽子样的髻，白天可戴在头上，晚上取下来，称为“帼”，后来用“巾帼”来指代妇女，也就源于这种假髻（图5-32）。

(1) 江苏出土的晋代梳假髻的陶俑

(2) 山东出土的汉代石墓画像中戴帼的妇女

图5-32　戴假髻的女子

二、步摇

发髻上都有发饰装饰，以增加妩媚娇艳。古代女子发饰极为丰富，除有的起固发作用外，大多是一种对头部的美饰，最为流行的典型发饰为步摇。

《释名》曰：“步摇，上有垂珠，步则动摇也。”步摇是在发簪上发展而来的，以金制成，又名金步摇。在花枝状饰物上垂以珠玉，插于发上，一步三摇，增添女性婀娜之美。

步摇始于战国，宋玉《风赋》中：“主人之女，垂珠步摇。”即指此。汉代步摇形制从汉代帛画中可以看到，细枝上缀满珠玉，闪动于额前，《后汉书·舆服志》集解：“汉之步摇以金为凤，下有邸，前有笄，缀五彩玉以垂下，行则动摇。”说明

(1) 顾恺之《女史箴图》局部

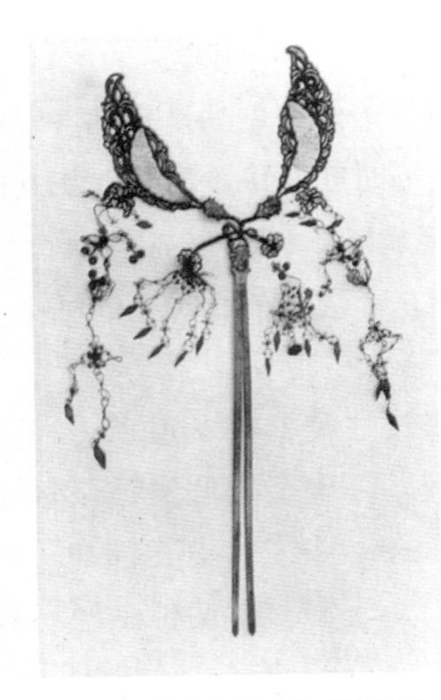

(2) 安徽出土的五代时期步摇

图5-33　戴步摇的女子

(1) 顾恺之《女史箴图》局部

(2) 汉代规矩文铜镜

(3) 战国玉梳

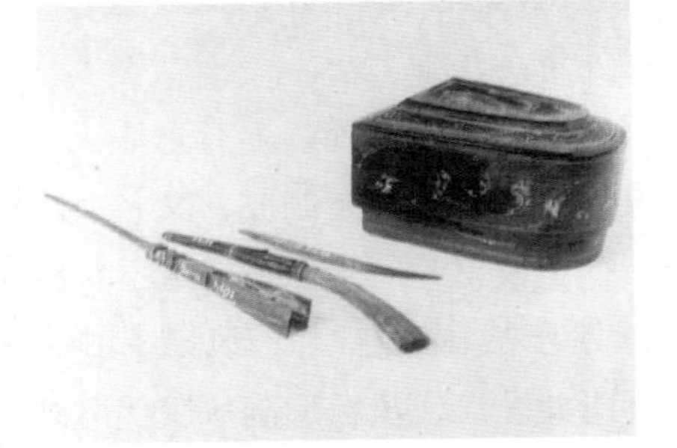

(4) 汉代妇女梳妆用品

图5-34　古代女子梳妆用品及场景

了步摇所装饰的图案和结构。魏晋南北朝时，步摇仍在妇女中流行，制作更加复杂精美了，如梁代女子范靖妇有《咏步摇花》一诗："珠华萦翡翠，宝叶间金琼。剪荷不似制，为花如自生。低枝拂绣领，微步动摇瑛。但令云鬓插，蛾眉本易成。"可见极为华贵（图5-33）。

步摇作为发饰影响极深，延至唐代而广为流行。在各种发髻的变化中，插上花枝招展般的步摇，行走时叮咚悦耳，这既是古代女子审美意识的反映，也是全社会对女子理想形象的一种肯定。与春秋时好细腰相比，从对腰肢的重视转移到对头部装饰的欣赏，人们对服装整体的审美要求有了发展（图5-34）。

本章综评

封建社会前期相对奴隶社会来说，时间跨度已大大地缩短，一千余年的文明发展，使来自上古的服装已达到成熟，人们的服装观念和自觉意识也非前一个历史时期可比。战国时期兴起的各种工艺都达到上乘的水平，为汉代显赫而辉煌的文化艺术奠定了基础，并为西汉开辟通往西域及欧洲的丝绸之路起到先驱作用。丝绸之路的壮举成为世界文明的一页载入史册。

楚文化和汉文化的传承关系，在袍服中集中体现出来，汉代深宏博大的文化精神和开拓创新的勇气，是这一时期服装成熟的重要背景，更为后来魏晋服装中追求超逸脱尘的风格和女子发髻竞相争奇的时尚开辟了一代之风。

男子冠巾的丰富与女子发髻的繁多形成这个时期最为奇异的服装现象，带钩的流行和步摇的盛传更增添了瑰丽的色彩。当有代表性的服装——魏晋大袖衫在文士中成为时尚，短衣佩剑则在市井和军队中形成时代潮流，这种服装的南北差异和层次差异，正是服装多样性的表现。北方少数民族服装在这个时期与中原汉民族服装发生过多次冲撞、交融，最后以裤褶和裲裆的服装形制表现出民族服装的融会贯通。它既可看成是千余年来民族文化的融合物，又可看成汉民族博大文化对异族文明的容纳和吸收的结晶。

思考题

1. 名词解释：锦，曲裾，袂，裤褶，裲裆，笼冠，进贤冠，帼，堕马髻，步摇。
2. 简述丝绸之路的作用和影响。
3. 简述楚汉袍服所依存的文化背景以及它们各自的特点与相互关系。
4. 什么是大袖衫？它有哪些特征？它反应怎样的一种时代风貌，举例分析。
5. 南北朝时期北方游牧民族服装对汉族服装产生了怎样的影响？请举例说明。
6. 简述封建社会前期男子的冠，女子的发式及其主要时尚特征。

封建社会中期服装

课题名称： 封建社会中期服装

课题内容： 纺织印染与衣料
唐宋官服
唐代女服
唐代女妆
宋代女服
服饰时尚与百工百衣

课题时间： 5课时

训练目的： 通过本章学习，学生应了解中国古代服装已达到以唐宋为中心的鼎盛时期，并且在风格上产生了不同的变化。官服制度更加成熟，不同时代的女装则表现出各自独特的风韵，并能够从这些现象中把握服装史发展的规律。

教学要求： 1.了解纺织印染与衣料的发展和服饰纹样的特点。
2. 深入了解唐宋官制与官服的关系。
3. 重点把握唐代女子服装特点。
4. 了解宋代女服的特点。
5. 了解唐宋服装时尚和百工百衣现象。

第六章　封建社会中期服装

——绚丽与素雅

（公元581~公元1279年：隋、唐、五代十国、宋时期）

本章导语

唐朝拥有辽阔的疆域，国力也空前强盛，形成一种文化开放，包容性极强的局面，人的精神比较自由，创新意识得以发展，因此出现了辉耀千古的诗歌、纵情恣肆的草书、笔墨雄劲的绘画、倔强粗豪的建筑等艺术形式。唐人这种追求个性，超越前人的气度，使大唐社会呈现出酣醇、雄浑、豪迈、激越、奔放、流动、欢腾、浓郁、苍凉等颇具阳刚之美的文化品格，并成为时代的主流。在这种文化背景下的服装，更是凭借得天独厚的优势发挥得淋漓尽致。追求富丽又潇洒的服饰观与极尽变化的创造力巧妙地结合在服装之中，人们从唐代服装中可以充分地领略这一时期文化的辉煌。

宋代儒学复兴，程朱理学把儒、道、释融合一体创建了新的伦理，从新的层次和高度对人性道德做了规范。这种以人的内在修养为本，强调道德的观念极大地影响了唐代以来开放自由的精神，自然也波及宋代服装的发展。宋代的艺术几乎都带有一种素淡、柔弱而不失雅致的特点，如婉约温柔的词、淡雅疏朗的文人画、纤靡柔弱的书法、细腻精致的瓷器、循规蹈矩的建筑等。受思想和文化的制约和影响，宋代服装也体现了这种阴柔娇雅的气质。南宋时文化中心南移，更加重了这一气质中柔美的情调，服装中表现出纤细而带市井平民精神的迁变。但值得庆幸的是两宋科学技术得到较大发展，中国四大发明中的三大发明：指南针、印刷术、火药都出现在宋代，医药、冶金、造船、纺织技术都得到了空前的发展。划时代的水转大纺车极大地提高了纺织能力，南宋后期棉花的迅速普及，从而改变了我国服装材料的格局。丝织工艺更加精湛，产量大幅增加，极大地满足了人们的需求。服装在工艺和品种方面有了很大的发展，这一状况为后来服装的创新留下了极大的空间，也提供了新思路。

封建社会中期虽然只有不足七百年的历史。但唐代史诗般壮丽的文化充满了开放、热烈和雄健的精神，使唐代服装自汉魏以来发展到绚丽夺目的境界。宋代文化精神中的理性倾向和文雅细腻的艺术气质，以及追求素淡朴实的社会风尚，使宋代服饰收敛为简约、儒雅及精致，同时也流露出一种谨慎和拘束。由绚丽到素雅正是这一时期服装变化的重要特点。

第一节　纺织印染与衣料

隋唐宋时期是封建社会经济和文化的鼎盛期，科技也得到空前的发展，丰厚的经济基础刺激了社会对服装的需求。同时，国家对服装有了高度重视，设置了相应的管理机构，为纺织印染工业提供了法律上的保护。所以这一时期的纺织印染技术大大超越前人，为服装的兴盛以至绚丽进而变革，起到极大的促进作用。

一、纺织印染的空前发展

隋唐以前，我国的织染技术就已达到很高水平，战国和汉代时期花纹绚丽色彩斑斓的丝织品，至今仍被赞为艺术珍品，有立体感的彩色绒圈锦是汉代织染技术的杰出代表。到了隋代，又创造出用木板雕出花纹，然后将布夹入加以染色的技术，并能用多套色镂空版印花，使织染品获得空前的发展，并为唐宋的染织品开拓了更大的创造空间。

唐代的纺织品主要是麻织品和丝织品两大类。丝织品的分布十分广泛，其中以河南、河北居全国之首，其次为四川，然后是江南地区。除了遍及全国的民间纺织业之外，唐代还建立了庞大的官府丝织业机构——少府监下的染织署，署下辖25个作坊，分工精细："凡织饪之作有十［一曰布，二曰绢，三曰絁（shī），四曰纱，五曰绫，六曰罗，七曰锦，八曰绮，九曰䌷，十曰褐］；组绶之作有五（一曰组，二曰绶，三曰绦，四曰绳，五曰缨）；䌷线之作有四（一曰䌷，二曰线，三曰弦，四曰网）；炼染之作有六（一曰青，二曰绛，三曰黄，四曰白，五曰皂，六曰紫）。"这种精细的分工，表明唐代纺织印染技术的高度发达和社会消费的精益求精。

盛唐时流行夹缬（xié），即用隋代的雕花木版夹染的方法，并在镂空板加筛网印制织物。此印花方法解决了印制封闭圆圈的问题。这种技术后来传到日本和欧洲各国，促进了世界印染技术的发展。《唐语林》卷四贤媛条："玄宗时柳婕妤有才学，上甚重之。婕妤妹适（嫁给）赵氏，性巧慧，因伎工镂板为杂花之象而为夹缬。因婕妤生日献王皇后一匹，上见而赏之，因敕宫中依样制之。当时甚秘，后渐出，遍于天下，乃为至贱所服。"

唐代还创造出"腊缬"，即蜡染工艺。用蜡在织物上绘成图案，浸染料中入染，然后煮去蜡成为色地白花的印染品。入染时产生的不规则裂纹，形成独特的民族装饰效果。独具个性的纹理，单色或复色的变化，成为一时新宠。今天云贵地区的蜡染织物，可说是唐代的遗绪。

宋代城市人口有了极大的增长，对服装的需求更胜前朝，纺织业更有了重要成就。丝织品花色繁多，如锦的品种达一百多种，著名的有苏州宋锦、南京云锦、织金锦等；官府机构增多而升格，设有文思院、绫绵院、裁造院、内染院、文绣院等；丝织提花机已臻完善，成为当时世界上最先进的纺织机。

宋代的棉纺织业是一个新兴的手工业，发展迅速，从海南、广东、福建扩大到长江淮河区域，为服装的变化从材质上奠定了基础。

宋代的印染技术更为先进，色谱也较齐全。夹缬依然盛行，并出现了专门化现象。政府曾明令夹缬印花只许用于印染军服，禁止民间使用，商人不许贩卖夹缬花版，但民间仍然悄悄使用，至南宋时只得开禁，夹缬印花很快流行起来。宋以后出现用桐油竹纸代替木板来制作镂空印花板的技术，不但节省了时间和成本，还使印花图案更加精细。此外，宋代还发明了用石灰和豆粉调制出呈胶体状的浆来代替蜡进行涂绘和纺染的技术，为推广纺染技术提供了技术条件，称为"药斑布"（即蓝印花布），在民间广泛流行，那种蓝白相间的格调，和宋代的朴素雅致的服装风格极为协调。

二、唐绫宋绊新品纷呈

隋唐至宋的纺织物尽管有丝、麻、棉等，但仍以丝织品为衣料的主体。从纺织、印染的产量上看，也是丝织品居首位。隋代的丝织品贮存于洛阳的数量之多，到隋代亡国十多年后，唐代宫廷都没用完，而唐代的丝织品每年的产量更是以千万匹计。当时极其发达的生产力，自然产生出更丰富的品种，以致朝廷设置的机构都十分细化。锦、绫、罗、绮、纱、绸、絁等都是十分常见的丝织品，这些丝织品中分别有各地的精品，如剑南、河北的绫罗；江南的纱；彭越的缎；宋、亳二州的绢；常州的绸；润州的绫；益州的锦。

在众多的丝织品中，唐代的缭绫是较重要的衣料之一。白居易《缭绫》诗："缭绫缭绫何所似？不似罗绡与纨绮。"缭绫是一种有冰纹状的斜纹丝织物，为唐代的贡品，其品种也颇繁多。当时定州是产绫的著名产地，有细绫、瑞绫、两窠绫、独窠绫、二色绫、熟线绫等；其他产地如蔡州又有四窠绫、云花绫、龟甲绫、双矩绫、鸂鶒绫；越州有宝花绫、白编绫、交梭绫、十样花纹绫等；润州则有水纹绫、方纹绫、鱼口绫、绣叶绫、花纹绫等。这些令人眼花缭乱的绫，充分表明了唐代丝织工艺的高超技术。

绫是一种轻薄的丝织品，而锦则是一种厚重的多重丝织物，是丝绸中最鲜艳华美的产品，因而更能满足唐代人们对绚丽美的精神追求。唐锦中较著名的有益州锦和扬州锦。益州锦即蜀锦，自两汉以来就颇负盛名，唐代时直接向朝廷提供丰富的产品，每年多达八千多匹。扬州则向朝廷贡成衣和衣料，诸如"蕃客锦袍五十领，锦被五十张，半臂锦百段，新加锦袍二百领"等（《通典·食货六》）（图6–1）。

宋代的锦工艺发展更快，北宋时彩锦有四十多种，到南宋发展到百余种，并产生了在缎纹底上再织花纹图案的织锦缎，真正是"锦上添花"了。宋锦的特点在于品种更为丰富，工艺更加精细。宋代在唐锦中的夹金技术上有了进一步发展，各种饰金织物达十几种，使唐代奢靡之风入宋后有增无减，到后来才由盛转衰，被素雅之风所取代。

图6–1 唐代花树对鹿纹绫

宋代最具特色的丝织品是缂（kè）丝，它以本色生丝为经，彩丝为纬，用手工采取通经断纬的织法织出正反面花样色彩相同的织物。宋代缂丝以河北定州为最佳，在宣和时最盛。缂丝又称刻丝，宋代庄绰《鸡肋篇》描述："定州织刻丝不用大机，以熟色丝经于木棦上，随欲作花草禽兽状，以小梭织纬时，先留其处，方以杂色线缀于经纬之上，合以成文，若不相连。承空视之，如雕镂之象，故名刻丝。"北宋时缂丝主要用作服饰的装饰上，缂法较简单，纹样结构既对称又富于变化，力求实用。到南宋，则从实用转向于欣赏，并发展成独立的艺术织品，采用细经粗纬的纬起花法，以唐宋名家书画为缂丝内容，使丝织技术与书画艺术结合起来。南宋著名的女缂丝能手朱克柔的缂丝艺术品极为精巧，丝缕匀称，织面紧密，画面配色丰富，层次分明协调，无论人物、树石、花鸟，皆有立体感，形象逼真，后人曾赞叹说："古淡清雅，有胜国诸名家风韵，洗去脂粉，至其运丝如运笔，是绝技，非今人所得梦见也。"她的传世作品有《茶花图》《莲塘乳鸭图》《牡丹》等（图6–2）。

图6-2　宋代缂丝

三、衣料上的纹饰与图案

衣料上的纹饰与图案最能表现时代的风尚，反映出社会文化的主流倾向。唐代文化的博采众长，追求绚丽、华贵的艺术风格，在丝织品衣料纹饰上展现得淋漓尽致。织锦纹样中最有代表性的是联珠纹，在团纹的周边饰有一圈小圆，如同联珠，是传统图案和波斯图案的发展与融合（图6-3）。另一纹饰是对称格式的图案组织——陵阳公样，系唐初四川主管皇室织造物的官员陵阳公窦师纶所设计。这种对称的纹样，包括对狮、对羊、对鹿、对凤、对马等，以团窠为主体，围以联珠纹，中央为各种对称动物纹样，风格秀丽华美，颇具特色（图6-4）。此外还有散点和几何形纹饰，也能体现一种大唐的富丽和绚烂的特色。

唐代丝织纹样，初唐时多为几何图案，再缀以小团窠纹或莲花纹；盛唐时发展为较活泼生动的小簇花和小朵散花搭花；至中晚唐以后，出现较大变化，缠枝花、大宝相花、联珠团窠宝相花显得雄健豪迈；写生折枝花、缠枝立凤则生动活泼。此时的纹饰图案表现出唐代隆盛时期壮丽雄伟、富丽堂皇的文化精神，具有充沛的生命力。

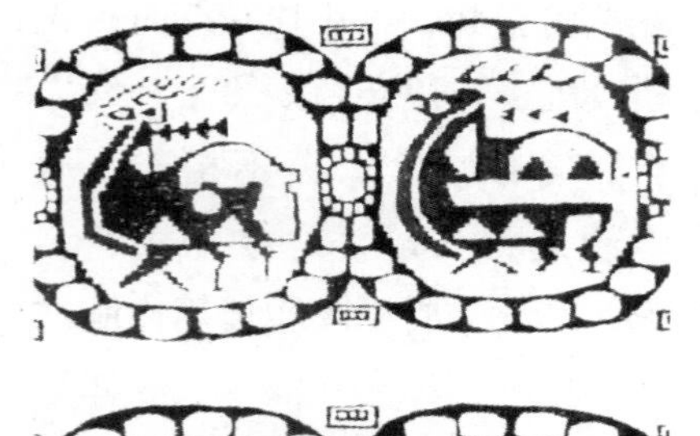

图6-3　唐代联珠鹿纹锦

第二节　唐宋官服

一、唐宋官僚体制对官服的影响

官服是服饰中较为重要的一项内容，在一定程度上对社会主流服装产生导向作用或支配作用。官服又服从于官僚体制的变化，是官制的具体表现。

唐代官制在隋代基础上进一步健全完备，设有三省六部的中央机构官制，地方官制为道、州、县三级制。唐代对从中央到地方官员的官阶做了划分，共有九品三十阶。在给一些人以身份地位而不授职权时，也以九品区分，称为散官，并各有称号。宋代的官制承唐代而来，虽各个时期有所变易，但只是名称和职权上的变化，或分权或合权，主体上仍属于三省六部制的延续。地方官制实行路、州、县三级制。宋代官员也以九品分级，文官共

图6-4　唐代联珠对马纹锦

二十九阶，武官则有三十一阶。后来官阶分得更细，文散官为三十七阶，武散官为五十二阶，同时又有内侍官十二阶、医官十四阶。

唐宋官僚机构的改革，对官服产生深远的影响，这种规范、明了的官僚机制以及与此相配的一大套详细而完备的官服制度，使服装的符号性、标识性更为鲜明突出，数百年官服的威风不减，成为后来历代封建王朝的典范。

二、唐代官服

唐代的官僚体制是隋代的继承与发展，官服制度也具有这一特点。隋代初，将南北朝时纷乱的服制归于一统，创制衣冠，令官民按等级着服，使服制出现有序化。其中恢复周代古制，吸收北方游牧民族服饰的优秀特质，确定以色分品的新服饰制度，为唐代官服的规范化开拓了新的思路。

唐高祖李渊为突出新生政权的权威，于成德七年（公元624年）颁布了命令，对官服做了新的规定，从天子、皇后、太子、太子妃以及群臣、命妇等都一一规定了服装的形制，包括祭服、朝服、公服、常服等，在质料、纹饰、色彩方面形成完整的系列，较之前代更为丰富多样而富丽华美。

1. 冠帽与幞（fú）头

唐代冠服与古代冕服大体相同，天子冕前后垂二十四旒，衣十二章，百官从一品着衮冕、戴九旒、服九章开始，按二品鷩冕、七旒、七章顺次递减，至五品玄冕、无章。此外有黑介帻、进贤冠、进德冠、通天冠等，都是古代冠制的承袭，只是外形略有变化而已（图6–5）。

唐代冠帽中值得注意的是幞头。幞头是隋唐五代时期男子经常戴的巾帼，上自帝王百官，下至庶民百姓，均以其为常服。幞头原名折上巾，由汉末魏晋的幅巾演变而来，至北周武帝时裁为四脚，名为幞头。隋代的幞头将幅巾的两角结于脑后，自然下垂如带状，另两角则回到顶上打结成装饰，头顶则更加隆起，更为美观。

隋末时在幞头之下另加上一个巾子扣在发髻上，“裹于幞头之内，前系二脚，后垂二脚，贵贱服分。”（郭思《画论》）使幞头裹出一个固定的形状。巾子的质料有桐木、丝、葛、纱、罗、藤草、皮革等。初唐出现了“平头小样”的幞头，顶上巾子低平；至武则天朝，有“武家诸王样”，顶部高而前倾，分为两瓣；到唐中宗至玄宗开元初（公元709~公元713年）又出现了“内样巾子”，顶部大而圆，分两瓣俯向前额，其后又有“官样巾子”，顶上突高，小头尖圆而不前倾。这一时期幞头均为两脚下垂，通称为“软脚幞头”。

中唐到五代时期，幞头形制又有变化。中唐时，巾子从前俯变为直立；晚唐则微微后仰，顶部分瓣也不明显，两脚渐渐平直或上翘，称为“朝天幞头”。五代时发展为两脚平伸的硬脚，故叫“硬脚幞头”，到宋代称“直脚幞头”。中唐以后幞头的两脚里面以铁丝为骨，官宦士庶均同一样式，到唐末才用木围头，以纸或绢为衬，已经形成了一种帽子。幞头的质料颜色与北周时一样，均以三尺皂绢，也兼用罗、纱或絁（粗绸）等，直到宋、明都是如此（图6–6）。

2. 官服与品色服

唐代官服按功能分类，应包括朝服、公服、常服，前二者仅为正式朝廷活动时所服，颇为烦琐。而常服则较为普遍，是帝王贵臣以至百姓的常用服装，足以代表时代的主流风尚。

唐初袭隋制，天子用黄袍及衫，并对不同品级官员的服色作了规定，如：亲王等及三品以上服大科绫罗紫色袍衫，带饰用玉；五品以上服朱色小科绫罗袍，带饰用金；六品以上服黄丝布交梭双钏绫；六品、七品用绿，带饰以银；九品用青，饰以

图6-5　戴巾帻的隋代官吏

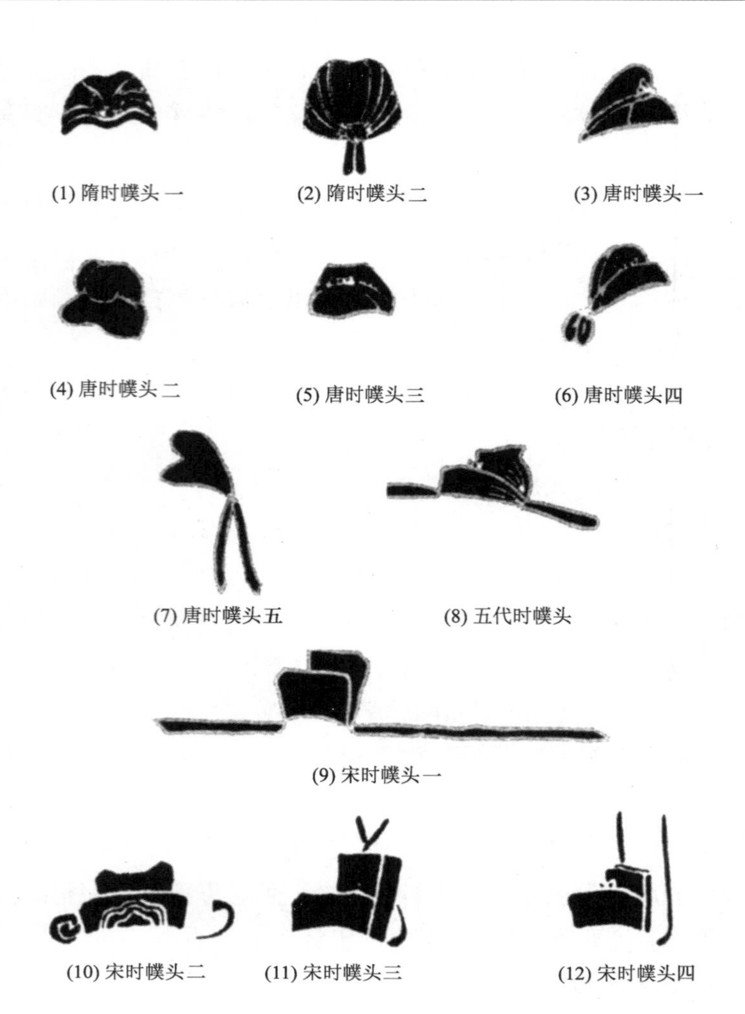

图6-6　隋唐宋幞头演变示意图

瑜石；庶人用铜铁带。这种以服色来区别官阶的服饰，称为品色服[1]。品色服的出现，是唐代印染技术高度发展的结果。后来品色服又有多次更改，如太宗时命七品服绿色，龟甲双巨十花绫，九品服青丝布杂绫；贞观年间又定三品服紫，四品服绯，五品浅绯，六品深绿，七品浅绿，八品深青，九品浅青，流外官及庶人用黄；高宗龙朔二年（公元662年）改八品、九品着碧；总章元年（公元668年）又定一切人不得着黄，黄色从此成为皇帝专用色，也就有了宋朝的开国皇帝“黄袍加身”的故事。这种不断变化的服色中，既体现了唐朝对官服严格的品级制意识，又反映出唐王朝对绚丽色彩的喜好。试想满朝文武聚宴之时，姹紫嫣红的服色，如同一幅满园春色的富丽景象（图6-7）。

官员袍衫的形制为圆领窄袖，领袖及襟等处不加任何缘饰，袍身长及膝下。这一形制，是唐代服饰集不同地区、不同民族、不同风俗以至不同时期、不同文化的优秀因素于一体的典型，显示了大唐帝国胸怀天下，海纳百川的博大胸怀，也证明了唐代服饰文化具有由多元而趋向一统的特点（图6-8）。

3. 靴与佩鱼制度

靴本为北方游牧民族的服饰，自春秋时赵武灵王进行服装

[1] 品色服：唐代对不同品级官员的服色作了规定，这种用服色来区别官阶的服饰称为品色服。

图6-7　阎立本《步辇图》

改革后，胡服引入中原，靴就成为汉族服饰中的一种，并广为官民喜好，历秦汉魏晋至隋唐不衰。隋唐官服中规定帝王贵臣着乌皮六合靴，以至贵贱通用。如《唐书·李白传》记载：“帝爱其（李白）才，数宴见，白尝侍帝，醉使高力士脱靴，力士素贵（素来高贵），耻之（以此为耻）。”唐代穿靴颇为流行，凡官吏将帅，文人乐士都有穿靴之好。

官服有佩饰，称为章服。唐代佩饰以鱼符、鱼袋为主，兼有佩龟、龟袋及其他佩饰。唐高祖武德元年（公元618年）九月，改银菟符为银鱼符。高宗永徽二年（公元651年）五月，给四品五品官佩鱼；咸亨三年（公元672年）五月，五品以上赐新鱼袋，并饰以银；武则天垂拱二年（公元686年）正月，诸州都督刺史并准京官，带鱼袋。佩饰以鱼为符，鱼袋也制成鱼形，是唐朝官服的贯制。因鱼像鲤形，鲤与李同音，李为唐朝国姓，故以鲤鱼为佩饰。

图6-8　晚唐穿襕衫袍的士人

鱼符的质料根据身份加以区别，皇太子为玉鱼，亲王为金鱼，诸官为铜鱼，上刻官品和姓名。鱼有左右二形，左向之鱼放在朝廷，为两个，右向之鱼随身佩戴，只一个。应诏进宫时，必与在朝的左鱼勘合，才能入宫，有验明身份的作用。佩戴时将鱼符置于鱼袋中，挂在腰间的革带上，凡着朝服时必佩之。若有离朝去官者，刻姓名的鱼符要缴回朝廷。后至唐玄宗时才准许官员终身佩鱼，以此为荣。

此外还有一种以帛制成的鱼形佩饰，称为帛鱼，仅仅是一种饰物，无通行验证的功用。

三、宋代官服

宋代的服饰制度，大致沿袭唐制，但由于理学思想的蔓延，使服饰趋于保守，倾向于复古，出现了多次服饰改制，最终形成了宋代独特的服饰风格，成为典雅质朴、繁简适度、雅俗共济、古中求新的时代服饰。

1．进贤冠、幞头、东坡巾

宋代群臣上朝时戴进贤冠，装饰古朴，形制日趋复杂，冠梁分七梁、六梁至二梁，用以区别官阶，并配服各种官服。如七梁冠："金涂银绫，貂蝉笼巾，犀簪导，银立笔，朱衣裳，白纱中单，并皂褾（bi ǎ o，服饰的绲边）、襈（zhu à n，衣服的缘饰）、蔽膝随裳色，方心曲领，绯白罗大带，金涂银革带，金涂银装玉佩，天下乐晕锦绶，青丝网间施三玉环，白袜，黑履。三公、左辅、右弼、三少、太宰、少宰、亲王，开府仪同三司服之。"

宋代幞头演变成两种，一种是直脚幞头，方形，背后左右两侧伸出一角，用铁丝、竹篾、琴弦为骨，初时较短，后逐渐伸展加长。据说是防止官员上朝时交头接耳而创制。直角幞头已脱离了唐代的巾帕顺裹的形制，可以随时取戴，和帽子相同，所以君臣都可通用。另一种是软脚幞头，圆顶，为非官方场合或不同阶层人戴用。此外还有各式幞头，为下层人所用。

东坡巾又名高装巾子、乌角巾，相传为苏东坡常戴之巾帽，故名。形制为四棱方正形，棱角突出，内外四墙，内墙较外墙高出许多，戴上使人有一种端直、持重、高雅、庄穆之感，因而深受文人雅士喜爱。东坡巾自宋代以来，至明代都为文士、隐宦以至朝官所服，成为一种典型的服饰文化现象（图6–9）。

2. 袍服

宋代的官服包括祭服、朝服、公服（即常服）、时服四种。祭服起用了古代全部六种祭服，略有省改，但长期处在群臣的争论中，多次改制，终无定制。朝服一般为朱衣朱裳，束大带，红色蔽膝，白袜黑履，挂玉剑、玉佩、锦绶，戴进贤冠等。冠顶一侧插羽，冠后簪白笔，手执笏板。尊卑贵贱以花纹和佩饰之有无来区别。

图6–9　着东坡巾的宋代文人（宋《会昌九老图》）

公服以袍为代表，袍服是官员在一般庆典官场和燕居时的常服，分为两种：一种为宽体大袖，另一种为紧身窄袖。官阶以质料、颜色、纹样来区分。如三品以上服紫色，五品以上服朱色，七品以上服绿色，九品以上服青色。宋神宗元丰年间（公元1078~公元1085年）改制，四品以上服紫色，六品以上服绯色，九品以上服绿色（图6–10），而民间庶人袍服则只许用白色和黑色两种。

图6–10 戴直脚幞头穿袍服的宋代皇帝（《历代帝王像》）

3. 履与佩鱼

宋初承唐制而着靴，后因理学兴盛，指责靴不符古代礼制，宋徽宗政和年间（公元1111~公元1117年）改为履，而至南宋孝宗乾道七年（公元1171年）又重新改用靴，但在形制上作了改革，成为靴式履制，即满足了百官复古心理，又保留了二者的优势。《宋史·舆服志》戴："乾道七年，复改用靴，以黑革为之，大抵参用履制，惟加靿（靴筒）焉。其饰亦有绚（鞋头之饰）、繶（鞋底边滚条）、纯（鞋上滚条）、綦（鞋带），大夫以上具四饰，朝请、武功郎以下去繶，从义、宣教郎以下至将校、伎术官并去纯。底用麻再重（二层），革一重。里用素衲毡，高八寸。诸文武官通服之，惟以四饰为别。服绿者饰以绿，服绯、紫者饰亦如之，仿古随裳色之意。"

宋代佩饰也承唐制而佩鱼袋，凡衣紫色、绯色者皆有，但其作用不再是验明身份，而是区别贵贱的符号性饰物。

第三节 唐代女服

唐代服装浓烈的民族风情和极度的开创性意识，集中地表现在女服上。除掉具有政治色彩的命妇服外，女性日常生活的服装充分表达了唐代妇女的大胆开放，追求个性，展现时代精神的观念。唐代女服及其着装方式是封建社会划时代的文化现象，具有里程碑的意义。它上承历史之源头，下启后世之径道，和其他艺术共同创造了唐代灿烂辉煌的文化，在服装史上让人们惊叹不已。

唐代在思想文化上承袭魏晋南北朝的遗产，包括其中外来的非汉族文化也一同继承下来，加之政治开明，经济繁荣，社会稳定，中外交流频繁，形成了容纳不同思想意识和文化形态的社会背景，与汉代相比，有一种宽容大度、潇洒自如的气派，这对女服的迅速发展提供了极其有利的条件，致使女服出现了丰富多彩雍容华贵的服饰造型与不拘一格的穿着方式。

一、上衣

1. 襦、袄

襦是一种衣身狭窄短小的夹衣，袖子窄小。这一样式起于魏晋，至初唐仍流行，到盛唐后渐少。中唐诗人韩偓《美人》有句云："袅娜腰肢淡薄妆，六朝宫样窄衣裳。"晚唐诗人李贺《秦宫诗》诗云："秃襟小袖调鹦鹉，紫绣麻缎踏哮虎。"说明中晚唐女子仍有着窄袖襦者。阎立本的《步辇图》中的侍女就是这种服饰。另有长袖襦，穿着者不

(1) 隋代女瓷俑　(2) 唐代妇女（敦煌壁画）　(3) 穿窄袖上衣的五代乐伎（顾宏中《韩熙载夜宴图》局部）

图6-11　穿短襦长裙的女子

如前者多。袄长于襦而短于袍，衣身宽松，也有夹衣和棉衣，窄袖与长袖之分。

襦和袄的颜色以红、紫最流行，黄、白次之；领型除交领、方领、圆领外，还有各种形状的翻领，以对称翻折的庄重造型，突出人物的头部形象；领和袖口都加以纹饰，或镶拼锦绫，或金彩纹绘，或刺绣纹饰，显得华贵富丽；衣身也有绣饰，"新贴绣罗襦，双双金鹧鸪"（晚唐温庭筠词），就是描写青年女子的襦服绣饰。

2. 衫

衫是单衣，有袒胸贯头、对襟和右衽大襟三种，袖子分窄袖与大袖。春秋时可穿在外面。有时人们把襦和衫联称，叫襦衫或衫襦，有所不妥，襦为紧身夹衣，衫为宽身单衣。衫中最具唐人风格的是袒胸窄袖衫，贯头式低领，胸部露出一半乳房，能充分表现女子胸部的形体美。周渍（fén）《逢邻女》"慢束裙腰半露胸"，方干《赠美子》"粉胸半掩凝晴雪"等诗句，都是袒胸衫的写照。这种袒胸的衣衫，是唐代女性表现自身美的勇敢精神的体现，表明了秦汉以来儒家礼教中对妇女的桎梏被打破，是中国封建社会妇女第一次在自由的空气中塑造自我形象的重要标志。另有大袖形制，为盛唐宫中贵族女子所喜好（图6-11）。

3. 半臂

半臂也称半袖，是一种短袖或无袖的上衣，可穿于内外，内者衣短，外者衣长，但大多及于腰间，极具装饰性，突出女性身材。领有斜领和直领之别（图6-12）。

图6-12　穿半臂的唐代妇女（陕西西安出土的唐三彩）

4. 帔帛

帔帛[1]是唐代女子常用的一种披巾，是与上衣相配套的一种装束。一条轻纱罗裁成的宽幅长巾，印染或织绣花纹图案，披绕双肩或背后，两端左右下垂，参差不齐，也可绕于臂上，一副轻柔潇洒风情万种的韵味。帔帛实际上是一种女性着装的饰物，自秦汉时已有之，唐代形成风气，影响波及两宋，明清以至民国都有女性用帔帛装饰，后来演变成披巾、围巾（图6–13）。

图6–13　穿帔帛的唐代妇女

二、下衣及鞋履

1. 裙

唐代女服中的裙最为丰富多彩，绚丽夺目变化万千中又风格协调，充分体现出唐代繁丽而奢华的服饰风尚。

隋至初唐时女子多穿长裙，长裙曳地，裙腰及胸，下摆圆弧，裙形瘦窄，妙肖形体。裙上多绣花纹，色彩斑斓。长裙的裁制有用5幅丝帛的，也有用6幅、7幅、8幅，甚至12幅的。多幅长裙有单色和多色之分，多色称为间色长裙或裥裙，以朱绿、朱黄、黄白相间者为常见（图6–14）；单色裙则以红、紫、黄、绿、青及白色为流行色。《开元天宝遗事》载：“长安仕女游春，野步遇名花则设席藉草，以红裙递相插挂以为宴幄。”可见红裙流行之盛。

图6–14　女裥裙（唐墓壁画）

盛唐时还流行花笼裙和百鸟裙。花笼裙是用一种轻软细薄而半透明的丝织品单丝罗制成的一种花裙，上用金银线及各种彩线绣成花鸟形状，罩在它裙之外，为短筒状。自隋时已有此裙，当时是用夹缬套色印花，至唐渐改为绣花，多为贵妇所服。百鸟裙是将多种鸟羽捻成线同丝一起织成面料而制成的裙子，色泽艳丽，变化无常，不同角度和光线会产生不同的色彩。这种裙子十分昂贵，计价百万，但为贵族妇女所喜好，竞相仿效，可见唐代贵族妇女对时尚服饰追求的奢靡。其他裙从唐人诗中可以得知，如荷叶裙：“荷叶罗裙一色裁，芙蓉向脸两边开。”（王昌龄《采莲花》）；柳花裙：“藕花衫子柳花裙”（元稹）；珍珠裙：“金翘峨髻愁暮云，沓飒起舞珍珠裙。”（李贺《天上谣》）；翡翠裙：“宫前叶落鸳鸯瓦，架上尘

[1] 帔（pei）帛：隋唐时的一种长形布帛，用轻薄柔软的织物裁制而成，穿戴时披搭在肩膀之间，由于上面有图案花纹，亦称“画帛”。

生翡翠裙。”（胡曾《妾薄命》）；以及郁金裙、石榴裙等（图6-15）。

中唐至五代，裙的形制发生变化，主要表现在裙袘（yì，裙下边缘）加长，裙围加宽，而且多制襞（褶裥），盛唐时社会对女性以丰硕肥腴为尚，至中晚唐尤为如此，女性多褶的宽裙自然流行，宽大即能适体，行走时又飘然，显出女性的柔美（图6-16）。

2. 鞋履

妇女鞋履大小与男子大体相似，但鞋头作凤头形，所谓“碧镜缃钩，鸾尾凤头。”《旧唐书·舆服志》载：“武德（公元618~629年）来，妇人著履，规制亦重，又有线靴。开元（公元713~749年）来，妇人例著线鞋，取轻妙便于事，侍儿乃著履。”可知鞋履有别。此外也有草

图6-15 唐印花绢裙

图6-16 张萱《捣练图》

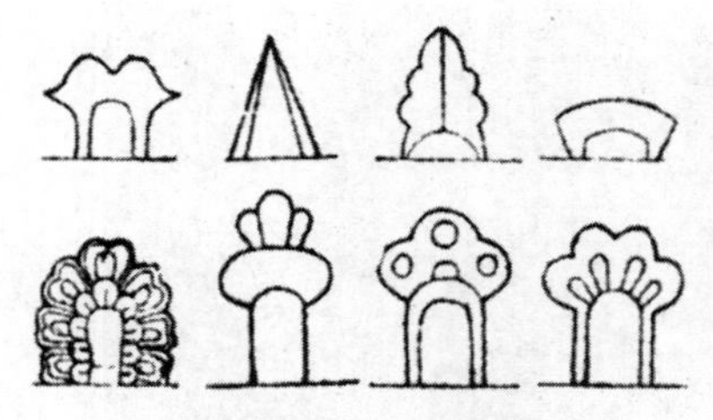

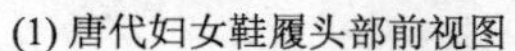

(1) 唐代妇女鞋履头部前视图

(2) 蒲草鞋（新疆出土）

(3) 织锦鞋（新疆出土）

(4) 麻鞋（新疆出土）

(5) 唐代变体宝相花纹锦鞋

图6-17　唐代鞋子

履和靴，一为民间所着，另一为宫中侍女或乘骑女子、歌舞者所着（图6-17）。

三、女着男装与胡服

隋末唐初始至盛唐时期，妇女着男装或胡服是封建社会兴盛期服装的一大特点。究其原因，一是社会风气的开放，女性着装的自由度很大，二是受西北游牧民族及外域民族服装的影响，三是妇女猎奇心理的作用。女着男装和穿胡服是同时流行的，有时互相影响，或者交杂著于一身。如韦洞（jiǒng）墓石刻侍女形象，即头戴幞头，身着折领窄袖胡服，下穿小口裤，足着软锦靴，集汉、胡服饰于一身。《唐书·舆服志》载："开元初，从驾宫人骑马者，皆胡帽靓妆露面无复障蔽，士庶之家又相仿效，帷帽之制绝不行用。俄（不久）又露髻驰骋，或有着丈夫衣服鞾（xuē）衫，而尊卑内外一贯矣。"其他文献也有类似记载，足见当时女性服饰之大胆和自由（图6-18）。

胡服中最为妇女喜好的是羃（mì）䍦（lí）、帷帽、胡帽和靴。唐代女子骑马之风很盛行，尤其宫廷仕宦女子竞相骑马为乐。《开元天宝遗事》载："都人士女，正月半乘车骑马，于郊野之中开探春之宴。"又有李白《陌上美人》诗描述："骏马骄行踏落花，垂鞭直拂五云车。美人一笑褰珠箔，遥指红楼是妾家。"女子骑马自有不同装束，不同时期略有变化，但大都以胡服为尚。初唐时多着羃䍦，武则天时流行帷帽，再后则是胡帽风行。羃䍦是一种用缯帛制成的大帽帔，戴于头上，罩住面部以及身体，既挡风尘，又蔽面目。初时较大，形同一个小帐篷。《旧唐书·舆服制》记有："武德贞观之时，宫人骑马者，依齐、隋旧制，多著羃䍦，早发自戎夷，而全身障蔽，不欲途路窥之。王公之家，每同此制。"可知羃䍦源自北方民族，在南朝时已有之，传入中原后，至唐代成为时尚。后来，羃篱由于取戴不便，加之女性活动更为自由，到高宗永徽年间（公元650~655年），便被浅露脸面的帷帽取代了。帷帽在帽檐垂下丝网，饰上珠翠，至武则天时广为流行（图6-19）。胡帽则无网巾，只扣头顶，女子面孔展露于外，使唐代社会显现出开放与活力的景象。胡帽是统称，西北游牧民族的帽子都纳入其中，有

(1) 张萱《虢国夫人游春图》局部

(2) 着男装的妇女

(3) 着胡服的妇女

图6-18　着男装与胡服的唐代妇女

图6-19　唐代时期的妇女帷帽

虚顶蕃帽、卷檐虚帽、浑脱帽、白皮帽等。唐诗人张祜《观杨瑗拓枝》："促叠蛮龟引拓枝，卷檐虚帽带交垂。"即写的跳拓枝舞的女子所戴的胡帽。胡帽多用名贵织物或羊毛织成，以彩丝、金缕织出图案，纹样新奇精美，色彩艳丽，所以深受唐代女子的喜爱。

第四节 唐代女妆

唐代女子对新奇的东西有一种极大的热情，在服饰上追求变化与创新，能大胆地穿戴男装和胡服来充分表现自我。同时又在发髻和面妆上花样翻新，争妍斗奇，把一个大唐社会装扮得艳丽无比。

一、发式

唐代妇女发式主要分为髻、鬟、鬓三类。

1. 髻

自开元（公元713年）以后，妇女可以“露髻驰骋”，发髻自然成为女性装饰的重点。当时胡风正炽，仿效胡人发髻也就成为一种时尚，其中最为突出的是回鹘髻。回鹘为唐代西部游牧民族，助唐平定安史之乱后，政治势力增长，其风俗在长安得以流行，回鹘妇女的发髻也成了人们仿效的新式样式。《新五代史·回鹘传》载：“妇人总发为髻，高五六寸。以红绢囊之；既嫁，则加毡帽。”汉族女子还在此发髻形式上进一步加工，变化出各种发式。此外还有乌蛮髻、椎髻、双垂髻等，也源自西部民族（图6–20）。

(1) 回鹘髻

(2) 双垂髻

图6–20 唐代妇女发髻

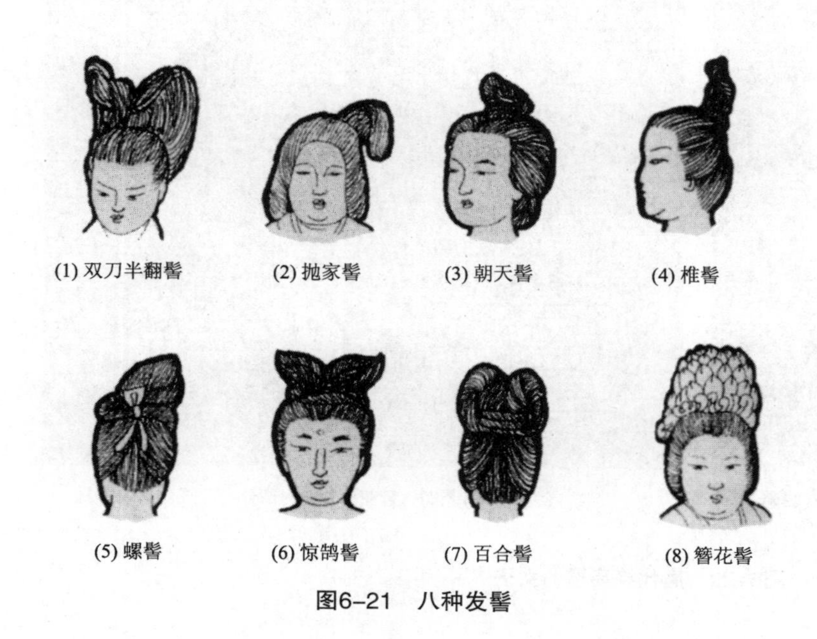

(1) 双刀半翻髻 (2) 抛家髻 (3) 朝天髻 (4) 椎髻

(5) 螺髻 (6) 惊鹄髻 (7) 百合髻 (8) 簪花髻

图6–21 八种发髻

继承传统发髻也是唐代妇女和其他发式争艳的一种手段，主要发式有倭堕髻、高髻、低髻、抛家髻、花髻等（图6–21）。

倭堕髻是从汉代堕马髻发展而来，总发于顶，在头顶正中挽一发髻，并使其偏向一侧，再用簪固定。唐诗人温庭筠有词曰：“倭堕低梳髻，连娟细扫眉。”（《南歌子》）则知晚唐时这种发式仍在女子中出现。高髻指发髻高耸，先在都城女子中流行，后传到各地，形状也多样。高髻使人身材显得高挑，可弥补体硕个矮者的视觉上欠美的不足。元稹《李娃行》记有：“髻鬟峨峨高一尺，门前立地看春风。”卢微君则有："城中高一尺，非妾髻鬟高"的诗句。传世的《捣练图》中的贵妇就是这种高髻。高髻的流行，导致假发出现，称为"义髻"，进而发展出以木质、纸质制成的发髻，演化成发饰。高髻的流行，又使插花戴梳之风应运而生，于是有了花髻。唐代以牡丹为国花，认为牡丹是花中之王，富贵之花，所以贵族妇女多喜欢用牡丹花簪于发上，既增其高度，又显妖媚和富贵，典型的形象见《簪花仕女图》。除牡丹外，还可以插各种小花，体现女性不同的情趣和美韵。至于抛家髻，则是强调两鬓抱面，顶如椎髻的一种发式（图6–22）。

2. 鬟与鬓

鬟与髻的区别是鬟为中空而作环形，髻是实心的盘挽造型。鬟大多为青年女子所梳，并多以双鬟为时尚。样式也很多，高低大小长短诸种变化，表现出青年女子与妇人的争艳心理。唐人诗中多有描述，如"至老双鬟只垂颈，野花山叶银钗并"（杜甫）；"出意挑鬟一尺多"（段成式）；"低鬟转面掩双袖"（王建）；"短鬟一如螓"（曹邺）；"双鬟梳顶髻"（刘禹锡）；"垂鬟背后垂"（元稹）等。在存世的唐画中往往可以看到少女梳鬟的发式，与贵妇的髻形成鲜明的对比。其中双鬟下垂者，多为侍女奴婢，双鬟高置者，则是贵族女子的身份标志。杜甫《负薪行》中的"至老双鬟只垂颈"，表明下垂双鬟的发式是未婚女子的标志，即使至老未嫁，也不能改变发式。

处于头部两侧耳前的鬓发，自古也是妇女修饰的重要对象，唐代妇女自然不会放过。汉代曾有长鬓流行，三国时又有蝉鬓，晋时为步摇鬓，至隋唐则有两博鬓风行。鬓的变化没有髻鬟多，唐代的长鬓常见于少年男女、童仆和侍女。步摇鬓则从长鬓中分出，两鬓发下垂分出多枝，行走时能随步而飘动，故名。妇人则喜梳蝉鬓，两鬓稀落，如蝉翼。白居易有诗曰："婵娟两鬓秋蝉翼，宛转双蛾远山色。"一说蝉鬓为假鬓，以衬面庞。用假鬓往往是贵族妇女，即所谓两博鬓，鬓上饰有金钿、翠叶等首饰，以示贵贱。这类鬓多为后妃、命妇在礼仪场合使用，并与发髻、服饰等相配，一般士庶女子不得使用。

总之，这一时期的女子发式千姿百态、异彩纷呈，不仅显示出时尚的流变，也为塑造唐代女性的理想形象起到了重要作用（图6–23、图6–24）。

(1) 单刀半翻髻（陕西出土陶俑）

(2) 戴义髻的五代舞姬

(3) 周昉《簪花仕女图》部分

图6–22　唐代挽高髻的女子

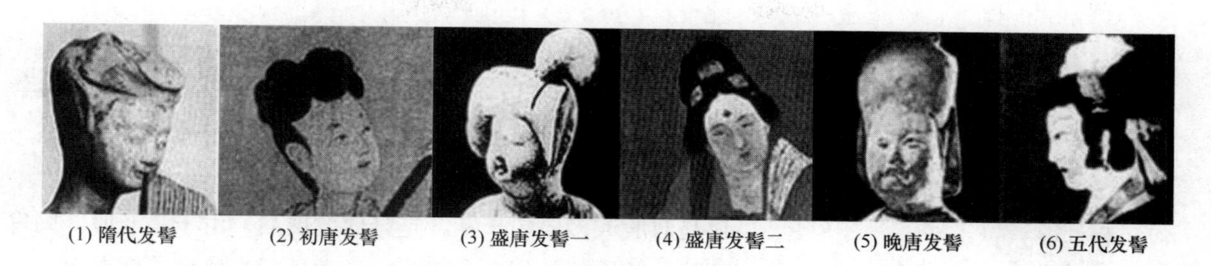

图6-23　发髻的演变

图6-24　唐《宫乐图》

二、发饰

发饰是指头发上的多种装饰品，最初男女束发为髻，用于固定头发的簪笄都是十分简单的树枝、竹棍、骨针、藤条等，还无装饰作用。随着生产力的发展，人类文明的不断进步，人们对簪笄的要求更高了，在固定头发的功用上增加了美化的功能。材质、花纹、雕饰都逐渐提高了，并发展出一些纯粹用于装饰用的发饰，大大增加了女性的美感。唐代的发饰也是在前代的基础上创新发展而来的，包括簪、钗、步摇、钿等主要饰物。

1. 簪

簪是单股的长针，装饰部位在簪头，有錾花、镂花或用金银丝盘花，有鸟、兽形以及花、蝶形。材质也较丰富，有金、银、玉、玳瑁、犀角、翡翠等。贵族女子竞相奢华，在发簪上可见一斑。《唐语林·卷六》记有："长庆（公元821~824年）中，京城妇人首饰，有以金碧珠翠，

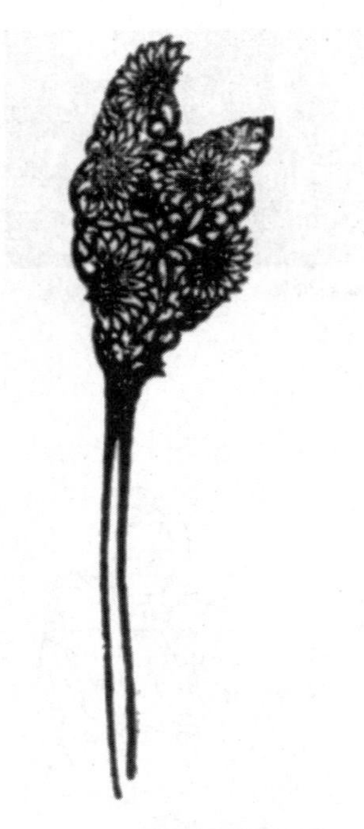

图6–25 唐代菊花花纹钗

(1) 五代四蝶银步摇

(2) 戴步摇冠的唐代贵妇

图6–26 步摇

笄栉（zhì，梳和篦）步摇，无不具美。”安徽合肥南唐墓出土的一批发饰中，有一件“双蝶花钿簪”，簪头的两只蝴蝶以金丝盘花而成，蝶身和两翅嵌以琥珀，异常精美，光彩夺目。

2. 钗

钗是双股或多股的长针，是簪的发展品。由于是双股，固发作用更强，装饰的部位也在钗头，最常见的为凤形，即金凤钗，另外还有金雀钗、燕钗等。唐诗中有“翠翘金雀玉搔头”（白居易）、“燕钗玉股照清渠”（李贺）、“头上玉燕钗，是妾嫁时物”（李白）、“水精鹦鹉钗头颤”（韩偓）、“鸾钗映月寒铮铮”（李商隐）等句，表明了装饰多以飞禽为主。钗名除了以雕饰形象命名外，还有以材质为名的，为玉钗、牙钗、金钗、骨钗、荆钗等。材质不同，也表明使用者身份地位或家庭经济状况的不同。贫家女则有木制钗的，荆钗即为木质，后成为贫家妇的代称（图6–25）。

3. 步摇

步摇是垂于钗头的饰物，上有珠玉，钗于头上，步行时随步而摇动，显得人婀娜多姿。步摇以金玉制成为多，较次的有银、鎏金、贴金、金镶玉等。垂珠为玉质，五色相间而贯穿，也有单色的。李贺《老夫采玉歌》中的“采玉采玉须水碧，琢作步摇徒好色。”诗句折射出唐人对玉的需求量之大，步摇也正是其制作的主要饰物之一。步摇的功用已纯为装饰，顶端也雕有凤、雀、花、蝶等形象，插于发之一侧，与人面交相映衬，款款行走时，娇容生辉。《长恨歌》中写杨贵妃“云鬓花颜金步摇，芙蓉帐暖度春宵。”可见宫中也以步摇为尚（图6–26）。

4. 钿（diàn）

钿是装饰鬓发的薄形发饰。唐代钿镶嵌珠玉宝石和簪钗结合，称为花钿或宝钿，宫中的钿有标明贵妇品第的作用，如命妇一品花钿九树，依次递减为五品花钿五树，其下则无。关于钿，唐诗中也多有描述，岑参有“侧重高髻插金钿”、白居易有“花钿委地无人收”等诗句为证（图6–27）。

5. 梳篦

齿疏者为梳，齿密者为篦，原为梳理头发的工具，后发展为发饰插于头上。梳篦为饰，始于南朝，传至中晚唐而盛行于世。王建《宫词》中的：“玉蝉金雀三层插，翠髻高耸绿鬓虚。舞处春风吹落地，归来别赐一头梳。”写出唐代女子插梳于髻的盛装。元稹也有“满头行小梳，当面施圆靥”的诗句（《恨妆成》）。唐代名画《捣练图》《宫乐图》中都可看到饰梳篦的妇

(1) 唐敦煌壁画中戴金翠花钿的妇女

(2) 五代琉璃宝钿

图6-27　花钿

女形象。插梳与高髻有必然关系，假髻自然也颇受欢迎，但都为青年妇女所好，少女与老妇则不饰之。贵妇们以插梳篦为美，质地有象牙、金、银、玉、翡翠等，雕镂龙凤、花鸟、人物等图案，更高级者则镶嵌珠玉宝石。庶民之妇则多以骨、木、铜制梳篦，这不光是服制有规定，也是受经济能力所限（图6-28）。

图6-28　唐代铜梳

三、面妆

古代妇女对面部的修饰也尤为重视，自周代就有“傅粉以饰面”的记载。最初以粉脂着于面部，之后逐渐发展为敷粉、涂脂、贴钿、点唇、画眉等许多花样，加之头饰的装扮，其繁复程度可想而知。这也是由于古代女子无社会职业，有大量时间在闺中打发的社会现状而形成的一种女性化特征的文化现象。贵族妇女的崇尚自然波及下层妇女的喜好，最终形成时代的风尚，唐代女子的面妆就具有明显的这个特点。

这个时期的面妆可分敷面、画眉、点唇、贴面四大类，简介如下：

1. 敷面

在面颊上予以化妆，多以粉脂为主，用红粉着颊者为红妆，又称桃花面，着妆后面部艳若桃花，在唐代许多画中可以看到这种红妆女子。李白《浣纱石上女》：“青娥红粉妆”、杜甫《新婚别》：“对君洗红妆”、王建《宫词》：“射生宫女宿红妆”，都是对不同阶层女子红妆的描述，足见红妆之风波及之远。如果不施胭脂，仅以铅粉敷面，则称白妆，常见于年轻寡妇，但也被贵妇所仿效。白居易《江岸梨花》中：“最似孀闺少年妇，白妆素袖碧纱裙。”虽是写梨花，但用作比喻的女子正是白妆寡妇的装束；在额头涂以黄粉的化妆称为额黄，有的在眉心画一新月形。卢照邻《长安古意》写道：“片片行云着蝉鬓，纤纤初月上鸦黄。”鸦黄即额黄，另有鹅黄、蕊黄、宫黄、约黄、花黄等名称；在面颊两侧的酒窝处点画胭脂颜料，称为靥妆，以黄色点出星辰或新月，叫黄星靥，如唐《酉阳杂俎》：“近代妆，妆靥如射月，曰黄星靥。”五代和凝《山花子》：“星靥笑偎霞脸畔，蹙金开襜衬银泥。”都记载描绘了这种面妆。有的绘成花纹形、圆形、杏核形，用色也有红、绿不等；此外在太阳穴绘红色的弯弓形状的叫斜红，又称晓霞妆。

2. 画眉

唐代女子画眉之风较以往更为盛行，连儿童都以画眉为时尚。李商隐有诗云：“八岁偷照镜，长眉已能画。”写出晚唐女子画眉已在儿童中产生的影响。此前白居易有诗写道：“婵娟两鬓秋蝉翼，宛转双娥远山色。”写淡眉如山之妆；李贺有诗：“上客留断缨，残娥斗双绿。”写眉色青绿之妆。此时对画眉的重视远远大于面妆，贵族妇女可以不施粉脂，但必定要画眉。如杨贵妃的三姊妹中有一位封为虢（guō）国夫人，自负美艳而不化妆，常常素面朝见天子，杜甫诗写道：“虢国夫人承主恩，平明骑马入宫门。都嫌脂粉涴颜色，淡扫蛾眉朝至尊。”后来有“素面朝天”一词，就源自这个典故。唐玄宗有“眉癖”，尤好妇人美眉，曾令画工画《十眉图》，致使女子画眉成风。唐代妇女的眉式多为柳叶状，所称柳叶眉，“芙蓉如面柳如眉”（白居易《长恨歌》诗句）即是典型的唐代美女形象。此外还有月眉、阔眉、八字眉、桂叶眉、蛾翅眉等，顾名思义，可以知其眉式（图6–29）。

(1) 柳叶眉

(2) 蛾眉

图6–29　唐代眉形

3. 点唇

用唇脂涂于嘴唇上也是唐代妇女化妆的重要形式。人的唇有大小厚薄之分，点唇则可以掩饰唇的不足，凸显人们皆以为美的唇形。唐代点唇往往先用妆粉把唇涂抹成白色，再用唇脂画出唇形，名目也颇多，如石榴娇、大红春、小红春、嫩吴香、半边娇、媚花奴等。唇色多以大红色为主，也有浅红、黑褐的。白居易家伎樊素之唇极美，被人奉为标准，有“樱桃樊素口”之称。

4. 贴面

这是一种将薄片状的饰物贴于面部不同部位的化妆形式。有一种名为花子，又称花钿，是以金银等材料制成薄片，剪刻出花卉、鸟等纹样，贴在额头、眉心、两颊等处。《酉阳杂俎·黥》：“今妇人面饰用花子，起自昭容上官氏所制，以掩点迹。”可知花子最初为掩面部受黥刑后的痕迹，后来发展为一种面部美妆。花子纹样多剪作梅花形，四瓣、五瓣皆有，此称梅花妆。此形式传承久远，至明清仍有女子或幼童于眉心点一红印，就是梅花妆的遗存，此外面靥[1]妆也是唐代妇女常用的妆扮（图6–30）。

(1) 唐代妇女的面靥妆扮

图6–30

[1] 面靥：古代妇女面部的妆饰。面靥是施于面颊酒窝处的一种妆饰，也称妆靥。

第五节　宋代女服

唐代文化是一种相对开放、色彩浓烈的类型，而宋代文化则是一种相对收敛、色彩淡雅的类型，二者形成极大的反差。宋代文化的这种偏于文人精神的特点，究其根本是因程朱理学的思想对政治、经济、社会的影响。理学以儒学为主体，吸收、改造了佛学、道学，建立了以伦理为本体的哲学理论体系。它重建了传统礼治秩序，强调了“存天理、灭人欲”的观念，使人的个体独立性全都抑制了，其中对妇女的约束也推到了极点。理学把宋代妇女约束到一个封闭的家庭生活圈内，规定了他们的行、坐、举止、言语、目容的行为标准，全社会也认为妇女的神情气质应该是温良贤淑、安详静穆、平和文雅、纤弱轻柔等，一切唐代女子的那种坦荡热情大胆火辣的行为都被视为轻佻浮躁、不合妇德。女子的贞节被视为比生命还要重要。在这种社会偏见下，宋代女服必然趋向于素淡、紧束、不事张扬，以合乎妇道的拘谨。最终形成其风格，即质朴细腻、精巧玲珑、典雅纤丽，和其他文化艺术汇成宋代文化的主流风格。

一、服饰

1. 衫、襦、褙子、抹胸

衫在宋代较普遍，一般为直领、对襟，领和衣缘有包缘，身长与袖子也较肥长宽大。袖宽便于障面，正与宋代礼教相吻合。潘阆（làng）《宫阙杂咏》中的“年年不见君王面，花落罗衫自掩门。”可知衫的材质多为轻质衣料。南宋黄昇墓中出土的大袖长衫，便是罗质，身长120厘米，袖宽竟有69厘米（图6–31）。

图6–31　宋黄昇墓出土的大袖罗衫

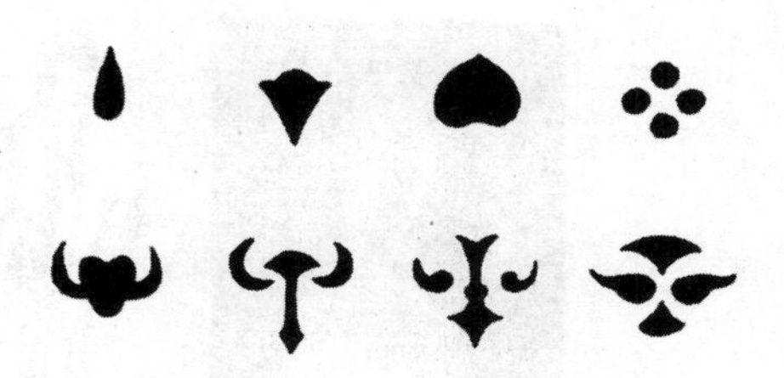

(2) 花子图样

图6–30　唐代的面妆

襦较衫短，窄袖，衣身偏瘦，领式为斜领，多在中下层妇女中流行，不受年龄限制。此外有一种介于衫、襦之间的上衣袄，是秋冬穿的夹衣或棉衣，形制相差不大。襦袄因为合身，便于做事，常穿于外面，而贵族女子则作为内衣穿，外罩其他服饰。

褙子是宋代女服中最具时代特色的服装。褙子始见于隋唐，当时袖长半截，衣身较短，至宋代后，衣身下沿至足，袖子加长，还在腋下开衩，并在腋下和背后缀上带子，垂挂着起装饰作用，穿着时以帛带勒腰即可。领式以直领为多，也有斜领、盘领；衣襟有对襟和交襟两种，还有不垂带式。褙子穿着后，使人

(1) 着褙子的妇女

(2) 宋代窄袖褙子

图6-32　宋代褙子

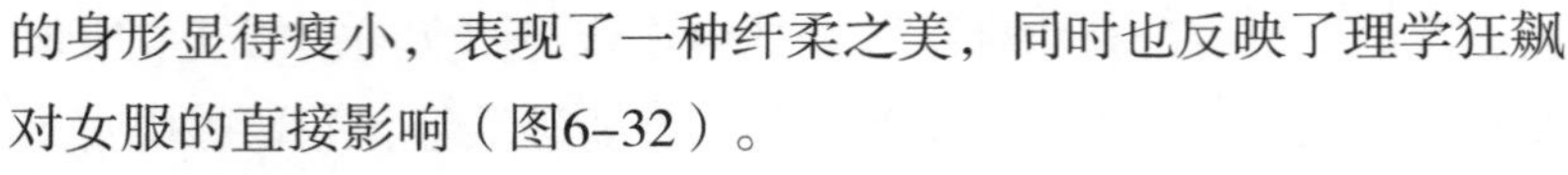

的身形显得瘦小，表现了一种纤柔之美，同时也反映了理学狂飙对女服的直接影响（图6-32）。

抹胸是古代妇女的一种内衣。黄昇墓出土了一件抹胸实物，以两片绢帛制成，上端在肩部起尖，并有两根带子，中间腰部也有两根带子。其穿时同今天的肚兜，上可护乳，下能覆肚。

图6-33　宋鹭鸟纹褶裙

2. 裙、裤

裙仍是宋代妇女下裳的主要服装，大多以罗纱为料，或刺绣或销金，也有染郁金香草色的裙，且具有郁金之香。宋代继承唐代风气，盛行石榴裙、白褶裙。红裙多为歌伎所着，中年妇女和农村妇女则以青裙为常服，而一般女子的裙色也有各种不同颜色，从宋代诗词中可以感受到，如“碧染罗裙湘水浅”“草色连天绿似裙”“柔蓝衫子杏黄裙”等（图6-33）。

宋代妇女裙内穿裤，裤上绣花，无裆，多为贵妇所穿。另有合裆裤，可穿在外面，便于劳作，保暖性好，为劳动妇女所常穿（图6-34）。

图6-34　宋代女裤

3. 鞋履

鞋以红帮作面，鞋头做成凤头样，为求美还在鞋上绣花。另有平头、圆头鞋，应是劳动妇女所穿。鞋帮也有青色的，较红色为次。南宋时翘头鞋较盛行，这与当时缠足之风有关，我国妇女缠足出现于宋代，这种畸形的服饰现象严重地催残了妇女身心，但仍禁锢不了人们对美的追求。从黄昇墓出土的鞋实物可以看出，鞋长13.3~14厘米，宽4.5~5厘米，高4.5~4.8厘米，鞋尖翘头上缀有丝挽成的蝴蝶结，后跟穿有丝带可以扎系。宋代也有女子穿靴，多为宫中歌伎，所谓“锦靴玉带舞回雪”即是形容着靴歌舞者的舞姿（图6–35）。

二、装饰

图6–35　宋代小足绣花鞋

宋代妇女服饰虽较唐代妇女服饰要收敛而淡雅，但仍未掩饰住妇女爱美之心，在质朴中也常流露出独创的装饰，一条系带，一片绣花都是宋代妇女内心爱美的外现。而最有创造性的装扮体现在妇女的发髻和首饰上，其既有承袭唐代遗制的因素，也有都市繁华带来物质条件丰厚的因素。

1. **发式**

宋代妇女发式不逊唐代，并有创新，其较突出的有高冠长梳、大梳裹、高髻、同心髻、盘福髻、龙蕊髻、包髻、花髻、螺髻、双鬟髻等。自北宋到南宋各有流行，因趋高髻时尚，假髻也自然风行，北方称为髲（bì）髢（dí）。髻上饰有饰物，或用梳，或用钗，或用簪，或用花，皆以增加美感为目的。《齐东野语》载：“其园池（指豪贵张镃家）声伎服玩之丽甲天下……别有名姬十辈，皆衣白，凡首饰衣领皆牡丹，首戴照殿红一枝，执板奏歌侑（yòu）觞（助酒兴）。歌罢，乐作，乃退。别十姬易服与花而出。大抵簪白花而衣紫，紫花则衣鹅黄，黄花则衣红。如是十怀，衣与花凡十易。”写出豪门之家歌伎以花饰发且不断更换的场面。宋人诗中有“门前一尺春风髻”之句，也是高髻的写照。而蜀地少女的高髻更甚，据《入蜀记》所载，蜀中未嫁少女“率为同心髻，高二尺，插银钗至六尺，后插大象牙梳如手大。”这已经是五代孟蜀的余风了，和今天少数民族的发髻十分相似。中原地区未出嫁少女却以梳双鬟为多，也有盘为螺状，即螺髻（图6–36）。

图6–36　山西晋祠圣母殿中的宋代彩塑

2. **发饰**

宋代妇女饰于发上之物仍以金银珠玉为主，做成鸾凤、花枝和各式的簪、钗、梳、篦等。另有花冠一种，集各种鲜花于一冠，有桃、杏、荷、菊、梅等，还有以罗绢做成假花饰于花冠上，这就避免了不同时令只能插有限的花的不足，进而出现在花冠上按一年不同时令配饰成各种节气景致的装饰形式，名曰“一年景”，诸如春幡、灯毬、竞渡、艾虎、云月等不一而足。上自贵族女眷，下至百姓女子，皆以花冠为尚。头上簪花是宋代的时尚，男子中也有此喜好，如《水浒传》中的梁山好汉“一枝花蔡庆”就是这种时尚的反映（图6–37）。

(1) 戴花冠的妇女

(2) 插梳花冠

图6-37 宋代妇女的花冠

3. 面妆

宋代妇女承前代遗风，也爱在额和两颊间贴花子。即用极薄的金片或彩纸剪成花鸟、禽鸭之形，以阿胶粘贴。也曾有用黑光纸作团靥饰于面部的风气。最为著名的是寿阳妆，起于南朝时宋武帝女儿寿阳公主，传说她在人日（正月初七）卧于含章殿檐下，梅花落于额上，形成五出花朵，拂之不能去，三日后洗之才落去。宫女们奇之而相效仿，时称“寿阳落梅妆”。宋徽宗时宫中也兴起此妆，故有“宫人思学寿阳妆”之诗句，但在民间则少见这种面饰。

第六节 服饰时尚与百工百衣

这一时期，除了前述各个时期的服饰主流外，还出现过时尚的服饰潮流，表现了社会服饰文化的审美倾向，也体现出服饰与社会生活密切关联的发展规律。唐代的胡风盛行及时世妆的流行，宋代平民服饰的丰富多彩，都是这个时期时尚的反映。

一、胡风盛行

中原地区汉民族对西部和北方游牧民族称为“胡人”，凡这些民族的事物，皆以胡字冠于前，所以胡人之服饰，称为“胡服”。早在战国时期，赵武灵王就曾引进胡服，进行“胡服骑射”的服装及军事改革，收效极大。胡服的便利和适体受到中原地区的欢迎，胡人的其他生活、艺术也逐渐随着民族的融合而进入中原，被汉人接受。东汉灵帝对胡人器物尤为喜爱，《后汉书·五行志》说：“灵帝好胡服、胡帐、胡床、胡坐、胡饭、胡空侯（即箜篌，一种丝弦乐器）、胡笛、胡舞，京都贵戚皆竞为之。”至南北朝时，胡服的优点被汉服吸收，紧身适体，一时成为时代的新宠，朝野以着胡服为尚。沈括《梦溪笔谈》说：“中国衣冠，自北齐以来，乃全用胡服，窄袖绯绿，长靿靴，有蹀躞带，胡服也。窄袖利于驰射，短衣长靿，皆便于涉草。所垂蹀躞，盖欲佩带弓剑、帉帨（一种佩巾）、算囊、刀砺之类。”隋唐时，胡服更为普及，不仅男子喜着胡服，妇女也竞相胡服骑行以为美（图6-38）。

图6-38 唐代男女胡服

图6-39　隋唐穿胡服的各种人物像

图6-40　唐回鹘装

唐时盛行的胡服样式还包括外国如波斯、阿拉伯等西亚国家的服饰，显得更加多姿多彩，为本来绚丽的唐代服饰又增添一笔浓艳的色彩（图6-39）。

从大量传世和出土的唐人画像与雕塑中，可以看到唐代妇女的胡服通常是由锦绣帽、窄袖袍、条纹裤、软锦靴组成套服。衣式为对襟、翻领，领口、袖口与衣襟大多缘一道宽边，腰系革带，附缀几条小带。此外唐代宫廷及贵族妇女喜穿回鹘（hú）装。回鹘原称回讫，为西北地区少数民族，今维吾尔族前身，唐时与中原汉民族交流频繁，其妇女服装传入中原，颇受宫中妇女青睐。回鹘装的特点是上衣宽大，下长曳地，翻折领，窄袖，下衣为长裙，腰际束带；领袖皆有纹饰，多为凤衔折枝花纹；头梳椎状回鹘髻，戴桃形金凤冠，有珠玉镶嵌，插有簪钗，耳旁和颈部也佩戴金玉首饰；足穿翘头软锦鞋，从服装形式看，是希腊文化、波斯文化和中国大唐文化的综合产物。中唐诗人元稹在《法曲》诗中描绘："自从胡骑起烟尘，毛毳（cuì）腥膻满咸洛。女为胡妇学胡妆，伎进胡音务胡乐。火凤声沈多咽绝，春莺啭罢长萧索。胡音胡骑与胡妆，五十年来竞纷泊。"写出唐代胡风之盛，以女子为最的事实。而回鹘装中的窄袖折领长袍却一直流行至五代宋初的士庶妇女中，足见民族服饰对中原服饰文化影响的深远（图6-40）。

二、时世妆

唐代曾有三次时世妆的流行，天宝末年（公元755年），女子的新潮妆饰是小头鞋履，窄衣裳，细长眉。到贞元末年（公元804年）又流行宽妆束，短眉，是前一次时世妆的反叛。元稹《叙诗寄乐天书》说："近世妇人晕淡眉目，绾约头发，衣服修广之度及匹配色泽尤剧怪艳。"时世妆的第三次流行从白居易诗中可以看出，白居易《时世妆》诗云："时世妆，时世妆，出自城中传四方。时世流行无远近，腮不施朱面无粉。乌膏注唇唇似泥，双眉画作八字低。妍蚩思白失本态，妆成尽似含悲啼。圆鬟无鬓椎髻样，斜红不晕赫面状。……元和妆梳君记取，髻椎面赭非华风。"

诗中所说的女子妆在唐代元和末年（公元815年前）盛为流行，而且带有胡人风姿。面妆与髻式是唐代女子最大胆的创新，每一新妆出现，即被传播，白居易称为时世妆，正是一种流行时尚。以悲啼状为美，也符合古代社会以男子为中心的社会审美心理。在唐代风行健壮肥硕表现性感的世风下，悲啼妆的出现，正是一种以娇弱之态对壮硕之态的对抗，体现了女子的创新精神和时代的宽容品格。那种素面、乌唇、低眉、椎髻的化妆，把唐代绚丽夺目的装饰衬托得近于庸俗，也为宋代的淡雅之风开了先河（图6–41）。

图6–41 唐代啼妆

三、百工百衣

社会的发展，使生产有了分工，分工带来了服装上的区别，这一现象自唐宋以后日趋明显。服装适应工种的需要而产生变革，正是服装史上的规律之一。百工百衣就是指在这一时期服装已从政治的附庸进步到生活的主导，而以宋代最为鲜明突出。

据《梦粱录》记载："士农工商，诸行百户衣巾装着皆有等差。香铺人顶帽披褙子，质库掌事裹巾著皂衫、角带，街市买卖人各有服色头巾，各可辨认是何目人。"可知宋代不同工作都有自己标志性服装，如同今天的职业制服。史籍记载这些百工百衣的史料很少，从宋代的绘画中可以看出不同工作的服装特征。如张择端的《清明上河图》中描绘了北宋首都汴京的街市及各种人物，其中有绅士、商贩、医家、车夫、缆夫、船夫、篙师、农民、僧人、道士等，各着不同衣服，有秤头（未戴帽）、梳髻、戴幞头、裹巾子、顶席帽、穿襴袍、披褙子、著短衫……形形色色，各随其身份而不同。衣着严谨者多为达官文士，服饰随意者常是苦力劳工。这种极度市井化的纷繁服饰，为宋代的城市服装输入了鲜活的因子（图6–42、图6–43）。

图6–42 宋代道士

在《大宋宣和遗事》中，也有对不同人物服饰的描写，如徽宗装扮成秀才儒生，"把一领皂褙穿着，上面着一领紫道服，系一条红丝吕公绦，头戴唐巾，脚下穿一双乌靴。""是时底王孙、公子、才子、伎人、男子汉，都是丫顶背带头巾，窄地长背子，宽口袴，侧面丝鞋，吴绫袜，销金长肚，妆着神仙。佳人却是戴軃（duǒ，下垂状）扇冠儿，插禁苑瑶花。"（《亨集》）大致写出男女身份各异的服饰。宋代孟元老的《东京梦华录》中也记载了北宋首都的市井习俗及宫苑活动场面，不乏对一些人物

图6-43　宋张择端《清明上河图》部分人物形象

服饰的描写，诸如官员仪卫、舞蹈者、参军戏演员、妓女、少年等。如：妓女“披凉衫，将盖头背系冠子上”，少年“轻衫小帽”（卷七）；“诸杂剧色（部门名）皆浑裹，各服本色紫绯绿宽衫，义襕、镀金带”。“参军色……并小隐士帽，著绯绿紫青生色花衫，上领四契（开衩），义襕束带”；“女童……或戴花冠，或仙人髻，鸦霞之服（黑色舞衣），或卷曲花脚幞头，四裬红黄生色销金锦绣之衣，结束不常，莫不一时新妆，曲尽其妙。”（卷九）。此外还记述了异域使者入朝拜会时穿的服饰，包括辽、夏、高丽、南蛮等国，也为宋代社会百花齐放的服饰增加了新的景观（图6-44、图6-45）。

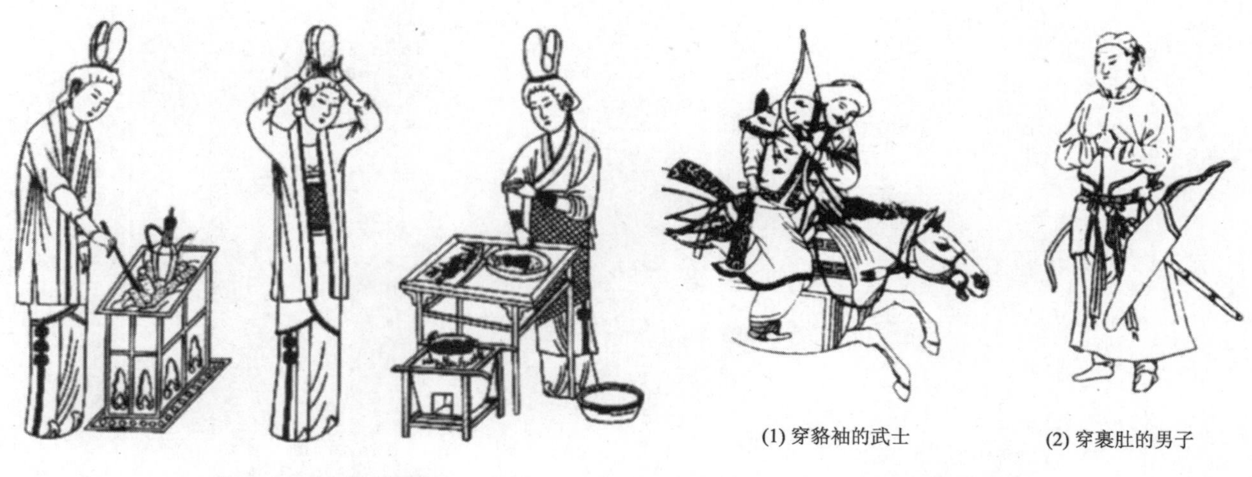

图6-44　宋砖刻厨娘

(1) 穿貉袖的武士　(2) 穿裹肚的男子

图6-45　宋代男子

本章综评

封建社会中期的服装，以唐代为鼎盛，它在中国服装史上占有重要的地位，其意义在于上承历史之源头，下启后世之径道。这一时期内纺织印染技术有了空前发展，服装衣样新品纷呈，唐绫宋缂成为一时最具代表性的纺织成果，纹饰也表现出时代的审美变化，唐、宋有别。官服中唐、宋的幞头最为注目，其形制成为时代极具特征的标志。唐代的品色服，花团锦簇，一直影响到宋代的服制。唐代女服空前繁荣，主要特征表现为风华美丽、雍容大度的款式；不拘一格、个性突出的穿着；崇尚阳刚、盛行胡风的时尚。裙衫、发髻和面妆是唐代女子服饰最具创新意识的体现。宋代女服一反唐代时的绚丽和开放，出现内敛拘谨而又不乏一种淡雅精致的风格，褙子则是这种风格的代表性服装。这一时期的时尚主要为唐代的胡风盛行与时世妆的流行。宋代则充分展现出市井人物的不同服饰，百工百衣可说是后代职业装的先声。

思考题

1. 名词解释：缂丝，连珠纹，幞头，品色服，东坡巾，半臂，帔帛，花钿。
2. 简述唐宋衣料织物的种类及特点。
3. 官僚机构体制对官服产生了怎样的影响？具体表现在哪些方面？
4. 唐代服饰具有怎样的历史地位？造就唐代服饰丰富多彩的因素有哪些？
5. 简述唐代女性的理想形象，并归纳其特点。
6. 为什么宋代褙子在当时的服装中最具时代特色？并评价它的审美特征。
7. 宋代服饰风格与唐代相比有哪些异同？试分析原因。
8. 什么是胡服？为什么唐代会盛行“胡风”？
9. 简述时世妆的流行及审美意义。

封建社会后期服装

课题名称： 封建社会后期服装

课题内容： 衣料与图案的新变化
辽、金、元的民族服装
明代官服
明代妇女服装
清代官服
清代妇女服装
明清服饰时尚

课题时间： 4课时

训练目的： 通过本章学习，了解中国封建社会后期服装在不同阶段产生的变化，认识这一变化的特点和原因，理解民族融合对我国传统服饰文化的影响。

教学要求：
1. 了解这个时期衣料和图案的变化。
2. 了解少数民族服装的特点。
3. 重点把握明清官服的特点与异同。
4. 深入了解明清妇女服装的个性化与民族化的特点。

第七章　封建社会后期服装

——寓意与腐熟

（公元1276~公元1840年：元、明、清时期）

本章导语

封建社会后期的五百余年间，汉族文化曾受到异族文化的钳制，蒙古族和满族文化极大地渗入汉文化之中，使封建社会后期的文化产生较大的波动，最后以腐熟的状态而淡出历史舞台。

辽、夏、金、元都是我国北方和西北方的游牧民族政权，独特的地理环境和生存方式，形成了这些民族所共有的文化风格，剽悍勇猛，显现出与汉唐闳放气势不相同的阳刚之美，服装在这种气候下自然又是一番景象。

元代科技有了新的进展，农业、水利的进步促进了生产力的发展，纺织业中提花技术已相当完备，提花机和水力大纺机的出现标志着中国纺织业居于世界领先地位，棉纺织业得到普遍的推广，为服装采用新材料和新制作方法提供了契机。

明代是汉族统治的时代，在前后两朝异族统治的夹缝中存在不足300年。由于政治制度上的复古出现了“上采周汉，下取唐宋”的服饰制度，使传统服饰得到进一步完善。明代中后期出现过别开生面的局面。社会经济的发展使封建生产方式内在矛盾深化，商品经济活跃，自然对上层建筑起到反作用力，社会出现越礼逾制的风尚。各种新奇服饰流行一时，人的主体意识日益加强，对个性的追求也风靡各阶层，文学、绘画、戏曲、家具、建筑乃至服饰都有不凡的表现，使封建汉文化在沉暮之中出现了一抹亮色。

清代对汉文化有了继承和发扬，满族统治者极其崇尚汉文化，巧妙地将汉文化和满族文化结合起来，形成独特的文化现象。在汉满文化的冲突中融合，服饰也体现这一独特性。官服的改变、妇女服饰满汉并存、旗袍被汉人所接受等，都是清代服饰所出现的一些新变化。

清代是封建社会的衰亡期，古典文化在这一时期达到高度成熟，各个领域出现了前所未及的巅峰，西方文化的渐次进入，冲毁了封建文化根基，巅峰上的辉煌顷刻轰毁，不再有骄人的成就，而让位于新的时代科学和文化。

过度的成熟会导致腐烂，而在腐烂的土壤中又长出新的果实，事物就由腐熟走向新生，服饰也作如是观。

第一节　衣料与图案的新变化

一、棉花的推广普及

由于棉花在宋元时期的推广普及，为服装衣料带来革命性的变化。早在秦汉时期，海南岛就出现过用木棉纺织的布裁制各种服装，云南边远地区少数民族也开始以棉织布。魏晋南北朝时期，在新疆也出现过称为白叠布的棉织品，常作珍品贡入中原。南方则有珠江、闽江流域广泛播种棉花。唐代因与西域通商频繁，异域棉织品输向中原，唐代大都市出现棉布贸易，但比较昂贵，尚难普及。宋代末期南方棉织品已发展起来，原料也是木棉，内地仍未广植，所以棉花织品作为衣料还不能占主要地位。

宋末元初，棉花由东南和西北分两路向长江中、下游和关陕渭水流域迅速传播，广泛种植，经元代女纺织革新人物黄道婆对棉织生产技术全过程的改革，大大提高了棉纺织生产的效率，一时广传大江南北。棉花这一成本低、质地好的衣料终于成为元代以后我国服装制作的新宠。

明代在元代棉织工艺的基础上，棉织技术有了发展，江苏、松江、上海成为全国棉织工艺中心，其棉织品质量好，产量大，品种多，被誉为“天下第一”。其中松江布一度流入宫廷，精美花纹和艳丽色彩，颇受宫人喜爱，精品一匹价值一百两银子，大有取代丝织品之势。

清代棉织品更加繁荣，不但内销，而且出口，最多时是在1819年出口棉布达330万匹。松江布仍独占鳌头，遍销全国，风行一时。南京的紫花布则外销欧洲，成为英国绅士们裤料的首选。明清代棉布的印染中最值得一提的是蓝印花布，又称药斑布。它用天然蓝色染料在白布上染出花纹，一种为蓝地白花，另一种为白地蓝花，图案性极强，有人物、花卉、鸟兽等，装饰风格特别浓厚，深受民众喜爱，人们用来制作衣服、被面、门帘、桌布、帐子、包袱等，皆能体现民间的风味，所以流行全国，成为中国棉织品独特的标志。

在中国古代几千年以丝、麻为主要服装衣料的背景下，此时棉织品以迅猛之势在全国普及，占领半壁江山，其原因不外有三：一是物美价廉；二是适用面广；三是材料新颖。棉花及棉织品的普及，是中国服装史上一次伟大的革命性的变化，从此，棉取代了丝、麻，占据了主导地位。

二、丝织物的发展

早在宋代丝织物就有了突出的成果，缂丝的出现是丝织物的创新，各种织锦工艺水平无与伦比，其中金锦织物更是珍品中的珍品。

所谓金锦，就是在丝线中加入黄金质的丝线，把金箔贴在线上成为圆形金线织出花纹叫库金；用金线盘织在花纹周围或渗织在花纹的叫加金；图案中一部分花纹全用金线者叫刻金。这种方法织出的锦柔滑润亮，富丽堂皇。织金物远在秦汉时期就有尝试，经魏、晋、南北朝、隋、唐，逐渐发展并受到贵族的喜爱，宋代时就已有多种金锦织法，但产量不多。

元代的金锦发展为一种称作“纳石失[1]锦”的上等加金织

[1] 纳石失：元代的一种金锦，在织物中加入金线制造而成。

物，产量很大，国家专门设立了纳石失局，负责这种金锦的生产管理。纳石失锦不仅制作贵族礼服，还当作帝王对臣属的赐品，甚至高级将领还用作军中的营帐（图7–1）。

明代的金锦有了创新，用金线、银线两种夹于丝线中织锦，称为“二色金库锦”，金银相映，更加显得华贵异常（图7–2）。

加金织物实际上的用途不大，但表现了劳动人民高度的艺术创造力和精湛的工艺水平。

图7–1 元代龙凤团花纳石失锦

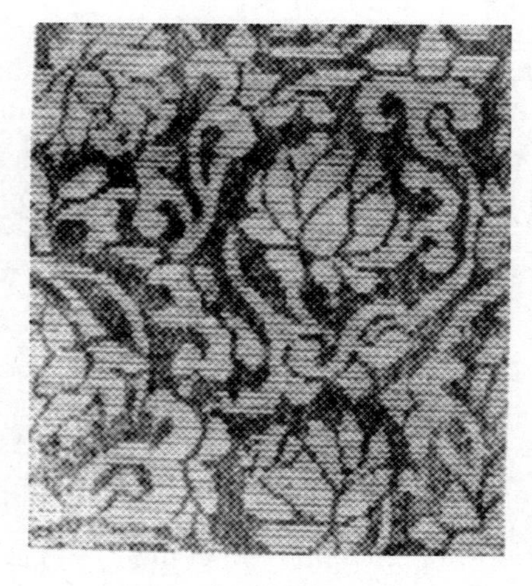

图7–2 明代莲花织银锦

其历经千百年至元明时期发展到顶峰，究其根源是统治阶级的奢靡追求和一定时期经济繁盛而形成的。此外，贵族之间的竞相豪奢、文化心理中欣赏金银器物的华贵倾向、社会流行金碧辉煌富艳精工的审美风气，也都是加金织物在封建社会后期盛行的原因。

与金锦用于少数贵族不同，一般人仍以丝、麻、棉织物为服装主要用料。地处北方的辽、夏、金以毛纺和制革为主，丝、麻、棉业并不发达。元统一中国后，全方位发展了纺织业，各种纺织品都有新的产品，万花纷呈，争奇斗妍。及至明清，其中较为贵重的为锦缎，所织图案纹样题材丰富，涉及传统的神仙人物、动物禽鸟、植物花卉、日用器皿、几何图形和吉祥文字，配色丰富明快，组织紧凑而活泼。清代中期还出现欧洲巴洛克、洛可可的艺术风格，更加丰富了锦缎及其他丝织物的花纹图样。锦缎名品则有明代的八达晕、妆花缎，清代的云锦、宋锦、蜀锦和贡缎、提花缎等。云锦是清代江宁（南京）生产的一种华贵高级丝织品，花纹多为云纹与串枝莲，故名。其继承了明代庄重大方的风格，装饰性强，尤其妆花云锦，更反映出清代锦的技术水平。其花朵用小梭挖花织成，花形较大，色彩丰富绚烂、对比明快，展开时一股富贵豪华之气扑面而来。

三、衣料纹样与吉祥图案

衣料纹样不同于成品服装上装饰的图案，前者为整匹衣料上印染的连续纹样，后者为服装着身后在特定部位加以装饰而专门刺绣缀补而成。当然衣料纹样制成服装后，也有相同的美饰效果。一般情况下纹样就是指图案。

在衣料上设计纹样的历史十分久远，春秋战国时期都有了以龙凤、动植物、几何形为题材的纹样，风格细腻，图形对称工整。汉代纹样中出现了云纹和龙凤的结合，为前代所未见，动物图案也增加不少，尤其出现了汉字吉祥语的图案，把人们对吉祥的愿望直接表达出来，如登高明望四海、万寿如意、长乐明光等。汉代衣料纹样风格显得流畅飞动，打破了单一对称的设计模式。魏晋时期纹样有了变化，出现和佛教相关的内容，其他则在几何形设计中略有发展，而动植物纹样反倒削弱，风格也显得拘谨。唐代衣料丰富，刺激了衣料纹样的兴盛，各种纹样都有了长足的进展，远承汉代风格和题材之外，出现了唐代花团锦簇的艳丽风气。纹样主要以花卉鸟纹为对象进行设计，动物纹样减少。

纹样中联珠团窠纹、宝相花纹、穿枝花、鸟衔花草纹是唐代衣料纹样的典型。宋代纹样承唐纹遗风，题材中增加了器物，如灯笼锦。花卉鸟兽内容也有扩大，如莲、樱桃、林檎、金鱼等。宋纹风格趋向写实，构图严谨，与宋代画院写生花鸟画风格相近，所以和唐代衣料纹样风格截然不同。

衣料纹样设计发展到元明清时，有了新的内容，出现整株树和女子打秋千的纹样，为前代所无。此外，几何形图案变化增多。尤其明代增加了象征意味极强的吉祥图案，运用各种表现形式传达人们祈福的心理和愿望。清代纹样基本是明代的延续，但满汉人对纹样的喜好不同，清后期西方思想的进入，服饰纹样受一定影响（图7-3）。

图7-3　明代衣料上的打秋千仕女纹样

这一时期值得注意的是明代吉祥纹样[1]的流行。本来自古代衣料上纺织印染出各种的纹样和图案，都有或是吉祥的祝愿，或是显示身份地位的意思，但象征性太强，使纹样的精神意义超过了实用价值。明代的吉祥纹样则突出图案标识的符号意义，并在民间广泛流行，与官服中精绣龙凤兽禽和贵族的传统花卉、几何纹样形成鼎足之势。

吉祥纹样是明代社会政治、宗教、伦理观念和价值观念在服饰中的反映，在美化服饰的同时传达人们对人生对生活的美好愿望。按其表现手法分，大致有以下几种类别：

1. 象征性图案

以花卉果蔬图案来象征某种美好的希望，取其生态、形状、色彩、功用的特点，指向某种特定的意义。如石榴多是象征希望儿孙众多；牡丹为国色天香，象征希求富贵荣华；蔓生的葫芦、葡萄、藤草因延绵生长，象征子孙繁衍不衰;灵芝为药中珍品，有健身长寿的功用，象征人长生不老；莲花为佛教中清纯圣洁的象征，又有出淤泥而不染的美誉，故以莲为纹样图案象征纯洁；梅兰竹菊为四君子，象征清高隐逸；松竹梅又是岁寒三友，同样有清高傲骨凌云之意。

2. 比拟性图案

人物和动植物的某些特征直接表现在纹样图案中，来比拟人们对某些事物的热爱、追求和向往。如以并蒂莲花、戏水鸳鸯来比拟爱情的忠贞和永存；以婴孩嬉戏于花中来比拟天伦之乐儿孙富贵；以百子图来比拟家族兴旺子孙繁盛等。

3. 谐音性图案

取花草动物飞禽器皿的名字中的谐音意义来传达祝福和希望。如灵芝、水仙加菊花可谐“灵仙祝寿”之音，蝙蝠取其谐“福”之音，莲、鱼谐“年年有余”之音，瓶子鹌鹑谐“平安”之音，蜜蜂猴子谐“封侯”之音，都可入于衣料吉祥图案之中。

4. 文字性图案

把汉字中的吉祥字直接绘制于其他图案中，明确表达一种祝愿。如寿、福、喜、吉祥如意等字，穿插于花卉之中，文图相映，意义更为明白（图7-4）。

[1] 吉祥纹样：是古代服装的一种传统装饰纹样，它以几种物象纹样配合在一起，或取其谐音，或取其图形，以寄托人们美好的希望，抒发着装者内心的情感或愿望。

从文化角度来说，吉祥图案不仅是明代一种祈福心理的反映，更是人们对生活的热爱，对生命的留恋和对家庭幸福的满足情感在衣料服饰中的表达。这种情感尽管明代之前就早已存在并且也从服装图案中传达过，但没有明代的这样强烈和直白。进一步可以探析出明代生产力发达，经济繁荣，生活质量提高，全社会洋溢着对美好现实的喜悦之情，各种希望、祈求、祝愿都从不同的领域泛开，渗入文学、音乐、绘画、雕塑、建筑之中，自然在服装上有所体现。

图7－4　明代织金缎上的万寿纹样

第二节　辽、金、元的民族服装

辽、金和元都是北方游牧民族建立的政权，在与中原地区汉民族的战争、贸易和其他交往中，既吸收了汉族文化的某些内容，又保持着本民族的个性特点。

一、辽国契丹族服装与发式

辽国是以契丹族为主的政权。契丹族生活在辽宁省辽河上游的西拉木伦河流域。辽国建国于五代时期。契丹族生活环境都处在寒冷地带，地处边远荒漠大林，文明程度低，科技几乎一片空白。因此入侵汉人地域后，从汉族服装中吸收了不少因素，并直接采取一国二服的方式，使汉服和契丹服并存。辽国官分南北，北官为契丹官，着契丹服，南官为汉官，着汉服。

契丹服中男装以长袍为主，左衽、圆领、窄袖，袍上有疙瘩式纽襻（pàn），有带系于胸，两端垂至膝。纹饰简朴，色彩灰暗。袍内衬以衫袄，露领于外。下穿套裤、革靴。女装样式不多，上穿襦衫，下穿褶裙且在衫内系扎。服式为直领或左衽，前垂于地，后长于前曳地尺余，系红黄色带，着皮靴（图7–5、图7–6）。

(1) 辽墓壁画中的男子服饰

(2) 女子服饰

图7–5　契丹族服饰

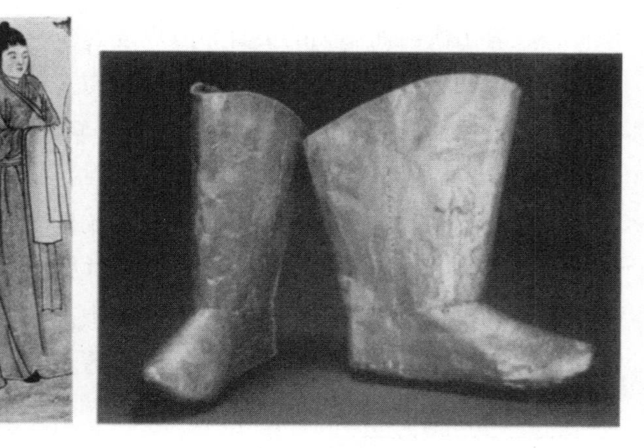

冥服银靴

图7–6　辽墓出土的服饰

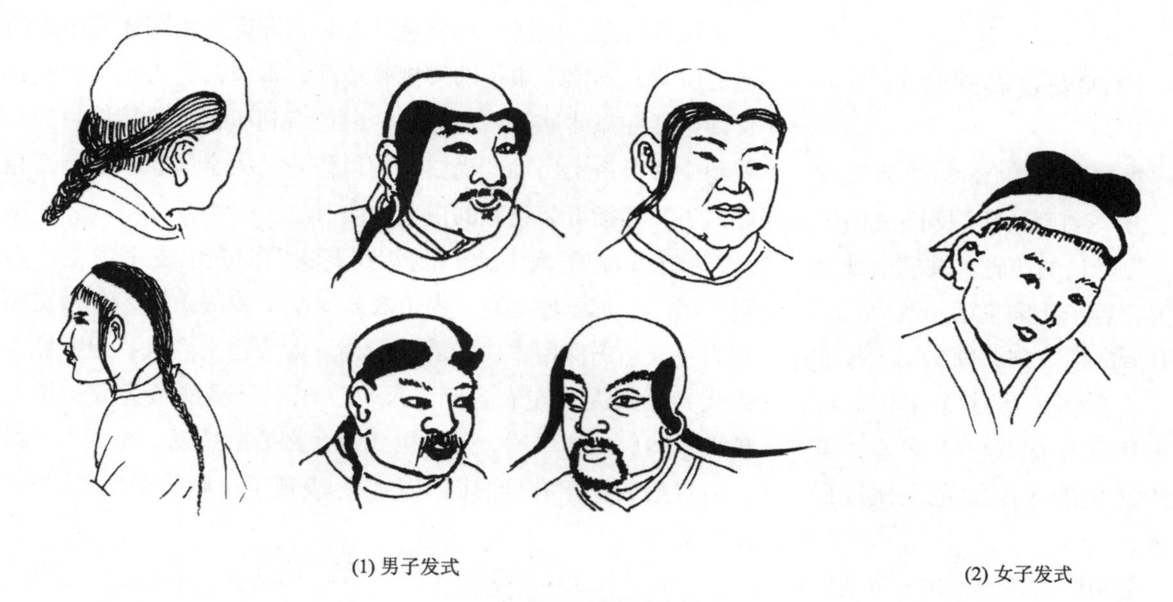

(1) 男子发式　　(2) 女子发式

图7-7　契丹族发式

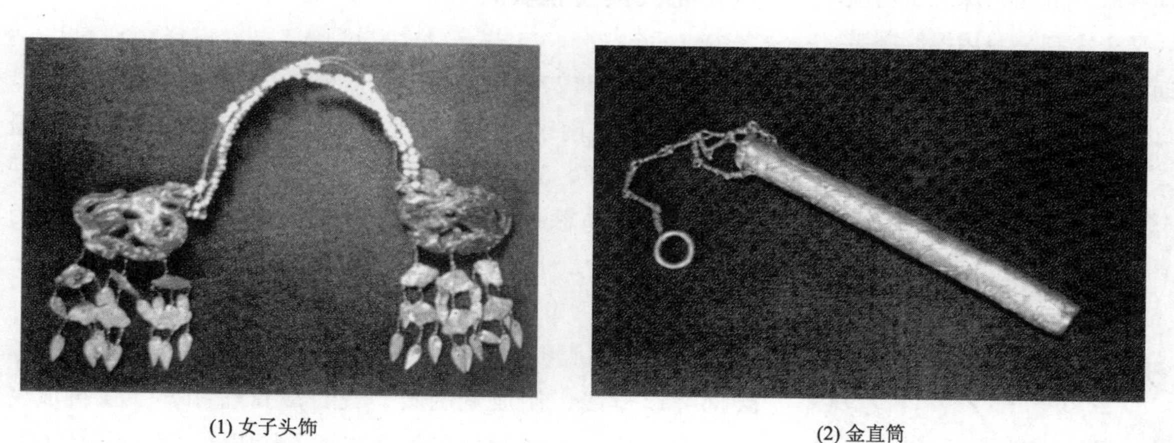

(1) 女子头饰　　(2) 金直筒

图7-8　辽墓出土的物品

契丹族的发式最有个性特点，男子皆髡[1]（kūn，剃去头发）头顶，留一撮长发于左右两耳前上侧，或后上侧，有的将两侧垂发与前额所留短发连成一线，或虽不连前额发而于耳侧前后皆留一撮长发垂肩。沈括《熙宁使虏图抄》曾说："其人剪发，妥其两髦。"就是指的契丹发式。契丹女子少时与男子同，出嫁后始留发，梳髻或披发，以带系额间。契丹官员在戴毡冠时，则把冠后垂的金花编成夹带，同时将垂发理成一起编入其中，平时则脱冠露头，即使辽帝也如此（图7-7、图7-8）。

[1] 髡发：元代北方游牧民族的一种发式，其样式为头顶、后脑去发，两鬓前额留发。

二、金国女真族服装

女真族生活在更远的黑龙江、松花江流域以及长白山一带，先受辽的统辖，北宋时建立金国，后于北宋王朝相约攻辽，取胜后南下攻宋，顷刻间灭掉北宋，占领了北方半个中国。所以金比辽更深入汉人腹地，其民族文化融入汉文化也比辽国为多。

金初模仿辽，官也分南北，服饰等级不分明。深入黄河流域之后又采宋制，习用汉族服装，改动不大。一般服装在颜色上突出了民族特点，以所谓环境色来着装，即穿与周围环境相近的颜色的服装，不追求服色的鲜艳和搭配，常以白色为主。因女真族长期生活在东北冰天雪地之中，白色有利于狩猎时接近猎物。扩展到生活习俗上出现“尚白”的风俗。《大金国志》载：“金俗好白。”实指着装色彩的白色倾向。

图7-9 张瑀《文姬归汉图》局部

图7-10 金代女裙（出土实物）

金女真族虽入中原，但冬日衣装仍旧多以皮毛为主，春夏则多服丝、棉、纻之类。男子衣装窄小，着尖头靴，各种皮帽，衣为左衽，仍保留本民族着装习俗。女服也是左衽，但极宽大，裙式异于汉人，左右各阙二尺许，用布帛裹铁条为圈，使裙摆扩大，然后外罩单裙。这一裙式为女真族所独创，与西方16世纪以后贵妇的撑裙有异曲同工之妙，表现了民族的个性（图7-9、图7-10）。

三、元代蒙古族服装

元建国于1271年（当时称“蒙古国”，1279年改国号为“元”），在南宋末年，是北方蒙古族所建政权。蒙古族最先生活在黑龙江，逐渐迁徙至漠北各地，后由成吉思汗统一各部落，由其孙忽必烈在开平（今属内蒙古）建国。元先与南宋结盟灭了金，后挥戈南下一举荡平了南宋的江山，统一了全国。

蒙古族的服装民族特征尤为突出。男子长袍，圆领大摆，腰部缝以辫线，制成宽围腰，或钉成排纽扣，下摆折成密裥（jiǎn，衣褶）。首服则冬帽夏笠，色与服同。女袍服为左衽窄袖，内着套裤。裤无腰无裆，以带系于腰间。女子首服以顾姑冠最有特色，顾姑为音译，也有译作姑姑、固姑等。据《黑鞑事略》所述：“姑姑制，画木为骨，包以红绢金帛。顶之上，用四、五尺长柳条或银枝，包以青毡，其向上人，则用我朝翠花或五彩帛饰之，令其飞动，以下人，则用野鸡毛。”从现存画像中可以见其形制，高耸二尺，大有傲视群冠之概。又据法国教士鲁布鲁克的《东行记》记载：“他们有一种称之为波克（即顾姑）的头饰，用树皮或他们能找到的类轻物质制成，而它大如两手合掐，高有一腕尺多，阔如柱头……贵妇们在她们的头上戴上这种头饰，用一条巾把它向下拉紧，为此在顶端为它开一个孔，并且她们把头发塞进去，将头发在她们的脑后打成一个髻，把它放进波克中，然后她们把波克紧拉在颚下。”鲁布鲁克是元代来华的外国人，所记顾姑的戴着方法十分可信（图7-11）。

蒙古族的质孙服也是其民族特色之一，质孙为音译，汉译一色衣。形制为上衣连下裳，衣式较紧窄，下裳较短，腰部有多襞（bì，衣褶）积，肩背之间贯以大珠。质孙服原为戎衣，后转为宫中礼服。每逢内廷大宴，天子百官皆着质孙服，其制式因职而异，但冠帽衣履须用一色，不得有异。元代柯九思《宫词十五首》之一："万里名王尽入朝，法官置酒奏萧韶。千官一色真珠袄，宝带攒装稳称腰。"自注说："凡诸侯王及外番来朝，必赐宴以见之，国语谓之质孙宴。质孙，汉言一色，言其衣服皆一色也。"据《元史·舆服志一》载："天子质孙……服红黄粉皮，则冠红金答子暖帽。服白粉皮，则冠白金答子暖帽。服银鼠，则冠银鼠暖帽，其上并加银鼠比肩。"由此可见一斑。

纵观辽金元少数民族服装，除了受汉文化一定影响之外，本民族服装的形式和取色，与其生活的环境、文化的水平有紧密关系。这些北方游牧民族都处于较低级的社会阶段，服装的实用功能为其主要内容，御寒、征战、狩猎、劳作导致服饰简朴，色彩单一，造型不求装饰，而窄衣紧袖更能体现实用功能。女服中顾姑冠、铁圈衬裙、后衣曳地尺余的服饰现象，则表现了贵族女子不事劳作的生活状态。北方游牧民族在服饰工艺上都偏落后，不能从色彩、质料、图案方面来美化服饰，便转向外部造型，或加高首服，或扩大裙摆，或延长衣裾，从而形成有自我特色的民族服饰，这种处理方法是值得肯定和借鉴的。

(1) 剃"三搭头"的男子

(2) 贵族男女服饰

(3) 辫线袄子

(4) 戴顾姑冠的妇女

图7-11　元代男女服饰

第三节　明代官服

明代建立初期，禁胡服、胡语、胡姓。朱元璋下诏：衣冠悉如唐代形制。于是明代官服上采周汉，下取唐宋，出现了历代官服之集大成现象，成为封建社会末期官服的典范。

从服制改革的思想上看，明代倡导恢复汉族古老的传统服制，是一种趋向于守旧的思想观念。但由于生产力有了更高的发展，商品经济开始活跃，于是在守旧复古的内核上包裹了新的外衣，进而动摇了复古的基座，为明中后期服装的新局面铺平了道路。

一、官服类别

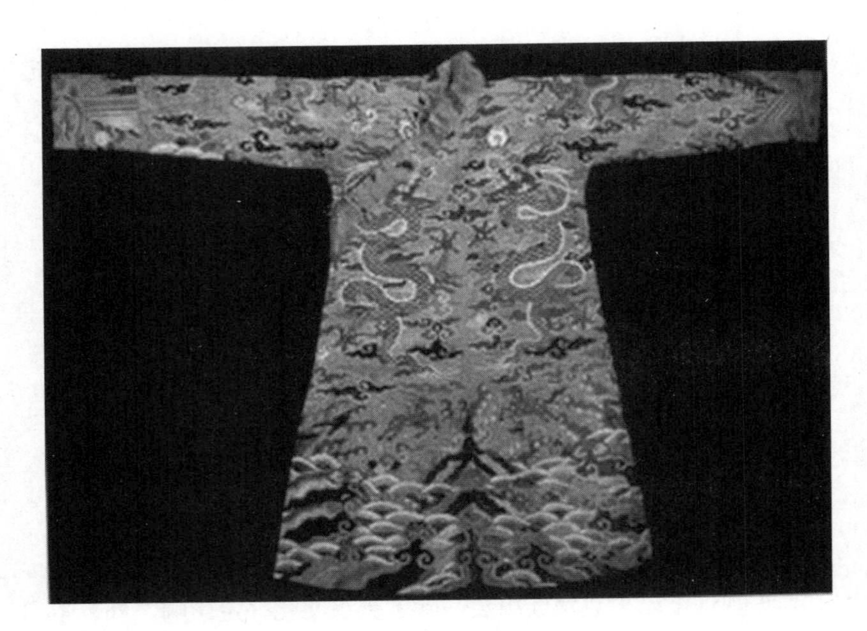

图7–12 明代龙袍服

明代官服的制定前后花了约三十年，从皇帝冠服到皇后、皇子、文武官员，逐渐完善，也不断修订。现将综合大类予以介绍。

皇帝冠服一般承袭汉唐旧制，在形制、色彩、饰物等上大同小异。冕服自皇太子、亲王、郡王用之，其他公侯以下品官都不用，在穿着对象上大大缩小了范围。至于皮弁服、武弁服、通天冠等则在限制人的基础上扩大了皇帝的着服范围。如皮弁服，用乌纱冒之，前后十二缝，每缝缀五彩玉十二，服用绛纱衣，蔽膝、革带、大带、白玉佩、白袜黑舄，皇帝御殿时服之，其他为谢恩、策士、传胪、亲征、四夷朝贡、朝觐典礼时服之。这种扩大了皮弁服的使用范围的做法，既是冕服制从简的表现，也是一种便于统治群臣的措施（图7–12）。

文武官服是明代官服最有特点的服饰，也是封建社会官服的典型，数千年汉族官服中的各种文化符号都在明代官服中积淀成熟而外化。它在承袭周汉唐宋的传统官服制基础上，突出地表现了明代对服饰符号象征功能的充分挖掘，使明代政治、伦理观念在服饰上展现无遗。

1. 朝服

朝服以袍衫为代表，戴梁冠，着云头履。朝廷的服制对佩绶、笏（hù）板也作了规定，如表7–1所示。

表7–1 明代朝服

品　级	梁　冠	革　带	佩　绶	笏　板
一品	七梁	玉带	云凤四色织成花锦	象牙
二品	六梁	犀带	云凤四色织成花锦	象牙
三品	五梁	金带	云鹤花锦	象牙
四品	四梁	金带	云鹤花锦	象牙
五品	三梁	银带	盘雕花锦	象牙
六、七品	二梁	银带	练鹊三色花锦	槐木
八、九品	一梁	乌角带	鸂（xī）鶒（chì）二色花锦	槐木

朝服为大祀、庆成、正旦、冬至、圣节及颂诏开读、进表、传制时百官穿服，实际上是一种庆典礼仪服，以冠和革带来区别官品高下。袍服俱为赤罗衣，白纱中单，青饰领缘，赤罗裳青缘，赤罗蔽膝，赤白二色大带，革带，佩绶，白袜黑履。这种一律赤色的袍衫，齐聚于盛会之中，十分耀眼，喜气洋洋，对比唐代的五色交映的场面，又是一种气派。明代取法先秦的服色按五德之说，夏尚黑、殷尚白、周尚赤、秦尚黑、汉尚赤、唐尚黄，明自认为以火德王天下，色仿周汉而尚赤，是以有赤袍为朝服之制。明开国皇帝朱元璋因朱即赤色，即以赤色为国家政权的标志。这种以色彩象征某种政治和思想的观念，远承周秦，近取唐宋而由明代再次表现出来。其中也掺入了民间对红色表示喜庆的习俗观念，两者巧妙地糅合在朝服之中（图7-13）。

图7-13　佩方心曲领，穿朝服的明代官吏

2. 公服

公服用于早晚朝奏事、侍班、谢恩、见辞等活动中，是一种面见皇帝时的礼服。衣用盘领右衽袍，袖宽三尺。袍上的花纹以大小来分品级。戴幞头有漆、纱二等，展角各长一尺二寸。腰带以质分品，着皂靴。具体分品如表7-2所示。

表7-2　明代公服

品级	袍色	袍花径宽	腰带
一品	绯色	大独科花5寸	玉带
二品	绯色	小独科花3寸	犀带
三品	绯色	散答花3寸	金荔枝
四品	绯色	小杂花1.5寸	金荔枝
五品	青色	小杂花1.5寸	乌角
六品、七品	青色	小杂花1寸	乌角
八品、九品	绿色	无花	乌角

图7-14　穿织金蟒袍的明代官员

公服吸收了唐代品色服的特点，但废除了紫色袍。朱元璋以朱色为正色，又因孔子曾说过“恶紫之夺朱也”，从此紫色地位下降。明代还修改了唐代以花径大小和几何纹来区别品级的服装纹饰，一律改为以花径大小来区别。这既简化了服装的分级形式，也突出以花别品的功能，是一种继承和发扬的服装形式（图7-14、图7-15）。

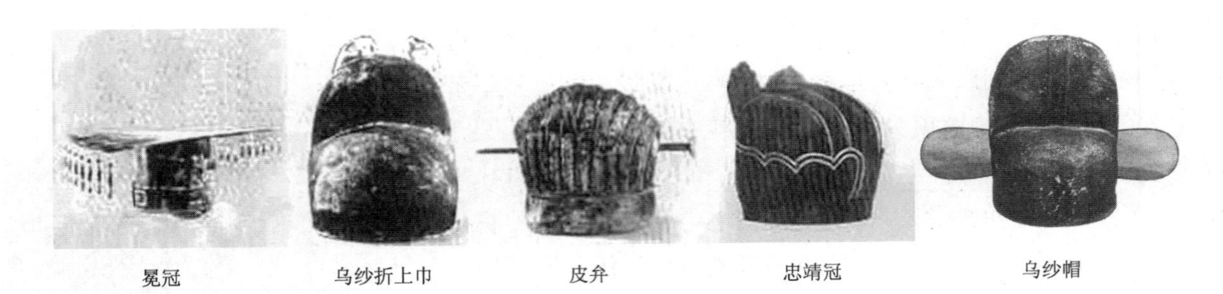

冕冠　乌纱折上巾　皮弁　忠靖冠　乌纱帽

图7-15　明代各种实物官帽

图7-16　明代穿补服的官员

3. 常服

文武官员日常处理公务时穿的官服为常服，初时与公服相同，乌纱帽、团领衫、束带。至洪武六年（公元1373年）规定了新的服饰标准。之后继续修订，日益完善，洪武二十四年（公元1391年）定制后基本稳定。这次修订的最大创新就是在袍服上增加区别品级的补子，即一种方形绣有鸟纹兽纹图案的丝织物，补缀在服装胸前和后背，其符号象征意义更强了。明《大学衍义补遗》卷九十八载："我朝定制，品官各有花样。公、侯、驸马、伯，服绣麒麟白泽，不在文武之数；文武一品至九品，皆有应服花样，文官用飞鸟，像其文采也，武官用走兽，像其猛鸷也。"常服由各级官员按自身品级根据规定款式自制，而不同于唐宋由中央统一制作定时分赐。常服的穿用，高品官可穿下品服，而下不得僭上。文官能遵此制服戴，武官却常下越上，穿公侯伯及一品之服，而低品常服少有人穿（图7-16、图7-17）。文武官常服中补子图案使用见表7-3。

(1) 武一品、二品狮子补

(2) 武三品虎补

(3) 武四品豹补

(4) 武五品熊补

(5) 武六品彪补

(6) 武八品犀牛补

(7) 武九品海马补

图7-17　明代武官补子图案

表7-3　明代补子图案

品　级	文官补子图案	武官补子图案
一品	仙鹤	狮子
二品	锦鸡	狮子
三品	孔雀	虎
四品	云雁	豹
五品	白鹇	熊罴
六品	鹭鸶	彪
七品	鸂鶒	彪
八品	黄鹂	犀牛
九品	鹌鹑	海马
杂职	练雀	无
法官	獬（xiè）豸（zhì）	无

二、补子的文化意义

明代官服中补子[1]的出现，一直影响到清代官服，其形式和纹样在服装上有着特殊的文化意义，其中蕴含着丰富的文化思想和美学价值。

1. *对唐代绣服的继承发扬使汉族官服出现了符号化因素*

唐武则天时，为赏赐文武大臣，特绣制绣袍，袍上绣以禽兽和文字。《唐会要》卷三十二载：“天授二年（公元691年）正月二十二日，内出绣袍赐新除都督刺史，其袍皆刺绣作山形，绕山勒四文铭曰：‘德政惟明，职令思平，清慎忠勤，荣进躬亲。’”意思是勉励都督刺史从政时要光明正大，行使政令时要公正无偏，工作中要做到清廉、谨慎、忠诚、勤敏，对本职要有荣誉感，不断进取并且亲自参入。这是以明确的文字对委以重任的官员提出明确要求的最早服装表现形式。文字绣于袍服背上，回文排列，表明了皇帝对臣僚们的希望和要求，装饰意义还不明显。其后三年间，又以绣袍赐官，在铭文基础上增加了图案。“延载元年（公元694年）五月二十二日，出绣袍以赐文武官三品以上，其袍文仍各有训诫。诸王则饰以盘龙及鹿，宰相饰以凤池，尚书饰以对雁，左右卫将军饰以对麒麟，左右武卫饰以对虎，左右鹰扬卫饰以对鹰，左右千牛卫饰以对牛，左右豹卫饰以对豹，左右玉铃卫饰以对鹘，左右监门卫饰以对狮子，左右金吾卫饰以对豸。铭皆各为八字回文，其辞曰：‘忠贞正直，崇庆荣职，文昌翊（yì，辅佐）政，勋彰庆陟（zhì），懿冲顺彰，义忠慎光，廉正躬奉，谦感忠勇’。”（《唐会要》卷三十二）文字内容仍寄托了皇帝对受赐者的希望，而图案则标识着服者的身份，这是服装史上较突出的一种职位符号化的表现形式。

明代官服吸收了唐绣袍的形式和意义，把绣于袍上的纹饰图案改为可以补缀于袍上的补子，在区别官阶品级的同时，也注入了皇帝对各品官员的希望和要求。这样明确传达任职要求的文字不再出现于服装上了，而以不同动物飞禽来象征官阶和任官要求，把思想和标志统一在不同符号之中，高度概括地表现了朝廷对官员的任职要求和品级管理。如以雁行列有序，象征官员应有威仪，处事不乱。鸂鶒天性喜食短脚狐狸，有逐害之义，象征官员应为民除害之意。

补子的出现，已把官服从单纯的颜色和繁缛的冠冕制中提升到符号化的高度，对服装的发展具有促进的作用。

2. *补子表现了官服制作和管理的先进思想*

以前官服上绣不同纹样图案，制作工期长，成本高，稍有不慎则会使全衣废弃。补子的

[1] 补子：明清时期缝缀在官服上的一块图案，上面绣饰各种禽兽纹样，是用来区分文武官职和一至九品官阶的一种标志。

出现，使标志图案和成衣分离，可以分开独立制作，既提高了效率，又降低了费用，同时便于更换。加上明代并不统一补子的具体图案，只对图案内容作出要求，各级官员可自行制作，这样更提高了官服的工效，也减轻了朝廷的负担。明代补子为40厘米见方的丝织物，可以在织机上成批地织成绣底，再由人工加以绣制，从生产方式来看，也颇为先进。所以至清代，官服继承了补子的这种先进的方式，使其发扬光大。

3. 补子是明代社会服饰中吉祥图案在宫廷中的反映

明代的审美心理趋向喜庆而又朴实的风格，民间衣料上的吉祥图案是这种心理的直接反映。用动物、禽鸟、植物、器皿来象征某种祝福和祈愿的心理和服装表达方式，影响到官服的设计，直接形成补子在内容和形式上与官服的结合。

吉祥图案早在商周时期便已出现，用于玉雕和青铜器物之上，春秋战国的铜镜、秦汉瓦当与画像石、魏晋南北朝的石窟壁画、隋唐碑刻石雕、宋代陶瓷织锦都多有出现，至元代吉祥图案广泛流行，除建筑、车舆和日用器物之上出现外，在服装中饰以吉祥图案也成为一时风尚。这一习俗至明代已趋成熟，形成很多搭配模式，得到全社会的认可，其符号功能较为系统，因此某些动物、飞禽、花卉、草虫被赋予了吉祥的意义。吉祥图案在社会广泛的使用，使官服中的图案设计在继承前代唐宋服制的基础上，创意出补子的形式，融进了人们的审美心理和祈福愿望。如一品文官补子为仙鹤和水浪构成，浪寓潮意，潮谐朝字音，取意为“一品当朝”。明补子皆为红底金线无边饰，其喜庆之情与民间用于喜庆的颜色颇为相似。文官鸟禽图案多为双鸟，与民间成双成对的祝愿不谋而合。这些都表现了补子图案融入了民间吉祥的祈福心理和审美意识。

第四节　明代妇女服装

明代妇女的服装也有了充分的发展，和男子冠冕一样，上取周汉，下采唐宋，加以创新后形成女子服饰集大成者，塑造出中国古代典型的妇女形象，并一直保留在明清以后的戏曲舞台上，成为从明代上溯以前古代各时期艺术化的妇女装扮的经典造型，其文化意义不可忽视。

一、凤冠与霞帔

自周代制定服饰制度以来，贵族妇女就有了冕服、鞠衣等礼仪性服饰，历来变化不大，至明代，承前代服制，重新制定了女子服制，且有创新，从皇后到末品命妇，在冠服方面更加细化，体现出明代的特点。

明开国之初就对命妇服饰作了规定，其后几年或补充或修改，到洪武二十六年（公元1393年）才大体定型。从皇后、皇妃到命妇皆有冠服、真红色大袖衫、深青色褙子、加彩绣帔子、珠玉金凤冠、金绣花纹履，并根据贵贱高低饰不同饰物和纹样，数量与质地也有区别。

贵族妇女服饰中与前代相比有所发展的是凤冠[1]和霞帔[2]。凤冠因其饰有凤凰样珠宝而得名。明朝凤冠是皇后受册、谒庙、

[1] 凤冠：明代贵妇所戴的一种礼冠。用金丝网为胎，上点缀凤凰饰物，并挂有珠宝流苏。

[2] 霞帔：明清时期贵妇穿用的一种礼服。帔是一种披在肩背上的服饰，由于上面的花纹图案美如彩霞，故称为“霞帔”。

朝会时戴用的礼冠，它比前朝更显雍容华贵之美。图7-18为北京定陵出土的明代龙凤珠翠冠，冠上缀有龙凤珠宝，华贵无比。一般命妇则不缀龙凤，只缀珠翟、花钗，习惯上也称为凤冠。由于凤冠以金银或铜盘制，又缀许多珠宝，所以十分沉重，只能用于大型礼仪之中，日常都不戴。霞帔是一种3寸3分宽，7尺5寸长的披带，上面绣有纹饰，戴时绕过头颈从前胸垂下，两端呈尖形，各缀金银珠石一颗。霞帔上的纹样、缀珠标志命妇的品级，见表7-4。

图7-18　北京定陵出土的明代凤冠

表7-4　明代霞帔图案及缀珠表

品级	霞帔图案	缀珠
一、二品	蹙（cù）金绣云霞翟纹	钑[1]（sà）花金坠子
三、四品	金绣云霞孔雀纹	钑花金坠子
五品	绣云霞鸳鸯纹	镀金钑花银坠子
六、七品	绣云霞练雀纹	钑花银坠子
八、九品	绣缠枝花纹	钑花银坠子

图7-19　穿霞帔的明代皇后像

凤冠和霞帔是承袭唐宋贵妇服饰发展而来的，既是对汉族妇女服饰的继承和保护，也为清代汉族妇女开拓了道路，进而成为贵妇人的一种符号标志。贵族妇女的这两种装饰又进一步影响民间妇女的服装、习俗，民服中常以此二种服饰为大喜大贵之装，发展为一种祝福和祈愿的服装形式，在民间极为流行（图7-19）。

二、妇女日常服装

命妇日常燕居和平民女子服装主要为衫裙、袄、袴褶和褙子。由于明代服制中对民间服饰有了明确的禁令，普通妇女的礼服，最初只允许用紫色粗布之衣，不许用金绣，袍衫则只用紫绿、桃红等浅淡之色，不许用大红、鸦青及黄等正色与纯度高的颜色。

明代妇女服装中褙子较为流行，其基本形制与宋代相同，一般有两式：一为合领对襟大袖，另一为直领对襟小袖。前者为贵妇之服，后者为平民之服（图7-20）。

图7-20　明代绘画中穿褙子的妇女形象

褙子在领袖处少用或不用花边装饰，下长至足，露出里面衬

[1] 钑花指用金银刻镂出的花纹。

裙一角。褙子在明末很盛行，并延至清初。

明代妇女另一装束为襦裙或衫裙，上衣襦衫短仅齐腰，宽袖，右衽，色、纹皆淡雅，裙则掩襦衫而扎于胸下，长到掩足。裙常用八至十幅拼成，腰间细褶数十条，颜色也浅淡，纹样不多，以含蓄隐约为尚。衫裙的长短变化在明代二百余年间几经反复，但总体上有衣短裙长、衣长裙阔的穿着搭配，以求对立中的统一（图7–21）。

图7–21　明代妇女襦裙

比甲[1]为无袖上衣，与隋唐的半臂相似，宋元之后渐流行，至明代则成为妇女居家之常服，由于其既可护胸背保暖，又具有装饰作用，故颇受妇女喜欢。清代的马甲，也是由此发展而来（图7–22）。

明中后期生产力进一步发展，人们生活水平提高，对服装的要求也不断提高，出现了违规僭越的服饰现象，并蔚然成风。明代后期妇女的服装也趋向艳丽华贵，颜色也喜用明初的禁用色如红、黄等亮色，体现出对服饰多样性的追求。《客座赘语》卷三十九载：“首髻之大小高低，衣袂之宽狭修短，花钿之样式，渲染之颜色，鬓发之饰，履纂之工，无不易变。”正写出明后期服饰趋向新奇的时代特点。如明代小说《金瓶梅》中描写民间妇女装束，表现了后期服饰的奢华之风，在第十五回中写一群妇女在楼上看灯：“吴月娘穿着大红妆花通袖袄儿，娇绿缎裙，貂鼠皮袄。李娇儿、孟玉楼、潘金莲都是白绫袄儿，蓝缎裙。李娇儿是沉香色遍地金比甲，孟玉楼是绿遍地金比甲，潘金莲是大红遍地金比甲，头上珠翠堆盈，凤钗半卸。”足见明代妇女服饰的变易极大（图7–23）。

图7–22　穿比甲的明代妇女

(1) 玉挂佩

(2) 陈洪绶《夔龙补衮图》

图7–23　明代饰物

[1] 比甲：元明时期的服饰，其衣长过膝，无领，无袖、对襟，穿罩于衫裙之外。

第五节　清代官服

清是满族建立的政权，满族原为东北长白山一带的游牧民族，原来文化落后，生产力不发达，服装以适于牧猎和骑战而制，衣料多以毛皮、树皮等自然物为主，没有丝织、棉织品。入关为帝之后，清统治者大力进行服装改制，把满族服饰强加于汉民族之上，尤为突出的是用武力强制施行辫发，改冠易服极大地冲击了传统服饰文化习俗，造成剧烈的民族矛盾。清代官服是封建社会末期最复杂、最烦琐的服制，标志着古代服装发展到此时而趋于腐熟，最终退出历史舞台。

一、改冠易服剃发蓄辫

清顺治元年（公元1644年），清兵入关，沿途告示曰："凡投诚官吏军民，皆着剃发，衣冠悉遵本朝制度。"所谓剃发，即男子从头顶前后分为两部分，前面剃光露出头皮，后面蓄长发编为一辫。所谓本朝衣冠，即满族入关前的服饰，主要为马蹄袖，尖缨团帽。一时招来各地百姓反对，民族感情受到极大伤害，反满情绪高涨，使顺治皇帝不得不在元年下谕曰："天下臣民，照旧束发，悉从其便。"不料第二年，忽又下令全国汉族臣民依满族习俗剃发留辫，"若规避惜发，巧辞争辩，决不轻贷。"一时国内传语说"留头不留发，留发不留头"。这种把发式与生死相连的做法，实质上是满族新执政者对自己权威的一次检验，以武力来征服汉民族的一个愚昧行为。这种强行推广辫发的国家行为，更激起汉族人民的反抗和仇恨，民族矛盾十分激烈。

为了缓和因发式和服饰引起的民族矛盾，清王朝接受了明遗臣金之俊"十从十不从"的建议："男从女不从，生从死不从，阳从阴不从，官从隶不从，老从少不从，儒从而释道不从，娼从而优伶不从，仕宦从而婚姻不从，国号从而官号不从，役税从而语言文字不从。"这十条虽未以明文规定，而作为推行满服的变通措施，在实际运用中已得到清廷默许，使民族矛盾有所缓解，也使汉族传统文化得以传承，汉族服装有了生存的空间。

二、清冠服制繁缛庞杂

清代职官极多，在明代职官机构基础上增加了新的职官，如军机处、理藩院等。另有封爵分为14等，文武官在正九品上又增从九品共十八品。另外还有文武散官，也是十八级。各职官封爵的服饰都有细致的规定，更显得服制的庞杂。

清乾隆年间，冠服制大体确定完善，不仅定出极细的规定，还先后绘制出图式。并要求凡由内务发交江南的江宁与苏州二府、浙江杭州府及两淮织造司。织造局织造的御用冠服和嫔妃、皇子、公主朝冠朝服，都要依礼部定式或皇上命题由内务府或如意馆画师绘制出彩色工笔小样，交皇帝御览，或经内务大臣审阅后连同批准文书送发织造。衣料织成后再送到裁作、绣作、衣作工坊，分别裁剪、绣花、缝制。衣成后，凡上用冠服由陆路运京，宫用冠服水路运京，限期内交内务府广储司的缎库验收。这一套程序反映了清代对冠服管理的严格程度，也表明了统治者对冠服极为重视的思想倾向。

三、冠帽

清代冠帽有朝冠、古服冠、常服冠、行服冠和雨冠，它们都有各自不同的形制，为增强实用功能又分为冬用和夏用。区别官员品级主要在顶子，顶子是冠帽上的顶珠，从皇帝至百官以及后妃、命妇之冠帽都对色彩、质料、珠数等作了严格规定，繁缛庞杂。因此，清代冠帽的种类也超过历代冠冕。清冠总形制上则一反汉冠形式，在高级官员帽顶后面还插有一束孔雀翎毛，称为花翎，以翎上圆圈状花纹的多少显示等级，有单眼、双眼、三眼之分。这一装束，则把北方游牧民族满蒙冠帽引入官帽之中，形成最具时代与民族特征的冠帽形式（图7-24）。

(1) 皇帝朝冠

(2) 顶子

(3) 暖帽

(4) 凉帽

图7-24 清代官帽

(1) 皇帝夏朝服

图7-25

四、袍褂与补服

1. 袍褂

作为礼服，袍褂是最常用的服装。袍长至足，圆领，右衽，除皇袍外，正前与两侧的下襟都开衩，衩口至下腹。皇族宗室开四衩，官吏开两衩，此系游牧民族为了便于上下马而设置。袖口为箭袖，因似马蹄形，故称马蹄袖，平时向上翻起，行礼时则翻下，罩住手指。箭袖也是便于战时或狩猎时射箭与搏击而设计。皇帝袍服上前后共绣有九条龙纹，列十二章，间以五色云蝠纹，下端为海浪、八宝及斜向排列的彩条曲纹，俗称龙袍。官员则着蟒袍[1]，袍上绣蟒，以蟒的爪数和袍上的蟒数来区别品级。如一品至三品，绣五爪九蟒；四品至六品，绣四爪八蟒；七品至九品，绣四爪五蟒。龙与蟒在明代有所区别，至清代则混而为一，实为龙形。其与龙袍区别在于皇帝龙袍底色为明黄，蟒袍则非明黄，百官一般为石青或绀色（图7-25）。

褂又称行褂，为袍之外的服装，圆领对襟、平袖，袖长仅至肘，长与坐齐。门襟缀有五纽，自皇帝至各品文武官员以至营兵皆可穿用，但以石青、黄、白、红、蓝及镶边等色彩加以区别。

[1] 蟒袍：明清官员袍服的一种，上饰以蟒，故名，以蟒的爪数和袍上的蟒数来区别品级。

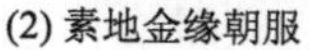

(2) 素地金缘朝服

(3) 蟒袍

图7-25　清代朝服

其中明黄色尤为贵重，非皇帝赐服者不得穿用。行褂在康熙末年传至民间，演变为马褂，长仅齐腰，下摆开衩，衣袖有长短两式，长仅齐腕，短则至肘，平袖口，以对襟为主，间有大襟和缺襟等式。官服中也吸收此形式，并以色分品级和职任。民服马褂颜色在清初崇尚天青，乾隆间尚红紫，嘉庆时尚泥金及浅灰等。马褂形式一直沿用至民国，成为礼服的一种。

马褂中有一种黄马褂，为清代侍臣及有功人员出行时所穿，以明黄色绸缎为之，素而无纹，不加缘饰。一类为大臣、侍卫随皇帝出巡时所穿，属于职任褂，任职期满或职务解除，即不许再穿。另一类为皇帝赐穿，对狩猎行围中射中猎物者“赏给黄马褂”，对有功勋的文武高级官员“赏穿黄马褂”。前者只能行猎时穿，平时不得服之，后者则随时可穿，并允许依式自制。为了区别大臣、侍卫的黄马褂，则规定职任褂为黑色纽袢，赏穿褂为黄色纽袢。赏穿黄马褂是一种国家赏予的最高荣誉，其事迹均会载入史书之中（图7-26）。

2. 补服

补服是区别官员品级的又一重要官服，其形式为圆领、对襟、平袖，袖长及肘，衣长至膝下，比袍短一尺左右，门襟有5颗纽，色为石青色。补服胸前、

(1) 马褂

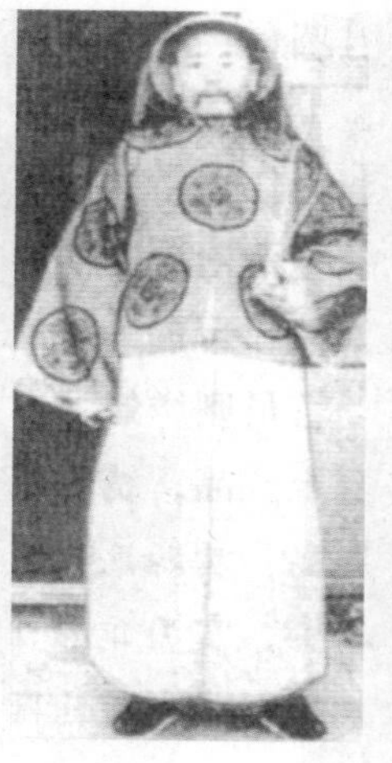

(2) 穿马褂的官吏

图7-26　清代马褂

图7-27　清代补服

图7-28　清代团龙补子图案

背后各补缀一块绣有禽鸟或动物的丝织物，较明代为小，约30厘米见方，另有圆补为皇亲所用。补子又因为衣是对襟，则前面补子一分为二，扣好衣襟则合二为一（图7-27）。

补服上的图案有的与明代相同，有的则为新增。补子底色为深色，如绀色、黑色、深红，绣以彩色丝线，图案艳丽，较明代补子的素色更为醒目美观。补子四周增饰有花边，并把禽鸟定为单只。清代官职繁多，故补子的图案也较明代多（图7-28、图7-29），清代官服中补子图案使用见表7-5。

(1) 文一品官补子（仙鹤）

(2) 文二品官补子（锦鸡）

(3) 文三品官补子（孔雀）

(4) 文四品官补子（云雁）

(5) 文五品官补子（白鹇）

(6) 文六品官补子（鹭鸶）

(7) 文七品官补子（鸂鶒）

(8) 文八品官补子（鹌鹑）

(9) 文九品官补子（练雀）

图7-29　清代文官补子纹样

表7-5 清代补子图案

职 等	图 样	位 置
亲王 亲王世子	五爪金龙四团	前后正龙，两肩行龙
郡王	五爪行龙四团	前后两肩各一
贝勒	四爪正蟒两团	前后各一
贝子 固伦额驸	四爪行蟒两团	前后各一
镇国公、辅国公和硕额驸 民公 侯 伯	四爪正蟒方补	前后各一
文一品	仙鹤方补	前后各一
文二品	锦鸡方补	前后各一
文三品	孔雀方补	前后各一
文四品	雁方补	前后各一
文五品	白鹇方补	前后各一
文六品	鹭鸶方补	前后各一
文七品	鸂鶒方补	前后各一
文八品	鹌鹑方补	前后各一
文九品	练雀方补	前后各一
都御史 副都御史 给事中 御史 按察司各道	獬豸方补	前后各一
武一品 镇国将军 郡主额附 子	麒麟方补	前后各一
武二品 辅国将军 郡主额附 男	狮子方补	前后各一
武三品 奉国将军 郡主额附 一等侍卫	豹方补	前后各一
武四品 奉恩将军 县君额附 二等侍卫	虎方补	前后各一
武五品 乡君额附 三等侍卫	熊方补	前后各一
武六品 蓝翎侍卫	彪方补	前后各一
武七品 武八品	犀牛方补	前后各一
武九品	海马方补	前后各一
从耕农官	彩云捧日方补	前后各一

第六节 清代妇女服装

清代的满汉文化在冲突和融合中，妇女服装得到相对宽松的环境，“十从十不从”中的“男从女不从”一款，使满汉两种妇女服装并存了两百余年，其间也有过相互吸纳的过程，至后期则陶冶出具有中国民族特色的典型服装——旗袍，一直影响至今。

中国地域广大，南北相去万里，东西民族异趣。满族多居北方，汉族遍居全国，城乡有别，贫富悬殊，所以清代妇女服装尤为杂乱。满族还大体一律，汉族则相去甚远，故满汉服装多以城市平民为代表。

一、满族女服

满族女服是清代妇女服装的标志性服饰，涉及发式、旗袍、鞋及饰物。

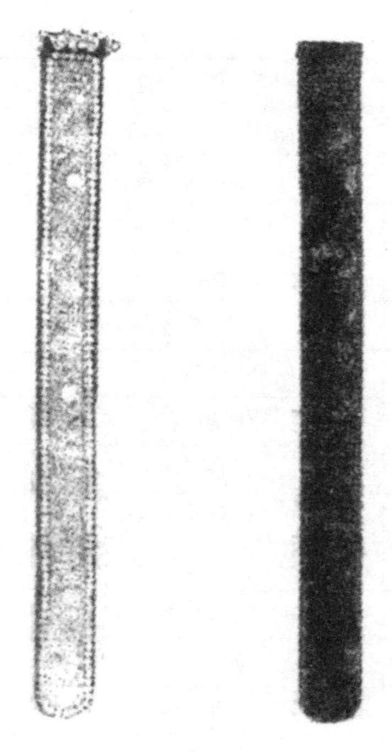

图7-30　清代实物扁方

1. **发式**

满女发式多为平髻，又称一字头、两把头。发式是在头顶左右横梳二平髻，两髻中间有铁丝做的架子，头发盘于架子上，顶部平行为“一”字，两侧下垂不过额际，之后在两髻之间横插一扁方（图7-30）。

平髻到咸丰以后，逐渐增高，两边角也不断扩大，上面套戴一顶扇形的冠，以青缎、青绒、青直径纱做成，成为典型的旗头，其上还插有绢花，侧垂丝缚。

2. **袍**

满族妇女的袍为长袍，下可掩足；右衽，袖口平而博大，袖端、衣襟、衣裾镶有各色边缘，领有低有高，无领则以围巾绕颈。袍身初较宽大，后渐趋狭窄。袍外有时加坎肩或马褂，皆饰有多条彩色缘边（图7-31）。这种袍后称为旗袍，用一整块衣料剪裁而成，上下呈直筒状，上下连体而不开衩，任何部位都不重叠。有单、夹、棉、皮多种，省工省料。一件旗袍用途抵汉族的衣、裙、裤，深受大众妇女喜爱，汉族妇女也仿制而改进成为新型的旗袍（图7-32）。

3. **鞋**

旗鞋是一种木底高跟鞋，高跟固定在脚心部位，上大下小，高约两寸，状如马蹄的称马蹄底，如花盆的称花盆底。木跟以白

图7-31　穿旗装的清代妇女

图7-32　慈禧像

图7-33 清代旗鞋

布包裹。鞋帮、纯、缱加有刺绣、缀珠等饰物。旗鞋与旗袍、旗髻一同配合穿用，使满族女子体态修长，腰枝婀娜，行时更表现出女性的柔美和风韵（图7-33）。

二、汉族女服

清初汉族妇女服装承明代样式，后来受满族妇女服装影响，发生变化，吸收满族服装的优质因素，保留传统汉服样式，而形成清代汉族女子服装的特点。

汉女以上身着袄、衫，下身束裙为主。袄有大袄小袄之分，小袄内穿，大袄外穿。大袄多为右衽大襟，衣长至膝或更下，袖口初尚小，后渐大，至清末又复短小，露出内衣。衣领有高低变化。衣襟、袖口有宽边镶滚。咸丰、同治间北京女子服装镶滚边数增多，时有“十八镶”之称。据当时江苏巡抚对苏州地区风俗衣饰之训俗条记载：“至妇女衣裙，则有琵琶、对襟、大襟、百裥、满花、洋印花、一块玉等式样，而镶滚之费更甚，有所谓白旗边、牡丹带、盘金间绣等各色。一衫一裙，本身绸（同绸）价有定，镶滚之费，不啻加倍，且衣身居十之六，镶条居十之四，一衣仅有六分绫绸。”可见北方女服样式已传至南方而成风气（图7-34）。

裙为长裙。在清初喜好百褶裙和月华裙，前者用整幅缎子打折成百褶，颇费工夫，后者为彩色衣料拼缝，一裥之内，五彩纷呈，如月光映照。后又有弹墨裙，以浅色面料用弹墨工艺印上小花，淡雅而有风致。再往后则有凤尾裙，在缎带上绣花，两边镶金线，再拼合相连，宛如凤尾。咸丰、同治年间有鱼鳞百褶裙，在每褶间以线交叉相连，使其能展能收，展时如同鱼鳞。当时有诗咏之曰：“凤尾如何久不闻，皮棉单夹弗纷纭。而今无论何时节，都着鱼鳞百褶裙。”此

(1) 领镶边袄

(2) 短袖长袄

图7-34 清代女袄（传世实物）

图7-35　穿袄裙的清代汉族妇女

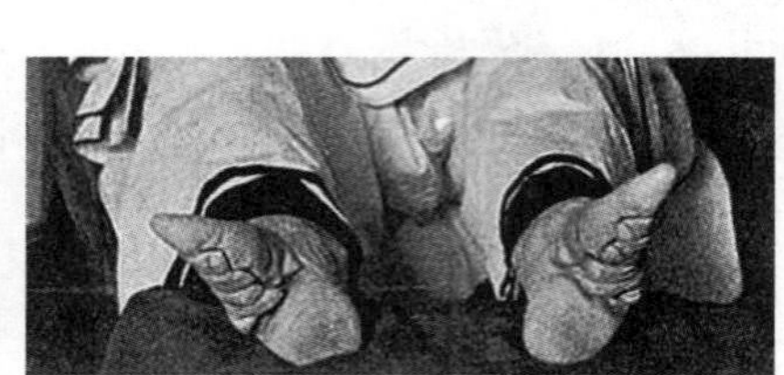

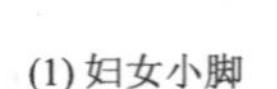

(1) 妇女小脚

(2) 绣花长裤

图7-36　清代女裤

外红裙为婚嫁时所系，新春节日也好着红裙。裙以红色为底，上镶彩色花边。裙腰则横接别色宽带，整片不缝合，以纽绳系于一侧（图7-35）。

另有不穿裙而着裤的。裤长齐足，裤脚宽大，裤口上镶边，裤腿绣有花纹或镶彩条，与袄相映衬。至光绪时裤广为流行，而着裙者见少（图7-36）。

背心，也称马甲，是汉女秋冬时常穿的，罩在袄外，有夹、棉、皮几种，衣长至膝，可掩袄衫，衣边也有镶边，衣底多为深色衣料如深蓝、青等色（图7-37）。另外也有不同式样的短马甲，满汉妇女都喜穿用。

图7-37　清代穿长背心的汉族妇女

三、女服衣襟与衣纽

满汉女服衣襟大体有三种，即右衽大襟、右衽琵琶襟、对襟。

大襟至右腋下，在领口与腋下各有一纽，腰部有一纽，腰下视衣的长短或有或无，长袍背心则增之，短袄、马褂则省之，领口至腋下的边缘饰有条纹，与袖口条纹同。

琵琶襟为右衽至右胸前直下，至腰部折向正中，与左衣裙相合时下折至衣底，状如手抱琵琶，故名。衣纽同大襟，在正面则增一纽固定下摆。这种襟式多为满族女服采用，男服也有同此的。此外，满服中还有种一字襟马甲，其纽系于腰两侧和齐领处的一字形开口处，实际上衣襟和后衣成为两片，全依纽来联结，衣领处为七纽，两侧各三纽，俗称巴鲁特坎肩[1]（图7-38）。

[1] 巴鲁特坎肩：“巴鲁特”满语意为勇敢者，式样一字襟，缀有十三颗纽扣，所以也称十三太保。

图7-38　清代各式背心

对襟为当胸开襟，多为劳动妇女着服，便于穿脱或散热。领口低，衣长短不一。腰部常扎一布带束住上衣，也便于出力。

衣纽皆用与衣料相同的织物编结而成，或盘成花形，或简如直线，颜色有同衣色的，也有异于衣色形成对比的。纽皆显于外，所以在造型和配色上有所讲究。富贵人家衣上的纽扣有用金银玉石制成装饰物缀于纽扣上。乾隆以后，纽扣业也兴盛起来，各种纽扣美不胜收，如白玉佛手扣、包金珍珠扣、三镶翡翠扣、嵌金玛瑙扣、珊瑚扣、琥珀扣等，花纹也层出不穷，诸如花卉、虫蝶、飞禽，皆别出新意，各具匠心。

经过千百年的演进，衣襟与衣纽已成为中华民族服装一大特色。

第七节　明清服饰时尚

明清服装在主流的发展演变中，不乏一些流行时尚的服饰，在民间传播，表现出各时代中的审美变迁和风俗流变。这种时尚的服饰，有时成为社会主流服装，有时则代表当时较为先进或前沿的着装心理。其中优秀的遗传基因沉淀为中华传统文化的内容，为后世所珍惜。

一、男子巾帽

明清男子皆好戴巾帽，明代戴得最多的是网巾、方巾和小帽，清代则是瓜皮帽。

网巾是一种约束发髻的黑色网罩，以丝绳或马尾、棕丝编成，网眼大似细渔网，网口缘布边，穿上绳带，顶部开口穿带。网巾如今天的宽边发箍，以固定发根。官民多用网巾，官则利于加冠，民则利于劳作。明代《天工开物》中有戴网巾纺线的工人插图（图7-39）。

方巾即四方平顶巾，其顶部呈平面四方形，帽筒稍高，可罩

图7-39　明戴网巾的男子
（《天工开物》插图）

(1) 戴四方平定巾的士人

(2) 儒巾（出土实物）

图7-40　明代方巾

住全发。此巾可以折叠，展开时四角皆方。巾以黑纱制成，明初为平民戴用，后规定为秀才以上考取功名的儒士戴之，至清代仍袭此制度，成为读书人的专用帽巾（图7-40）。

小帽是明代流行的六合一统帽的俗称，以六块罗帛拼缝而成，下有帽檐，以纱、缎等制成，颜色以黑为主，夹里用红色。帽顶中心饰有珠玉等饰物。到清代沿用此帽，略有改变，顶部或平或尖，帽边或宽或窄。后俗称的瓜皮帽，就是明代小帽的沿袭（图7-41）。

二、男子衣履

明代市井中曾流行过一种称为曳撒（sǎn）或称一撒的长衣，用苎丝纱罗制成，大衣襟，两袖宽搏者多，也有短袖和无袖的。后背为整片，前片则分为上下两截，以腰际为界，腰下部分打有细裥，裥在两边，中留空隙。曳撒先为官吏便服，后演变为士大夫阶层的常服，宴会之时多服之。与曳撒相似，腰际无横线，称为道袍。明王世贞《觚不觚录》载："衣中断，其下有横折，而下复竖折之，若袖长则为曳撒；腰中间断，以一线道横之，则谓程子衣；无线导者，则谓之道袍，又曰直掇。此三者，燕居之所常用也。近年以来，忽谓程子衣、道袍皆过简，而士大夫宴会必衣曳撒。"在明代风尚中，一种鹤氅也常被人们穿着，鹤氅是"鹤氅裘"的省称。以厚实的织物为主，中纳絮棉；或质以皮，一般多用于冬季出行时穿着（图7-42）。

清代平民袍服为平袖无衩，俗称一裹圆或一箍圆。因袖口为平口，不符清代礼仪，所以士庶男子行礼时另备一副马蹄袖，以纽扣连于袖口，行礼毕则可解下收起。

(1) 明戴六合一统帽的男子

(2) 清戴瓜皮帽的男子

图7-41　明清时的男子小帽

男子鞋履，明代有文人武士之分，儒生多穿镶鞋，以黑缎制成，鞋头和鞋跟镶有皮革，结实而又美观。武士或出力之人另穿麻编鞋，鞋上有耳襻，穿绳子以系于足。普通人多穿蒲鞋，鞋口大，穿着方便，江南陈桥所产最负盛名，称“陈桥鞋”。范濂《云间据目抄》卷二载：“宕口蒲鞋，旧云‘陈桥’，俱尚滑头，初亦珍异之。结者皆用稻柴心，亦绝无黄草。自宜兴史姓者客于松江，以黄草结宕口鞋甚精，贵公子争以重价购之，谓之‘史大蒲鞋’。此后宜兴业履者，率以五六人为群，列肆郡中，几百余家，价始甚贱，士人亦争受其业。”记载了蒲鞋的起始和发展。至清代蒲鞋在南方汉族男子中仍广为穿用。此外，人们在雨天外出时还常穿着木屐（图7-43）。

(1) 穿襕衣的男子　　(2) 穿鹤氅的男子

图7-42　明代男子服饰

三、女子水田衣与紧身衫

明代后期曾流行过水田衣，又叫稻畦帔。衣为长衫，以各色零碎衣料拼缝而成。因拼出的衣服上颜色大小不一、交错不同，形似江南春日的水田，故名。这种衣衫在唐代就有出现，至明末而风行，为妇女所喜爱。好之者有的把整片衣料裁为零星小片而缀缝成水田衣，到清代不衰（图7-44）。

紧身衫是明代妇女中颇为时髦而妖冶的女子喜爱的服装，又叫扣身衫子。衣身狭窄，衣袖窄小，穿时紧裹身体，显出女性曲线柔美的身姿。《金瓶梅》第一回中写到潘金莲时，就以“着一件扣身衫子”来刻画人物的风流习性。这类衣衫虽未成为流行时装，但已表现出明代妇女中较开放的服装观念，是服装发展中的积极因素。

(1) 清代穿缎靴的男子

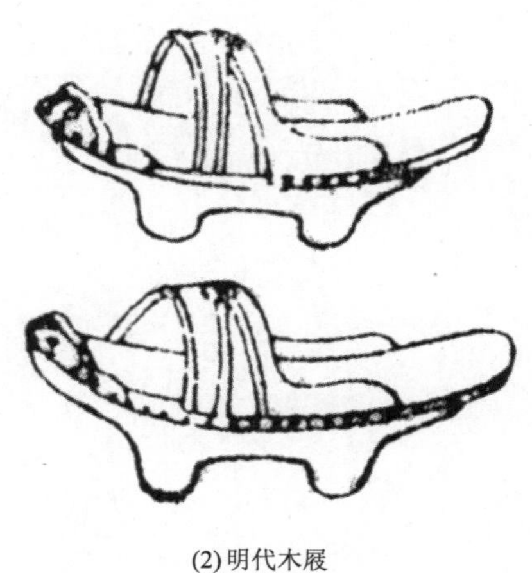

(2) 明代木屐

图7-43　明清男子鞋履

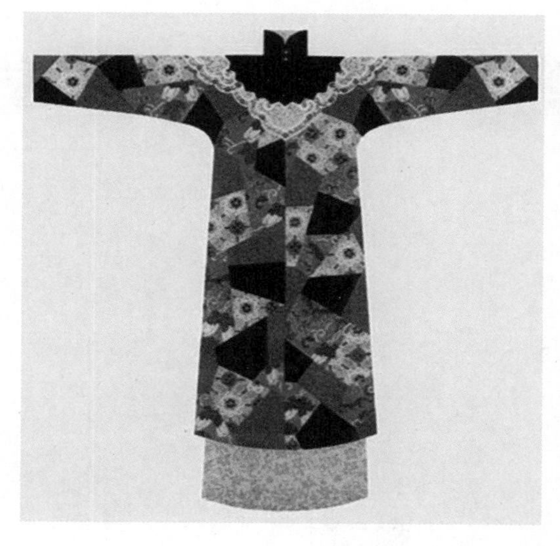

图7-44　水田衣

本章综评

封建社会后期服装变动较大，北方少数民族与汉民族文化有了深度的交融，在科学技术和人文艺术的催发下，服装的衣料和图案纹样也有了发展与变化。北方游牧民族从落后的生产力和文化状况一下跃入汉民族先进的文化环境之中，其保持本民族传统服装的思想渐渐削减，仅能以某一两个标志性的服装或头饰、发式来坚守本民族的服装阵地，汉族文化的同化力仍然具有无坚不摧的威力。但毕竟民族文化的不同，在文化理念和政治思想紧密相关的时代，民族服装在冲突中虽然互相吸纳，促进了新的服装的产生，同时也不同程度上都做出了牺牲。尤其是男子服装，到清代满族统治汉族时，历经数千年的汉族服装已发展到腐熟，几乎一夕之间被易换。然而又由于满族文化落后于汉族文化，它不得不大量地从汉族文化中吸收有利于统治阶级的因子，服装在改制中仍旧保存有汉族服制的内涵。

思考题

1. 名词解释：吉祥纹样，凤冠，霞帔，云锦，髡发，顾姑冠，箭袖，蟒袍，水田衣。

2. 元代的衣料织物发生重大变化表现在哪里？其原因有哪些？

3. 简述明代衣料纹样图案的特点、种类及社会意义。

4. 简述辽、金、元各时期的服装状况。

5. 明代服饰在继承传统上有哪些变化？请结合官服以及贵族妇女服饰的种类、形制、配件等方面的内容给予说明。

6. 简述补子的特征及其在中国官定服制中的历史地位与文化意义。

7. 清代是如何强制改冠易服的，它反映了服饰变化中怎样的规律？简述变异后清代官服的具体形制。

8. 简述清代女子服装的种类和特点，试分析满汉两族妇女为什么能够长期保持其原有服装形式？

近现代社会服装

课题名称： 近现代社会服装

课题内容： 晚清时期服装

辛亥革命后的男装

新文化运动后的妇女服饰

近代中国民族服装的发展

新民主主义与社会主义时期服装

课题时间： 3课时

训练目的： 通过本章学习，学生应认识到晚清时期服装多元共存现象出现的原因，深入了解辛亥革命后的男装和女装的特色与民族个性，理解新中国成立后服装的时代风尚与政治形势、社会生活和审美思想之间的相互关系。

教学要求：

1. 了解晚清服装出现了思想开明和西方风尚进入的变化趋势。
2. 深入了解辛亥革命后男装的新变化。
3. 重点了解辛亥革命后妇女服装的新样式。
4. 重点把握近代中国民族服装发展的状况。
5. 了解新中国不同时期服装的特点。

第八章　近现代社会服装

——锐变与革新

（公元1840~公元2000年：晚清、“中华民国”、中华人民共和国时期）

本章导语

从晚清到20世纪末，160年的社会变革，可谓天翻地覆，急风骤雨，狂潮怒涛，冲刷了封建时期一切旧的思想和文化。政治制度的急速变更，社会经济基础的迅速变化，中西文化的激烈碰撞和交汇，意识形态的剧变更新，新旧思潮的猛烈拼搏，传统与现代的汰选和融合，都为中国这一历史时期留下了丰富的文化内容。随着封建、落后、陈旧、保守、极左、极右等腐朽意识的消退和死亡，随着改革开放的迅速发展，科学、先进、崭新、开放的思想和文化在不同领域获得极大的发展空间，促进了服装的变革和发展。

近160年来，中国服装处于一个锐变与革新时期。其巨大、深刻而急骤的变化，形成了近千年中国服装史中最为突出的特点。从来没有一个历史时期有如此急骤而深刻的巨变，这种巨变具体表现为：

1. 变革的同一性 160年服饰变革与社会变革相为表里，当中国社会从农耕社会历经半农耕半工业社会和工业社会后迈至信息社会时，服装也同步经历这几个阶段，从形式到内涵都展现出这一飞跃过程。

2. 变革的不平衡性 这种不平衡性是从时间、空间以及社会生活诸方面表现出来的。中国地域广、民族多、人口分布不均衡，人们受社会变革的影响有快有慢，有深有浅，对先进文化的接受有先有后，表现在服装上自然会不平衡。

3. 变革的互动性 互动出现在诸方面，既包括人际之间、人境之间、人物之间的互动，也包括政治、经济、思想、观念、文化、媒介等和服装之间。尤其在现代社会，生活节奏加快，审美意识提高，服装的互动性表现得更为突出。当新的文化体系和生活方式产生以后，人们的服饰观念和行为也相应发生变化，并与前者互为因果。

总之，中国近现代社会是一个锐变和革新的历史阶段，从政治、经济、文化到服装，都体现出这一特点，并且将继续延续下去，在新的世纪中更为迅速而令人瞩目。

第一节　晚清时期服装

服饰发展到晚清，已经出现变革的倾向。西方文化开始进入中国，在鸦片战争之前，上溯到清代中期，西方的洋楼就已出现在北京圆明园中，之后各种西式教堂、生活器具也纷纷涌入中国。西式服装在着衣观念上潜移默化地动摇着清代的服制。

一、鸦片战争后传统的服制发生动摇

1. 不按等级制度着装

鸦片战争轰开了国门，西方文化如潮水般冲进了大清帝国，

清代的冠服制出现了动摇，人们开始突破旧有的着装规范，而不按品级穿戴。团蟒之纹、四开之袍已不能严格地标志等级，民间也不再遵制禁穿金绣、彩绣、狐皮等服装。光绪年间，原为一二品官所披的红色风兜，在上海等地却随处可见。上海是开埠最早的城市，经济发展居全国之首，接受西风为最先，所以服装的变异对服制的动摇也是最先。以致皇帝下谕曰："国家制服，等秩分明。习用已久，从未轻易更张。除军服、警服因时制宜，业经各该衙门遵行外，所有政界、学界以及各色人等，均应恪遵守，不得轻听浮言，致滋误会。"但风气已成，清王朝的服制已开始动摇。王韬在《瀛濡杂志》中说："近来风俗日趋华靡，衣服潜侈，上下无别，而沪上尤甚。洋泾浜负贩之子，猝有厚获，即御狐貉，炫耀过市。"这种官服逾制，民服失禁的现象，是清代服装变革大潮的先兆。

2. 新思想人士主张剪辫放足

洋务运动时期，清政府派遣留学生赴欧洲各国及美、日等国学习，这些留学生接受西方先进科学技术的同时，也在思想和生活方式上受到熏染。甲午战争中国战败，他们憎恨清政府的腐朽无能，纷纷剪去辫发，改穿西服，一时掀起剪辫易服的风潮，在国内产生强烈的影响。在妇女中，则出现了不缠足的运动。康有为在广东南海首创《不缠足会草例》，后又在广州成立妇女"不缠足会"，逐渐推行到上海、天津、北京等地。他们规定入会者所生女子不得缠足，所生男子不得娶缠足女子；已缠足女子，八岁以下者一律放足。提倡"天足"，不仅是对女性身体上的解放，更重要的是对女性心理上的解放，更是对封建意识和陋习的严峻挑战，得到广大妇女和男士的响应。

图8-2　在上海的女子天足会会场（晚清）

图8-1　晚清留短发的中年男子

这种身体上剪辫放足的行为，直接影响到服装中的首服和足服的变化，进而形成了服装观念上的更新，也成为整个社会文化变革的组成部分（图8-1、图8-2）。

二、西风东渐对晚清服饰的影响

1. 效穿西服

晚清时期，在对外通商沿海大城市出现许多外国商人，一些为外商工作的买办，也以西服为身份标志，在人群中尤为显目。加之一些留学生归国后也着西装以及租界地的少数华人，为习气所染，也效穿西服。于是形成了一股中西服错杂于社会上的服装景象，并有的渗透到郊县农村，让人惊诧。

华人着西装的主要是两类人，一类是青年中留学归来者，另一类是为外商办事的洋买办。

中年人大多以中式服装为常服，但也不排斥一些贵官在交际活动中的西服革履装着。此风日长，令中式的袍褂相形见绌，稍有新思潮的青年多喜仿效，之后扩大到工人、仆从范围。《津门杂记》记述："原广东通商最早，得洋气之先，类多效泰西所为。又如衣襟下每作布兜，凡成衣店估衣铺所制新衣，亦莫不然。更有洋人之侍童马夫辈，率多短衫，窄裤，头戴小草帽，口衔烟卷，时上表链挂胸前，顾影自怜，惟恐不肖。"就是这一现象的写照（图8–3）。

(1) 穿西服戴领带的男子

(2) 着中式袍褂骑车图

图8–3　晚清时期男子服饰

2. 通商口岸服饰风气率先变化

通商口岸为中国的经济引入了西方的科技，生活上也带来了西式的文化，如舞厅、俱乐部、影剧院、游艺场等公众文化活动。又由于西方服装衣料大量进入国内市场，直接影响了这些城市的服装变革。花布取代了一些费工费银的刺绣，洋绸以其物美价廉令中国丝绸遭到冷遇，呢绒的挺括结实使棉布失去市场，加之西方生活方式的影响，使各式男女西式服装的争妍斗奇，很快这些地区出现五彩缤纷的服饰景观。

三、军服、学生服与青年女装的嬗变

1840年至辛亥革命前，清代服装从内容到形式上虽然受到一定的冲击，但根本改变则是在民国以后，因此这一时期变化较为突出的服装表现在以下几类：

1. 军服、学生服

晚清在军队中建立新军，与原清军编制有别，在军服上也采用了外国军队的样式，大致有德式、俄式和日本式，并稍加改动，官兵剪去长辫，与西方军队相去无几。光绪三十一年（公元1905年）对陆军新制服进行了全面改革，规定陆军服制分军礼服、军常服两种，除在大礼时仍需戴翎顶外，平时均戴军帽。军服为开襟式，结以纽扣，衣长与两胯圆轴骨平齐。将官与骑兵着皮靴，步兵着宽紧皮靴，用麻布裹腿；衣、帽上缀有帽徽、领章、肩章、胸章、袖章等，以标志部队，区分等级等。之后，又陆续拟订了陆、海军官服制，巡警服制等（图8–4）。

军服的改制，为服装领域吹入了一股新风，军服的威严，端庄、简洁，也给人们带来新的服装审美观。与此同时，西方的学生服也被青年学生仿效，留学欧美和日本的青年回国后，带回了

图8–4　改制后的清陆军服

学生装，让国内学校耳目一新，成为具有先进革命思想的象征。日式学生上装为直立领，左胸有一暗口袋，最为流行。这种时尚与时代的进步有关。时人记载说：“光绪甲午、庚子之役，外患迭乘，朝政变更，衣饰起居，因而皆改革旧制，短袍窄袖，好为武装，新奇自喜，自是而日益加甚矣。”由繁趋简，成为流行风气，以新代旧则是社会心理的集中表现（图8–5）。

图8–5　学生服

2. *妇女服装*

这一时期妇女服装的变化主要体现在大城市中的青年女性身上，她们最易接受新的服装时尚，并极力仿效，蔚成风气，成为服装变革的重要动力。女子服装，上衣突出变化在领子和袖子，领子加高，袖口变窄，腰身减小，成为时尚女服的标志；下衣则以裙为主，无论褶裙、斜裙，一律成筒式，系于上衣之内。华丽与否视家庭富贫而定。裙色则以红色为尚，尤其节日及婚嫁喜庆之日，皆着红裙。此外已婚妇女只有正室嫡妻可系红裙，妾辈则不可。

妇女服装已出现摆脱清代繁复绣花镶边的装饰，而以简洁为尚。保守者或在领口袖缘缀边为饰，一般妇女则从简处理。有的则因季节或身份不同，衣袖或长或短，但却趋向窄小，一改以往宽袖臃肿之态。这一变化，已预示了妇女服装接受了西式简洁便利的观念，是后来大变革的一种萌芽和试探，也是对清代服饰的反叛（图8–6）。

(2) 上海青楼女子

(1) 光绪年间所绘穿洋裙装的新潮女子

(3) 逛庙会的皇室妇女

图8–6　晚清时期的女装

(1) 冬装

(2) 马甲与长衫

图8-7　民初的男子着装

第二节　辛亥革命后的男装

1911年10月辛亥革命推翻了封建帝制，为社会开拓了新的思维空间，西方思潮在中国大都市以至中小城市迅速扩散，服装观念也在新思潮的挟裹下日益转变，服装变革加剧，影响面波及几乎所有领域，其中男子服装变革是其先声。

一、民国时期的男子中式礼服

这里说的礼服，是指除特殊职业外的一般男子在日常正式社会活动中所穿的服装，包括长衫和马褂。虽然在款式、质料、颜色和尺寸上有一定的格式，但已失去身份等级的象征功能。一般长衫为蓝色，大襟右衽，长至踝上二寸，袖长与马褂平齐，两侧下摆各开一尺左右的长衩。马褂一般为黑色丝麻棉毛类织物，对襟窄袖，下长至腹，前襟缀5粒纽袢。这一套服装再配上瓜皮帽、中式扎脚裤和圆口布鞋，就是清代遗留下来的典型装扮（图8-7）。但到民国后，变革影响了这套服饰，瓜皮帽去掉了，裤子可换成西式长裤，鞋子也不限于圆口布鞋，而逐渐形成了新的搭配。马褂可有可无了，帽子或改戴西式宽边礼帽，西裤配皮鞋，天冷时加一长围巾，显得潇洒而儒雅。这种中西合璧的着装，塑造了这个时期服饰的经典形象，是中西服装交融而又民族化的成功范例。此外，穿着中山装也成为时尚（详见本章第四节内容）。

二、短装盛行

随着时代的推移，清代服饰最后被彻底废除，孙中山率先穿着的中山服和西服、学生服形成一股新的服装新潮，在长衫尚未退出主流社会的同时，出现了不同阶层的人物都有以着短装为时尚的现象。西装、学生装继续流行，并逐渐扩散，为社会所认同。此外有西式衬衫、秋衫、背带裤、运动衫等。其他则在中式服装基础上，根据职业需要，改作短装，以利工作。常见上衣为对襟，一排中式布纽，衣身宽大，下有两个贴口袋。也有截长衫为短衫者，扎一腰带，以助出力。与短装相配的帽子较为随意，瓜皮帽、礼帽、盔帽都可以戴用，以至地方性的头巾都能使用。这种相当自由的衣着，标志着服装变革已进入高潮，人们能根据自身的需要和爱好以及经济条件来自主选择服装，一个着装个性解放的时代已出现了曙光，封建社会等级制度束缚人民穿着的时代已一去不复返。现代服装已从几千年的桎梏中解放出来，并具有顽强的生命力（图8-8、图8-9）。

三、发式与冠帽

辛亥革命后，男子一律剪辫蓄发，这一巨大的变化，势必引带出男子发式和冠帽的变化。早在清末，就有剪辫之风，如图8-10为美国摄影师施塔福为中国人剪辫的镜头。民国初年剪辫既是时髦，也是拥护革命的标志，在社会上形成一场轰轰烈烈的运动。入民国后，短发样式日多，发式多借西方样式，有留齐耳短发披于脑后的，有中间分开梳于左右的，还有后梳式、一边倒式、左分式等。短发者两鬓一般剪得很高，有的高至脑侧，这一点尤为突出，可以看作是时代的特征。更甚者则剪成短平头，或是剃成光头。发式的变化，也表明了人们思想的觉醒，社会与时代也提供了相对宽松的个性发展空间（图8-11）。

图8-8　民国时期广告中的男子形象

图8-9　20世纪30年代的时髦青年

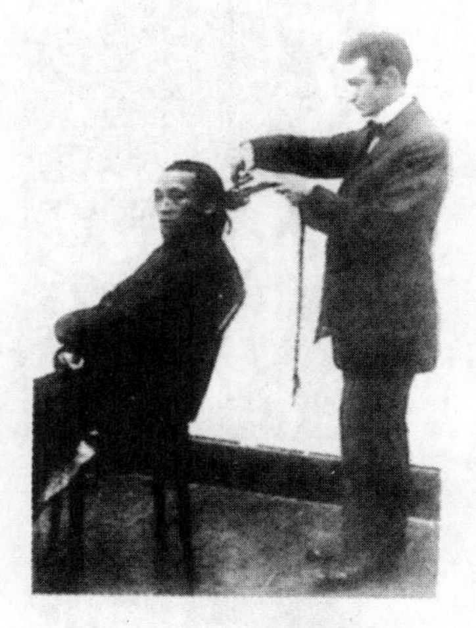
图8-10　20世纪初剪辫的情形

图8-11　民国时期常见男子发式

与发式相关的冠帽，同样展现出不同的个性特点，除了职业装如军警帽外，往往也据人所喜而选用。西式礼帽是最受青睐的，几乎中年男子皆备有一顶。此外20世纪30年代城市青年中流行过硬檐列宁帽，檐上装饰有一黑色带子，左右以纽扣固定。工人中多以鸭舌帽为主。一些守旧的地方和人物，也有保留瓜皮帽的现象。冬季则出现可翻上的皮帽，不冷时前檐和两侧翻上，下雪时则翻下以护耳和遮住前额（图8–12）。

图8–12 民国时期常见男帽

第三节 新文化运动后的妇女服饰

一、新文化运动对妇女的影响

清王朝覆灭以后，中国的封建思想和文化并未能一时全部清除，大多数人仍受到旧的思想束缚，广大妇女的地位还不能得到改变，尽管晚清中已出现女性服饰变革的积极因素，但从全国范围看，这种变化尚不显著。北洋军阀统治时期，在文化领域里推行尊孔复古的政策，企图再一次纳中国入封建礼制之途。1915年激进的民主主义者掀起了新文化运动，向尊孔复古逆流展开了猛烈进攻。新文化运动提倡民主和科学，提倡新道德和新文学，使封建制度和伦理道德在青年人心中遭到彻底的粉碎。新文化运动是中国历史上空前的一次思想大解放运动，广大男女青年积极响应参与了这次运动，从追求自由民主，提倡科学文明，到建立新的道德观和审美观，成为社会的新潮。许多妇女也空前得到解放，她们从家中走出来，跨进了学校，跨入了社会，参加了革命队伍，真正体现出自由平等的快乐。于是在妇女中出现了一些先进的知识分子和大量的女学生、革命者，她们的勇气影响了更多的家庭和妇女，在对女子的教育培养、衣着服饰上出现了新的观念，并且迅速扩大、加深，最后出现广大妇女竞相追求个性解放、追求时尚的局面。妇女服装出现急速的变革，并迅速达到高潮，在西方服装的引入和媒体的推介下，把本来就处在变革巅峰的女装更推进一步。日新月异的服饰，争妍斗奇的时装，20世纪服装史上第一次变革高潮以其惊艳新奇的景观展现在我们面前。

二、袄裙与衫裤

民国之初，妇女服饰中仍保留有传统的袄裙和衫裤搭配模式。袄、衫根据季节而换，在腰身处出现收窄的样式，以显现女性体态婀娜之美。衣领很低，袖长有的不过肘，袖筒或宽或窄。衣下摆则有趋短的倾向，样式多种，大致有弧形、直角、圆角几种。在领、袖、襟、裾等处略饰花边。

裙、裤两款可以交换穿着，但以裙为尚。裙长已渐缩至足踝，裙边有的绣有花纹，或缀上五彩珠宝。裙的褶裥，也分有无两种。无褶裥的取其自然下垂之美，体现了审美从繁缛向简洁迈进的转变（图8–13）。

袄裙的流行趋势最后发展为旗袍的流行，中式裤装在后来退出主流，到20世纪30年代，妇女的改良旗袍已成一统天下之势（有关旗袍内容详见第四节）。

三、女学生装

女子进入学校，在思想上是一大革命，影响到服装上的直接成果是出现了独具风格的学生装。女学生装可分为两大类，一是中式的衫裙，另一是西式的服装。民国以后直到20世纪20~30年代，女学生成为社会的新宠，因此女学生装也是一种极受青睐的服饰。

短袄长裙是学生装的典型搭配。若配一副眼镜，剪齐耳短发，穿一双搭带布鞋，就成为这个时代女生的标准形象。短袄衣身齐腹，略有腰翘，下摆呈弧形者为多，衣袖过肘，袖口加宽。全衣无绣饰，衣色为白色、浅灰、深色不等。长裙为深色、黑色或条纹等，一般无褶裥，与短袄形成鲜明对比，把少女亭亭玉立、清纯娇小之美展露无遗。此装束朴素简洁和淡雅之中，尤其有中国民族服饰的风韵。民国时竹枝词说她们：“或坐洋车或步行，不施脂粉最文明。衣常朴素容幽静，程度绝高女学生。”即是对女学生衣着行为的赞赏。

西式学生服则以西服上装配短裙或长裤，多见于国外留学生和外国办的教会学校的学生之中，和现在普通服装相去不远（图8–14）。

(1) 穿圆摆大袖袄，绣花裙的妇女

(2) 穿长袄、素裙的妇女

图8–13 民国初期的女服

(1) 中式女学生装

(2) 穿西服的女学生

图8–14 20世纪20~30年代的女学生装

四、时装

20世纪20年代，妇女服装的传统形制逐渐消退，西式的繁缛花样渐次取代主流服饰，至20世纪30年代后，出现了眩人眼目的时装世界。在旗袍盛行的大地上，各种时装竞相出台，与旗袍交相辉映，蔚为新潮服装大观。这一现象主要以大城市为主，全国又以上海马首是瞻。大城市中时装店如雨后春笋，百货公司、服装公司也时时举办时装表演（图8-15）。时尚杂志也辟出专栏推介新的服装，上海的《上海漫画》《良友》等杂志每期都有介绍法国巴黎、英国伦敦的流行服饰。还特邀画家为服装绘制新款，一时绘制时装成为一种新的绘画内容和形式。著名画家叶浅予、万赖鸣所绘的时装，今天看来仍是风情万种，颇具西方情调（图8-16）。作家张爱玲也在小说中加上自绘的时装插图，显示出当时风气。她还曾用英文写

(1)1936 年骑自行车的女子

(2)20 世纪 30 年代上海时装模特

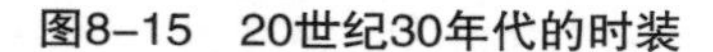

图8-15　20世纪30年代的时装

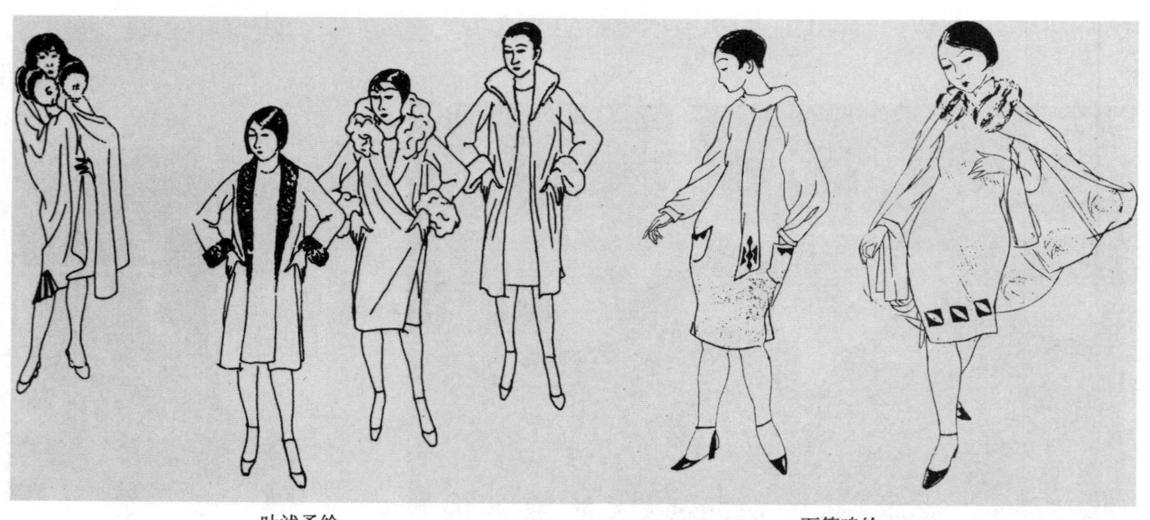

叶浅予绘　　万籁鸣绘

图8-16　20世纪20年代妇女秋冬新装

图8-17　作家张爱玲所绘的服饰插图

了一篇长达8万字的论文《中国人的生活和时装》，附有自己绘的妇女服装画，从清代到20世纪40年代汉族女子服饰的典型样式，一目了然。其中民国后的旗袍已成为当时的时装之一（图8-17）。

电影明星和歌舞明星的服饰，更为时装大潮推波助澜，一些明星的舞台服和生活服成为妇女仿效的对象，更表现出这一时期妇女服装的国际性（图8-18）。此外，月份牌以大众化的形式把时装广告渗透到千家万户，令人瞩目。

西式时装样式繁多，春秋各异，中西合璧式也颇受青睐。概括来说，有裙袍、外大衣两大类。

裙袍中，除改良旗袍外，有连衣裙、短裙。连衣长裙，短袖过肩不及肘，裙长或及小腿，或长可曳地，在领部、肩部以及袖口、下摆等处缀以花边或饰物。腰处收束，以显体态修长。短裙配短装，变化以上衣为主（图8-19）。

如果说长裙表现了女性的婀娜飘逸，风韵艳丽，那么大衣则表现了妇女的另一面，即雍容华贵，端庄典雅。秋冬的大衣是女性表现自己身份和美的最有表现力的服装。一袭长大衣及罩着里面的旗袍，中西掩映，有其独特的风韵。大衣领子各异，有装长毛的大领，有翻开至肩的宽领。衣长过膝，在衣襟、袖、摆等处，也有缀毛边的（图8-20）。另有风衣，较大衣简洁，却缺大衣深沉厚重的审美意味。

(1)20世纪20年代着晚礼服的电影明星

(2)20世纪30年代着西式大衣的名媛

图8-18　20世纪20~30年代女明星着装

(1) 西式晚装

(2) 各式裙装

(3) 时尚杂志中的插图

图8-19　20世纪30年代的女式裙袍

图8-20　20世纪30年代穿时尚大衣的妇女

五、发式、佩饰与鞋

20世纪20年代妇女发式中以短发为时尚，以往的螺髻之类的清代发式，在城市中已不多见。短发的式样，除了用缎带束发或用珠翠宝石做成发箍套于头上外，在额前出现了刘海，并有变化。一字式刘海最为流行，垂于眉间平剪成一线（图8-21）。之后，又流行垂丝式，额前梳出一丛，如丝垂于眉际。其后烫发开始流行，30年代达到高潮。长则齐肩，短则齐耳，或分左右全烫，或仅烫后面，前上则顺其自然（图8-22）。刘海也简化为稀稀的一排，甚或没有，更显女性容光焕发。烫发后别上发卡，双耳有耳坠下垂，画眉口红，把西方女子的化妆和中国女性的妩媚结合起来。与之相配的佩饰，则有手镯、戒指，戴手表则更显示女性的现代气息（图8-23、图8-24）。

图8-21　20世纪30年代北方女孩的发型

图8-22　20世纪30年代时尚发型

图8-23　20世纪30年代广告画中戴手镯的青年妇女

妇女鞋子也从放足之后，日趋新式。民国初出生的城市女孩，已不再缠足，至20世纪20~30年代，正是其风华正茂时期，赶上时装和化妆的新潮，西式鞋是她们的最爱，也最能和时装相得益彰。高跟皮鞋已是时髦女子的必备品，在裙或大衣下露出的修长小腿，穿着透明高筒丝袜，登一双新款高跟凉鞋或皮鞋，就是典型的城市时髦女郎（图8–25）。

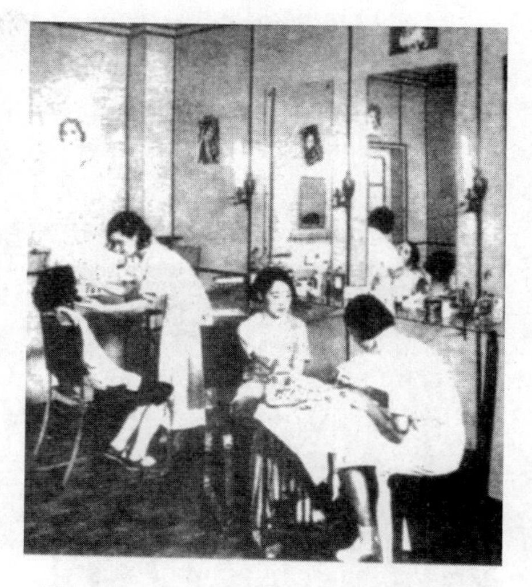

图8–24　20世纪30年代的上海美容院

第四节　近代中国民族服装的发展

从19世纪末到20世纪初，中国的国门被迫打开，大量国外先进的技术、科学和文化涌进中国，外国资本主义势力逐渐扩大，从而促进了民族资本主义的发展，服装产业受其影响，从最初的手工作坊逐渐发展到机械化生产。

在西式男女服装被民众广泛接受的同时，传统民族服饰也在变革中冲出了一条新路，借鉴西服的元素，融合民族和时代的特征，运用当时的科学技术，创新出有独特风格的中国民族服装——中山装和旗袍。

图8–25　20世纪30年代上海时髦女子的高跟皮鞋

一、近代中国服装产业的发展

19世纪末，帝国主义列强从经济上逐渐渗入中国，纷纷来中国开设工厂。到20世纪20年代，纺织厂已多达400余家，极大地促进了中国纺织和成衣业的发展。为了适应社会需求，西方的缝纫机受到欢迎，在上海开始了成批生产缝纫机，更进一步促进了大量服装厂的诞生，形成相当规模的成衣市场（图8–26）。裁制技术也得到提高，一些服装公司在制作西服时，也不放弃中式服装的改革，不断向市场推介新款。

服装衣料出现不同的新品种，外国资本家向中国倾销洋布、洋绸，很快占领了中国衣料市场，呢绒毛线的登陆，刺激了服装衣料的变革。洋布为机器生产的棉纺织品，价廉物美，细密光洁，颜色鲜丽，颇受国人喜爱。丝织品则出现了法国的乔其纱，日本的麻纱、纱丁绸，欧美等国生产的织花锦缎、礼服呢等。电熨斗也得到广泛使用，成衣出厂或上柜销售前，熨烫平整挺括，增加了美感，也刺激了服装的流行。

图8–26　盛极一时的“胜家”牌缝纫机（1919年）

这一时期，我国服装产业有了较大发展，从手工缝制逐渐转向机械缝制，出现了较大规模的服装公司，如早期的鸿翔时装公司、培罗蒙西服公司、新光内衣厂等。鸿翔时装公司是上海最著名的时装公司，成立于1928年，它是我国第一家以“时装”冠名的服装公司，从此“时装”的概念迅速传播至全国，深入人心。西服和衬衫行业急速扩大，20世纪40年代末，全国共有西服店一千多家，而衬衫厂仅上海一地就有五十余家。

近代服装产业随着社会的发展而发展，变化更为迅猛，从技术、设备、规模、管理、品种等诸方面，都表明了中国服装产业已经走向成熟，为民族服装的打造奠定了坚实的基础。

二、中山装

1. 中山装的创制

中山装是1925年4月广州革命政府为了纪念孙中山先生而将他创导的制服命名的服装。辛亥革命后，革命者面临着服装改制的问题，孙中山是“中华民国”大总统，经常出席重要的国务活动，会见外国使节，着装如何，关系到新生政权的礼仪和尊严。孙中山曾认为：“西服虽好，不适应我国人民的生活，正式场合会见外宾有损国体。传统服式，形式陈旧，又与封建体制不易区别。”因此产生了设计制服的动机。孙中山很早就留学美国，后去日本，接受西方教育期间，常穿学生服，革命活动中，也穿过西式军便服，日式学生服和西式军便服都是采用西服裁法制成的，结构和中式全然不同。中山装借鉴了这种裁法和结构，结合中国国情，改制成既带有军装风格又不失学者文雅的服装（图8-27）。

(1) 孙中山生前所穿的“中山装”

(2) 孙中山像

图8-27　孙中山及其中山装

2. 中山装的定型

从最初的中山装形制到最后定型的正式中山装，前后经历了近20年。中山装不断地修改，逐渐区别于学生装和军便服。1905年宁波红帮裁缝中的张方诚在日本为孙中山制作了第一套中山装。孙中山回国后，又多加改制，成为七纽、立领、四个口袋的中山装，接近于新军军装。之后除掉肩部襻带，口袋改为贴袋，袋前加褶，领改为下翻立领，仍保留七纽，袖口外侧三纽为饰。1924年后，中山装向民用和军服两方面分化发展，1928年基本定型。口袋不加褶，袖口不缀纽，门纽改成五粒，这种形制的中山装，在部队中演变成军官服，红军军服基本就是这一形制的简化（图8-28）。

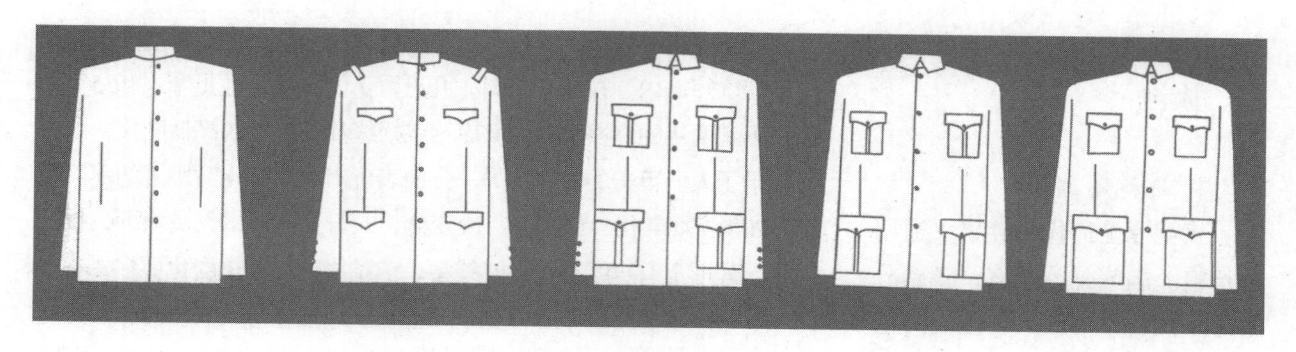

图8–28　中山装的演变

3. **中山装的特点**

中山装外形上呈方形，宽窄适中，领口以下等距排列五粒圆形纽扣，顺衣襟而下，呈中轴线，左右共四个口袋均衡对称，形成含蓄、庄重而平衡的风格。

中山装的造型结构，反映了一个时代的转折，代表着中国服饰由封建转向现代，也标志着中国服饰吸收西方服饰的一种趋势。中山装适合当时的国情，在社会心理上，它满足了人民革命的希望，是对清朝封建制度的彻底决裂的象征。在审美心理上，它的有序、庄重、实用都体现出中华民族的共同审美观。

4. **中山装的影响**

中山装问世后，最初由孙中山先生作为礼服穿着，出席国务活动。领袖的倡导，得到革命志士的拥护，又进一步影响当时男子礼服的选择，而逐渐成为普及性的男装。由于政治、审美和实用三大因素的完美结合，中山装在很长时期，成为其他服装的母型，人们在这一服装母型基础上，不断进行变化，创造出青年装、军便服、学生装。20世纪50年代后，则受到毛泽东和其他领导人的创导，略有修改而称为“毛式服”，又历数十年不衰。可见中山装的生命力之强大，影响之深远。

20世纪90年代在巴黎国际男装博览会上，曾出现两款以中山装为元素设计的时装，而且有的外国设计师借中山装的型制创意出新的款式。直到20世纪末，中山装都给服装设计师以极大的启发（图8–29）。

(1) 1997年设计师让·路易·雪莱（Jean Lovis Scherrer）的作品

(2) 设计师保罗·史密斯（Paul Smith）的作品

图8–29　20世纪末具有“中山装”造型的新款时装

三、旗袍

1. 旗袍的渊源

旗袍原是清代满族男女通用的长袍。满族分为八旗，各旗分管的军民皆称为旗人，他们的袍服，后人就称为旗袍。清兵入关后，采纳“十从十不从”的服装策略，其中有“男从女不从”一条，对女性服装限制有所放松，汉族女子们着明式裙衫，而满族女子穿旗袍。

女子旗袍与男子的长袍有区别，满族女子旗袍在衣领、衣襟、袖口等处都镶有花边，把男袍的四面开衩改成左右开衩，下面由散大改为直筒。这样旗袍逐渐成为女性独特的款式，在几百年的变迁发展中，现代旗袍成为女性服装之一的专用名词。

2. 旗袍的发展

辛亥革命前后，旗袍逐渐被汉族妇女接受，并结合汉族服饰习惯加以改良，到20世纪20年代，成为城镇妇女普通的服装之一。这个时期正是中西服装交叉的时代，旗袍也吸收了西式服装裁剪技术，由长及足面缩短至小腿，由直筒式改为合身收腰式，袖子由宽大改为装袖成上贴下散式，领子仍保留高领。到20世纪30年代，旗袍在时装的影响下，整体款式向苗条型发展，恢复了衣长至足的形制，收腰，矮领，袖子变成短袖甚至无袖。后受西方短裙影响，旗袍摆线下落，隐退多年的花边又卷土重来，无论衣纹如何，统统在衣边上镶边和滚条，堪称旗袍的“花边运动”。短期内袍衩越开越高，几近臀下，腰身日益见窄。1935年，流行不到两年的高衩又降低。旗袍在摆线和开衩上的高低变化，一方面记录了人们审美的变化，另一方面表现出时尚变化对服装的不同要求。20世纪40年代，旗袍又一次变化，衣身又缩短，仅及膝下，款式增多，外形上有直线型、自然线型、苗条线型。领子变化更多，有大圆领、中圆领、小圆领、方领、元宝领、凤仙领等；衣襟的方式则有大圆襟、中圆襟、小圆襟、方直襟、人字襟、斜襟、三角襟、琵琶襟、连环襟、一字襟等十余种。这一时期是旗袍发展的成熟期，在保留民族服饰的特点的同时，也大胆吸收了西方服饰的因子，如短袖、无袖、紧口袖、加毛领（图8-30）。旗袍的穿法也变化出多姿多彩的方式，有仿清代旗装式，即在旗袍外加一马甲，又演进成羊毛衫；有中西合璧式，即外罩西装短上衣，或加西式长袖；有时装式，即戴时装帽，披长纱巾，或加一披风。由此可见，旗袍的搭配具有极大的空间，其兼容性之强大，表现出中华民族的优秀品质（图8-31）。旗袍在几十年的变化中，愈加妩媚精致，舒适合体，成为民族服装中独领风骚持久不衰的典型。

旗袍从20世纪50年代开始消沉，历经30余年，到20世纪80年代，随改革开放的深入，服装个性化特点加强，传统优秀的服饰再一次受到妇女们的重视，旗袍在新的服装潮流中，又重新崛起，并加以改革，人们称为现代旗袍。到20世纪90年代旗袍更加绚丽多彩，成为中年妇女的一种礼服，也是青年女子担任礼仪小姐时的首选服装。大胆的新款旗袍，两侧开衩高至大腿，后背出现露背式设计，前胸领口降低，有的透出心型胸口。新款旗袍作为中国服装的代表参加国际服装展，受到世界服装人士的好评。

3. 旗袍的特点

旗袍的生命力之强，是其他女性服装无法比拟的。究其原因，是它具有其独特的优势，从诸方面受到中国妇女的喜爱。

其一，旗袍裁制简单，一块衣料从上到下一次性剪裁成功，适合普通家庭妇女自己裁制；其二，旗袍的衣料要求可高可低，既能用高档的锦缎、丝绒，又能用普通的阴丹士林布、民间蓝印花布，也就适合于各个阶层妇女的需要；其三，旗袍线条简洁流畅，优美地勾勒出女性的曲线美，同时又能掩盖体型上的某些不足。因为旗袍可以根据自己身体调节衣身的宽紧长短进行剪裁；其四，衣领和袖子的多样化，既能满足不同女性的审美要求，又能各自衬托出女性的娇美和秀逸；其五，旗袍的适用面极宽，既能用于庄重的社交礼仪场合，又能用于日常生活起居之中；其六，旗袍的服饰搭配非

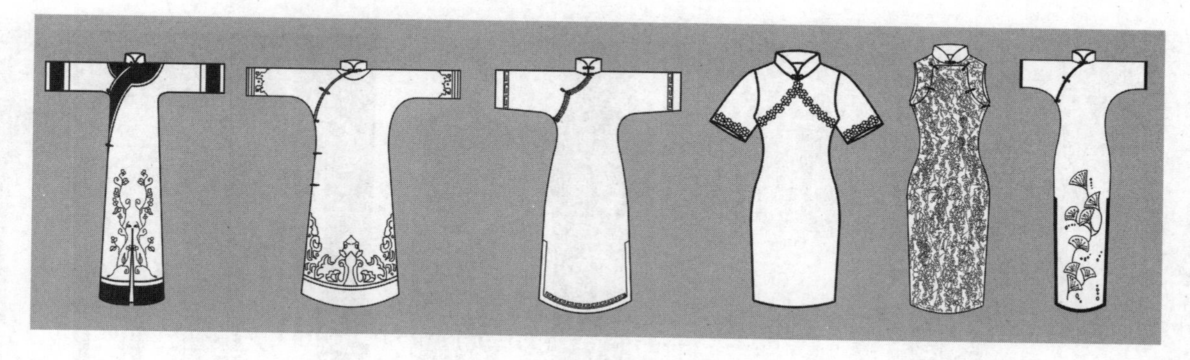

(1) 整体造型的演变

(2) 衣襟的变化

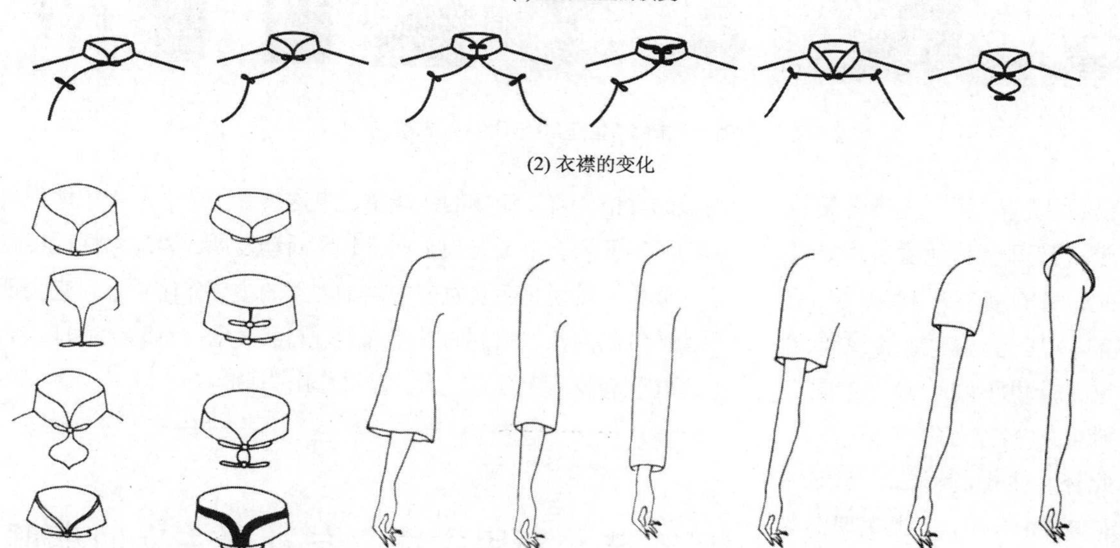

(3) 领型的变化

(4) 袖型的变化

图8-30　旗袍的变化

(1) 与西装的组合（1933 年）

(2) 与西式大衣的组合

(3) 与毛衫的组合

图8-31　旗袍与其他服装的组合

图8–32　19世纪末~20世纪30年代的各式旗袍

常容易，无论中西、无论冬夏，一袭旗袍都可与其他服装和饰物相搭配，并且各有千秋地突出着装神韵；其七，旗袍的纹饰可素可艳，能供不同场合、不同心理、不同身份者选择。

此外，旗袍的形象和中国传统的审美观十分契合，既表现出中华民族的一种规整、含蓄、端庄的审美要求，也迎合了中国女性温和内敛的性格特点。流畅的弧线条，是这种柔美个性的集中体现。而旗袍两侧的开衩，由最先为了利于起座活动发展成表现女性优美腿线的这一变化，可说是服装发展中美学因素的主导作用所致，它表现了在保留传统的内敛风格同时，追求展现自我美的一种时代心理，而这种心理在服装发展上具有巨大的推进作用（图8–32）。

图8–33　20世纪50年代穿列宁装的女学生

第五节　新民主主义与社会主义时期服装

一、解放初到文革前的服装

1949年10月1日新中国成立，到1966年“文化大革命”前为止，是20世纪下半叶服装发展的第一个阶段，这一阶段突出地表现为反对封建主义和资本主义，由于政治、经济、文化诸方面都是如此，所以在服装上也有明显的反映。以前流行的西服和袍褂很快被社会所摒弃，妇女崇尚带有政治色彩的列宁装和民间传统的小花布棉袄，男子则以中山装和军便服为主。

列宁装源于前苏联，新中国建立后和前苏联是同盟，各方面受其影响，服装中的列宁装深受中国女性欢迎，一时在城市机关企业干部中流行。这种上衣为西服大驳领，双排八粒纽扣，偏门襟，两襟下方左右各有一个暗斜袋，有的加一条同色的布腰带（图8–33）。

花布棉袄是当时女性最普遍的冬装，无论在城市还是农村。棉袄都采用棉布裁制，中式裁法，有大襟和开襟两种，左右腰侧

(1) 劳动者

(2) 知识分子

图8-34　穿中山装的人士

各有一个暗插袋，用布结疙瘩扣。棉衣里一般用深色布。棉袄外一般要加罩衣，以防弄脏棉衣，并加强了御寒性。农村妇女的罩衣与棉袄形制一样，城市妇女则大多用列宁装作罩衣。后来演进成春秋装，即前翻一字领、绱袖、五粒扣、平口暗袋。

中山装在20世纪50年代演变为毛式服装，但服装界仍以中山装来称谓它。主要变化是口袋省去了褶裥，纽扣减为五粒，立领改为翻领。这一服装成为城乡中老年男子最欢迎的服装，既能作为礼服出席不同规格的社交场合穿着，又能作为便服在日常生活中穿着。它延续了大半个世纪的传统，直到今天仍未退出服装的舞台（图8-34）。

由中山装演变出来的其他服装也广为流行，一是军便服，另一是青年装。

二、“文化大革命”时期的服装

自1966年至1976年，长达10年的“文化大革命”，导致服装发展出现停滞。这种停滞主要表现在服装的单一化和通俗化。单一化则阻碍了服装形式的创新，通俗化则限制了服装的个性化发展和高水平的创造。这一时期最为盛行的就是军便服和毛线衣。

军便服一指没加领章的军服，一指按军服样式裁制的其他颜色的便服。男军便服是中山装系列的一种，变化在于军官服的四口袋改为暗口袋，士兵服则只有上面两个口袋。下摆略有加大，以便于活动。“文革”时号召全国人民学解放军，而解放军军服除了用颜色区别海陆空军外，男军装统一形式。这种没有军衔区别的服装，一时成为全国服装的典范，很快在学生、干部、工人以及农民中普及开来。当大量蓝色军便服在城市流行时，被外国人喻为“蓝色蚂蚁”，表明了这一时期服装单一的特点。

女性中也有穿军便服的，但作为女装较突出的还是毛线衣的流行。“文革”期间很少有毛线成衣出售，毛衣一般由妇女自己手工编织，能编出不同花纹的女子会成为其他女性羡慕的对象。交流编织技艺也是当时女性最受欢迎的话题。但又因“文革”政治上的影响，毛线衣大多较朴实，形式变化不大，常在领口上略加改变，出现过鸡心领、一字领、圆领等变化，色彩搭配也普遍简单而不张扬（图8-35、图8-36）。

(1) 男青年服

(2) 女青年服

图8-35　穿军便服的青年

图8-36　穿毛线衣的女青年

三、改革开放时期的服装

20世纪70年代末，中国进入改革开放时期，到20世纪末，经二十多年的发展，我国各方面都出现天翻地覆的变化，服装也不再以年为单位呈现新旧迭变，而是以月甚至以日来展现她丰富多彩的面貌，所谓“日新月异”，用在服装变化上，正是恰如其分。

1. 服装产业的复苏与发展

20世纪70年代中期以后，中国服装业在经历了较长时间的低迷后，开始逐渐复苏。这段时期，服装企业逐步添置了许多工业用缝纫机，各种锁眼机、钉纽机、包缝机、裁布机、整烫机等也大批的投入使用，电熨斗、电动裁剪刀的运用也十分普及。服装生产机械化程度提高到了50%左右。到了1978年，全国许多大中城市服装行业机械化程度基本上达到了70%。20世纪80年代后逐步由机械化进入半自动化，并引进了许多国外新设备、新工艺。到20世纪90年代初又陆续引进了服装CAM/CAD技术，大大提高了我国服装制造业的速度与水平。

20世纪70年代初，化纤面料问世，服装面料的品种，花色变得十分丰富，许多人开始摆脱老三色、老三样服装，追求新的服装式样。那些歇业已久的服装店又逐渐恢复了往日忙碌的场面，特别是一些服装老字号又重新挂牌营业，他们精湛的技艺、良好的质量吸引了许多新老顾客。20世纪70年代末期，人们除了在裁缝店加工服装外，还喜欢购买成衣，图其方便、省事。这种转变是服装历史发展的必然趋势，对中国服装业的振兴起到了很大的促进作用。中国服装出口产量也日益增大，整个服装行业出现一片勃勃生机。

到2001年，中国已拥有4.8万家具有一定规模的服装企业和400余万服装从业人员，实现对外加工及成衣出口366亿美元，位居世界服装出口国首位；国内衣着消费约450亿美元，占社会消费品零售总额的10%，全年服装总产量约230亿件，其中出口129亿件。

中国的服装产业已从单一的生产模式发展成现代化的工业体系，成为国民经济中举足轻重的一部分，中国也当之无愧地成为世界上重要的服装生产国和出口国。

2. 服装的多样化和着装的个性化

改革开放带来了新的服装观念，服装要表现人的个性，必然会产生多样化。最先掀起这种高潮的是西装的重现，国家领导人率先穿出了新式双排扣西服，这无疑是一个无声的号召，开启了中国服装和西方沟通的大门。西方流行的各种款式纷纷涌入国门，从喇叭裤、牛仔服、运动装到职业装，无不打上西方的烙印。20世纪90年代又盛行夹克及其变异的休闲衫。女性的连衣裙又一次出现，之后蝙蝠衫、健美裤、高跟鞋、牛仔裤、吊带裙、迷你裙、婚纱等，一阵阵风起云涌，又一阵阵大浪淘沙。T恤、牛仔裤、运动鞋、旅游鞋则成为男女共宠的时尚。发式也随服饰变化，烫发和披发齐现，染发与剃发共存，长发在飘逸中保留些朦胧和神秘，短发在简洁中包蕴涵着劲健和时尚。与以往时代相比人们几乎都能按自己的喜好穿着，按自己的经济状况和社会身份打扮自己，这是一个完全开放、充分发扬个性的时代，服装在这一时期展示了她最全面的美和最生动的感染力（图8-37、图8-38）。

(1) 喇叭裤　(2) 牛仔裤　(3) 西服套装　(4) 夹克

(5) 健美裤　(6) 超短裙　(7) 新式旗袍　(8) 吊带装

图8-37　20世纪80~90年代的各式服装

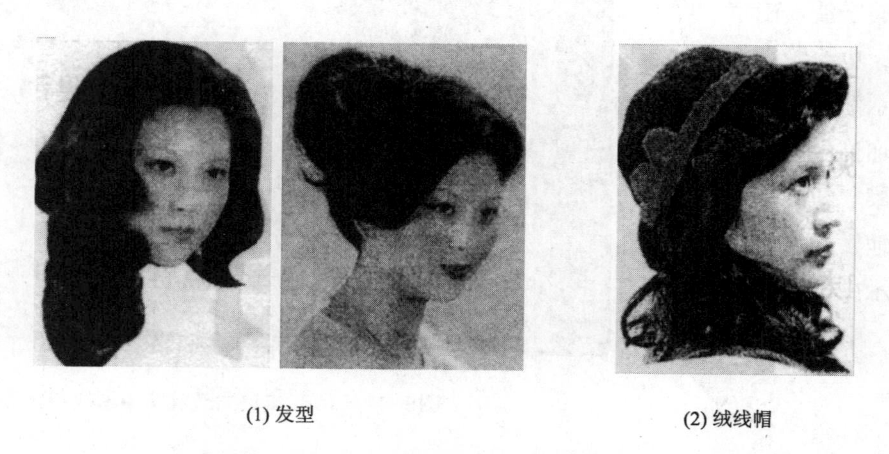

(1) 发型　(2) 绒线帽

图8-38　20世纪80年代的新式发型及帽子

3. 服装设计师和服装模特

中国服装和国际接轨后，国外服装观念直接影响着中国人的着装，国外的服装信息迅速地在中国传播，外国服装设计师不断被介绍到中国，并被邀请访华。中国也出现了职业的本土服装设计师。在各类服装设计大赛中，一批批服装设计师脱颖而出，到20世纪90年代，数以百计的优秀服装设计师推出了成千上万的各种款式的服装，以满足不同阶层不同人物的着装需求（图8–39、图8–40）。

图8–39　中国服装设计师的作品

图8–40　第二届“兄弟杯”作品

与此同时，为了宣传服装设计师的新款服饰，职业服装模特也产生了，她们穿着新设计出的各种服装，在T型台上展示服装的美，宣传着某种新的时尚观念和服装美学（图8–41）。

图8–41　1989年首届新丝路中国模特大赛

和这相关的重大活动就是服装节的举办，1990年北京首办了国际服装服饰博览会。其后各地也纷纷效仿，举办了类似的活动，1994年上海举办国际时装文化节，在大连、宁波、南京、虎门、香港等地，也纷纷举行了服装节或服装展示活动。同一时期内，中国还参加许多国外的服装博览会，在巴黎、纽约、伦敦、东京、悉尼等地，我们时常会看到中国模特展示中国服装的倩影（图8–42）。

图8–42　无用工作室作品

4. 服装高教、科研和报刊

服装的发展，需要一大批高等人才，最先开设服装设计专业的高校是清华大学美术学院（原中央工艺美术学院），在培养优秀设计师的同时，也锻造出中国服装教育的专家。其后，各地美术院校、纺织院校等纷纷建立服装设计专业，每年为社会输送大量服装设计人才。服装高等教育日趋成熟，不但产生了许多教育专家，还编写出大量的服装设计教材、著作和辞典等。

服装科学研究也在不断深入，全国性的理论研讨会从20世纪80年代后期开始，在各地不断召开。会议不光有中国的服装学者、设计师，还邀请国外专家和设计师出席。会议发表的论文，大大促进了我国服装理论建设，开阔了视野，也明确了中国服装发展的方向。

服装杂志和报刊也在为服装的理论研究和普及作贡献，《现代服装》《时装》《中国服装》《服装设计师》《中国服饰文化》以及《中国服饰报》《服装时报》等报刊是其中的代表，他们为中国服装的国际化起到了巨大的促进作用。

本章综评

近现代服装的发展，是和近代社会变革和政治思想变化同步的，变革得激烈，服装的变化就急剧，政治思想封闭或开放，服装也相应出现停滞或繁荣。从晚清的渐变到辛亥革命的蜕变，从20世纪下半叶的短暂滞后到重开国门后的飞速革新，无不标志着服装和时代之间的紧密关系。辛亥革命前后的中山装是这一时期最有代表性的服饰，其对后世的文化影响，远远超过服装的本身。新文化运动对妇女的解放，从服装形态上有了直观的效果，袄裙和学生装是其先声，继之而来的时装和旗袍，则展示了中国服装的强大生命力，其影响之久远，在20世纪末仍然感受到当年的风采魅力。这一时期女装变革的划时代意义，除了服装现象外，其内在的文化萌芽，到世纪末才真正结为具有中国服装特色的硕果。改革开放后出现的服装多样化现象，体现人们有了宽广的个性拓展空间。当变革到一定阶段时，创新就是最重要的因素。中国服装历经数千年演进，才在20世纪20年代在全面吸收了西方优秀成果后，以崭新的面貌走向世界，迈入新世纪。

思考题

1. 简述“西风东渐”对晚清服饰的影响。
2. 辛亥革命前后男装发生了怎样的变化？举例说明并分析其变化的原因。
3. 新文化运动对女装变革产生了怎样的影响？具有怎样的意义？具体表现在哪些方面？
4. 简述中山装和旗袍的特点与影响。从它们的演变过程中你怎样理解民族服装的继承与发展？
5. 新中国的服装经历了哪几个阶段？改革开放后又出现了哪些变化？其原因是什么？
6. 从中国近现代服装的蜕变与革新中，你是怎样理解服装发展与社会变化的关系的？

第三篇
西方服装发展史

【本篇内容】

- 古代服装
- 中世纪服装
- 近代服装
- 20世纪服装

西方服装作为世界服装的重要组成部分，其发展变化受到了西方文明传播的直接影响。西方的文化历史主流有两个：一个是中世纪以前繁荣于环地中海沿岸的埃及、两河流域以及希腊、罗马的古代文化；另一个是中世纪以后兴盛于阿尔卑斯山以北的欧罗巴文化。两者在发生时期和文化性格上都不同。这样的文明移行也影响了服饰变迁的足迹，使得西方服装变化的形式和内容，有的作为民族固有的服饰停滞或固定下来，有的则在自身发展的同时也进行着世界性的传播。

从西方服装的发展轨迹来看，大致经历了两次转折，其一是从古代南方型的宽衣形式向北方型的窄衣形式的演进，其分水岭为中世纪的哥特式时期。其二是从农业文明的服装形态向工业文明的服装形态的转型，其分水岭是发生在欧洲的第二次工业革命。之后，经过两次世界大战的洗礼和现代科技的推动，西方服装得到了空前的发展。

在人类进入经济全球化、文化多元化的时代，西方服装的发展将留给我们更多的思考。

基础理论与应用训练（西方部分）——

古代服装

课题名称： 古代服装

课题内容： 古代西亚与北非服装
古代欧洲的服装

课题时间： 4课时

训练目的： 通过本章学习，学生应了解这一时期不同地区服装各自的状况，重点把握古典主义风格服装的特征，充分认识到西方服装文化的真正源头以及文明的迁徙对西方服装所产生的重要影响。

教学要求： 1. 了解古代西亚地区的服装特点。
2. 了解古埃及的服装特点。
3. 重点掌握古希腊的服装风格特点及其意义。
4. 了解古罗马的服装特点。

第九章 古代服装

——源头与迁徙

（公元前35~公元4世纪）

本章导语

从世界最古老的五大文明古国中去考证，对西方服装影响最直接的是两河流域文明和尼罗河文明。之后形成的古希腊和古罗马文化，成为西方文化最主要的源头。我们的西方服装史就是从这里开始。

传统上把世界文化分为东方文化和西方文化，东方文化中就包括了亚洲“两河流域”文化和北非尼罗河流域的古埃及文化。东西文化有着各自独特的风格，这些不同风格的文化最终在西方文化中得到融合，对服装的形态也产生深远影响。

两河流域和埃及的文化，属于内陆文化和农业文化，具有重伦理、重人治的文化特点。在这里创造出最古老的象形文字，如埃及的象形字，苏美尔的楔形字；在天文、数学、医学方面，成就尤为突出；建筑艺术更是为世界惊叹。与之相适应的绘画和雕塑，精美绝伦，令世人叹为观止。这些文化对古希腊文化产生过巨大的影响，是西方文化的主要来源之一。而服装也如此，东方古老的服装中的优质因子，传入西方后，潜移默化地影响着西方人们的审美观。

西方文化起源于古希腊和古罗马。其最早形成的是希腊的爱琴海文化，希腊和罗马文化是在这一文化的基础上发展而来，它们有着共同的特点。具有海洋似的开放性，商业经济和冒险精神相结合，表现出重视科学知识和强调民主法治的文化特点。

东西方文化的不同特点，影响和决定着服饰文化的审美内涵。在东方，服装成为伦理政治的附庸，审美上偏重于伦理美中的“善”，服装则用来含蓄地表达某种“善行”观念，具有较强的象征意义。在西方，审美上偏重于理性，以科学的态度来认识人体和服装，追求人的自然美和服装的形式美。

古代奴隶社会西方服装早期形式比较单纯简朴，性别区分不明显，结构主要以非成型类构成的腰衣、披挂衣、缠绕衣为主；后期则出现半成型类的套头衣以及宽松的多裥褶形态的衣装。西方受地理位置和气候的影响，服装和发式极具多样性，如埃及的假发、亚述的流苏、波斯的长裤、克里特的紧身衣裙、希腊的希顿、罗马的托加等。西方服装和西方文化相表里，其源头在亚非的文明古国，经数千年的演变向欧洲迁徙，渐渐发生变化，最后形成西方服装的本土风格。这种迁徙表明，在文明传播的过程中，服装会受到不同地域的自然环境和发展着的社会环境的影响，一直处在不断融合、不断积累、不断扬弃的变化中。

第一节　古代西亚与北非服装

在人类五大古老文明中，有三个是在环地中海区域，即地处西亚的两河流域文明、地处北非的尼罗河文明以及地处亚欧之间的爱琴海文明。它们对欧洲文明的基石——古希腊、古罗马文化的形成产生过非常重要的影响。同样，探讨西方服装的源头，如果不从这里开始，就不可能对其发展轨迹有全面了解。

(1) 着卡吾那凯斯腰衣的石雕

(2) 女子饰物

图9–1　苏美尔人的服饰

一、古代西亚

古代西亚的两河流域，是一片肥沃的新月形地带，在两河地区近4000年的历史中，出现过长期的战争，各个种族之间不断残杀，不同国家更替频繁，以致民族混杂，宗教信仰相异，使两河流域的文化变得十分复杂。由于亚欧之间、南北之间、海陆之间的迁变，人们的信仰、习俗、审美观等出现交融的现象，服装也受其影响而种类繁杂。两河流域文明实质上是城市文明和商业文明，由苏美尔文明、巴比伦文明和亚述文明三部分组成，其中巴比伦文明以其成就斐然而成为两河流域文明的典范。其后的波斯文明，有较大的兼容性，成为此地区文化的集大成者。上述四种文明中的服饰极多，下面仅对各个文明中具有特色并对后世产生影响的服饰予以简介。

1. **苏美尔服饰**

苏美尔人服装的最大特点就是单纯，而且男女同质同型。他们用一种称为卡吾拉凯斯（kaunakes）的衣料制成腰衣，缠绕身体，或缠一周，或缠几周，由腰部垂下掩饰臀部。这种衣料，今天已无实物可以认识，只能从考古出土的雕刻中分析大致结构，对其衣上“流苏”样的装饰，目前的分析不一，有人认为是用成束的毛线固定在毛织物或皮革上，有人认为是把织物上的经纬线抽成环状而形成仿羊皮（毛）外观的布料，有人认为就是羊皮上的毛，有人认为这种层层流苏式的长衣是由质地光滑而平整的底衬上面附以一排排用流苏连成的饰边制作而成。因衣料的独特，使其名称也成为衣服的名称，都叫卡吾拉凯斯。

这种裹身的圆式裙衣，下垂至小腿，在后背左侧相交，用几个扣结固定。裙衣上的穗状垂片长短不一，有的又宽又长，有的则很窄。这种衣饰的实际含义与作用至今还不得而知，但对后来“流苏式”装饰有一定的影响（图9–1）。

2. **巴比伦服饰**

在巴比伦时期，服装面料与图案都有了较大的变化，以棉、亚麻为衣料，取代了原来的羊毛衣料，服装的造型也有了改变，衣服的垂褶更加丰富。巴比伦人穿一种缠绕式的服装，衣长至膝下，一般称为卷衣。着衣时男子露出右肩，女子则不露肩。这种卷衣和后来希腊的希玛纯、罗马的托加相似，也和埃及的卷衣相似，只是缠绕方式略有不同。这一时期人们较注重服装的用色，常用红、绿、青、紫色为衣，用红、金、白、灰做流苏来装饰衣边（图9–2、图9–3）。

3. 亚述服饰

亚述帝国时期，服装的基本样式仍然不复杂，但人们对服装的审美追求发生了很大的变化，更加注意服装外表的装饰和设计，流苏装饰得到频繁地运用。流苏穗饰以及运用花毯的织法或用刺绣方法做成的花纹图案的装饰成为这一时期服装主要特征。

这种流苏装饰，往往把布料的边缘处理成毛边，又在边缘布料上饰有整齐的花纹图案。一般是红色的流苏装饰在白色的面料上，风格质朴而又华贵。同时，这种流苏式装饰，也是地位等级的象征，上层官员的服装不仅拖长，而且周身饰满了流苏，而下层官员只有小块流苏装饰衣边。

从现存亚述那西尔二世的雕像中可以看到，长衣边缘饰以整齐密集的流苏，卷曲的头发，精心修饰的又黑又长的胡须，是亚述人的典型形象，这种装束使人显得更为华贵、整肃与威武，体现出游牧民族的骁勇剽悍。

亚述人对流苏式的装饰影响到发式，男女发式都做成流苏状，与服装形成和谐的风格。图为亚述一女子头像，从发式和眉毛上可以看出当时女子十分注意自己面部的化妆（图9–4）。

4. 波斯服饰

波斯服饰汲取埃及、巴比伦、希腊各民族的艺术成就，构成自己独特的雄伟壮丽风格。国王大流士一世把各个地方文化归并到统一的帝国里，从每个文明中吸收特色，融合为一，这种“世界主义”的观念，也表现在当时的服装艺术上，出现美索不达米亚服装和波斯服装的交融。波斯人服装的材料主要是羊毛，也有亚麻布和从东方来的绢。其服装上总是满满地刺绣着美丽多彩的图案，喜欢黄色系列和紫色。在巴比伦和亚述的基础上，波斯的

图9–2　汉谟拉比法典石柱上的浮雕

(1) 流苏装（依据石像绘制）

(2) 发、须装饰

图9–3　巴比伦男子服饰

图9–4　亚述女头像

服装装饰之风日盛。

在波斯都城苏萨发现的公元前五世纪的以皇家弓箭手为题材的石柱雕刻上，弓箭手的服装就是经过改良后的典型波斯式样。服装为套头式，这是波斯的本土服装，但衣身宽松地披挂方式，则来自巴比伦和亚述，他们除去了不便于活动的缠绕式穿着形式，减省了多余的流苏装饰，改为将一块半径等同于上身长的圆形布料，在圆心处开出领口，直接套于头上，在腋下稍作缝合收紧。从服装史上来看，波斯人最早运用了剪裁技术和技巧，他们对人类服装工艺技术发展作出了重要贡献。

波斯人有一种称为坎迪斯（candys）的长衣，袖子呈喇叭状，在后肘处做出许多褶裥，形成优美的下垂造型，对欧洲后来的服饰设计有一定的影响。在坎迪斯里面穿有紧身套衫和宽松的裤子以及长袜。上层贵族的坎迪斯衣长下垂至脚踝，甚至拖地，而下层人的衣长仅至膝盖。金线缝制的坎迪斯，衣身上绣有美丽的图案并镶以宝石，是国王的专用品。传统波斯人的服装是合身、齐膝的束腰外衣和齐足的长裤，是服装史上最早出现的完全的衣袖和分腿的裤子，产生这种服装的原因，大概是精于骑射的波斯人居住在崎岖的山地，分腿裤便于行走也能格外地保护两腿的缘故（图9–5、图9–6）。

波斯男子也注重须发的修饰，胡须有直式、卷曲式和分段卷曲式等不同样式，有的还撒上金粉，身上洒上香水。头上有时戴毡制的盆形无檐帽或亚麻的圆锥形软帽，还加上一条围巾，将下巴和两颊包住。男女皆戴有宝石镶嵌的耳环、手镯、项链和戒指。鞋的造型有了进步，用黄色皮革按脚型来制作，鞋面上有三组纽扣，女子鞋上装饰着珠宝。

二、北非古埃及

埃及在北非的东北部，尼罗河由南至北纵贯全国，注入地中海，在入海口形成尼罗河三角洲。古埃及简史见表9–1。

图9–5　萨珊银盘上的穿波斯式裤子的男子

图9–6　穿坎迪斯的男子

表9-1　古埃及王朝简表

年　代	王朝时期	事　件
公元前3100年～公元前2868年	前王朝时期（第1、2王朝）	纳尔美统一埃及，定都孟斐斯
公元前2686年～公元前2181年	古王国时期（第3~6王朝）	进入中央集权的君主专政时期，第4王朝为金字塔全盛期
公元前2181年～公元前2040年	第一中间期（第7~10王朝）	国家分裂，陷入混乱状态
公元前2133年～公元前1786年	中王国时期（第11~12王朝）	重新恢复统一，君主专制相对较弱
公元前1786年～公元前1567年	第二中间期（第13~17王朝）	再次分裂，外族入侵，西亚的希克索人统治埃及
公元前1567年～公元前1085年	新王国时期（第18~20王朝）	驱除外敌，进入帝国时期，此为最强盛时期
公元前1085年～公元前343年	后王朝时期（第21~31王朝）	出现分裂与统一，之后亚述、波斯先后征服埃及
公元前332年～公元前30年	希腊化时期（托勒密王朝）	马其顿王亚历山大征服埃及

古埃及文明又称为尼罗河文明，是世界最古老的文明之一，其文化传承3000余年，变化极少，具有独特的风格。在得天独厚的自然条件下，古埃及的历史相对比较单纯。古埃及的雕塑和绘画以侧面正身的程式表现人物，强调端正庄严的宗教情感，同时具有较强的写实性，为我们保留了丰富的古埃及人的生活内容。古埃及的墓壁画，是古埃及最主要的绘画形式。从这些壁画中可以看到几千年前古埃及奇妙的、充满生气的生活情景，这些史料也为后人提供了有关服饰形象的信息。埃及文化中神王合一，追求永恒的精神，使得其文化显得比较单一、稳定而保守，这种特点在服装中也有突出的表现。

1. **主要服饰**

古埃及气候炎热，人们肌肤皆为红褐色，他们以这种红褐色的肌肤而自豪，认为是优越人种的象征，并以白色的服装和红褐色肌肤产生强烈的对比为美。古埃及人很早就利用当地丰富的自然资源生产出质量较高的亚麻布，并成为他们主要的服装材料。从古埃及墓葬中发现了包裹木乃伊的亚麻布，可见当时纺织工艺的水平：1平方英寸面积上经丝达160根，纬丝达120根。亚麻虽染色困难，埃及人却能用茜草染成红色，并加以防腐处理。但是由于生产力的局限，衣料并不充足，因此衣服仍是非常贵重的物品，有无衣服几乎成为身份地位的象征（图9-7）。

古埃及炎热的气候条件，致使人们衣着较少，布料轻薄。在公元前16世纪前，男女服装样式都较为简单，直到新王国时期服装才开始变得丰富多彩，由于对古埃及服装尚无统一的中文译名，以下仅从服装的外在形态分类介绍。

（1）**腰衣（loin cloth）**：英语音译为罗印克里斯，简称罗印，法语为“鲜提”（shentt）。这是一种用一块布围裹于腰臀上的简单装束，是古埃及出现最早、持续时间最长的一种服装样式，也称围腰布或胯裙。腰衣是男性主要的衣着，女性偶尔采用。穿着形式有多种，以长短、褶饰的变化来区分阶级。身份低的人采用单一的横向缠绕，王者则使用条纹布料做较为复杂的缠绕。腰衣有缠裹后系上腰带的，有兜裆的，也有用带

图9-7　古埃及的织布场景

子斜挂于肩上的。色彩除白色外，还有蓝、黄、绿与白色相间的条纹。贵族阶层常用糨糊把布固定出很密的直线褶，并在腰衣前加一正三角形有饰纹的装饰，以示男子的权威，或是王权的象征，与金字塔的造型联系起来看，这是国王才能佩戴的特有装饰。装饰常以金银或宝石镶嵌，或刺绣出各种花纹。作为特权阶层的特有装饰，有的饰纹表示自己的氏族，如纹样中有头顶太阳的毒蛇，则表示蛇氏族或蛇种族的特权者（图9-8）。从相关史料中可以看到，那些从事捕鱼、狩猎、酿酒等劳作的人所穿的腰衣是一条窄小的束带系在胯下中央，他们这种简单着装并非出于遮羞，而是为了劳作方便。

（2）**筒形衣裙**：这是一种合体简单呈直筒形的装束，多为女子穿用。这表明古代埃及女子具有较高的社会地位。筒形衣形式多样，但都是紧身，从胸下直到踝骨，或用腰带，或用背带固定。裙上有的无装饰，以素色制成，有的印有图案，有的则有许多固定的褶裥，既有装饰感，又能随身体活动而伸缩。衣服上的图案十分丰富，色彩艳丽，颇具民族风格。基本上是几何形平行排列，也有对角交叉式排列的（图9-9、图9-10）。

（3）**褶纹衣**：这是第18王朝后出现的较为宽松、多有垂褶的一种装束。公元前16世纪中叶的新王国时期，埃及人同东方西亚地区的人们不断交往，加上从被征服地区掠夺大量财富，致使古埃及人的服装样式出现改变，产生了结构较为复杂的褶纹衣。

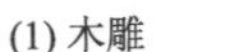

(1) 木雕　　(2) 石刻

图9-8　穿腰衣的埃及男子

(1) 埃及女子　　(2) 女子石雕　　(3) 古埃及夫妇

图9-9　着筒形长裙的埃及女子

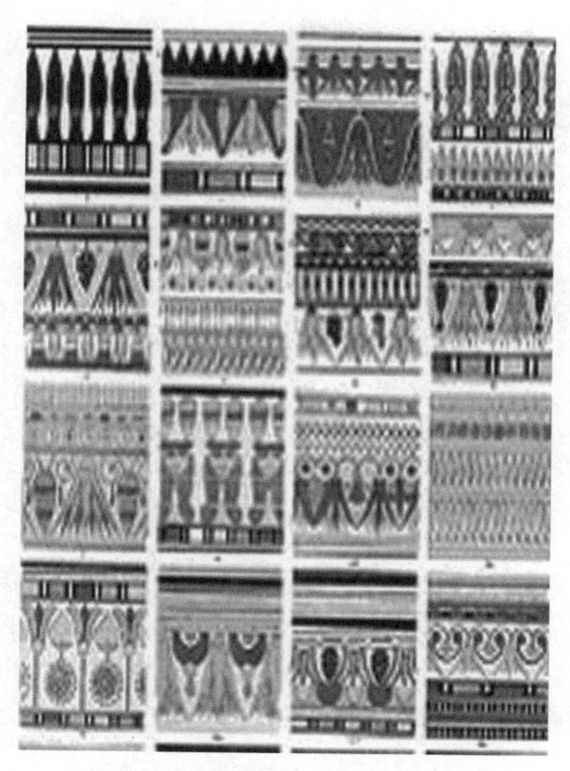

图9-10 筒形长裙上的图案纹样

其式样可分为两种：一种为套头式，另一种为包缠式。

包缠式褶纹衣（drapery）又称为**卷衣**，英语音译为“多莱帕里”。这种以长布缠绕披挂在身上形成垂褶的装束，男女皆可穿，而以女子为特色。与其说是衣，不如说是一种用长布绕体的穿着方式。用一块长方形的布，有大小之分，长边和短边比例大的为3：1，小的则为1.5：1，短边长度为从腋下到脚踝的距离。缠裹的方式是从右腋开始，向后绕一圈半至左腋，再向上至右肩，经后颈至左肩往前下绕到右腋下，将两个边角系结于右乳下。小块布则少一个右肩缠绕，露出右乳。这种自然的缠裹装束，方便而灵活，可松可紧，并形成许多下垂的褶纹，对后来西方希腊与罗马服装有较深远的影响。发展到现代英语，凡下垂的多褶饰物，都称为“多莱帕里”。

套头式褶纹衣（kalasiris）音译为“**卡拉西里斯**”。穿着时头部从衣服中穿过去，和今天的T恤一样，但用作外衣。这种衣服来自西亚，是新王国时期埃及征战西亚时引入的，男女皆可服用。实际上为一种套头的简单长袍、短袖、无纽，男子系腰带或以衣襟扎于腰际，女子则系结于胸前。布料的长度通常是身长的两倍，而幅宽也同为人体宽的两倍。衣料中央留出一个孔洞，大小与脖颈相同，作为领口。再在孔洞的正面（或背面）的下沿，剪出一道（或几道）断缝到前胸（后背）部位。又在两腋以下缝合前后衣料，或是使前后衣片重叠缝合。最后用腰带（布）扎系固定。这种遮掩全身的装束，采用一种薄棉布料，半透明，轻柔而又美观（图9-11、图9-12）。

图9-11 图坦卡蒙法老身着卷衣坐在有精美图案的御座上

图9-12 穿卡拉西里斯的埃及男子（贯头衣）

（4）**组合装束**：即上衣和下裙或裙衣和围巾构成的一套装束。这在新王国时期后普遍流行，成为当时的一种时尚着装。这种组合的两件套式，常为女性穿用（图9-13）。

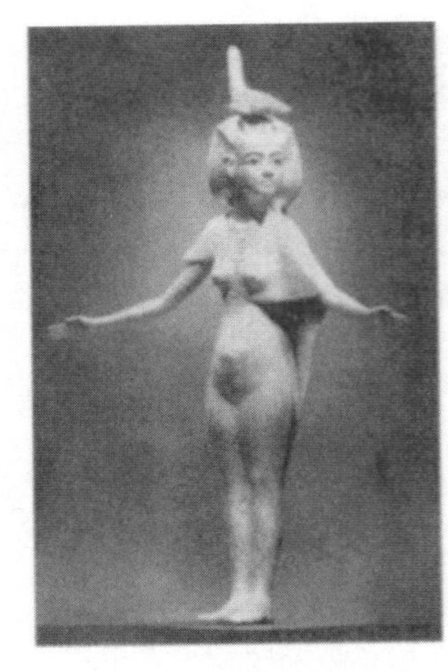

图9-13 穿组合装的埃及贵族

2. **装扮与饰物**

（1）冠帽头饰：冠帽也是古埃及社会阶级区分的象征，一般的埃及人是不能带冠帽的。法老王与神祇带着不同的冠帽，也象征着不同的意义。纳尔莫是传说中的美尼斯，成功地统一了上下埃及，建立第一王朝，自称第一国王，他的权力至高无上，并享有两顶王冠。上埃及白色高大的王冠，外形如一根柱子，下埃及是红色平顶王冠，可套于白王冠上，冠顶后侧向上突起。王后也有冠帽，装饰要简于国王。自第四王朝后，那美斯式（names）头巾成为法老王的重要装饰物。女性自新王国之后，贵族妇女则用精致的头饰，王后亦然（图9-14）。

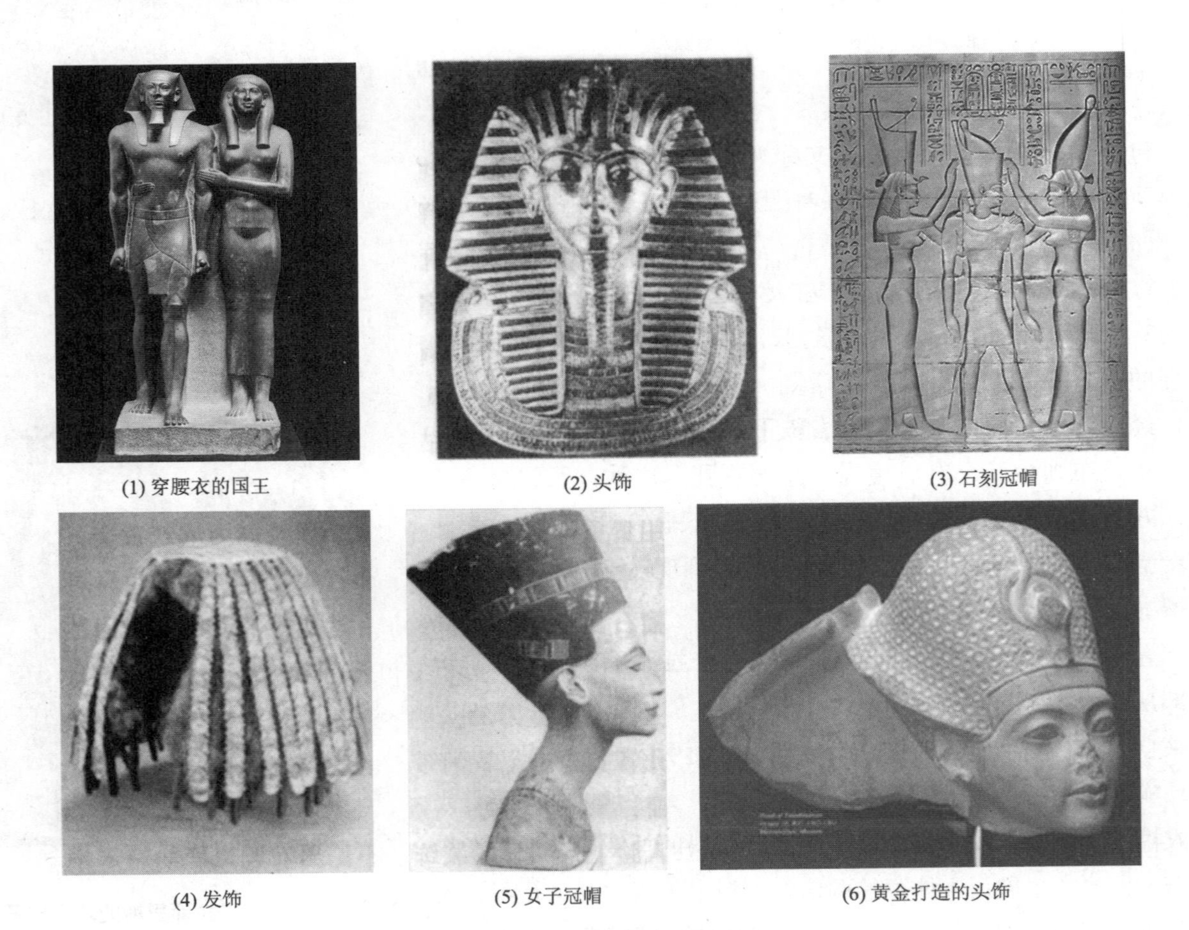

(1) 穿腰衣的国王　(2) 头饰　(3) 石刻冠帽

(4) 发饰　(5) 女子冠帽　(6) 黄金打造的头饰

图9-14 古埃及的冠帽头饰

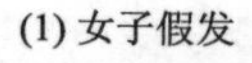

(1) 女子假发

(2) 戴假发与假须的古埃及人

(3) 戴假发的女子

图9-15　古埃及人的假发假须

（2）假发假须：埃及人不分男女都将头发剪至最短的长度，再戴上假发，以假发的长短与形状区分阶级。男子假发较短，女子则长至胸前。假发先固定在一个笼子上，所以戴在头上显得很大。埃及人不留胡须，但对胡须有一份崇敬，因此于正式场所须戴胡须。一般人的胡须较短，法老王的胡须则很长，底部呈方形，神的假须则在尾部翘起（图9-15）。

（3）鞋履：鞋履为埃及人重要的服饰之一，用纸莎草、芦苇、棕榈叶和皮革制成，和今天的凉鞋相似，做工精致的，为贵族所穿用，一般奴隶则赤脚。埃及人很珍惜自己的鞋子，一般备而不穿，为了不使鞋子过快磨损，他们出外时常常提着鞋，赤脚步行，直到目的地才郑重地穿起来（图9-16）。

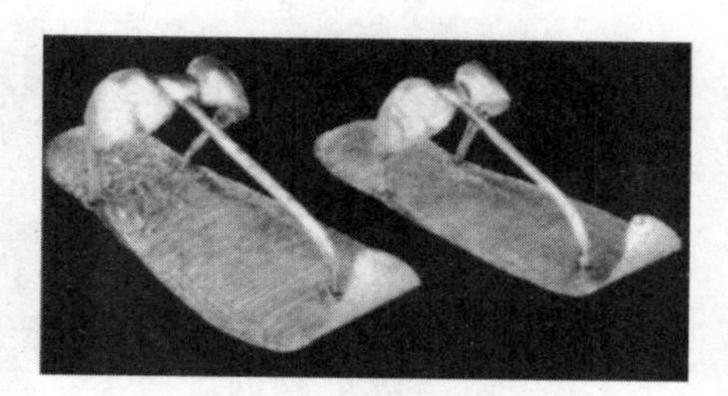

图9-16　古埃及鞋子

（4）饰品与化妆：古埃及首饰的种类主要有项饰、耳环、头冠、手镯、手链、指环、腰带、护身符及项饰平衡坠子等，制作精美、复杂，并带有特定含义。古埃及法老、贵族的首饰多用贵重金属和半宝石制成。埃及国内盛产黄金，白银却十分稀少，贵重金属是指金银的合金，半宝石是指介于宝石和石头之间的各种色彩斑斓的矿石，如绿长石、绿松石、孔雀石、石榴石、青金石等。平常百姓所戴的首饰一般用釉料制成，通常以石英砂为坯，再饰以玻璃状的碱性釉料，也可在石子上涂釉彩而成。古埃及制作首饰的材料运用天然色彩，取其象征意义。金是太阳的颜色，而太阳是生命的源泉；银代表月亮；天青石似深蓝色夜空；绿松石和孔雀石象征尼罗河带来的生命之水；墨绿色碧玉像新鲜蔬菜的颜色，代表再生；红色碧玉像血，象征着生命。

化妆在古埃及已很发达，眼影是埃及人脸上最明显的装饰，不论男女皆以矿物粉末画出大眼睛，把眼角描得很长。据说以墨画眼能减少阳光的照射，具有保护作用，又能产生美感，于是广为流行。女子把嘴唇涂成洋红色，脸颊涂白和红色，又用橙色的散沫花汁涂染指甲。她们还喜欢用香水，使其身上和周围都散发出浓浓的香味。古埃及艳后克娄巴特拉奥曾用15种不同香味的香水洗澡，甚至用香水浸泡她的帆船（图9-17、图9-18）。

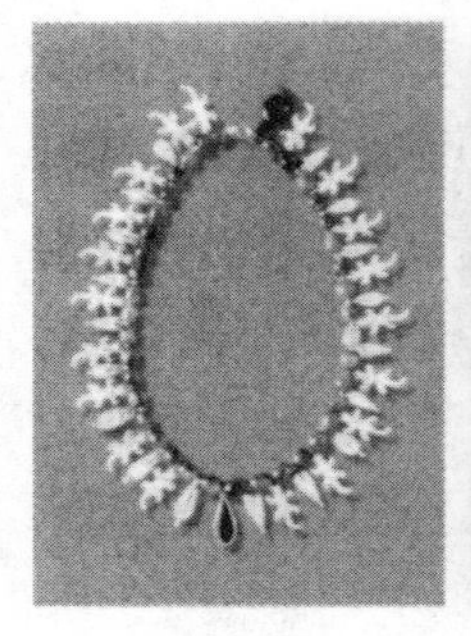

(1) 蜥蜴形项链

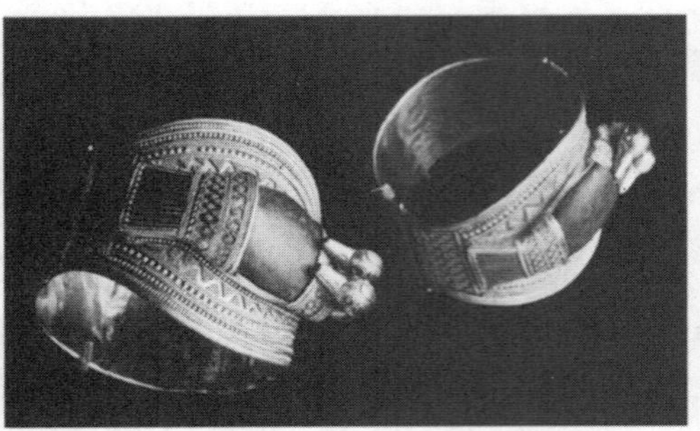

(2) 戒指

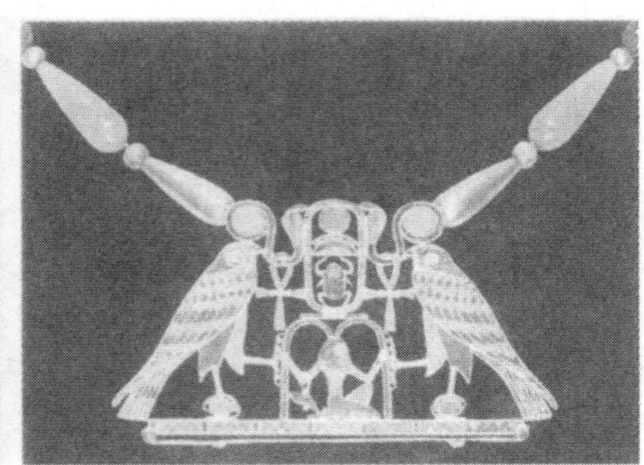

(3) 女王的胸饰

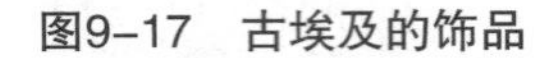

图9–17　古埃及的饰品

(1) 眼线膏瓶和眼线笔

(2) 女子节日化妆

图9–18　古埃及女子化妆图

第二节　古代欧洲的服装

历史学家告诉我们，如果没有古希腊、古罗马文明，就没有后来的欧洲文明。古希腊、古罗马的重要历史地位同样表现在西方服装的发展历程中。从克里特的合体衣裙，到古希腊的希顿，再到古罗马的托加，无不表现出质朴、单纯、自然的古典风格，成为服装史上的一种典范，在以后各个时期被一次次的重新演绎。

一、克里特岛地区

克里特岛位于地中海和爱琴海之间的海洋上，面积不大，与之隔海相望的西边是迈锡尼，东边是小亚细亚，南边是埃及。它好像是爱琴海的一扇大门，又如同连接东西方的一座桥梁、跨越欧洲到非洲南北大陆的一个跳板。历史上一般称此地的文化为爱琴文明，因包括克里特和迈锡尼二地的文明，又称为“克里特——迈锡尼文明”。克里特和迈锡尼两地的人民都是海洋民族，性格开朗，喜爱户外体育运动，注意人体和形体美，这对当时的服装产生深远的影响。

1. 男子腰衣

克里特的男子服饰简素而独特，和古埃及人一样，腰衣仍是克里特男子的主要样式。这些腰衣与埃及腰衣大小相同，其长至大腿中部，是一种经过缝合后包裹臀部和胯部的服装，左右腿不对称，左腿暴露较多，右腿的内侧为黄白相间的横条纹布，其中黄色的条纹似编织或刺绣而成。衣边有深蓝色滚边的缝合装饰。中央饰有一条带念珠的长缨穗，腰部系有宽宽的金属腰带。腰部是克里特人最重视的部位，对此部位一是加腰带进行装饰，另一是追求细腰美，以此体现出男子体形的健美，这正是他们热爱体育的一种表现。

2. 女子紧身上衣与钟形裙

克里特妇女装扮的典型式样是紧身上衣和钟形裙。这是一种贵妇人式的装扮，秀美中不乏典雅，一条腰带把服装分为两部分。上半部分使后背完全直立并裹住双臂，前胸袒露，这样的着装习俗一直流行于整个克里特的历史。下部是钟形的衣裙，有着宽大的下摆，有力地衬托出胸腰部位的线条。到公元前1700年~公元前1550年的米诺三代王朝中期，腰部轮廓更为苗条，扎着金属的腰带。在整个克里特历史上，这种金属饰带都出现过，它的边缘通常打成卷边以防止摩擦、损伤人体。上部前胸依然袒露。两袖只到肘部，胸至腰部有线绳系在乳房之下。腰下部分呈圆锥形，由上至下层层相叠，腰间还系有一围裙，整体显得紧身合体，图案和褶裥的装饰也得到频繁的运用。这种服装造型在古代民族中是罕见的，与同时代的其他国家、地区的民族服装相比，克里特人天才的裁剪技术创造出女性优美的服装造型，相对宽松的缠裹式服装，同时也表现出她们对自然美和女性美的率真追求，这一样式在该地区出土的持蛇女神像[1]中可以看到（图9-19）。

图9-19　持蛇女神像

3. 佩饰

克里特男女都留长发，帽子上多有装饰。男子帽上用羽毛装饰；女子帽则分为两种，一是分层的无檐筒状的塔邦式，另一是贝雷式。项链、手镯、戒指为男女皆用的饰品。女性另有头饰、发簪和耳环。平时居家皆赤足，外出时才穿鞋（图9-20）。

图9-20　佩饰

[1] 持蛇女神像：出土于爱情海南部克里特岛的雕像，她头戴高冠，身穿敞领紧身衬衣，长裙层叠，以小围裙束腰，与欧洲文艺复兴以后的女子服装样式相似，充分显示形体曲线，在世界服装史上具有重要的意义。

图9-21 参加体育运动的希腊女子铜像

二、古希腊

希腊人出现在历史上是大约公元前1500年，公元前1100年左右希腊本土进入奴隶制社会。到公元前8世纪~公元前6世纪形成了奴隶主民主共和制政体。古代希腊历史的时期划分见表9-2。

表9-2 古代希腊历史分期

起止时间	时　代	社会发展程度
约公元前11世纪~公元前9世纪	荷马时代	原始社会瓦解，奴隶制已经出现
约公元前8世纪~公元前6世纪	早期希腊	奴隶制城邦形成
约公元前5世纪~公元前4世纪	古典时代	奴隶制城邦从兴盛到衰亡
约公元前4世纪~公元前2世纪中期	马其顿统治时期	

图9-22 掷铁饼男子

古希腊文明曾得到全面的发展，其文化艺术的高度成就成为世界古代文明发展的一个巅峰。古希腊文明崇尚自由，富于热情，又强调理性。希腊艺术的主要特点是无所不包的和谐与规律性、庄严与静穆，它的主要标志是人体美。古希腊人服装也表现了这种艺术精神，从希腊人衣裙上缕缕下垂的衣褶中，有着古希腊建筑中柱式的特点。希腊建筑中贯通柱身的条条凹槽在阳光照耀下显出优美的明暗变化与层次；希腊人衣身上的褶纹随着人体的动作会不断地千变万化，更富有活动的韵律和节奏，表现出人体的自由和健美。古希腊的服装独具风采，以其自然、质朴的风格体现出一种健康、自由、充实的美（图9-21、图9-22）。

1. 主要服装

（1）希顿（chiton）[1]：又译为基同，是古希腊人男女常穿的服装，属于块料型包缠式，和美索不达米亚的服装有相同之处。不同的是后者以块料缠绕身体，希顿则是以布料横向对折包住身体。每件希顿都有由一块麻织整幅布料做成，幅宽多在1米以上，不经过裁剪，两侧有美丽的边饰，这种边饰是和布料同时

[1] 希顿（chiton）：古代希腊常见的一种缠身束腰长衫，有两种式样：一是多利奥式（dorico），另一是爱奥利克式（ionico）。用羊毛和亚麻制造，色彩单纯，穿着时讲究衣服的褶皱变化，具有较高的艺术价值。

织成的。

希顿有两种常见的样式，一是多里克式希顿（doric chiton），又叫佩普洛斯（peplos），希腊语的意思是一块布缝合的衣服。多里克式希顿用布料对折裹住身体后，在上侧再向外折返，这段折返称为阿波太革玛（apoptygma），折返的尺寸约为短边的1/4，一般为从肩至腰际的尺寸。然后用10厘米长的别针在两肩点处固定。这一层折返非常有特点，外观上好像在裙式贴身长衣外加套了一件披肩，若需蒙头，可用后面的折返上翻。多里克式希顿对折后形成的前后两个衣片，在对接处不用缝合，而只在腋下缝合，形成衣片自然下垂的垂坠感，女性在走动时，从衣片的开口部位可时时隐显地见到她们健美的曲线和肌肤，产生朦胧之美感（图9-23）。二是爱奥尼克式希顿（ionic chiton），这种希顿没有翻折，除侧缝处留出伸手的一段外，其余部分缝合，形成筒状。从两肩至手腕部位有多个结节，有8~10个别针，后来改为扣子固定，成为袖状。这种衣式一般很长，运用腰部和下身的带子来调节衣服的长短。系腰带时，把衣身上提，于是形成宽松、自然下垂的裥褶，过于肥大的衣服得以缩紧，看起来更为合体。这段腰带以上提出的部分，称作科尔波斯（kolpos）。其调节衣服长短的带子由形成的皱褶所覆盖。这种爱奥尼克式希顿和外面的披身外衣（迪普拉克式外衣）搭配，极为协调（图9-24）。公元前5世纪左右，希顿出现了变化。据古希腊历史学家赫罗多托斯记载，雅典妇女身穿多里克式希顿，发生争吵斗殴时，常以别针为武器，造成伤亡，所以后来国家下令禁穿多里克式希顿。

(1) 着多里克式希顿的女子浮雕

(2) 穿着示意图

图9-23　多里克式希顿

(1) 着爱奥尼克式希顿的雕塑

(2) 穿着示意图

图9-24　爱奥尼克式希顿

两种希顿流行有先有后，后在许多地区并用，这两种样式和古希腊建筑的柱式相吻合，多里克式希顿显示出粗犷，爱奥尼克式希顿显示出柔美。因此一般年轻人喜爱多里克式希顿，老年人

图9-25　女子希玛纯

图9-26　男子希玛纯雕塑

喜爱爱奥尼克式希顿。

希顿是男女皆穿的基本服装，一般来说，女性穿的较长至踝部，男性穿的较短至膝部左右。由于希顿都特别宽肥，系带之后，全身上下垂满无数自然的褶裥，增加了平面衣料的立体感，还可随着人体动作而变化不定，产生明暗不断转换的魅力。具体的穿法及系带的变化又会产生外形上的变化，因此，这种形制简单的服装，具有既单纯又变化无穷的动态美。

（2）**希玛纯（himation）**：又译希玛申、希马蒂恩。这是一种希腊男女都穿的披身式长外衣。早期的希玛纯是用亚麻羊毛制作的，装饰很少，后来周边有的加以典雅图案的装饰。希玛纯没有固定的造型，有单衣和夹衣两种，一般情况下，宽等于身长，长是宽的3倍，与埃及的卷衣多莱帕里（drapery）相似，是一块长方形的布料。颜色多为白色或织物本色，也有茶色和黑色的。一般的缠身方法是：希玛纯的一端开始于左脚踝或更高一些的地方，然后将衣料向上拉向左肩，再通过后背从右臂下方向上提起，最后再回到左肩，有时直接拉过右肩，有时又可以将头部盖上。有的希玛纯做工精细、装饰巧妙，也有的简单素朴。实际上希玛纯的着衣方式有多种，大致分为全身包裹式、肩部固定式、单肩式、双肩披挂式（图9-25、图9-26）。

（3）**克拉米斯（chlamys）**：这也是希腊人的另一种外衣，即短式斗篷，比希玛纯要短小得多。克拉米斯可单独穿，也可穿于希顿外面。在最初的几个世纪中，这种短斗篷近似正方形，通常披在左肩，用扣针将两端固定在左右肩或胸前。衣料多为红、土红色，两端有白色带状边饰。短斗篷原为骑士之衣，后用于士兵和旅行者，一般都为羊毛织物，较为厚实，便于遮挡风雨。由于其实用性强，又便于制作，所以受到普遍欢迎，后世一直沿用下来（图9-27）。

（4）后期的两种服装：从公元前4世纪后半叶~公元1世纪基督时代初，古希腊进入了希腊化时代。这是一个混合古希腊文化和东方文化的新时代，艺术上出现了追求时尚与华丽的风格，人们生活也趋向于奢侈和开放。这一时期出现了两种代表性服装。一种是**迪普罗依丝（diplois）**这个外衣的名称意思是两倍的、重层的衣服。它是在希玛纯的基础上发展而来的，增加了裥褶，还在胸部和腰间加上一层有深褶的衣料，出现明显的双层效果（图9-28）；另一种是**迪普罗依丁（diploidion）**，这种服装衣身增长，用两块长方形衣料为前后衣片，右肩用别针固定，左肩不缝合，下垂至肋下缝合，腰部系以腰带。男女可穿，在古希腊城邦斯巴达中，女子多穿此服。在希腊神话的女神雕像中也常常看到这种服装（图9-29）。这两类服装，前者可说是豪奢的表现，后者则是开放、自由与活泼的表现。

2. 装扮与饰品

希腊人非常注意面部化妆和保护肌肤，男女都在身上擦油和浸膏，并大量使用香水。男子中有戴帽的，多为旅行者、传令使和狩猎人，分别有宽檐毡帽、圆锥形毡帽和球形便帽。早期男子的胡须和头发都很长，长发做成波浪卷，在前额上方系带，或编成发辫盘在头上。约在公元前4世纪，男子流行短发，不留胡须。女性不戴帽子，而留长发，常染成金黄色，扎成各式发髻，用缎带、串珠、花环、发簪、发网和宝石、金银等首饰装饰头部，显得十分华丽。这些首饰的工艺制作水平极高，包括妇女大量佩戴的耳环、项链、戒指、手镯、臂饰、踝饰、胸针等（图9-30、图9-31）。

图9-27　男子短斗篷

图9-28　着迪普罗依丝的雕像

图9-29　着迪普罗依丁的雕像

古希腊人早期没有鞋，赤脚成为习惯。公元前9世纪以后才开始流行穿鞋，一般是拖鞋和凉鞋，多用木底和皮革底。另有一种用皮条编成或是用皮革透雕而成的鞋，称为克莱佩斯（crepis）。鞋色男子为自然色或黑色，女子为红、黄、绿等色。至于士兵和猎人的鞋，则是长筒靴，高及腿肚，靴里面有毛皮衬里（图9–32、图9–33）。

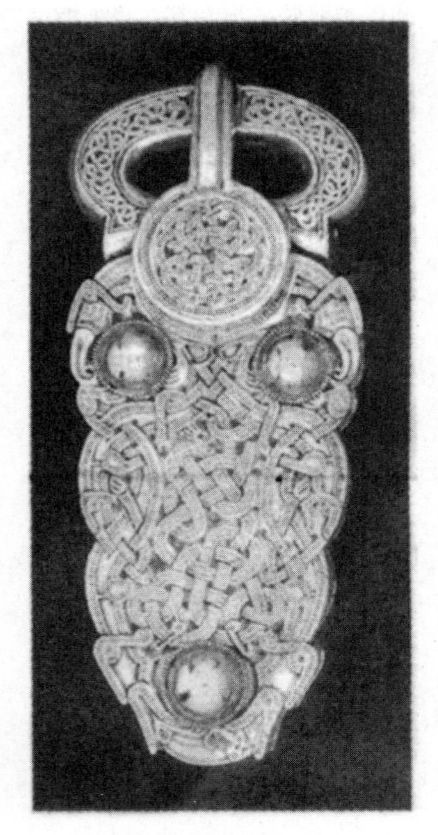

图9–30 古希腊女子胸饰

三、古罗马

当马其顿建立了地跨欧、亚、非三洲的希腊大帝国时，在意大利半岛台伯河流域又兴起了一个国家，它历经600年左右的发展终于成为强大的帝国，这就是罗马大帝国。它于公元前146年征服了希腊本土，公元前30年击败埃及的托勒密王朝，自此，原来为希腊所统治的广大地区，包括希腊本土，全部归入罗马帝国的版图。罗马成为希腊之后的西方政治、文化的中心。古罗马的简史见表9–3。

表9–3 古罗马历史简表

时 间	历史事件
公元前753年	罗慕洛建城，即后来的罗马城，罗马进入王政时代
公元前510年	建立奴隶制共和国
公元前272年	统一意大利半岛
公元前2世纪后期	成为地中海霸主
公元前27年	共和国瓦解，进入帝国时代
公元395年	帝国分为东西两个部分
公元476年	西罗马被日耳曼人灭亡

图9–31 古希腊女子发式

图9–32 光脚的古希腊浮雕

图9–33 古希腊鞋

罗马是靠武力征服世界的国家，国家崇尚武力，因此文化的发展较落后。罗马的文化承袭了希腊文化，并融会了东方文化，在屋大维统治时期成为古罗马文化的黄金时代。又由于罗马人主要依靠农业为生，在同大自然的斗争中养成了一种求实精神，这种务实的人文精神，影响到服装的设计和穿着。古罗马服装少有自己的创造而多了一些模仿。此外，罗马是贵族专政的共和国，也是最有秩序的阶级社会，等级差别特别强烈，文化艺术多为贵族服务，服装也是更多地表现出贵族们的情趣爱好，与希腊服装相比有着更明显的贵族等级化倾向，奢侈而华丽（图9–34）。

1. 男子主要服装

（1）**托加（toga）**：托加是当时世界上最宽大的服装，也是罗马最具代表性的服装。托加作为罗马人的骄傲，曾经是向世界炫耀的一种象征，在王政时代男女都可穿，而到共和国时代，成为男子的专门服装。到帝国时期，成为仪礼服，形制也变得奇大无比，穿着时要别人辅助才行，于是成为有权势者的专用服。当帝国衰落时，托加也变得小了，之后又变成带状，至公元7~8世纪消失。

托加形状为椭圆形，竖长为身长的3倍，横宽为身长的2倍。穿法是先从长轴对折，再以直边为内侧，把2/3经左肩披向身后，从右胁下绕过至前，搭到左肩上，多余部分垂于肩后，最后把胸前的一端稍稍提出，形成衣褶，也宽松了衣身。这是贵族们的着装形式，一般平民多用一块半椭圆形的布来完成着装。

托加一般为羊毛织物，厚重又肥大，其褶裥也十分沉重而有深度，整体外观显得庄重而高贵。男子身着宽博厚重的托加，显得威武神气而又高傲。

古罗马的阶级等级观念十分严重，托加成为等级象征服装后，分化出不同类别，表示不同的社会地位或职业。托加类别见表9–4。

图9–34　罗马武士

表9–4　古罗马托加类别简表

托加名称	颜色和装饰	着衣者
普莱泰克斯塔（praetexta）	白色，有紫色条状缘饰	司政官、领事、检察官
托莱贝阿（trabea）	紫色、白紫相间、紫加深红条纹	皇帝、祭官、议员、占卜师
佩克塔（picta）	紫色绣有金色纹样	皇帝、凯旋将军
帕尔玛塔（palmata）	紫色，以金线绣有棕榈叶纹样	皇帝的宫廷官服
亢迪达（candida）	经漂白后的白色	候补官吏
维利利斯（virilis）	本白色未经加工	男性市民
普尔拉（pulla ）	暗灰色、深棕色、黑色	居丧者的丧服

图9-35　古罗马着托加的男子石雕

图9-36　托加穿法示意图

图9-37　内着丘尼卡外穿托加的古罗马男子

在古罗马，紫色象征着高贵，而白色象征纯洁正直。所以这两种颜色的应用最为常见。一般市民的外衣是羊毛的天然白色，无装饰。上层社会则用丝绸为衣料，有紫色边饰，元老院议员的袍服上有两条宽宽的深红色装饰带，这种显示身份的有条纹的衣服，后来演变为教会神职人员的专用服装。高级官吏、将军和皇帝的外袍则为紫色袍身，并用金线刺绣出纹饰（图9-35、图9-36）。

（2）**丘尼卡（tunica）**：tunica一词源于拉丁语，本意是贴身内衣，在罗马泛指上衣。形式上是一种有袖、宽敞的袋状贯头衣。男子多用羊毛织物，女子则为相对轻薄的亚麻布制成。外衣托加直到共和制末期仍为罗马人的主要服装，后发展到过于庞大，日常穿用不便，这样丘尼卡成为日常主要服装。贵族们的丘尼卡普遍较长，且在前后身有紫红色的纵条纹装饰，以其宽窄标识官阶大小。丘尼卡用两片毛织物构成，留出领口和袖口，在两侧和肩部缝合，袖长可及肘，衣长则男子及膝，女子及踝。一般系有腰带，腰下形成自然的衣褶。腰带有宽有窄，皆白色，于室外活动时使用（图9-37、图9-38）。

2. 女子主要服装

（1）**斯托拉（stola）**：公元前4世纪前后，罗马女子服装在希腊文化的影响下，出现模仿雅典女子的爱奥尼克式希顿样式的服装风潮，其中就有斯托拉。这种女子外衣在肩臂部以别针固定，颜色以红、紫、黄、蓝为主，用金黄色线刺上纹饰，为已婚女子和有罗马市民权的女子穿用。斯托拉一般穿在丘尼卡外面，系上腰带，有时在乳下和低腰处各系一条（图9-39）。

图9-38　着丘尼卡的男子

图9-39　着斯托拉的女子石雕

图9-40　着帕拉的女子石雕

图9-41　胸带与三角裤

（2）**帕拉（palla）**：这是一种披肩外衣，与希腊的希玛纯一样，穿在丘尼卡或斯托拉外面。多为毛、麻织物，有紫、红、蓝、黄、绿等色。在公元2世纪时，帕拉还打开包头兼作面纱用（图9-40）。

（3）**胸带与三角裤**：在公元3~4世纪时期，罗马女子参加体育竞赛时，穿出了固定乳房的胸带和便于运动的三角裤衩，这种装束和两千年后出现的比基尼泳装极为相似，体现出罗马人对体育的开放观念和服装务实思想（图9-41）。

3. 装扮与饰物

罗马城很早就出现了理发这种行业，在大街小巷里的理发店中，有无数的男子在这里消磨时光，他们对自己的发式极为重视，因此罗马人的发式非常丰富。同样女子们也花大量时间进行化妆，一些贵族妇女还专门养了女奴，分工为主人做一些美容健身性质的护理工作，如浴后按摩、涂抹护肤品、修饰手足、梳理头发、制作发型、修眉染发、熏衣熏体等，凡能用于身体和面容的工序，可能都考虑到了。罗马人的化妆品有铅白粉、胭脂、面脂、染发料、假发、香料之类。女子的发式也十分美观，与男子发式争妍斗奇，今天看起来都颇具艺术欣赏价值（图9-42）。

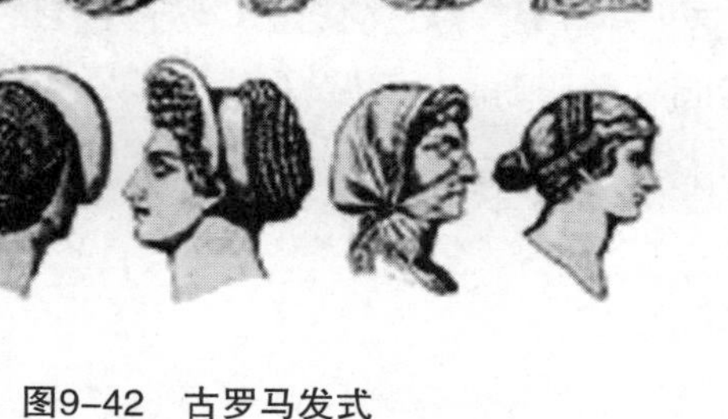
图9-42　古罗马发式

值得一提的是，罗马人将

埃及人戴戒指的风俗保存下来，并不断赋予某种象征意义。在罗马帝国时期，规定平民只能戴铁戒指，而贵族才能戴金戒指；结婚时，男女必须将戒指戴在左手无名指上，表示双方对婚姻的尊重。罗马人对戒指十分喜好，富有者为炫其富，在手指上戴好几个戒指，甚至脚趾上也戴有宝石戒指。

耳饰中以宝石为主，往往是中间一颗大宝石，下垂三颗小宝石，行走时，小宝石晃动时发出悦耳的声音。

至于鞋靴，罗马人从务实为出发点，把鞋和衣同等看待，并附加上某种社会意义，如平民穿未鞣制的生牛皮做成的凉鞋，用皮条编成的短靴只许有公民权的人穿，而奴隶不能穿。贵族和元老院议员的皮鞋是用小牛皮做的，十分柔软，并在鞋面上装饰有宝石。帝制以前，一般鞋是黑色的，后来染成白色，皇帝的鞋则用红色的皮条编制而成。

本章综评

西方服装的源头和西方文化一样，总是追溯到古埃及和古西亚的两河流域，这种情况一方面是因为地理位置所决定；另一方面是该地区经济与政治的发展变化而造成。在几千年的历史变迁中，以地中海为中心的周边地区和国家的人民，先是在各自的地理范围内生活与发展，随着生产力的不断进步以及国家内部政治矛盾的不断激化，势必发生对外扩张的战争行为。于是在这个地区出现数千年的大变革，国家的消亡与产生，国土的沦丧与扩大，民族的灭亡与融合，文化的交融与传承，最终在欧洲形成古典的文化形态。在这种文化形态中，可以清晰地触摸到古埃及和两河流域的文化脉络，而服装也是这一文化脉络中的一根清晰的线条。埃及女子的筒形衣，波斯人的坎迪斯、克里特岛女子的紧身上衣与钟形裙、希腊的希顿和希玛纯、罗马的托加和丘尼卡都是这一时期服装的代表，而且彼此之间有着本质上的联系。希腊的希顿、罗马的托加与埃及的多莱帕里、巴比伦的卷衣可说是一脉相承。

古希腊服装具有一种纯真的美感，它没有宗教的浸染，没有豪奢的炫耀，简洁中透露出人体最淳朴的美。其中希顿是代表，这种最简单的衣装，对罗马以致后来许多国家的服装产生了直接或间接的影响，罗马的托加，就是对希顿的继承。之后在数千年的服装史中，一次次的周期性地复兴古希腊服装的传统，不仅表明了古希腊服装的长久生命力，也表明了在人类对古代优秀文化的不断追寻与回味中，最有审美价值的东西，往往是最简单而又含义最深的东西。比较古希腊和古罗马的服装，可以发现他们的审美差异和民族性格差异。古希腊人的开放和浪漫气息，在希顿中流露出来，古罗马人的封闭与务实精神也从托加中感受得到。古希腊人服装体现出他们对自然的热爱，对人体美的关注，而古罗马人的服装则表现出一种对帝国权威的自恋和创造力的贫乏，关注的是服装的形式和社会。用大量的服装材料来表现着衣者的权威和富有。

当我们注目西方服装史时，不能回避这一段曾经辉煌过的历史，从最古老的服装形态中，去发现服装最本质的因素，寻找出那些令今天人们都不能不动心的服装发展的动因，并为后来西方服装的发展变化规律求证出最近于真理的答案。

思考题

1. 名词解释：卡吾那凯斯，腰衣，持蛇女神像，希顿，希玛纯，斯托拉。

2. 简述古代西亚，北非服装的种类与特点。并举例分析它们对古代欧洲服装产生了怎样的影响?

3. 举例说明古希腊的服装样式及其特点，并比较希顿的两种样式的形制与审美特点。

4. 简述托加的形制类别及特点在各个时期的变化，为什么说它的变化与罗马帝国的兴衰紧密相连?

5. 试述古希腊与古罗马服装的联系与区别。

6. 在正确理解欧洲古典主义风格的基础上，进行模拟服装设计。

基础理论与应用训练（西方部分）——

中世纪服装

课题名称：中世纪服装

课题内容：拜占庭服装

5~12世纪的西欧服装

哥特式服装

课题时间：3课时

训练目的：通过本章学习，学生应深刻认识中世纪服装在西方服装发展史中的特殊地位，充分把握西方服装从古代向近代，从宽衣向窄衣，从平面向立体转折的关键因素。

教学要求：1. 掌握拜占庭服装艺术的特点。

2. 了解民族大迁徙和十字军东征对西方服装的影响。

3. 重点掌握哥特式服装艺术的特点及意义。

第十章　中世纪服装

——华美与肃穆

（公元5~15世纪）

本章导语

中世纪是欧洲从奴隶社会向封建社会发展的时期，其文化主要以基督教文化为特征，加之日耳曼异族和古典文化遗产的共同影响，形成了基督教文化发展中的不同形式和阶段，即拜占庭文化、罗马式文化和哥特式文化。地处东面的拜占庭文化从公元5~15世纪跨越一千余年，是古代希腊罗马文化的继续，同时又吸收了埃及与东方文化的精华，形成兼具东西方文化特点而丰富多彩的文化特征。西方的罗马式文化则在公元10~12世纪出现，其在拜占庭文化的基础上更注重吸收古代罗马的传统，形成一种庄重沉着的造型和华美装饰风格的统一。哥特式文化又在罗马式之后，约在公元12~15世纪。人们出于对上帝的崇敬和向往，在教堂建筑上寄托自己的理想。高耸的尖塔，灿烂的玻璃画，充分体现了当时人们对上帝的顶礼膜拜和对人世的厌倦。

历史上没有任何时代的艺术像11~13世纪的艺术一样，把人的日常生活、想象力和宗教信仰结合在一起。从一些大小圣堂的艺术表现中，我们可以发现中世纪人们的衣着服饰，有着浓厚的宗教气息。结构上的封闭性、造型的宽大特征和头巾的流行，是基督教对人们服装的直接影响。对上帝的奉献和对人生的禁欲，导致服装的自然美削减，而去极力掩饰人体的形态美，那种外在的、表面的、繁缛的装饰美，则是对上帝的歌颂。服装上镶金缀玉，精美刺绣，表现出一种中世纪圣歌的神圣韵律。不过，人们在色彩的对比调和之间寻找美的同时，服装也能体现出很强的理性色彩和立体感。

从服装的发展历史来考察，中世纪服装是从古罗马的那种宽衣型文化而来，经拜占庭文化的淘洗和罗马式文化、哥特式文化的锤炼，发展成为以日耳曼人为代表的窄衣型文化。从此，西方服装一改古典的那种平面和单纯，进入了三维立体的构成时代。中世纪服装的特点可以从三个方面来认识：一是服装文化的交融性，包括拜占庭服装中的不同民族风格的融合，西欧民族大迁徙带来的南北民族服装的大融合，以及中世纪宗教战争带来的东西服装文化的大融合；二是在中世纪各时期各地区的服装发展中无不渗透着基督教文化的精神意蕴，这种宗教观念对以后的西方服装产生了深远影响；三是在中世纪后期，西方服装出现了转折点，由古代向近代、由东方向西方、由平面向立体、由宽衣形态向窄衣形态的过渡，都在中世纪有所体现。

第一节　拜占庭服装

在欧洲历史上，拜占庭文化作为一种独特的文化现象是与西欧文化大相径庭的，它是多民族、多元文化的组合，并且有灿烂辉煌的艺术成就。拜占庭时期的服装是古希腊、古罗马的古典风格、基督教精神与东方情趣三位一体的融合，在西方服装史上独树一帜。

一、拜占庭艺术及服装风格

拜占庭帝国是一个从古代世袭向地方分治的封建制度演变的特殊形态的国家，在西欧的历史上起到承前启后的作用。拜占庭以其独特的地理位置和历史地位，产生了独特的艺术，尤其建筑艺术吸收了东方的特点，圆形穹顶与方形建筑主体的结合，色彩绚丽的大理石镶嵌图案和小块彩色玻璃装饰的直立窗成为拜占庭文化的象征，表现出神秘而又富丽堂皇的宗教意境。

拜占庭服装是和其三种异质文化相融合的特殊性相联系的，希腊罗马的古典风格、东方文化的神秘色彩、宗教文化的禁欲精神在服装中得以体现。拜占庭发达的染织业，带来了华美的风气，中国丝绸输入后，6世纪时居士廷（justinian）创立了丝绸工业，从而产生了珍贵华美绣着花纹的丝织品，这更加增添了纺织品的绚丽多彩，出现了服饰衣料丰赡华美、几近奢华的特点。当人们从古埃及、古希腊、古罗马那种简朴形态，单调色彩的服装世界走到中世纪的拜占庭时代时，突然看到一个五彩缤纷令人目眩的服装世界。色彩的象征性也十分突出，如白色象征纯洁，蓝色象征神圣，红色象征基督的血和神的爱，紫色象征高贵和威严，绿色象征青春，黄色象征美德，深紫色象征谦虚，亮黄色象征丰饶。宫庭里最喜爱的色彩配合是红紫色的底上刺以金色绣品。纹样以几何图形和动植物为主，也有宗教仪式场面。图形也赋予象征意义，如羊表示基督教，鸽子表示神圣的精神，圆表示无穷，十字表示对宗教的信仰。拜占庭早期的服装纹饰较古罗马时期增多，色彩丰富。这种追求缤纷多变的装饰性，形成独特的镶贴艺术，在男女宫廷服的大斗篷、帽饰以及鞋饰上都出现了镶贴光彩夺目的珠宝和华丽图案的刺绣。这些情形有别于同时期在欧洲地区的服饰，营造出一种充满华丽感的服饰装饰美。拜占庭中后期服装渐渐变得呆板和保守，衣身紧瘦，裹住全身，用长长的斗篷遮蔽身体，因此裤子成了人体的主要服饰。在西方服装史上，拜占庭服装以“奢华时代”著称，贵族不惜在装饰上使用豪华的织物和宝石黄金，而普通的劳动阶层的服装样式相当简单，没有任何装饰。妇女们不事装扮，反将珠宝献给教会，自己平时却着白色宽大长衫与连袖外套，素净淡雅，然而她们的丧服却又色彩艳丽，用以祝愿逝者在来世能有幸福的生活（图10–1）。

二、主要服装

1. 达尔玛提卡（dalmatica）

这是罗马末期出现的为基督教徒穿用的一种套头式外衣，男女皆可穿用。主要特征：把布料裁成十字形，中间开出领口，在袖下和体侧缝合，形成衣身宽肥的服装。从领口两侧肩处开始，直到衣下摆边缘有两条红紫色的带状纹饰，名为克拉比。两袖很长，衣身拖地。穿着时从头上套入，在腰部扎一腰带。从这个时期开始，男女再也不像地中海古代人那样穿露出胳膊的衣服（图10–2）。

2. 帕鲁达门托姆（paludamentum）

这是一种稍长的大披风，装饰华丽。在右肩用饰扣扣结，右

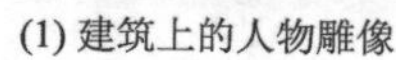

(1) 建筑上的人物雕像

(2) 建筑物

(3) 玻璃镶嵌画

图10-1　拜占庭时期的建筑艺术

身偏袒，露出里面长衣的刺绣。大披风上有时在边缘有刺绣、纹饰。五世纪以后，衣服的裁片由原来的长方形改为梯形，并在衣服前面增加了类似中国明代补子样的方形色块，以表示权贵。大披风的颜色也有规定，国王和皇后是紫色的，臣僚和重要官员是杂色的。如在圣维塔莱教堂墙上镶嵌有两幅著名的壁画：《查士丁尼大帝及其随从》和《西奥多拉皇后及其侍从》，画面细致地表现了大帝、皇后、随从、侍女等人的服装，华丽异常。皇帝穿的就是帕鲁达门托姆，衣上饰满黄金。皇后的斗篷上有精美的图案，下方是古代波斯王国僧侣朝贡图，侍从们也是衣饰精美，珠光宝气。众人一字排开，如行如停，步态轻盈，环佩叮咱，显示出皇族的尊贵和气派（图10-3）。

图10-2　穿达尔玛提卡的男子

图10-3　穿帕鲁达门托姆的皇帝与朝臣

图10-4　着罗鲁姆的男子浮雕

3. 帕纽姆（pallium）和罗鲁姆（lorum）

这两种服装属于装饰性服装，从古希腊和古罗马时期的披绕式服装演变而来。帕纽姆用单色织物制作，长5.5米，宽1.8米，形同袈裟。先在平民中流行，后由神职人员穿用。之后出现了罗鲁姆代替帕纽姆披绕在身上作为装饰，罗鲁姆宽15~20厘米，有刺绣或缀有珠宝，先披搭在肩上，一端从右肩下垂至脚步前，另一端从左肩经胸前与前一端交叉，再到右腋下用腰带固定后拉回至左侧，轻轻地搭在手腕上，或是做成套头式披肩，简单地从头上一套即可（图10-4）。

4. 丘尼克（tunic）和霍兹（hose）

这是普通的便装，上衣叫丘尼克，下衣叫霍兹。此时的丘尼克和古罗马时期的概念不同，而是一种内衣的专名。其袖子窄小，衣身略长，下摆左右侧有开衩，衣面加有刺绣。刺绣的形式和内容是一种拼合式几何图案，称为塞格门泰（segmentae），在圆形或方形之中，装饰动植物适合纹样，或是用独立的动植物纹样构成圆形或方形，刺绣于双肩和下摆处。有的在领口和袖口也有装饰。色彩常在白地上绣以深紫色和黑色线纹。霍兹像今天的紧身裤，有丰富的花纹和色彩（图10-5、图10-6）。

三、装扮与饰物

从头部的装饰来看，拜占庭时期较为简单，男子一般留短发，女子则继承古罗马时期女子的发式，偶尔也有扎起来的。皇帝戴王冠，城市男女皆不戴帽子，多以头巾代替，而农民则戴宽

图10-5　拜占庭的丘尼克

图10-6　着丘尼克和霍兹的男子

檐毡帽。女子有一种称为贝尔（veil）的面纱，是一块长方形的布，大小不一，或齐肩，或长至能遮住身体。一般用无花纹的素色织物或有条纹的织物做成，高级的则织入金线，或在边缘缀以流苏（图10-7）。拜占庭人的鞋极力模仿罗马人的豪华装饰，在鞋面上镶有宝石，男子脚趾露在外面，有较矮的靴筒。还有的人习惯用布片裹脚，直至膝盖之上。女子流行一种无系带的浅口鞋（图10-8、图10-9）。

图10-7　戴贝尔的女子

第二节　5~12世纪的西欧服装

当中世纪的黑暗笼罩着西欧大地时，服装的变化极其缓慢，而发生在这个时期的两个重要历史事件却给西方服装的发展进程带来一线曙光。民族大迁移的结果直接导致西方体形服装雏形的出现；而中世纪宗教战争不仅为贵族带回东方的新面料、珠宝等奢侈品，而且也带回服装风格的新概念，从而影响了西方服装的发展。

图10-8　皇后头部的珠宝

一、民族大迁徙与中世纪宗教战争对服装的影响

民族大迁徙[1]是亚欧大陆南部农业地带与北部游牧地带国家

(1) 金银线花布织物（上）及珍珠织物（下）

(2) 珠宝首饰及浮雕胸针

图10-9　拜占庭时期的饰物

[1] 民族大迁徙：公元4~5世纪时，居住在欧洲北部的民族向南迁移的过程，由于这次民族大迁徙，致使北方体系的服装在欧洲逐步占据了主流，并得到全面发展。

和民族交往的一种表现形式。这一过程从匈奴西迁开始直至6世纪日耳曼人在西欧建国才最后完成。这一发生在公元前后几个世纪的亚欧民族大迁徙，也与中国境内的匈奴西迁有关。中国汉武帝时期，汉匈之间战争不断，结果匈奴大败，其内部产生分裂，分为南、北两个匈奴，南匈附属于汉朝，北匈不久瓦解。东汉初，匈奴再次一分为二，南匈与汉朝交好后融入汉民族。北匈在汉军的打击下大部灭亡，残余一部向西北迁移，匈奴人的西迁，历经280年，不仅席卷整个中亚，还深入欧洲腹地，引起更大范围的民族大迁徙，导致全世界的民族格局发生巨大变化。公元375年，匈奴进攻东哥特，日耳曼人不堪一击，诸部落全线南撤，形成欧洲民族大迁徙，而席卷西欧各国，到568年在意大利北部建国为止，欧洲的民族大迁徙结束。在这次大迁徙中，西罗马帝国灭亡，日耳曼人成为西欧的主体民族，并发展为今天西欧的各个民族国家。日耳曼人征服西罗马帝国，有着重要的历史意义，他们摧毁了罗马腐朽的奴隶制，改变了土地占有形式，引起了阶级关系的变化，为欧洲封建制度的形成奠定了基础。欧洲民族的大迁徙，带来了不同民族文化之间的交融和渗透。这场民族大迁徙，将北方体形型服装即包裹四肢的服装带到了南方，改变了原来南方宽衣形服装体系，并逐渐成为西方服装的主流，直至影响到当代人类的衣生活。

图10-10　十字军东征

11世纪末，西欧封建主在宗教的旗帜下对地中海东岸各国发动了军事殖民远征，是一场影响深远的中世纪宗教战争[1]。先后进行了八次征战，历时两个世纪，至1291年结束。持续了二百多年的中世纪宗教战争，把基督教推向更广的地域。中世纪宗教战争在给东方国家和人民带来灾难的同时，也打通了东西方文化和商贸的往来，促进了手工业和商业的发展，西欧的货币经济从此日益繁荣。东方的一些先进生产技术如纺织、丝绸制造、印染等传到了西方。西方人领略了东方较高的文化生活和物质生活后，逐渐改变了以往的生活方式，在衣、食、住、行方面更加追求奢侈豪华，给中世纪后期西欧服装的发展注入了新的活力（图10-10）。

二、早期北欧人服装

北欧为日耳曼人的生活区，当时被称为蛮族。由于地处严寒地带，其服装以御寒为主，形成了包裹躯干与四肢的适身合体的服装。但是为了便于活动，这种服装自然分成上衣和下衣分体式结构。这种结构的服装必须经过裁剪处理，才能适体，所以北欧人早期服装与南方几乎不用裁剪的包缠式服装形成鲜明的对比。公元前3世纪左右日耳曼人，女子上衣为紧身的丘尼克，筒袖袖长及肘，下体着筒形裙，用带子固定于腰部，带两端有穗作装饰，带身则用青铜或金做的饰针装饰。日耳曼人男子上衣为皮制的无袖丘尼克，下体着长裤，扎绑腿。之后出现罗马式的斗篷，称为萨古姆（sagum），是一种方形或三角形的毛织物，在右肩

[1] 中世纪宗教战争：发生在公元11~13世纪的一场宗教战争，这是罗马教皇为进一步扩大势力，向地中海东岸各国发动的侵略远征，参战者在服装上缝有“红十字”，故也称“十字军东征”。它给欧洲服饰带来了东西方服饰文化的相互影响。

图10-11　早期日耳曼民族服装示意图

前用别针固定，或是系住两角于脖前。早期日耳曼人的服装对欧洲后来的服装影响甚大，为中世纪之后欧洲服装的发展开拓出新的道路，使欧洲服装出现从简单向复杂、从宽衣型向窄衣型的发展趋势（图10-11）。

三、罗马式时期服装

大约在公元10世纪，正当拜占庭艺术在欧洲流行时，另一种艺术风格却在西欧各地逐渐形成，并且延续到12世纪，这就是罗马式艺术。罗马式艺术风格不同于古罗马风格，它基本上综合了以往各种艺术的特点，如古罗马和拜占庭艺术，其风格主要表现在建筑物上，厚重的石壁、连环拱廊、高大的塔楼、幽暗的内部空间、十字形交叉的拱顶、狭小的窗子、宗教壁画等构成其特点。罗马式风格在其他艺术领域也出现，如雕刻、绘画、工艺品、音乐、文学和服装，而服装中的罗马式风格，主要体现在那种厚重而封闭的服装中。封闭的理念，带来了男女服装同型同质的着装现象，男子和女子的差别仅在于下装（图10-12）。罗马式时期主要服装有：

1. **鲜斯**（chainse）

法语又译为查安斯，这是罗马式风格内衣，同时又兼外衣使用。鲜斯是白色麻织物的筒形丘尼克式服装，窄长的紧身袖子，袖口有精美的刺绣和带子，领口也有饰带和金银线绣边缘饰，与袖口相照应。衣长及地，把人紧紧包住。

2. **布里奥**（bliaut）

这是颇具特色的大喇叭袖，筒形衣裙，领口呈倒三角形，有豪华的缘边装饰，臀胯处有带状饰物。衣长较鲜斯短，长及膝或腿肚处，女子布里奥长于男子布里奥。袖口有七分袖和八分袖，因此从袖口、领口和下摆处可展露出里面的鲜斯。布里奥的下摆、肩、胸、背等处宽松，而腰处收缩。腰间用一根长长的腰带系住，先自前向后绕住腰部，在后背交叉或系一次后绕至前面，于前面腹部处松松地系结，使两端下垂。袖口采用斜裁的方式，因此显得很大。有的地方女子的衣袖大得拖至地面，不得不打结

图10-12　着罗马式服装的男女石雕

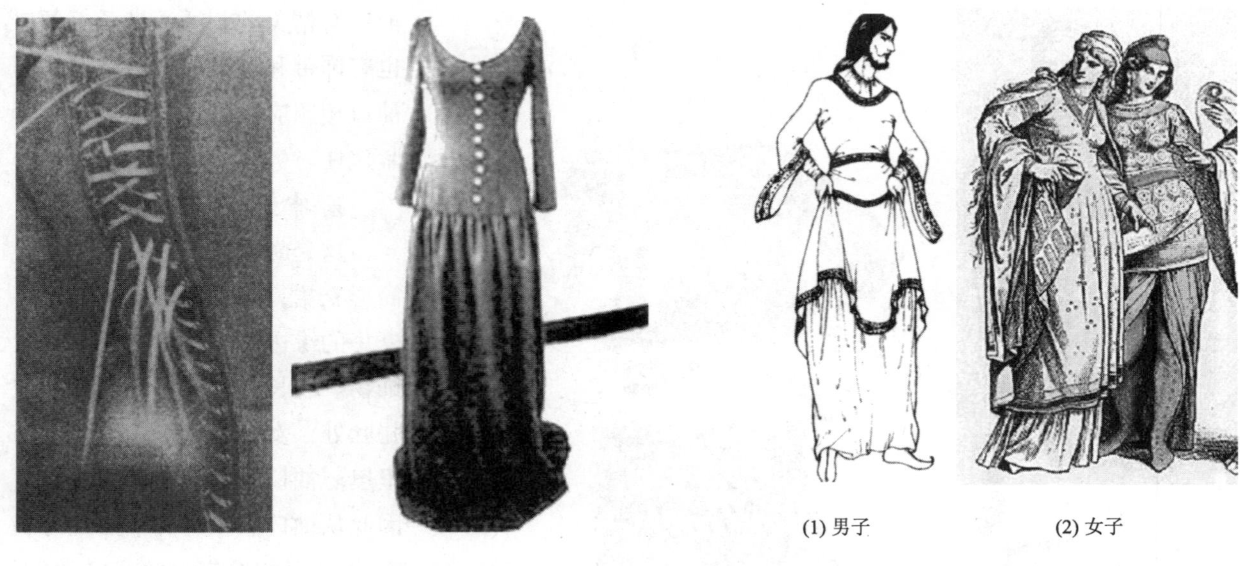

图10-13 布里奥（左图为背部放大图）

图10-14 着布里奥的男子和女子

来缩短。布里奥宽大的上身和下摆，经收腰后形成细密绵长的褶皱，加之华丽的缘饰，着装后有一种优雅而豪华之感。到12世纪后半叶，布里奥更加适体，裁剪更加精细，先将前后衣片的腰身按人体曲线裁出，然后在后衣片的中央从颈部或后背处开口至臀部，两边挖出一排密密的气眼，交叉穿上系带，穿衣时收紧系带来收缩腰身，以突现人的腰部曲线美。臀部两侧，各嵌入一块三角形布，使下摆增大，裁成扇形，这就是西方立体裁剪工艺技术的开端。有时为了御寒，人们还在布里奥之外穿上一件紧身背心，称为科尔萨基（corsage），这种紧合体形的短背心，据说是三层布用金银线纳缝，有时还缝缀宝石，成为极富装饰性的背心。在背面开口处扣结的服装，是后来欧洲女性紧身胸衣的雏形（图10-13、图10-14）。

四、装扮与饰物

中世纪时曾流行过一种叫奥摩尼埃尔（aumonière）的小口袋，用丝绸或皮革制成，上面绣有花纹，随身挂在腰际，放些钥匙、零钱或小食物。这种绣花荷包在信徒朝圣时在路上用来施舍物品，后来又成为圣地牧师赠给信徒们的纪念品，于是又发展成为一种象征物，标志着朝圣者对宗教的终身虔诚。这一时期妇女的头饰主要是头巾，为了装饰，造型有方形、椭圆、圆形等。发式则出现了圣母式发式，即将头发从头顶中间分开，在后面挽成发髻，或者从后面分成两支，编成辫子后盘于耳上方。另有盘成圆圈状固定在脸侧并遮住双耳的发式。12世纪后半叶，出现长辫下垂至胸前甚至到膝部，为了追求这种时尚，出现了假发长辫。女子一般不戴首饰，主要饰品为戒指、饰针、别针、皮带钩。男子先曾留有长发，后来改留短发，又改为长发，至12世纪末，长发剪短后烫成卷，用缎带扎起来。帽子有风帽、圆锥形尖帽、无檐帽，贵族的帽上饰有华丽的绣纹。鞋子在此时期出现了尖头的式样，并呈发展趋势（图10-15）。

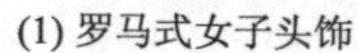

(1) 罗马式女子头饰

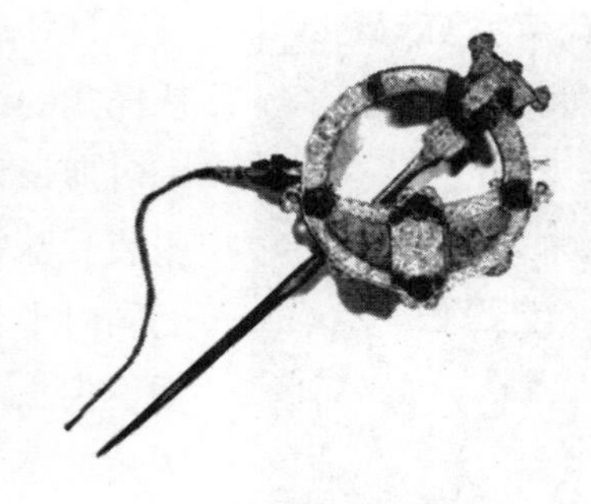

(2) 罗马式胸针

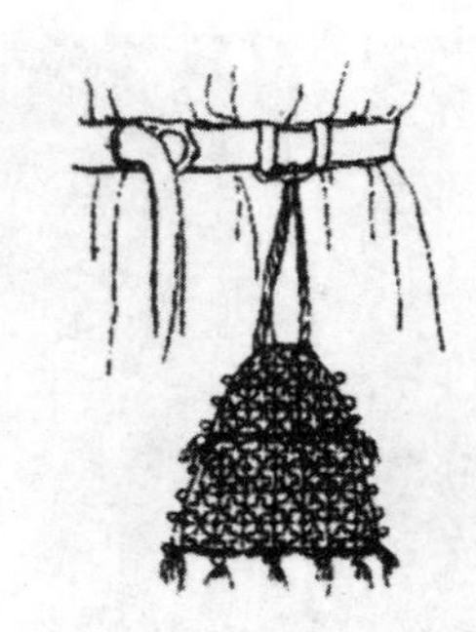

(3) 奥摩尼埃尔

图10-15　中世纪罗马人的饰物

第三节　哥特式服装

哥特式（Gothic）艺术反映了中世纪基督教文化发展的最高水平，同样，哥特式时期的服装也改写了西方服装史的进程。为了人体的着装与教学建筑一样呈现出对上帝的虔诚和向往，服装的裁剪与制作出现了历史性的突破，服装的造型从平面向立体转变，男女服装从此分道扬镳，西方服装就此跨入新时代的门槛。

一、哥特式艺术及服装风格

12~16世纪出现的哥特式[1]艺术，以它新颖丰富的样式成为中世纪艺术的杰出代表。哥特式源于建筑技术的发明，用交叉拱建造教堂拱顶的方法，使屋顶伸长成了尖状。这种建筑的垂直形式可以看作是从地球上升入天国的象征，使视觉上产生飞腾的效果。在形式上，它们复杂而精致，外观虽然刻板，细微处却丰富多彩。哥特式建筑的典型特色是尖的拱门，有棱筋的穹隆，飞梁（倾斜的拱壁），加上另一特点是大型彩色玻璃窗。高耸的矢状尖塔，拔地而起的立柱，使得整个教堂显得轻盈挺拔；墙壁由彩色玻璃构成，像红、绿宝石一样闪耀着光辉，花饰窗格上金光闪烁（图10-16）。

图10-16　哥特式教堂

[1] 哥特式：欧洲12世纪中叶至16世纪初的一种艺术风格。以大教堂建筑为主，一反罗马式厚重阴暗的半圆形拱门的式样，以广泛运用交叉肋拱、高扶壁、飞扶壁、尖拱结构和新装饰体系为特征。反映了基督教盛行的时代观念和中世纪城市发展的物质文化面貌。代表作品有法国的巴黎圣母院、德国的科隆大教堂、英国的林肯教堂和意大利的米兰大教堂等。

图10-17　15世纪哥特式时期的男女服饰

哥特式时期的服装显得样式复杂，种类繁多。从样式的细节设计、装饰设计、造型设计都反映出这一时期设计者的奇巧别致、独出心裁，体现了哥特式服装受基督教教堂建筑的影响，在强化和夸张立体感的同时十分强调整体的修长效果。如高高的圆锥形帽顶，尖头形长长的鞋子，衣襟下端呈尖形和锯齿状等锐角的感觉，与哥特式建筑尖顶外观如出一辙。服装色彩和图案出现不对称的设计风格，初期是男子裤腿左右不同色，后来盛行于女服中，在衣身、垂袖、裤袜、鞋帽等处都出现不对称色彩和图案。此外，服装上的纯装饰部位极多，在垂袖、鞋尖、头巾、帽子等凡能装饰之处，不惜重金加以装饰，甚至饰上加饰。花边、薄纱、孔雀毛、珠宝，都成为饰品，还普遍把族徽或爵徽绣成图案，或用各种几何图形的彩色布片拼镶进行装饰。这种织物和装饰表现出的富有光泽和鲜明的色调又与教堂中的彩色玻璃一脉相通，服装在整体上表现出一种中世纪圣歌的神圣韵律，宗教思想赋予服装以新的象征意义和审美形态，夸张的结构和装饰，使服装的形、色、材料装饰不受个人因素的局限，而成为独立突出的因素。设计者对形、色、材料独具匠心的运用，奇巧别致，使服装的设计进入一个新的阶段（图10-17）。

二、主要服装

1. 丰富的各式外衣

随着欧洲城市的发展带来统治阶级生活形态的变化，罗马式时代的布里奥逐渐被新式的外衣科特取代，内衣也改称为修米兹（chemise）（图10-18）。

图10-18　女子修米兹

（1）**科特（cotte）**：又译考特蒂。这种筒形外衣男女同型，女服在腰际收缩，表现曲线美，袖子宽松，连袖，从肘部到袖口收紧，并用一排扣子固定。男子的科特则是日耳曼人的丘尼克变长而来。

（2）**修尔科（surcot）**：这是一种宽大的套头式筒形外衣，穿在科特外面。袖子变化极多，或宽或窄，或有或无。男子的袖子在腋下开口，手臂可从中伸出来，使袖子垂挂在肩上。而女子的修尔科要加一条腰带，把前摆折起别在腰带上，露出里面的科特。

（3）**希克拉斯（cyclas）：**这是无袖的宽松式筒形外套，有点像背心外套，特点是前后衣片一样。未婚女子的最为华贵，两侧从肩部到臀部皆不缝合。希克拉斯有两种，一是常用的，另一是礼用的，后者较长，拖至地面，底摆有流苏装饰（图10–19）。

图10–19　1375年的希克拉斯

2. 裁剪合身的新奇长袍

（1）**科塔尔迪（cortardir）：**这是14世纪出现的新服装，起源于意大利，法语的意思是新奇的衣服。其特点是从腰至臀部的衣片裁剪非常合体，在前中央或腋下用扣子固定或用系带系紧，勾勒出人的形体曲线美；领口变大，露出双肩；臀围增大，裙长拖地，行走时不得不用手提起裙摆。袖子为紧身半袖，在肘处增饰一条7～8厘米宽的长条异色布，最长时可达1.5米以上。这种长条饰布称为蒂佩特（tippet），用料有丝绸、织棉、呢绒、麻和毛皮，以白色为多，也有左右不同色的。平时还用特制的木板夹起来保护，以免弄皱。在臀围线处系有一条腰带，缀有不同宝石。男子衣长较女子的短，一般到膝盖，前开式门襟，用扣子或带子固定（图10–20）。

（2）**格陵兰袍裙：**是在14世纪中出现了一种特别的袍裙，它的工艺技术标志了立体裁剪在西方服装上的成熟。在袍裙衣片左右两侧和前后两面，从袖根到下摆嵌有数条三角形布，这些不规则的三角形布拼接后，上部就有了菱形的空隙，与今天制衣中的省道一样，能收去平面布料在人体上多余的部分，使衣服更加适体。女性服装也就更能突现胸部的丰满及腰部的纤细。这一新奇的裁剪方法，改变了以前收腰不合身而出现横褶的现象，而使服装有了柔和的起伏线条，增加了女性的妩媚。同时从原来简单的前后两片衣料叠合的二维构成方式发展到三维立体裁剪。从此西方服装的构成形式与东方和西方古典的构成形式有了根本的区别（图10–21）。

图10–20　科塔尔迪

3. 其他服装

（1）**曼特（manteau）：**这是一种特大的斗篷，形状有半圆形、3/4圆形、圆形、椭圆形等，衣为夹层，里外不同色，穿时用系带系牢。布料一般为毛织物、丝织物或天鹅绒，长可及地，穿在身上显得雍容华贵，行走时缓步昂首，斗篷里面颜色时隐时现，在优雅中有一种神秘。

（2）**豪伯来（houppelande）：**这是一种装饰性外衣。14世纪末~15世纪，服装造型轮廓越来越倾向表现人体的体貌特征，而基督教教义是禁止表现人的身体的，所以它开始受到了僧

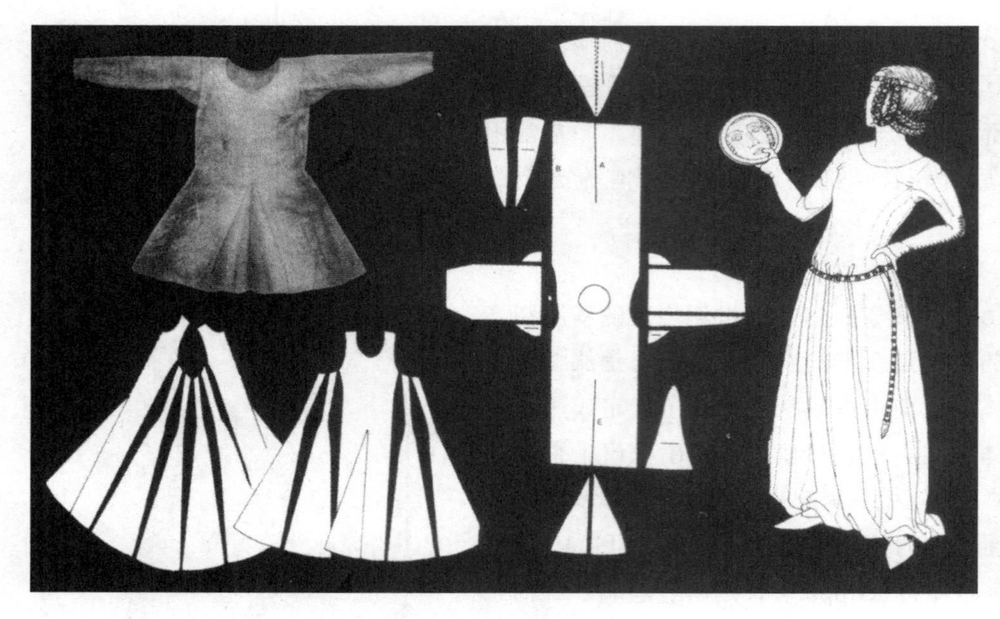

图10-21　格陵兰裙袍

图10-22　豪伯来袍服

侣们的强烈反对，但随着批判基督教风潮的高涨，表现体形也就通行了。进入15世纪后，在14世纪下半叶出现的豪伯来成为此时代服装的主要代表。豪伯来采用更多的填充物使肩胸造型更加凸起，并填充了从肩到上臂的袖子部分，使其膨大，而腰间用小皮带使腰身收紧，强调男性宽厚的肩胸和窄臀的造型。豪伯来或无领， 或有直立的高领，显得宽阔厚大，袖扣逐渐消失。男式有锯齿状切口装饰在衣摆、袖口、开衩等处，女式则以毛皮滚边，用宝石、刺绣为饰。豪伯来通常用缎子及金银织花的锦缎等高级面料制成，配色大胆，常取左右不对称色，或从左肩到右下摆斜分两色。男式衣长过膝，有前开式、套头式；女式皆为套头式，腰身高于男式（图10-22）。

图10-23　分体式男服

4. 男服的分体式组合

自14世纪中叶开始，男服中出现了上衣下裤的分体式服装组合，取代了传统的一体式筒形式样，从此男服与女服在穿着形态上出现了分离，服装的性别区分也随之在造型上明确下来（图10-23）。

（1）波尔普安（pourpoint）：又译为普尔波万，这是公元14世纪中叶开始出现的服装，原意是纳衣。此衣剪裁巧妙，贴身合体，前开式门襟。最初是把多层布重叠纳缝制成厚甲型衣服，穿在骑士的盔甲内，以便缓解铠甲和武器的压力，有防杀伤和防寒作用，这是通过十字军远征受东方影响的产物。波尔普安最初长至膝，后来缩短，演变成西欧男子日常穿着的紧身上衣，并仍然保留纳衣的形制，在夹层织物中用羊毛或碎麻填充胸部使之挺起，通体缝纳，使之符合人体曲度的结构。由于衣身和袖子都比较紧瘦，为了穿脱方便，衣身前开襟，在袖子的肘部至袖口处布满密集的扣子。当时扣子成为一种重要的装饰，贵族的扣子多用贵金属和宝石制成，一件衣服中扣子的数量也多得惊人，前门襟多达38粒，袖口处多达20粒。波尔普安从14世纪中叶起，一直延续了3个世纪，为欧洲男子的主要服装之一（图10-24）。

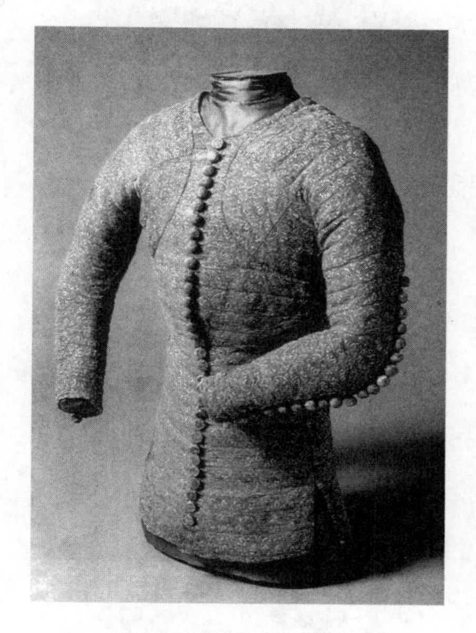

图10-24　男子波尔普安实物

（2）**布莱（braies）**：这是一种宽松裤，原是高卢人、日耳曼人和北欧人穿的一种裤子，最初裤脚宽松，无裆，腰节处用细绳系住。

（3）**巧斯（chausses）**：又译为肖斯，英语称为霍兹（hose）。这是一种紧身长裤，中世纪初为男女皆用的长筒袜，后来上伸至腰部，仍然左右分开，无裆，分别用细带与波尔普安的下摆或内衣连接。原来的宽松裤布莱变成内裤穿在里面。巧斯长及脚踝或脚踵，常左右不同色，与波尔普安形成一种配色上的呼应（图10-25）。

图10-25　穿不同颜色巧斯的男子

三、装扮与饰物

哥特式建筑中尖耸的高塔，是中世纪宗教和审美的集中反映，这种思想在服饰装扮中，则从尖顶高帽和尖头鞋中体现出来。一种男子的尖顶高帽叫做夏普仑（chaperon），帽尖呈细长的管状，可以披在肩上或垂于脑后，也可以缠在头上，其长无比，最长的甚至达于地面（图10-26）。女子的帽饰十分丰富，最具特色的有汉宁（hennin）和艾斯科菲恩（escoffion）。汉宁为圆锥形的高顶帽，用布粘成长长的圆锥，然后裱上高级面料，帽口又加长及肩部的披饰，帽尖也装饰长长的饰物，和男子的一样拖垂于下。全帽高度以身份高低来区别，据说最高的可达1米以上。一般都要把头发全部盖住，不能盖住的头发，除额头留少量卷发外，一律剃除干净。另一种帽子艾斯科菲恩为发网，是罩在横向张开的发结上，网外面还要套上金属丝折成的骨架，再披一层纱。由于金属架可以折成各种样式，因此艾斯科菲恩也就有许多不同款式。这些令人眼花缭乱的帽饰，充分表现出女性对头部美的创造力和当时社会对女性审美的开放性（图10-27、图10-28）。

图10-26　男帽夏普仑

图10-27　戴汉宁的女子

图10-28　女帽艾斯科菲恩

中世纪后期，社会对门第和身份特别看重，出现把家族的家徽图案装饰在服装上的风气。家徽纹章原来是13世纪时宗教战争的军装、军旗及武器等物品上，用来区分敌我的标志，后来成为表示身份的纹饰。14世纪后，一般平民也流行这种家徽，并装饰在衣服上。家徽都用规定的盾形为外框，然后在其中设计不同题材的纹样，有动物、植物、天体、人物等，鹰和狮最为常见。家徽在衣服上的装饰方法十分有趣，自前中心线和腰围线把全身服装分为上下左右四个区间，一般以左右为主，配上不同色地，然后从上至下通身补上或刺绣上放大的家徽图案。两袖颜色不能相同，并与衣身形成对比。已婚女子则要把娘家和婆家的家徽分别绣在衣服的左右两侧，家族门第高的居左，门第低的居右（图10-29）。

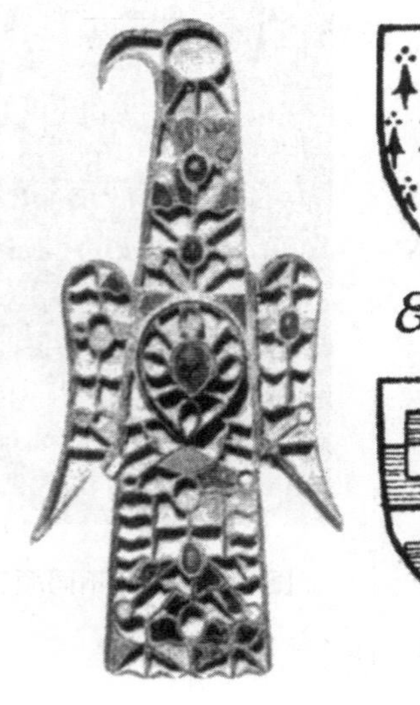

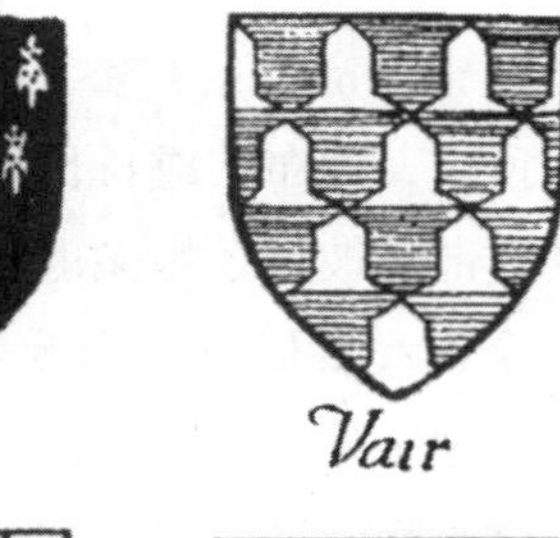

图10-29　哥特时期的家族徽章

鞋子是尖头而翘起的，法语称为波兰那（poulaine），英语称为克拉科（cracow）。这种尖头鞋早在12世纪就出现了，到14世纪末达到高峰，一般鞋尖长达60厘米以上，最长的有1米左右。鞋尖的长度用来区分人物身份地位，王族的长度是脚长的2.5倍，高级贵族的是脚长的2倍，骑士的为1.5倍，富商的为1倍，平民却只有脚长的一半。鞋尖部分用鲸须和其他填充物支撑。鞋尖过长，不便行走，只得把鞋尖向上弯曲，再用金属链拴回到膝下或脚踝处。这种陋习曾在1365年遭到查理五世的禁止，但世风太炽，未能阻住，一直延续到15世纪中叶（图10-30）。

图10-30　鞋子波兰那

本章综评

中世纪跨度千余年，其中最具代表性有三大文化，即拜占庭文化、罗马式文化和哥特式文化，从东至西，从古到近，一线贯穿。服装的演变也清晰地表现出这三大文化的脉络，拜占庭服装中融合的古希腊、古罗马的古典风格、东方文化的神秘色彩、宗教文化的禁欲精神，以衣料丰赡华美极尽奢华的形式表现出来，被称为“奢华时代”，帕鲁达门托姆、帕纽姆和罗鲁姆这些装饰性服装为其集中的代表。民族大迁徙和中世纪宗教战争，使南、北、西、东四方服装出现了融合，为西方服装带来了根本性变化。罗马式时期封闭的理念，带来了男女服装同形的着装现象，颇具特色的布里奥，在后期出现收腰的样式，可以说是后来哥特式服装的先驱。哥特式艺术以其新颖丰富的样式成为中世纪艺术的杰出代表，服装也是光怪陆离，令人眼花缭乱。其受基督教的教堂建筑的影响，出现的高高帽子，尖头形的长鞋子，真是令人匪夷所思。

哥特式服装中的优质因子在世界服装史上有其独特地位，不仅仅是因为它新颖丰富的样式是中世纪服饰光辉成就的代表，同时也是西方服装由古代跨越到近代的一个重要转折点，具有里程碑意义。哥特式服装出现的立体裁剪的运用，是服装技术上的重大革命，宽衣时代的平面性、直线性的裁剪方式从此受到颠覆，由于省道技巧的使用，服装从此走入了三维立体裁剪的天地，为窄衣形服装大行其道奠定了技术基础，同时也使东西方的男女服装观念出现分道扬镳的现象。女性服装在性别特征上线条的勾勒和男性分体式服装的确立，直接体现了男女性别特征对服装造型上的要求，从此两性服装的外部特征拉开了距离，为后来西方服装突出男女性别开拓出一条宽阔的道路。

中世纪文化的重要特征就在于其宗教性，它渗透于中世纪文明的各个层面。社会生活的各个部分都是围绕着宗教而展开的。服装作为社会生活的生动显现，也是社会生活的一个组成部分，所以，服装的发展也势必反映着这种宗教性质和特点。在中世纪，基督教与世俗权力的结合，使得服装成为维护他们宗教权力、世俗统治的最有力的工具，宗教思想禁锢着人性，桎梏了人们的思想，使得服装脱离了与人体密切结合的关系。基督教的神职人员的衣着服饰竭尽夸饰与华美，通过装扮，使得他们在外观形象上超越了自我，甚至超越了人间俗世，升华到一个高高在上的神灵般地位，赋予神圣的威仪，让千万信徒肃然起敬。其后果却又导致了人们以其服装之华美艳丽与否来衡量人的地位高下。华服的美饰一方面为基督教的艺术带来了光明而美丽的色彩，另一方面，又使人们沦为服装的奴隶。不过，值得一提的是，在这一时期，随着东西文化交流的进行、物质生产及科学的发展，人们的审美意识及创造能力得到极大丰富和提高，他们开始把服装作为一种时尚，一种愉悦人心，在多方面提高人之魅力的时尚。尽管在这一时期，人们仍处在宗教的迷雾里，这种时尚也深深地烙上了宗教的迷狂，但与过去相比，就其产生而言，表现出人们服装观念的又一次扩展。

思考题

1. 名词解释：达尔玛提卡，布里奥，哥特式，格陵兰袍裙，波尔普安，汉宁。
2. 简述拜占庭时期的服饰特征。
3. 民族大迁徙与中世纪宗教战争对西方服装产生了怎样的影响？具有什么意义？
4. 简述哥特式艺术及其影响下的服装形态与特征？为什么说哥特式服装是由古代向近代跨越的重要转折点？
5. 宗教对中世纪的服装产生了什么影响？试举例说明。
6. 根据哥特式艺术的风格进行服装模拟设计。

基础理论与应用训练（西方部分）——

近代前期服装

课题名称： 近代前期服装

课题内容： 文艺复兴时期的服装
巴洛克时期服装
洛可可时期服装

课题时间： 4课时

训练目的： 通过本章学习，学生应了解服装史与艺术史、文化史之间的密切联系，从而加深对西方服装艺术的历史文化内涵的理解。

教学要求： 1. 掌握塑造服装外观理想形态的工艺技术与表现手法。
2. 深入了解巴洛克服装艺术风格及其发展。
3. 深入了解洛可可服装艺术风格及其发展。

第十一章　近代前期服装

——矫饰与纤柔

（公元16~公元18世纪末）

本章导语

在世界范围内，封建生产关系最先在西欧瓦解，15世纪末，在封建社会内部出现了资本主义的萌芽。随着生产力的发展，产生了资本主义工场手工业，到了16世纪，这种工场手工业在西欧普遍展开，而以英国为典型。

17世纪中叶，英国爆发了资产阶级革命，建立了共和国，到17世纪末，确立了资本主义制度，实行了“君主立宪制”。其他欧洲国家的封建专制也逐渐动摇，并采取了一系列的改革措施。18世纪60年代，英国开始了工业革命，资本主义得到巩固。纺纱机、织布机的发明，水力为动力的棉纺厂的出现，蒸汽机的问世，极大地促进了社会生产力。欧洲社会发生了深刻的变革，英国则成为世界的霸主。

文化方面，影响最深远的就是文艺复兴运动。这场起源于意大利的思想文化运动，充分反映了欧洲各国新兴资产阶级的要求，其核心是肯定人、注重人性，要求把人、人性从宗教束缚中解放出来。

经济、政治、文化上的变革，必然在艺术领域有所反映，这一时期内，造型艺术从复兴到繁冗，最终走向女性化的纤弱，都与前者息息相关，在绘画、建筑、服饰上都打下深深的烙印，16世纪的文艺复兴艺术，17世纪的巴洛克艺术和18世纪的洛可可艺术就是突出的代表。文化史和艺术史都以这三种艺术风格来划分三个阶段，服装史也不例外。

进入近代后的西方服装已摆脱了古代和中世纪传统样式，开始了全新的窄衣时代，服装穿着不仅符合人的体形，而且根据人的各种需求对人体进行包装。为完成服装外观形态的塑造，其表现手法和工艺技术也日趋成熟，并达到较高的水平，服装造型显示了性别差异，性的特征与服装紧密联系起来。男装上衣雄大下衣紧小，女装上衣袒胸下裙膨大，形成强烈的性别对比，成为这一时期显著特征之一。这种极度的夸张和强调追求奢华与矫饰的时尚使服装走向歧途，从突出人性步入了反自然的误区。

第一节　文艺复兴时期的服装

早在14世纪，意大利繁荣的经济吸引了许多人蜂拥而至，其中拜占庭的学者们携带了大量的古希腊手稿、艺术珍品及拉丁文抄本来到意大利，在那里传授和研究古希腊的文化，一时在意大利形成了研究古典文化的热潮。一些新兴的资产阶级知识分子在研究之际，首先从思想上展开了反封建和反神学统治的斗争。他们以人为中心观察世界，思考问题，赞美人性的美好，充分肯定人的价值和尊严，提倡个性解放，这就是西方著名的文艺复兴运动。到15世纪后半叶，文艺复兴运动扩大到整个欧洲，16世纪时则达到鼎盛（图11–1、图11–2）。

一、文艺复兴对服装的影响

图11-1 《蒙娜丽莎》

文艺复兴时期，人们追求个性，反对宗教对人的束缚。中世纪那种把人的形体层层掩盖的服装，在人文主义的光环下黯然失色，人们开始通过服装表现人体的形体美、曲线美。禁欲主义的桎梏被打破，人性的本能在极度压制下猛烈地反弹出来，表现男女性别差异的服装成为流行。男子下衣紧裹肢体，上衣宽大雄伟，突出阳刚之美。女子则强调女性细腰丰乳与肥臀，上衣袒胸低领，下裙呈倒扣的钟式造型，尽显女性风流。人们从神的阴影中走出，表现人的高贵与尊严。在纺织业日趋发展，交通不断发达的时代，衣料有了更多的选择，各种丝绸、织锦、印花棉布、毛料、皮革以及精美的装饰品，都涌现市场，被运用于服装之中。人们想以精美的服饰来提高人的尊严和价值。由于上下分开的衣裤或衣裙组合代替了中世纪包裹全身的宽大衣袍，服装的裁剪方法出现了革命性的变化，运用三维立体的裁剪技术来表现人体的美和性别的差异。

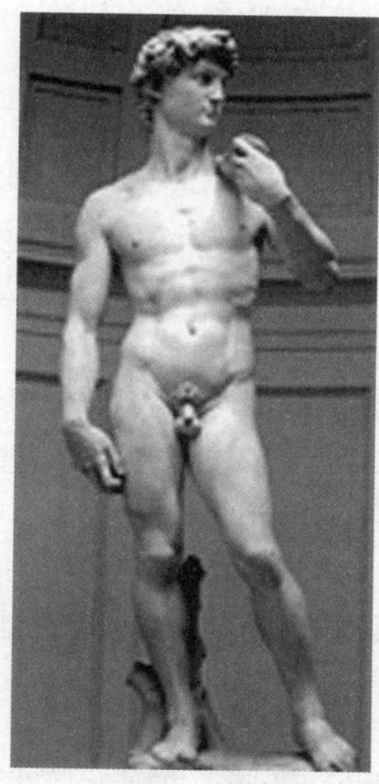
图11-2 大卫雕像

文艺复兴作为西方社会发展的重要历史时期，推动了资本主义在欧洲的兴起，使生产力得到迅猛发展。文艺复兴的核心是肯定人，注重人性，要求把人、人性从宗教束缚中解放出来，在服饰上表现为人体的造型美和曲线美。工业革命也以与服装相关的纺织开始，尤其是意大利生产的华美面料，使其成为当时生产服装面料的中心。在服装外观造型上，西班牙服装工艺技术最为突出，人们可运用各种工艺手段来达到相应的视觉效果。

文艺复兴运动经历了一个多世纪，它对服装的影响也在不同时期和不同国家存在不同的表现，通常划分为三个阶段。

首先是意大利风格时期，意大利是文艺复兴的发源地，同时商业贸易和纺织生产十分发达，衣料中的织锦和金丝绒面料成为各国贵族们的新宠；其次是德意志风格时期，德国是受意大利影响最早的国家，但经过宗教改革和农民战争，人文主义的影响削弱了，出现了德国本土的服装形式；第三是西班牙风格时期，西班牙以掠夺殖民地财富而暴富，贵族们沉溺于高贵的消费之中，追求极端的奇特造型和夸张的表现，忽视人的生理条件，把服装变成追求时尚的工具（图11-3）。

图11-3 意大利女装

总之，文艺复兴对服装的影响有其积极的一面，它把服装的本质发掘出来并予以美化和世俗化；也有消极的一面，部分服装忽略了服装的实用功能，而盲目追求其视觉享受，为后来西方服装中的夸张形式铺垫了道路。

二、服装造型及其表现手法

服装造型涉及服装的结构、工艺及特征，完成造型则离不开服装的裁剪制作方法与装饰手段。纵观文艺复兴时期16世纪的服装，可以归纳出几个突出的造型及表现手法。

1. 切口装饰（slashed decoration）

切口也称“镂空”。切口原文为slash，意为裂口、剪口或开缝。切口装饰指的是盛行于16世纪男女服装上的一种装饰手法，它在外衣上剪开许多切口，以露出里面不同的内衣或衬料，形成对比，互相映衬，达到表现奢华与新奇的装饰效果。

切口装饰源于欧洲雇佣军的服装，衣服往往在收紧的地方被剪开，再用另一种颜色的布，通常是丝绸，缝在裂缝的下方。当穿着者走动的时候，这块丝绸就会迎风飘扬，发出瑟瑟的声音，“补丁”越大，它从外衣下扬起得越高，这种“撕裂的衣服”很快便在欧洲各国贵族中流行起来，开辟了从下层阶级到上流社会服装传播的途径。

切口装饰开始时仅在肩、肘、胸等部位，后来发展到几乎全身都有切口，甚至帽子和鞋上都有。除了剪出口子、衬以不同衣料外，还发展成在切口处拉出内衣，形成膨凸的效果。更有甚者在服装上切出图案形口子，有规律的排列，或平行、或斜排、或交错，组成有立体感的花纹，富豪们则在切口的两端缀饰珠宝，满身珠光宝气，奢华炫目（图11–4）。

2. 填充装饰

在男装的肩部、胸部和短裤内用填充物垫起，造成肩部平起，胸部饱满，臀围方整的视觉效果，远看如同一个方形的箱子在行走，故戏之为方箱形。这种造型突出男子的上身宽阔，下身挺拔。与之相呼应的是女装中的裙子膨大化。这种服装造型的上下对比和男女服装的错位对比，是以体积来表现的，与切口装饰以色彩质地的对比不同，它把近距离的美学效果延伸，从远处就能识别男女服装的造型之美。也有两者结合起来，在填充服装外再施以切口装饰，这一造型手法在西班牙男装中最为突出。

填充造型在袖子上也广泛使用，女子服装中的填充袖子最有特色。根据填充后的不同造型，可分为三类，即泡泡袖、羊腿袖和藕节袖。顾名思义，这类袖子的膨大形式各有不同，或是袖山鼓起，或是袖身肥大至袖口收紧，或是袖身间隔地系上缎带，形如藕节。

(1) 妓院中的女人

(2) 三个雇佣军

图11–4　文艺复兴时期服装中的切口装饰

男子短外裤填充成南瓜形，长不过膝。下脚穿紧身裤或连裤袜，并在色彩上有反差。这种填充也使用于腹部，使之凸起形成“鹅腹”，“鹅腹”是亨利三世为男人们首创的（图11–5）。

3. 领部装饰

领部的装饰在这一时期出现极大的变化，使原来附属于衣身的领独立出来，成为这一时期男女服装装饰的重要元素。16~17世纪流行一种称为拉夫（ruff）的领饰，它呈车轮状造型，周边是8字形连续的褶襞，外口边缘处用花边和雕绣为饰。拉夫领制作十分复杂，技术难度较大，需要特制的工具来完成造型。当时制作拉夫的技术是保密的，要学会这项技术，需付昂贵的代价。一个拉夫领用料约3~4米亚麻布或细棉布，经过上浆硬化处理、熨烫成连续皱褶，圈成轮状后用线固定，并用细金属丝支撑起来，以保持不变形。

由于拉夫领饰过于宽大，套在颈部后不利于头部活动，迫使人们表现出一种高傲尊大的姿态，这点与文艺复兴思想中肯定人的尊严的观点相吻合。起初，戴上拉夫后，吃饭时出现了使用特制的长勺喂食的现象。后来，为了方便饮食，产生了在下颌处空出一个三角形的拉夫领，可见实用功能在服装造型中是不可忽略的（图11–6）。

4. 紧身衣具

这一时期，女装造型的重要特色，就是通过服饰的穿着来改变身体的形态，来改变女性的胸、腰、腹线条。其中一个主要的工具就是紧身衣具，它包括紧身胸衣和束腹（corset）两个部件。

(1) 身附填充物的法国国王佛朗西斯一世

(2) 身附填充物的男子

图11–5　服装中的填充装饰

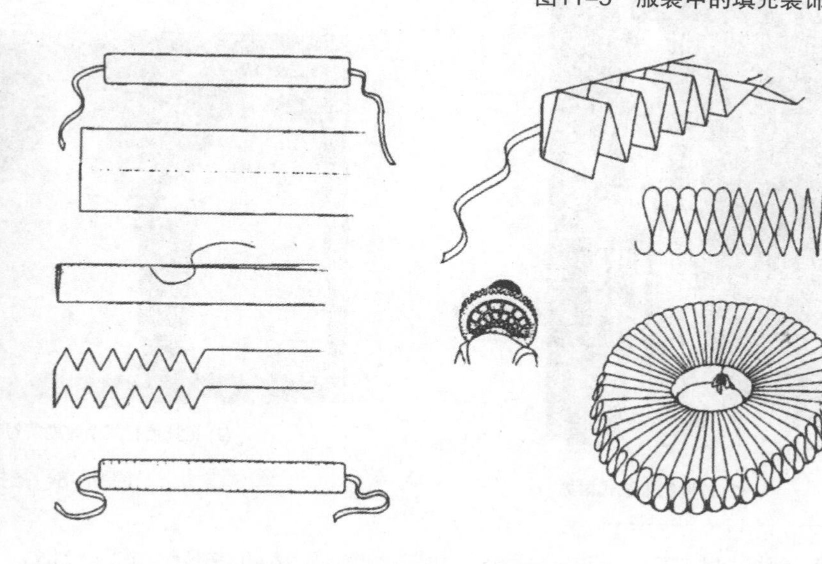

图11–6　1577年男子拉夫领及拉夫领的制作步骤

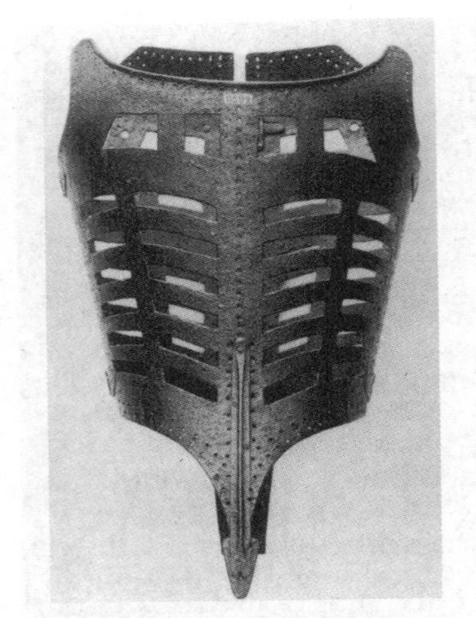

图11-7　铁制的紧身胸衣

紧身胸衣有硬制和软制两种，硬制胸衣用金属丝或鲸须制作，西班牙语称为basquine，按照着衣女子的体型先做成四片框架，在连接处安上扣钩和合页。软制胸衣用布制成，称为corps pique，中间加薄衬来增厚，在前、后、侧的主要部分嵌入鲸须，以增加强度，前下端的尖端则用硬木或金属做成，后面开口处用绳带收紧。

紧身衣具使女性腰部被紧紧勒住，而胸部却很突出。据说，当时出现最细的腰围只有37厘米。直到20世纪初，紧身衣具一直都是塑造女性理想外形不可缺少的工具（图11-7）。

5. **裙撑**（bustle）

裙撑[1]流行于16~19世纪，是用来撑开裙褶的撑架物，与束缚上半身的紧身衣具相比，裙撑膨大了女子的下半身，使上下形体形成强烈对比，完成了女性理想形体的整体造型。裙撑有不同的样式，先是西班牙风格的吊钟形，在亚麻布上缝上好几圈鲸须做的轮骨，稍次的用藤条、棕榈、金属丝做成，轮骨从上到下逐渐增大直径。穿在裙子里面，使裙子撑张开来，呈现圆锥形的造型。后来法国人创造出另一种裙撑，他们用马尾织成一个套圈，里面填充软质物，像一个剪断的轮胎，然后用铁丝定型。穿时系于腰间，外面套上裙子，形成自腰部平着向四周伸开，再自然下垂的外形。这一形制穿用方便，也迎合上流社会的审美心理，一时流行法国。英国人又改造了法式裙撑，在套圈上增加了圆盖，圆盖内圈与裙撑连接，外圈边沿以金属或鲸须等材料撑圆，使裙子向四周扩得更大，下垂时裙撑边沿轮廓更加清晰。裙撑曾流行过三次，这一次裙撑被称为法勤盖尔（farthingale）（图11-8）。

(1) 穿紧身胸衣和裙撑的伊丽莎白一世

(2) 17世纪末法式裙撑

(3) 裙撑流行三个时期的对比(16、18、19世纪)

图11-8　裙撑变化

[1] 裙撑：用来撑开裙褶的一种骨架，常用铁丝、竹蔑、藤条、鲸鱼骨、棕榈等制成，可以充分显示不同的外轮廓型。在近代欧洲曾流行过三次使用大热潮。

三、主要服装

文艺复兴时期，西班牙因国力强盛，其具有豪华、威严感的服装，一时对欧洲宫廷服装式样产生强烈影响，但不同的民族，对它的模仿也不尽相同（图11–9）。

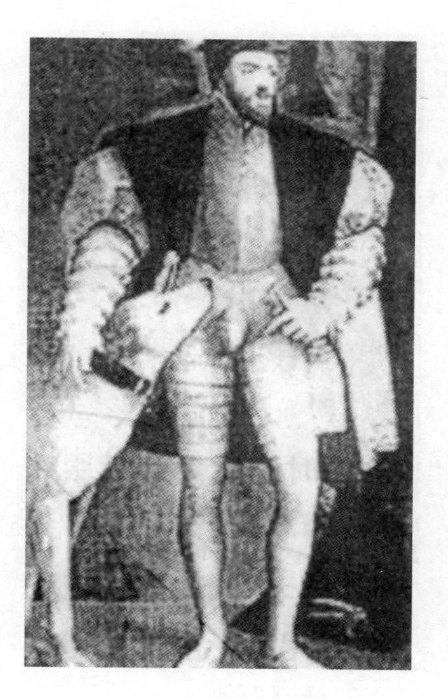

图11–9　西班牙男子服装

1. 男子服装

男装中最值得注意的是上衣中的波尔普安（pourpoint），意为棉夹衣。这种上衣最先源自意大利13世纪后期的军服，起初是作为保护铠甲的罩衣来穿用的，由于其耐磨性好，又具保暖性，很快在民间推广，到14世纪成为男子最时髦的服装，之后遍及欧洲各国。波尔普安在结构和工艺上有三大特点：即绗缝、前开、多纽扣。所谓绗缝，是指在两层布中间夹上填充物后，用倒针法缝制；“前开襟”指衣襟在前面对开，改变了中世纪套头式的服式，穿脱方便；多纽扣是强调衣服的门襟与肘至袖口处钉上了密密的纽扣，有的多达七十余枚，在固定服装部位的同时，增强了装饰效果。波尔普安为紧身夹衣，衣长及膝，收腰长袖，无领，里衬多用细亚麻布，外面布料常取纹锦，填充物多为羊毛絮。有时在外面加穿带裙身的夹克，波尔普安后来改为英语称谓“达布里特”（doublet）（图11–10）。

图11–10　1563年着达布里特的男子

夹克（jacket）是对襟上衣，因穿于达布里特外面，所以十分宽大，常用皮带在腰间收紧，袖子有长有短，甚至无袖，多以豪华的衣料为主，且用皮毛作装饰。

在外衣内的衬衣，其领子提高，有的镶有立领。腰部收拢，并用金线或红黑丝线绣出精美图案。而外衣之外还有大衣，称作嘎翁（gown），前襟开口，衣长及膝或不及膝，长袖，大翻领，为丝绒制作（图11–11）。

与上衣配套穿的裤子有多种，除了填充膨胀短裤外，还有一种称作布里彻斯（breeches）的裤子。因其与骑装大衣配套，又叫马裤，俗称半截子裤。布里彻斯裤有两种，一种造型肥大，呈南瓜状，表面以异色瓜瓣形凹凸条纹相间。另一种是紧身的半长裤，在前裤裆处有一块楔形布遮挡，即下体盖片，音译为科多佩斯（codpiece）。下体盖片的造型为袋状，里面有填充物使其膨胀，表面则有刺绣或缀上珠宝，有的则采用切口装饰露出白色衬裤。这种裤子突出男性的生殖器部位，除了表现性别作用外，也与当时人口锐减而关注生育的理念有关（图11–12）。

图11-11　身着嘎翁的安东尼奥·诺瓦盖罗肖像

(1) 南瓜状的布里彻斯裤

(2) 亨利八世

图11-12　布里彻斯裤子

2. 女子服装

在流行紧身胸衣、裙撑及拉夫领之前，早期的意大利风格时期出现过分体式女袍，即连衣裙，称作罗布（robe）。上衣下裙分裁后在腰部缝合，衣长及地，领口呈V形或方形、一字形不等，敞胸开口很大。袍袖形制丰富，有紧身袖、藕节袖两大类，肘部以上甚至整个手臂的外侧有裂缝，以露出白色内衣。上下分离而又缝合的女服，表现了人们已经注意到把整件衣服分成若干部件构成的服饰构想，为后来女服外形变化在裁剪技术上奠定了基础。

文艺复兴盛期的西班牙风格女装大多数采用黑色或暗色绸缎及天鹅绒制成，配以大量的珠宝、装饰，是一种带有夸张、装饰性的女服造型。传到英国和法国以后，颜色则变得更鲜亮一些（图11-13、图11-14）。

图11-13　女子袖型

(1) 香水瓶

(2) 女子装饰

(3) 女子帽饰

图11-14　意大利风格时期女子饰物

第二节　巴洛克时期服装

巴洛克作为西方艺术史上一种重要的艺术风格，它对服饰的影响主要体现在当时男子的服装上，奢侈、豪艳，虽有女性化装饰但又不失男性的力度和宏丽。此时，法国成为世界服装舞台的中心，成为时尚的发源地。

一、巴洛克艺术及其服饰风格

巴洛克（baroque）一词源于葡萄牙语barroco，本意是有瑕疵的珍珠，引申为畸形的、不合常规的事物，在艺术史上却代表一种风格。这种风格的特点是气势雄伟，有动态感，注重光影效果，营造紧张气氛，表现各种强烈的感情。巴洛克艺术追求强烈的感官刺激，在形式上表现出怪异与荒诞，豪华与矫饰的现象。在音乐、雕刻、绘画与服饰上都以华美的色彩和众多的曲线增加世俗感和人情味，一反以前灰暗而直板的艺术风格，把关注的目光从人体移到人与自然的联系上。巴洛克艺术改变了文艺复兴时期的艺术形式和表现手法，很快形成17世纪的风尚。

巴洛克时期的服饰具有虚华矫饰的风格，尤其在男装上极尽夸张雕琢之能事。服装史将这一时期划分为两个阶段，前阶段以荷兰风格为主，其特征在整体上注重肥大松散的造型，服色以暗色调为主体，配白色花边和袖口，采用无力地垂领，肥大短裤，水桶形靴，衣领、袖口、上衣和裤的缘边、帽子以及靴的内侧露出很多缎带和花边。中后期以法国宫廷风格为主，盛行欧洲。主要特征是短上衣与裙裤组成套装，袖口露出衬衫，裤腰、下摆及其他连接处饰以缎带，在宽幅褶子的帽上装有羽毛。

巴洛克服饰造型上强调曲

图11-15　蕾丝

图11-16　荷兰风格男子服装

图11-17　荷兰风格蕾丝领

图11-18　17世纪出现的一种与上装配套的长裤

线，装饰华丽，不乏男性的力度，而活泼奔放中也难免矫揉造作，其华丽的纽扣、丝带和蝴蝶结以及花纹围绕的饰边，成为最显著的特点。而女子服装先有重叠裙，后有敞胸服，并饰花边，体现出女性的纤细与优美。

二、巴洛克前期的男子服装（1620~1650年）

这一时期又称为荷兰风格时代。荷兰共和国是17世纪初摆脱西班牙统治后最先建立的欧洲资本主义国家，独立后资本主义经济飞速发展，服装业迅速繁荣起来，成为17世纪上半叶欧洲服装流行的领头羊。荷兰风格时代注重长发（longlook）的流行和蕾丝（lace）、皮革（leather）的使用，故有“三L”时代之称。荷兰新生的资产阶级反对过去贵族们的奢华服饰之风，主张节约，他们对文艺复兴后期的那种繁冗夸张的服饰进行了彻底的改革，将虚伪的贵族服饰改成实用的平民化服装。从此，西方服饰跨入现代服饰的门槛，荷兰风格成为现代服装的直接开路人（图11-15、图11-16）。

在实用与节约观念的指导下，男服的填充物被去掉，毫无实用价值的拉夫领被抛弃，代之以大翻领或折翻下来的平领和披肩领。大翻领称为拉巴特（rabat），领缘和领面上罩有蕾丝，领口用几条带穗的细带系在颈上，大领披在肩上。这种领子当时又称为“路易十三领”，到路易十四时代，拉巴特的两侧演变成两条长方形的布，并在领前合上（图11-17）。

外衣达布里特变长了，盖住臀部，肩部成为大溜肩，腰线上移并出现更多的收腰，腰带改为饰带，胸、背有少量的切口装饰，袖子一般为紧身式，袖口饰花边或露出衬衣作装饰。腰际线下面连接的下摆呈波浪状，称为佩普拉姆（peplum），常常用几片拼接而成，看上去像是附加在衣服上的衣摆，又像系在腰上的褶襞短裙。

裤子变得宽松，裤长过膝，用吊袜带或缎带扎住裤口，饰以蝴蝶结。之后裤子变化至小腿肚，下蹬长筒靴。男子服饰已倾向于实用和精炼，但装饰的理念尚未淡化，只是在装饰物的质地上趋向简朴（图11-18、图11-19）。

三、巴洛克中后期的男服（1650~1715年）

17世纪中叶，法国取代了荷兰，开始领导时装的新潮流。

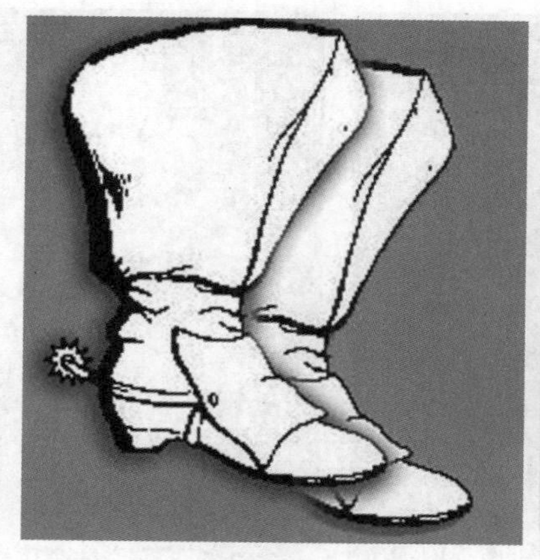

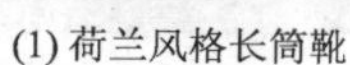

(1) 荷兰风格长筒靴　　(2) 阿伯拉罕・波塞的《制鞋者》

图11-19　巴洛克时期的筒靴

在路易十四倡导下，法国树立了全欧洲文化、经济和政治的新风气。许多关于现代服饰文明的概念就是在这个时期产生的。传媒此时也起到了推波助澜的作用。1672年创刊的杂志《麦尔克尤拉・夏朗》向公众传播法国宫廷的新闻和时装信息，用铜版画绘制的时装画也广为流传。法国的时尚业在17世纪达到繁盛，时装出口到其他国家，穿戴整齐的时装模特们被送到外国宫廷，以便于最新的风格被迅速传播。从此，法国巴黎成为欧洲乃至世界时装不可取代的时尚中心，并一直持续至今（图11-20）。

男子服装在这一时期变化最为突出，上衣达布里特在变长之后，到法国风格时代急剧缩短，但还保留了达布里特原有的基本特征，如前襟排扣、小立领、腰饰，袖子变为中长袖，有切口装饰，袖口饰有折返袖口布或翻边。另有无袖的达布里特，并佩有绶带以表示身份。后来达布里特越变越短，最后从服装的舞台上消失。

继之出现的是三件套组合服装，上衣称为鸠斯特科尔（justaucorpr），意为紧身合体的衣服。这是一种衣长及膝的长外衣，收腰，下摆向外扩开，口袋位置很低，在视觉上感到造型重心下移。无领，前门襟缀有密密的一排纽扣，袖子从上至下，逐渐增大，至袖口加有可翻折的袖边，用纽扣固定（图11-21）。

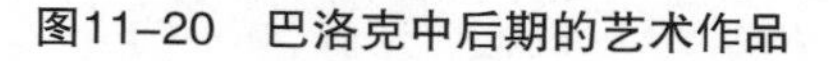

(1) 法国国王路易十四的肖像　　(2) 欧洲时尚的凡尔赛宫

图11-20　巴洛克中后期的艺术作品

图11-21　法国式男装

(1) 1694年着盛装的贵族

(2) 法国风时期的男装

(3) 法国男子

图11-22　17世纪有女性化倾向的男装

与长外衣配套的是称为维斯特（vest）的背心，也是收腰，后背开衩，前门襟与外衣相同，密缀纽扣。起初有长袖，后来演变成无袖的背心，衣身也变短。维斯特作为室内服使用，外出或出席正式晚会时，一定要在外面穿上鸠斯特科尔。由于鸠斯特科尔用料过于奢华，遭到政府禁止，人们就把华美的面料用在维斯特上。

第三件是裤子，有两种：一种称作莱因伯爵裤（rhingrave），又译为朗葛拉布。裤长及膝，外形像裙子，基本形制是宽松的半截裤，有的也做成裙子，腰部有碎褶；另一种叫克尤罗特，长度与鸠斯特科尔的下摆平齐，或略长于下摆，在膝下用缎带扎住，衣料与上衣相同，不饰刺绣。

这一时期的男装极重视细部的装饰，如在上衣门襟和扣眼处用金绠子装饰，天鹅绒或织锦面料上衣中的金银线刺绣，都十分华贵炫目。扣子用料有金、银、珠宝，成为纯粹的饰品。当金银丝织物被禁之后，缎带装饰盛行开来，成为服装的重要装饰之一。此外，在膝盖、鞋面处也常缀有缎制蝴蝶结，使男装在追求豪艳时有女性化倾向（图11-22）。

四、巴洛克时期的女服

女服中最突出的是改变了以前过度夸张的形式，摒弃了裙撑，腰线上移，有明显的收腰，把女性身材勾勒得平缓、柔和而自然。裙子常常套穿，一般套有三层，每层裙子色彩不同，用色彩纯度较高的轻薄面料制作，里层明艳，中层深暗，外层柔和，穿在身上既增加了女性的丰满也具有性感。这种搭配富有含蓄和变化，行走时，外裙从开口或裙边隐现出中层和里层的裙色，明暗对比，颇有挑逗性，成为巴洛克时期女服的典型服饰。到了后期，女装出现了臀垫和拖裙，袖子很短，长及肘部，呈很大的泡泡形（图11-23）。

五、妆饰与饰物

荷兰风格时期，男子盛行披肩长发，到法国风格时期，则盛行假发。假发有长有短，烫成卷形披在头的两侧。与男子假发相呼应的女子发型是高发髻，称作芳坦鸠（fantange），形式多样，有的为了强调高度，也使用了假发，还用亚麻布做成波浪

(1) 1640年女装

(2) 1685年法国女装

图11-23　巴洛克时期女装

图11-24　芳坦鸠高发髻

状的扇形扎在头上，或者用白色丽丝与缎带衬以金属丝高耸头顶。豪华的芳坦鸠头顶上还装有宝石、珍珠等饰物（图11-24、图11-25）。

女子在面部贴黑痣以增加容貌的魅力成为时尚，她们用薄绢或皮革剪成不同形状，染成红色或黑色，进行香化处理后贴在脸上的不同部位，以引起男子对自己容貌的注意。此风后来扩大到男子也采用，有的在面部贴有各种形状的面痣，如星形、月牙形、心形等。轮状皱领取消后，人们可以留长发或戴假发了，但领的前面却暴露在外，因此领部的装饰尤为重要，于是领巾开始流行。领巾有两种式样，一种叫克拉瓦特（cravatted），用细亚麻布、细棉布或丝绸做成，后来出现了刺绣花纹，从原来1米长增加到2米，以显示戴领巾者的地位、财富及品位；另一种叫斯坦科克（steinkerk），其区别在系法，克拉瓦特系法是将领巾折成一定宽度绕在颈上，在前面打一小结后两端自然下垂于胸前，斯坦科克则不打结，两端要么下垂，要么塞入上衣扣眼里固定。

图11-25　17世纪戴假发的法国男子

手臂裸露使长手套得到流行，长及肘部的手套成为女子重要的随身用品，此外还有皮手筒，用于冬天保暖。而花边扇、中国女用阳伞也是女子外出时不可少的饰品。尖头高跟鞋成为女子的宠物，鞋头向前弯曲，鞋舌高，扣带窄，扣结小，扣带上缀有珠宝，鞋面与饰物多用缎带、织锦、花布做成蝴蝶结状。男子鞋以长筒靴为主，靴口敞大，有的编有花边，或下翻，靴尾装有马刺，靴头有圆、有方，高舌，缀上鞋花，在勇猛中也流露些许女性的柔媚（图11-26）。

图11-26　男子手套

第三节　洛可可时期服装

经过启蒙运动和工业革命，西方社会开始了强烈变动，但在服饰上仍处于原有状况，只是将装扮的中心由17世纪的男装移到了18世纪的女装上，女装成为洛可可风格的代表，其中裙撑的再一次使用以及女子高发髻都是该风格的典型特征。

一、洛可可艺术及其服饰风格

洛可可（rococo）一词源于法语rocaille，原意为小石头、小沙砾，后在艺术上则指具有凸起的贝壳纹样曲线和莨菪叶形组合的纹饰装饰风格。作为一种艺术风格，洛可可强调了曲线和繁缛，这就打破了文艺复兴以来的对称模式和厚重风格，从繁缛的纹样中表现出流动和华丽。

洛可可服饰在巴洛克服饰的基础上发展了纤细轻巧的特点，使服饰更加向女性化方向发展，到18世纪中叶，洛可可服饰达到鼎盛，纤细与优美更加洗练，女装更加性感，裙撑又一次出现，胸部袒露，美肩外现，大量花边、缎带及人造花用作装饰。到洛可可末期，头饰更趋华丽，裙长缩短，前直后鼓。男子的背心前面出现精美的刺绣，假发更加精巧，帽边的波浪形曲线充满情趣。服装面料质地轻柔，图案小巧，鲜花、海草、贝壳及C型、S型、旋涡形曲线成为装饰图案的主题，色调淡雅明快。

图11-27　瓦托式罗布

二、女子服装

女装在洛可可时期成为风格的代表，洛可可风格中的纤柔、轻巧、性感、浮艳的特点与法国上流社会沙龙中女子的特点相契合，因此女装极强烈地表现出这一风貌。一般把1715~1789年这一时期称为洛可可时期，主要经历了三个阶段。

1. 洛可可初期

1715~1730年的15年间，服装从17世纪的巴洛克风格过渡，但仍残留着巴洛克的痕迹。贵妇人沉溺于享乐与放纵的生活中，参加各种室内舞会，以表现女性的性感来得到男子的青睐，于是出现了一种称为瓦托式罗布的流行服，也称罗布·吾奥朗特（robe volante）。衣的领口很大，背部为密密的箱形普利兹褶，又宽又长的拖裙曳地，款款走来，飘飘欲仙。这种长衣，有的整体宽松如袋状，有的前面紧身背后为拖地斗篷。上下前后形成强烈对比，突出女性的特征。加上花边饰带装饰，臀部突起，使着装者婀娜多姿，颇受贵妇们的喜爱（图11-27）。

2. 洛可可鼎盛期

接下来的40年，从1730~1770年，成为洛可可服装的黄金时期。最为突出的服装现象是巴洛克时期消失的裙撑又重新流行起来，名称变为帕尼埃（pannier），意为行李筐、背笼，取其形如马背上的背笼而命名。起初帕尼埃也是吊钟状，到1740年以后，逐渐变成前后扁平而左右加宽的椭圆形，像马背驮着的行李筐，故又称为驮篮式裙撑。两侧加宽，最大可达4米，于是带来许多社会问题，出入门时，只能横着走，上下马车必须改装，进剧场无

图11-28　洛可可鼎盛期的法国女装

(1) 穿着帕尼埃的女子

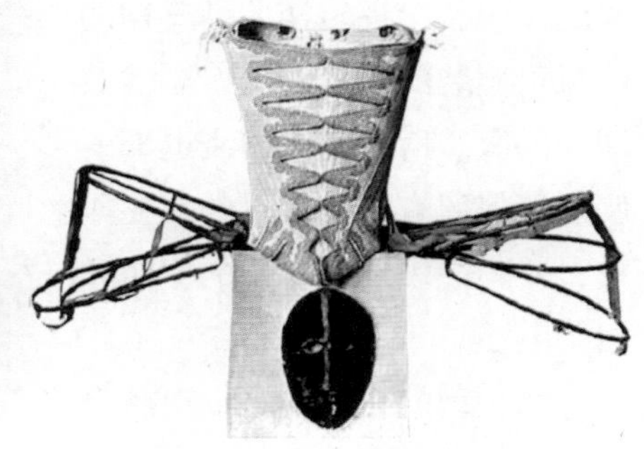

(2) 帕尼埃实物

图11-29　帕尼埃

法入座，在路上行走又影响交通。于是又出现了左右可以活动的分体式帕尼埃，穿时往左右腰上一系，好像挂着两个半圆形的灯笼。到1770年，又发明了可以折叠的帕尼埃，框架上装有合页，用布带连接，可以自由开合，向上提则收拢变窄，放下又变宽。这种灵活的帕尼埃一问世就成了贵妇们的新宠，但也预示了帕尼埃已达到顶峰，几年后也就消失殆尽了（图11-28、图11-29）。

帕尼埃外面先罩一条衬裙，再穿一件罗布，罗布一般前开衩，上面露出倒三角形的胸衣，下面呈A形张开，露出衬裙。全身装饰了各种曲曲弯弯的皱褶飞边、蕾丝、缎带蝴蝶结、鲜花或人造花，被人称作“行走的花园”（图11-30）。

和裙撑配套的仍然是紧身胸衣，这时称为苛尔·巴莱耐（corps baleine），胸衣用鲸须制作，先根据体形弯制鲸须，衬入衣身内，乳房上部横嵌一根，背后则是竖嵌一排，使背部挺直。胸衣在背后系扎，勒紧腰部以使胸部突出显得丰满（图11-31）。

图11-30　穿着帕尼埃的妇女形象

(1) 穿着紧身胸衣的少女

(2) 紧身胸衣和裙撑实物

图11-31　洛可可时期的紧身胸衣

3. 洛可可末期

自1770年后，近20年间，洛可可风逐渐削减，新古典主义兴起，服装出现转换。鼎盛期的洛可可服装的畸形发展，必然被新兴的服装所代替，但衰退期的服装还保留有洛可可风的明显印痕，并集中表现在女装的罗布和裙子上。

当大型的帕尼埃之潮退减之后，崭新的波兰式罗布（robe à la polonaise）问世了。1776年受波兰式长袍的影响，法国人设计了这款罗布，由双层呢和两根细绳组成，使着衣者感到颀长。裙子在后面分成两片向上提起，形成三个膨起的圆和下边的弧线，提起的细绳安装在腰后的扣子上，经裙摆向上束起，也有用带环来处理的。这样裙子的体积变小，裙长缩短而不减贵妇人的雍容华贵，行动颇为方便，一时流行于中层以至下层妇女之间。之后又出现由3根细绳捆束的罗布，称为切尔卡西亚式罗布。还有英国式罗布（robe à la circassienne），去掉帕尼埃，腰身下移，靠褶裥将裙子撑开，更加简洁、质朴，体现出英国自然主义倾向（图11-32）。

1780年，累赘的帕尼埃终于消失了，但紧身胸衣还在流行，代替帕尼埃的是托尔纽尔（tournure 英语为busk），这是一种臀垫，目的是让女性的后臀部显得突出，故法国的这种流行时尚被其他国家称为“巴黎臀”。裙撑的第二次高潮到此进入尾声（图11-33）。

三、男子服装

洛可可时期的男装大致可分成两个阶段，1750年前，服装呈女性化的繁缛，1750年后趋向简洁和流畅。

18世纪初，鸠斯特科尔改称为阿比（habit à la francaise），基本造型不变，收腰，下摆外张并呈波浪状，衣摆里衬以硬质材料以使臀部外张，小立领或无领，前襟缀有排扣，扣子上嵌入各种图案，装饰性更强，所以宝石扣最受欢迎。口袋位置上下变动，高时升到腰际，低时移向下摆。十余年后，阿比变得朴素，色调不再艳丽，在浅色柔和的缎面上再没有金绠子装饰。装饰的重点转移到穿在里面的背心贝斯特上。贝斯特用织锦、丝绸或毛织物作面料，以金线或金绠子刺绣，衣长比阿比短2英寸左右，除无袖外，造型与阿比相同。下衣克尤罗特采用斜丝裁剪，紧身

图11-32　波兰式罗布

图11-33　洛可可末期的臀垫装束

合体，长度过膝，包裹腿部显现肌肉轮廓成为时尚。膝下着长筒袜，以白色为主。长外衣，背心和紧身裤成为男子的典型套装，加上假发或三角帽，就是洛可可时期的男子典型形象（图11-34、图11-35）。

图11-34　18世纪西方男子的服饰开始在外套出现装饰华丽的口袋

到18世纪中叶，英国产业革命使许多人进入工厂，工作的要求使他们的服装趋向简洁、实用，这带来了男装的变革。1760年，男子上衣腰身放宽，下摆减短，向实用性发展。英国出现的这种上衣被称为夫拉克（frock），其特点在于门襟自腰围线开始斜向后下方，是下一时代燕尾服的先声，现代晨礼服的始祖。有立领、翻领，后开衩，袖窿处有公主线，袖子由两片构成，长及腕。袖口露出衬衣的褶饰，原来的克夫没有了，保留了固定克夫的纽扣作装饰，现在男西服袖口上的纽扣就是当时这一服饰的痕迹。在法国则出现了新型外套，称为鲁丹郭特（redingote），它源自英国的骑马用大衣，造型类似阿比，有两层或三层衣领，后背中心至腰线以下开衩，袖管笔直，下摆至膝，有亚麻布等作衬里。这种骑装外衣到路易十六时逐渐变得细小优雅，19世纪时，成为礼服（图11-36、图11-37）。

此外，男子服装中的背心也出现变化，前衣片面料华丽，后衣片因穿时不能看到，改用廉价的面料制成。这种背心叫做基莱（gilet），是现代西式背心的前身。到18世纪后期，背心缩短到臀围线位置，最后缩至腰际，成为正式无袖西服背心。1770年以后，英国出现礼服大衣，一问世便成为时尚。这种大衣源于英国一名外交家兼作家，常在公共场合穿用，所以以他的名字命名为切斯特菲尔德礼服大衣（dress chesterfield）。大衣有天鹅绒软领，单排或双排暗纽，驳领，有腰身，衣料多用黑色或藏青色，整体上给人庄重与高雅的感觉。与之并行的男子长大衣有卡里克（carrick），也是礼服，大翻领，下有多层重叠的装饰披肩

图11-35　洛可可时期的男装

图11-36　1762~1766年的法国男子装束

图11-37　洛可可末期的男子装束

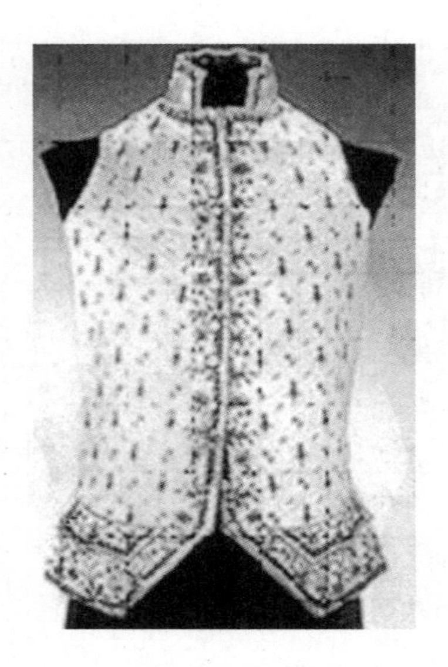

图11–38　洛可可风格的基莱

图11–39　1747年英国制作的外套

图11–40　18世纪中后期流行于欧洲的花卉与中国花瓶纹印花织物纹样

（图11–38、图11–39）。

四、妆饰与饰物

服装面料上的图案在16~18世纪出现革命性的变化，由原来的织花变成印花，特别在1785年苏格兰人T·贝尔发明了滚筒印花以后，印花面料的生产效率迅速提高。英国从17世纪就开始模仿印度的棉布印花，法国则利用印刷技术复制印花图案再重新加工设计。英法印花图案的题材主要是花卉，如印度花草、生命树，此外也有佩兹利纹样，这是一种以印度芒果为主题绘制成的具波斯风格的图案，因于18世纪初传入苏格兰的佩兹利（paisley）镇后流行于英国而得名，后常用于领带、领巾上。还有一些法国风景图案，希腊莨菪卷草纹、阿拉伯纹等图案。18世纪后期，法国出现铜板印花技术，把中国、日本式样的写实花鸟、庭院风景、故事情节绘成图案印制在织物上，颇受大众青睐（图11–40）。

男子假发在18世纪进入了全盛期，被称为“假发时代”。假发形式也标新立异，有庞大得要用支架支撑的，有对开式卷曲披肩的，有装饰黑带用蝴蝶结系扎的，有编了辫子再系上黑缎带的。造型有的像刺猬、有的像猪尾、有的像花椰菜、有的像阶梯，五花八门，令人叹为观止（图11–41、图11–42）。

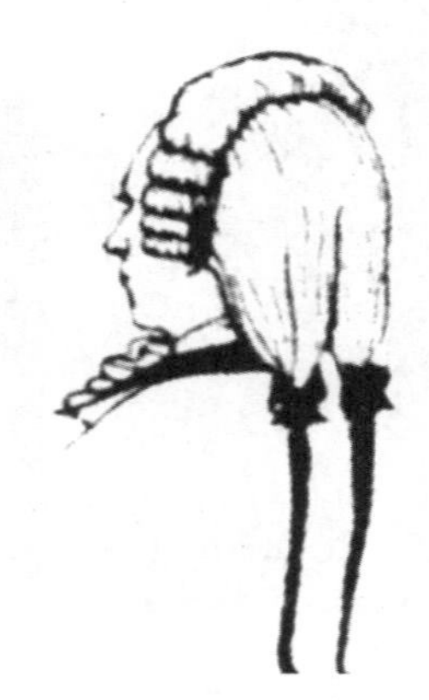

图11–41　男子假发

图11-42　18世纪80年代的各种帽饰

到18世纪60年代后半期，女子盛行高发髻，其盛状可谓空前绝后。高发髻最高的可达3英尺左右。在高耸的发髻上，还要装饰各种饰物，做成模型，如山水庭院的盆景、农夫牧人、森林、牛羊、马车、战舰等。以至出现一句流行语说："法国海军的最佳战舰在玛丽·昂特瓦耐特王妃的头饰上"。高发髻带来的社会问题如同宽大裙撑一样，引起人们的重视，如舞厅的串灯要升高，教堂的入口屋顶要升高，妇女为保持高发髻不受损坏，长期不能躺在床上睡觉，精神萎靡，发髻不能常常洗梳，虱子满头，影响健康，所以高发髻违反自然的怪异行为，如昙花一现，不久便凋谢（图11-43、图11-44）。

香水成为时尚，法国巴黎最先开设了香水店，使巴黎在宫廷的倡导下成为香水之都。

扣子也得到青睐，各种纹样和图像在小小的纽扣上被精致地刻画出来，缝缀在外衣上，一排排地看上去精美异常，如同微型的艺术展览。男子的胸前也有饰物，用花边或轻薄织物制成，有波状褶边，有固定式和分离式两种，在流行的高潮期取代了领巾的地位。在领部有叫做索立台儿（solitaire）的黑色缎带，配扎浅色蝴蝶结来固定衬衫领口。

图11-43　18世纪70年代女性出现夸张的高发髻

图11-44　1788年女子高发髻的造型

本章综评

近代前期的服装，跨越了3个世纪，历经文艺复兴、巴洛克和洛可可三大艺术风潮的淘洗，摆脱了中世纪服装的宗教意识和沉闷刻板的形式，复兴了人性和自然，并进一步发展到将服装与人结合成完整的艺术体的境界。

文艺复兴时期的服装，曾以夸张而膨胀的外观来表现人性的复苏，强调了男女性别的形式美。填充和撑大的衣裙在艺术化的对比中传达出人们对禁欲主义的反叛心理。巴洛克服装进一步突出人的感官效果，将服装在引入现实的自由生活的同时，从豪华浮夸中流露出性感，过多的雕饰又导致服装的怪异，男子的阳刚之美用另一种形式表现出来。至洛可可时期，女性特征的服装大为盛行，曲线精致的饰纹造成这一时期的纤弱之气，性感更为突出。袒胸与撑裙再次证明了现世的享乐主义和情欲泛滥。直到工业革命产生巨大影响后，贵族式的闲适趣味才得以改变，男子的地位出现提升，服装中的女性倾向被清洗淘汰，质朴、庄重、威严回复到男装之中。

近代前期社会在文化、政治、科技、经济等诸方面发生了深刻的变化，人类的思想和生活也有了天翻地覆的改变，服装的变化速度也迅速提高，人们的审美观在曲折波动的社会思潮的推动下，一步步迈进了与现代人相近似的领域。贵族气派的奢华在工业革命和资产阶级革命的机器与枪炮轰隆声中销声匿迹，服装将在新世纪的生活中展现其新的社会功能。

思考题

1. 名词解释：切口装饰，拉夫领，裙撑，巴洛克，洛可可，鸠斯特科尔，芳坦鸠，帕尼埃。
2. 文艺复兴对服装产生了怎样的影响？具体表现在哪些地方？
3. 为完成服装外观理想形态的塑造，16世纪出现了哪些工艺技术与表现手法？
4. 简述巴洛克艺术及其服饰风格。为什么17世纪法国能成为世界时尚中心？
5. 洛可可艺术对女服产生了怎样的影响？并简述洛可可服饰发展阶段及其样式特征。
6. 比较分析洛可可服装与巴洛克服装的异同，并根据它们各自的特点进行模拟服装设计。

近代后期服装

课题名称： 近代后期服装

课题内容： 工业革命及其对服装的影响

男装的嬗变

女装的流行

时装设计师

课题时间： 4课时

训练目的： 通过本章学习，学生应认识到社会变革与工业革命对西方服装产生的影响，掌握这一时期男、女装发展的不同特点，时装设计师的出现及其影响。

教学要求： 1. 了解工业革命对服装产业带来的新变化。

2. 把握西方男装现代化进程的成因及其特点。

3. 认清19世纪女装流行的本质。

4. 全面理解设计师的出现及其对现代服装发展的重要意义。

第十二章　近代后期服装

——嬗变与流行

（公元18世纪末~公元19世纪）

本章导语

18世纪末期政治、科技和经济的深刻变化，改变了欧洲的社会结构，人们的思想意识和生活方式也发生了巨大改变，文化艺术出现了新的流派，不同程度地影响着服装的变革。19世纪以来，先后出现过新古典主义、浪漫主义、现实主义、工艺美术运动和新艺术运动。它们从不同角度抒发了人们的审美情趣和对生活的理解，在继承古典文化和发展新的文化中起到了积极的作用。如新古典主义崇尚古希腊的健康和自然，以简朴为美；浪漫主义憧憬诗的境界，主观情绪和伤感情调成为主题，在服装中都有所表现。19世纪中期至末期，英国出现的“工艺美术运动”，强调艺术的效果，以装饰性极强的曲线纹样为形式主题，在服装上则出现了S型造型，对女装影响尤为明显。

19世纪处于社会大变革时期。随着社会的变革，男子的地位和作用也被确立，使男子的服装彻底摆脱了过去的传统样式，发生了根本的变化。男装更加趋于简洁，富于功能性，表现出男性的气质特征，确立了男子在现代社会的基本形象，男装完成了向现代形态转化的过程。女装则继续朝着装饰的方向发展，受政治、时尚、艺术思潮的影响，女性服饰呈现出华丽、矫饰和优雅的形态，服装风格变化多样，流行周期加快，模仿时尚成为当时女子服装的重要特点。

19世纪西方服装所产生的重大变化都与当时的工业革命和市场经济有着密切的联系，其中最突出的是机械代替手工，批量生产的观念形成，服装消费模式上的不同层次逐渐分明。在此基础上成衣的概念应运而生。另一方面，这种现象也直接影响了服装流行的速度与普及程度，并出现了高级时装店与服装设计师，这种产销模式对20世纪服装发展具有重大意义。

第一节　工业革命及其对服装的影响

两次工业革命对西方服装的发展带来深刻影响及变化，直接影响表现在诸如缝纫机、服装设备、染料、面料等科学技术对服装所带来的变化，而间接影响主要是产业革命改变了人们的生活方式和思想观念，从而也影响了人们的衣生活。

一、18~19世纪的工业革命

欧洲工业革命最早要追溯到18世纪60年代的英国。棉纺织业、采煤业、冶金业和交通运输业先后发明和使用了机器，工业生产逐渐由手工操作过渡到机器生产，生产力大幅提高，生产关系出现巨大变革。

1765年，英国首先在棉纺织业使用新发明的“珍妮纺纱机”，引发了一系列的技术革新和机器发明，工业革命从此开

图12-1　蒸汽机车模型

始。1785年，英国人卡特·莱特发明了水力织布机，进一步推动了纺织业的发展。同年，瓦特的蒸汽机问世，国内各种以蒸汽为动力的工厂迅速建起。几十年间，英国的大机器生产几乎全部取代了工场手工业。到19世纪上半叶，机器制造业也建立起来，以生产各种机器来满足各行各业的需要。至此，第一次工业革命基本完成。1870年以后，科学技术迅猛发展，各种新技术新发明应用于工业生产，第二次工业革命开始了。第二次工业革命以电力的广泛应用为标志，生产力迅速发展，加上内燃机的发明与使用，电报、电话的相继问世，信息传递时间缩短，远距离的人们之间交往频繁，科学、经济、文化的交流迅速扩大了范围，人类迈进了一个飞速发展的时代（图12-1）。

二、工业革命对服装的影响

工业革命过程中出现的机器生产对服装的直接影响最为明显。化学染料的发明、人造纤维的诞生、缝纫机的创制都深远的影响着人类服装的质量和美观。其中缝纫机的发明在服装制造史上具有划时代的意义。

1790年英国的托马斯·塞因特（Thomas Saint）发明了最原始的缝纫机，但只能缝制皮革而不被重视。1804年出现了让针上下锁缝的缝纫机；1814年奥地利的佩尔盖尔（Perger）进一步实现了缝纫机械化；1818年英国的多基（Dodge）设想出可以回针的手摇式缝纫机，但未完成样机；1825年法国人希莫尼（Thimonhier）用木料制成可移动的链式线迹缝纫机，获得专利。后因服装公司装备了他的机器导致许多工人失业，机器被毁。1834年美国人沃尔塔·汉特（Wolter Hant）发明了上下两根线的链式平缝机，为缝纫机发明史带来革命性的变化。1844年，奥兰·B. 威尔逊（Alam B. Wilson）发明了回转凸轮结扣式缝纫机，并大量生产，投向社会。1851年胜家（Singer）又做了改良，并成立了胜家缝纫公司，大量生产新的缝纫机，一时世界缝纫机总产量的2/3都是胜家所产。1856年，出现了生铁机架、脚踏传动皮带转动机头的新型缝纫机。在德国，1862年出现工业缝纫机，1871年由凯译发明了Z形线迹的缝纫机。至此，缝纫机的结构基本定型。缝纫机的发明极大地促进了服装的生产，为后来的服装生产业开辟了道路（图12-2、图12-3）。

工业革命给纤维工业也带来了划时代的飞跃，使衣料供给向前跃进一大步：1884年法国人查尔东耐（Chardonnet）成功地使人造纤维工业化；1890年法国人迪斯派西斯（Despeissis）发明了铜氨人造丝；1892年英国人克罗斯（Cross）和比万（Bevan）发明了黏胶人造丝，1894年他们又发明了醋酯纤维；1938年美国杜邦公司第一个用人工的方式合成了纤维，即尼龙（nylon）。

工业革命也引发了服装和销售的良性循环，机器在服装业的普遍使用需要服装的规格化、标

(1)1790 年英国人托玛斯•塞因特发明的缝纫机

(2)1851 年美国人胜家发明的第一台电动缝纫机

图12–2　工业革命时期发明的缝纫机

图12–3　工业革命时期的纺织工厂

准化支持，才能保证批量生产，于是出现了裁衣的样板。1863年美国的巴塔利克（Butterick）开始设计并出售服装纸样，促进了成衣标准化的生产。量体裁衣逐渐让位于标准化服装裁剪，人们的着衣观念又一次受到挑战，人衣之间出现互相作用的现象。“衣服从属于人”的传统观开始动摇，在一定情况下，人得迁就衣的形式。批量生产的服装只有很快推向市场，引来众多消费者，才能保证生产线的不断运行。

成衣的概念应运而生，并逐渐成为大众消费模式的主流，影响至今。

第二节　男装的嬗变

19世纪的社会大变革进一步将男子推向了社会前沿，男子广泛参加工业活动和商业活动，其活动场所发生了质的变化，因此对服装的要求也相应发生变化。人们开始追求服装的合理性，强调其功能，以适应社会活动的需要。到19世纪中叶，男装基本完成了具有现代形态的变革。从18世纪下半叶开始，到19世纪中叶，在长达百余年的服装嬗变中，男子终于找到了最能表现自己本质和社会地位的服饰形象，方正庄严、威武挺拔、坚定稳重，成为19世纪男装的典型风格，影响至今。

一、现代形态的组合套装

西方男子的组合套装主要以上衣、背心和裤子构成，也包括衬衫和领带。作为现代意义的男装。从发展历程上来看，大体经历了四个阶段。

1. 现代形态的雏形期

这一时期可以划至1825年，政治上经历了法国大革命与王朝复辟，艺术上则出现了新古典主义。法国大革命废止了过去衣服强制法，推行服装的民主化，黑色服装从以前的卑劣地位上升为礼仪场合的正式服色，并迅速流行，具有权威地位（图12–4）。

大革命冲击了贵族那种装饰过度的繁冗的服装，平民阶层的服装成为时尚。雅各宾派革命者的服装最具代表性，上衣称为卡尔玛尼奥尔（carmagnole），本来是意大利工人的夹克装，因工人们到法国工作而被带到法国，又在革命中由马赛义勇军带到巴黎。夹克的驳头很宽，挖兜，有金属或骨制的纽扣。裤子叫庞塔龙（pantaloon），直筒长裤，裤脚肥大，腰、臀部较宽松，

图12–4　1790年法国大革命期间的服装

图12–5　庞塔龙

常用红、蓝、白三色条纹毛织物裁制，以象征革命。革命党人在裤子上的解放，被以前只穿半截裤的没落贵族蔑称为长裤汉党（sansculotte）。革命党人的这种装束很快在当时的革命市民中流行开来，成为对旧式服装反叛的先驱（图12–5、图12–6）。

夫拉克装这时也开始流行，并传到美国。夫拉克早在18世纪下半叶就曾出现过，经过数十年的演变，又出现新的样式。前襟从高腰身处斜着向后裁下来，衣长已短至膝部，后片有箱形普利兹褶和开衩，在开衩的上端缀有二枚装饰性纽扣。竖领，扣子一直扣至颈部，但穿时或不扣或只扣两粒。敞开衣襟时露出里面的基莱，双排扣基莱的翻领翻出来重叠在外衣领上。基莱多用条纹面料制作，这种明快的色调成为套装中重要的装饰，在朴素色调的夫拉克和单色的庞塔龙服装组合中增添了一点活力（图12–7、图12–8）。

2. 现代形态的成长期

1825~1850年，政治上出现过几次风暴，革命斗争相当激烈，社会处于风云变幻的历史时期。人们的服装出现新的变化，男装受女装的影响，出现了收细腰身，耸起肩部的造型，三件套的套装向修长风格发展。

夫拉克的驳头翻折下延到腰际，前襟敞开不扣，露出基莱。衣后的燕尾长短不一，或至膝窝，或至膝上。肩部加垫肩，袖山膨起，加上收腰，使着衣者上身呈倒三角形造型。庞塔龙变得紧身以与上衣协调，表现出修长而优雅的情调。在浪漫思潮和女性审美观的影响下，套装色调也出现亮色。时尚男子选用淡色的开

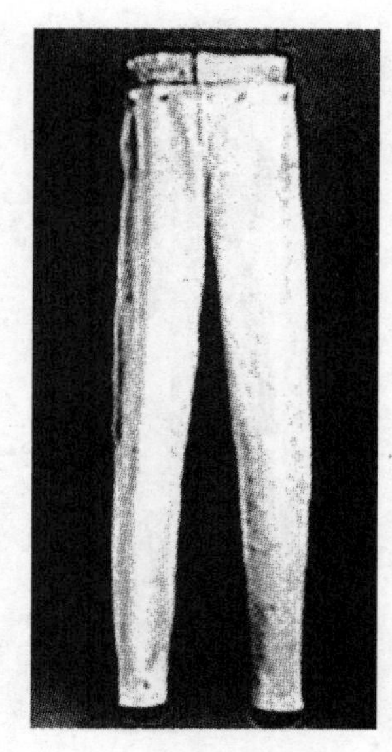

图12–6　最早的长裤样式

图12-7　1802年的男装

图12-8　装饰华丽的基莱

司米或条纹织物做庞塔龙，甚至用白色针织物做成十分紧身的弹性长裤，加上裤脚在脚底带蹬，形同后来的踩脚裤。基莱原来就具明亮色调，此时更趋浅亮与华美。白色、绿色、青色和茶色也成为青年喜好之色，丝绸或天鹅绒的面料上排列金色的扣子，极具浪漫情调。基莱是这一时期表现时髦的典型服装，变化最快，据说巴黎的基莱在8个月内变化过5次，主要表现在用料和扣子上。开司米面料以及金色线刺绣的淡色缎面也成为基莱衣料，风行社交场合。19世纪40年代中期，夫拉克的高领变成翻驳领，和现在西服领相同，庞塔龙有宽裤腿和锥形裤两种，多用条格纹毛料制作。1848年"二月革命"后，出现了无尾短夹克，是今天西服上衣的前身，夫拉克退而成为礼服，不再以常服穿着（图12-9）。

3. 现代形态的确立期

1851~1870年的20年间，男子三件套的套装最终得以确立。

三件套装的确立标志有两点：一是用同色、同质面料制作；二是形成按用途穿相应套装的习惯，即分社交场合和穿衣时间来选择套装，成为一种礼仪习惯和着装规则。上衣变化最多，分化出礼服和便服两类。礼服中又分早、中、晚三大礼服，风格迥异，用途各不相同，组合时也有其礼仪上的要求。

晨礼服（morning coat），这是起源于骑马服的常服，前身在腰际用扣子扣住后，由所扣之处开始斜裁至下摆。腰部有直横切断的接缝，口袋和腰部的位置有高有低，随时尚而变。后片开衩

(1) 筒帽，克拉夫

(2) 着竖领衬衣的男子

(3)1820~1830 年的各种男装

图12-9　19世纪20~50年代的男装

至腰部，顶端配两枚纽扣作装饰。衣长至膝，袖口也有四枚装饰扣（图12-10）。

晚礼服（evening dress coat），又称燕尾服（swallow tailed coat），为男子在晚间参加聚会或去剧场看戏的最正式的礼服，造型的显著特点在后片和驳头。后片分成两条，形同燕尾，衣长至膝；驳头尖角向上，称为戗驳头（peaked lapel）。前衣片短至腰际，双排扣共六枚（图12-11）。

大礼服（frock coat），又译为福乐克外衣，是男子参加商业活动时穿的礼服。衣长过膝，戗驳领，双排扣4~6枚。前门襟为直摆。这种大礼服曾被维多利亚女王的丈夫普林卡·艾伯特访美时穿着，被美国人称作普林卡·艾伯特大衣（Prince Albert coat）。后来，这种白天的常服变成男子昼间正式礼服。

便服一类以维斯顿（veston）为代表，英国称作休闲夹克（lounging jacket），即我国所称的“西服”。造型有的剪掉燕尾服的下摆，腰部无接缝，衣长至臀部，平驳头，单排或双排扣。穿着时显得宽松自如，深受下层男子欢迎，成为外出工作活动的便装（图12-12、图12-13）。

和上衣配套的基莱形式很多，都在领子和纽扣上进行变化，或无领，或有领；V形领、翻领都有，面料和上衣相同，也有改用豪华面料的。1855年后，基莱上华丽的刺绣被格纹或条纹面料所取代。

衬衣也从1840年前后开始流行无装饰的实用而简练的造型。高高竖起的领子翻折下来，变成领尖折下来的立领，或是可以摘下的类似于今天衬衫的翻领，形成了现在衬衫领的造型特点。

图12-10　男式晨礼服

图12-11　男子晚礼服

图12-12　男子外套

图12-13　男子休闲装

庞塔龙变成和现在男裤相同的筒裤，长及鞋面，侧边有条状装饰，与晚礼服搭配的裤子侧缝上用同色缎带装饰。

4. 现代形态的稳定期

1870年~19世纪末可视为男装确定了现代形态之后的稳定期。这一时期政治上经过巴黎公社革命，法国成立共和国，艺术上出现了印象主义思潮，与工业、科技的发展相呼应。

男装在这一时期处于稳定，并一直延续到20世纪。套装的变化也只在细节部分，或是面料的更新。基莱不再是装饰的重点，人们的注意力转移到上衣和裤子的质地和颜色上，并以同色同质为美（图12-14）。

套装变化细微的时期，出现了衬衣的重大变革，很快形成现代型的衬衣。衬衣领为有领座的翻领，袖口有浆硬的克夫形式。后来又出现硬立领，在领前有小折角。衬衣用料也十分考究，日常用的衬衣用淡雅的素色或蓝色条纹、粉色，也有用淡淡的印花织物为面料。正装用的衬衣则为亚麻布或高质量的凸纹棉布。领口都系上领带或蝴蝶结（图12-15）。

二、大衣与其他服装

1. 大衣

19世纪初流行18世纪就出现的大衣卡里克（carrick），其源于英国男子乘坐敞篷马车时的着装，在肩部有几层披肩，衣长至踝。但从原来的直线装饰修改为飘动的曲弧线，披肩下线提高，不再齐肘而缩至肩下。到19世纪下半叶，流行带兜帽的大衣伯纳斯（burnous）。先在妇女中流行，后也受男子喜爱而穿用。一般为长方形在背部收褶，上面连有头巾或兜帽。伯纳斯原为阿拉伯人防热防沙的外衣，相传是欧仁妮皇后访埃及归国后穿过，引起人们模仿而流传。还有一种称为拉格伦·科特（raglan coat）的插肩袖大衣，此衣袖窿宽大，袖缝直至领部，便于穿脱。这种大衣源于英军统帅拉格伦的设计，适用于伤员的穿脱，颇受欢迎，后应用于民间的家常大衣和雨衣的造型设计上。在稳定期又出现了带披肩的长袖大衣因费内斯（inverness cape），披肩可以脱卸，领口合贴，从肩往下展宽，多采用格纹布料制作，深受男子欢迎，其源于苏格兰北部的因弗内斯的长披风（图12-16）。

图12-14　各式男子套装

图12-15　灰外套与领饰

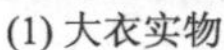

(1) 大衣实物

(2) 拉格伦大衣

(3) 卡里克大衣

(4) 男子因费内斯大衣

图12-16　19世纪西方流行的男士大衣

19世纪80年代的诺福克夹克（norfolk jacket）是下半个世纪休闲装的代表服装。其衣长齐臀，有腰带，单排纽扣，前后衣片从肩部到衣摆打有盒状褶，大补丁口袋。这种夹克多为男子运动或旅游时穿用。

2. 其他服装

1827年，时髦的纨绔子弟中出现了一种时尚装束称作普多尔（poodle）。普多尔本意为卷毛狮子狗，时尚青年把发型烫成卷毛狗的形状，故名。他们服装怪异，高高的夫拉克领，细腰身，窄袖，条纹衬衫，一条腰部打有大量碎褶的白色裤子，裤筒肥大无比。他们以怪异的装扮、邋遢的外表表达对时代的叛逆，可说是18世纪末花花公子装扮的继续。

三、妆饰与饰物

19世纪初，受工业革命的影响，男子流行高筒形帽。据说高筒帽是工厂高耸云烟的烟囱的反映，与三件套装构成礼仪不可少的服饰。此外有一种称作德比帽（derby hat），圆顶窄边，本为赛马者所戴，后被男女模仿而广为流行（图12-17、

图12-17　各式帽子

图12–18　德比帽

图12–18）。

男子领部是西方服装极为重视的装饰部位。早在17世纪就出现过领带功能的克拉瓦特和斯坦科克，到18世纪演变成索立台儿蝴蝶结，从此带状和结状的领口饰物并行不悖，功能上起到固定领口作用，造型上起到装饰作用。19世纪初，克拉瓦特流行小型的款式，显得精致而简洁。到了成长期，则强调了系结的方式变化，翻新出32种系法。常见的有拜伦式、爱尔兰式、东方式和简洁式（图12–19）。

克拉瓦特的用料有的是丝绸，有的为浆过的印度细棉布，名称也发生变化，围在衬衫领口前面覆盖面较大的薄质布条称作斯卡夫（scarf），即围巾，较小型的称作耐克塔依（necktie），即领带。至此领带从围巾中分化出来，到1890年，演变成现在的样式，称为夫奥·因·汉德（four in hand），意为四个步骤完成系带，因此也译作四步结领带。这是一种中央部分有些变细的长领带，一般为斜裁，内夹衬布，系于领片下，在喉部以四个步骤

图12–19　各式领结

图12–20　留胡须的男子

打出一个活结，两端互叠垂挂至腰部。之后领带形制一直保留至今，只在系法上略有变化。此外还有温莎领带，与翼形领衬衫和礼服外套配用。其为英国温莎公爵所创，较四步活结领带的结法，外形上大而宽。

男子的胡须成为装饰重点，因服装趋向朴素，为了引起人们的注目，男子注意强调胡须的造型，因此19世纪流行蓄胡。络腮胡、颊须、上唇胡都有不同形状。假发不再流行，只在法官出庭时象征权威时戴用，发型多为卷发或后梳平整的短发（图12–20）。

手杖是男子外出时最常见的随手携带物，以显示高雅的地位。从16世纪一直流行至今。手杖的柄上有金属、象牙、宝石等镶嵌，或用皮革包裹，杖身常用藤、竹和樱、栲木等制成，取其结实而又具柔性（图12–21）。

鞋子的形制发生变化，长筒靴不再时髦，皮鞋多以低帮为主。鞋面不再有别的饰物，而采用不用颜色的皮革拼接，又以变化系带的穿孔形式来达到装饰效果。1822年，美国成功生产了漆皮鞋面材料，1836年又发明了平纹、斜纹棉布加涂树胶涂层技术，为制鞋业带来了革命性变化，真皮面料的皮鞋受到挑战，新材料制作的新款皮鞋受到人们的青睐。防水和胶雨靴面世，物美、价廉、质佳的雨靴逐渐代替了昂贵而笨重的旧式皮靴（图12–22）。

图12–21　持手杖的男子（1820年）

第三节　女装的流行

19世纪每个历史时期的社会变革和艺术思潮都给女装带来明显的变化，但是这种变化只是重现过去曾经出现过的样式，所以服装史上把19世纪称为流行的世纪或称样式模仿的世纪，其发展过程可分为六个时期。

一、18世纪末~1804年

新古典主义是以法国为源头的欧洲艺术领域出现的一股新的思潮和风格，与古希腊、古罗马的古典主义相对应。这一思潮早在18世纪初就出现了，尤其在意大利的庞贝古城被发掘后，人们的古典主义情结再次激发，憧憬着古典主义的艺术情调，将古典艺术的精华和新的审美观融合一起，创造出新古典主义风格，一时风靡西欧。

新古典主义反对巴洛克和洛可可的过度的装饰，追求古典的宁静和自然，又注入了考古式的精确形式，创造了一种充满理性又优雅古朴的美。在建筑、绘画上都产生了不少优秀的艺术作品，如法国巴黎的凯旋门、巴德兰教堂，法国画家安格尔的《泉》等，都是新古典主义的典范。对女性人体美的歌颂意识影响到服装中的女性服饰。古希腊的长内衣、长外衣、无袖短外衣形式成为女性表现形体美的最佳选择，工业革命产生的轻薄衣料更完美地实现了这一理想。

这一时期的代表服装是修米兹连衣裙（chemise dress），用白色细棉布制成，形式宽松，有衬裙。这种连衣裙和中世纪的内

图12–22　着时髦卷边靴的男子

衣相似，作为外衣穿出，其简练的造型和朴素衣料和洛可可风格形成极大的反差。在新古典主义思潮的推动下，女性对自己身体美有了新认识，以淡雅来表现其迷人的身姿，引起男子的注意，也不乏挑逗与色情的含义。女子穿上薄薄的修米兹，有时不系腰带，不穿胸衣。过于单薄的修米兹引来了流行感冒和肺结核病，人们不得不系上腰带，加上胸衣或加一层兼做乳罩的护胸层，腰际线则提高到乳房下部，裙长曳地，优雅的褶线柔和地勾勒出女性的美。裙子越来越长以致行走不便，不得不用纤手提起裙摆，款款而行，进而形成一种时髦姿势。长裙的时髦又出现了以裙绕缠于身上，或搭于左臂，跳舞时则搭在男子肩上的形式。这正是古希腊的希玛纯和19世纪的时尚结合的典型，集中地传达出新古典主义的审美理念（图12-23）。

(1) 宫廷礼服

(2) 1802年舞会装

(3) 穿着深灰色裙子的时尚女性

(4) 系白色腰带，穿银色刺绣的草莓色丝绸衣服的女性

(5) 穿阿尔及利亚羊毛短上衣，手提篮子形手袋的时尚女性

(6) 1819年舞会服

图12-23　新古典主义时期女性着装

二、1804~1825年

从19世纪初的拿破仑第一帝政时代开始，十年间女装仍受新古典主义思潮影响，日益变化，出现了所谓帝政样式（empire style）。高腰身以突出胸高，细长裙子上白兰瓜形的短帕夫袖，方形领口很低很大，展现女性迷人的胸脯。裙长不再曳地，下摆变宽，加有飞边、蕾丝的缘饰。沿领窝有领饰，用细棉布涂上糨糊做成的细褶，重叠两至三层，称作苛尔莱特（collerette）。衣服的重叠穿法似乎是一种新的时尚，裙子流行两种颜色的重叠穿用，在朴素的修米兹连衣裙上罩一条颜色和质地不同的罩裙，分长短两种。长裙的前面空着，可露出修米兹裙；短裙及膝，从下面露出修米兹裙。

披巾（shawl）译音为肖尔，是帝政样式上不可缺少的装饰物，其材料有开司米、薄毛织物、白色丝绸或薄地织金绵等。据说约瑟芬皇后有三四百条价值1.5万~2万法郎的高级披巾（图12–24）。

三、1825~1850年

继新古典主义思潮之后，法国在动荡的革命风云中又产生了浪漫主义艺术思潮，其中绚丽的想象、夸张的形象和奔放的语言是最为显著的特点。

浪漫主义反对新古典主义的法则，追求幻想，在服装上力图创造风韵独具而又柔情万种的风格。精致而不奢华，夸张而不怪异，奔放而不扭捏，成为浪漫主义时期服装的特点。更为突出的是服装造型和人们的举止态度结合起来，一颦一笑，一举一动都强调修养和风度，以突出女性的娇态和婀娜。

浪漫主义时期女装的造型特征是腰线下降回到自然的位置，紧身胸衣重新出现，裙摆扩大，裙长下移，裙子的体积不断增大，衬裙数量常达五六层之多。后来又出现裙撑，使裙子向外扩张成了名副其实的X型。领口多样，但多是旧式的重复，如拉夫领，披肩领，在低领口上常加有很大的翻领或重叠数层的蕾丝边饰。为了使腰显得更细，袖子变

(1) 身着羊绒骑装的女性

(2) 19世纪风行的披肩式长围巾

(3) 1815年开司米女装

(4) 1822年冬装

图12–24　拿破仑第一帝政时代的女装

得越来越大向横宽方面扩张，袖根部被极度夸张，甚至使用了鲸须、金属丝做撑垫或用羽毛做填充物，开始出现所谓的“落肩”与“夸张的羊腿袖”。长裤重新问世，女子骑装向男装接近，在宽敞的长裙里面穿上用细棉布做的紧身马裤和长筒靴。服装面料多以轻柔面料为主，追求轻盈飘逸之感（图12-25~图12-27）。

图12-25　系紧身胸衣的漫画

(1) 1830年低胸晚礼服

(2) 舞会服

(3) 1843年晚礼服

图12-26　浪漫主义时期女性礼服

(1) 城市女性的外套

(2) 外出服

图12-27　浪漫主义时期女性外出服

从这一时期开始，欧洲社会普遍重视起居生活质量，中产阶级已经使用专门的晨衣、浴衣，结婚也流行披有薄纱的白色新婚礼服，生活中洋溢着浪漫情调。仿旧的造型和新潮的打扮都表现出人们对理想生活的追求。

四、1850~1870年

这一时期生产的商品有明显的机械化的特点，简单粗陋而功能化，艺术趣味大大减退。这一现象遭到英国艺术家们的反对，他们从审美上反对工业化时代的机械生产出来的造型僵硬和毫无美感的产品，号召设计师把艺术设计和商品功能结合起来，形成一场工艺美术运动。但因处初创阶段，设计只有从历史中寻找灵感，运用花草纹饰来装饰或造型，呈现出变化丰富的曲线和富有动感的纹样，与过去的巴洛克、洛可可艺术风格相似，被人们称作新洛可可主义。

1853年，拿破仑三世娶西班牙的欧仁妮（Engenie）为皇后。欧仁妮皇后气质高雅，美貌婀娜，她的服装成为女性的模仿典型，为女装的流行时尚拓开了新的视野，人们的目光再次从明星身上移至宫廷贵族。这时社会的审美心理要求女性纤弱而略有伤感，文雅而玲珑娇小，于是贵族女子在着装上向束缚自己自由行动的方向努力，其中裙装是最受重视的服饰。

表现女性纤细的腰除了紧身胸衣外，扩大裙身所产生的强烈对比也能达到视觉上的效果。于是新的裙撑诞生了，称作克里诺林（crinoline），这个词源于意大利语，是马毛和麻的意思。1850年底，英国人发明了不用马尾硬衬的新型克里诺林，是用鲸须、鸟羽的茎骨、细铁丝或藤条做轮骨，用带子连接成鸟笼状的裙撑。这种裙撑1860年传入法国，为以欧仁妮皇后为中心的宫廷和社交界上流女子们所喜爱，迅速成为流行服装，以致影响到西欧各国的所有阶层，甚至农妇们也仿效其形式，故服装史上也把这一时期称为克里诺林时代（图12-28、图12-29）。

实际上克里诺林是洛可可时期的裙撑帕尼埃的变相复活，从吊钟形到鸟笼形，最后形成金字塔形，或倾斜后翘的异形，都有明显的模仿洛可可服装的痕迹。下摆直径越来越大，极端的周长

图12-28　裙撑解剖图

图12-29　带有裙撑的女裙

(1) 1858年午后装

(2) 1860年外出服

(3) 1862年外套和斗篷

图12-30　新洛可可主义时期的女服

达9米有余，社会上还出现专门制作裙撑的公司，并在时装杂志上做广告。女性下半身撑起的庞大空间，除了行动中表现出婀娜身姿外，毫无实用价值。在室外一阵大风，就能掀翻这美丽轻盈的裙摆，使贵妇的玉腿暴露无遗，大失贵妇们的优雅身份。于是淑女们在里面穿上半长衬裤（drawers），再加上长短衬裙，以防这种尴尬事情发生。克里诺林的流行势头到1866年前后到达顶峰后开始急剧减弱，因为尤金尼娅皇后和英国维多利亚女王都声明不再穿克里诺林。几年后，裙式变化成另一种裙形，服装进入了另一个时代（图12-30）。

五、1870~1890年

1870年9月法国和普鲁士发生战争，法国惨败，拿破仑三世被俘，欧仁妮皇后逃到英国。接着巴黎公社起义，人民推翻了第二帝国，建立了共和国。时装业一时凋敝，女装受到最大的冲击，克里诺林消失，取而代之的是合体的连衣裙式的普林赛斯（princess dress）。因为普林赛斯的突出特点是臀部突起，这种与18世纪出现过的臀垫巴斯尔（bustle）相似，被认为是巴斯尔的复活，所以把这一流行期称为巴斯尔时期。

巴斯尔的式样也有多种，在流行期的20年内时起时伏。19世纪70年代初称为克里诺来特（crinolette），是克里诺林的延续。裙撑在后半部做出撑架以使后突，外罩的裙子呈拖裾形式。1877~1880年，流行时尚的普林赛斯连衣裙，上下紧身，裙子下摆变小，另配一条异色的罩裙，或卷在腿部，或缠于腰间，多余部分集中在后臀部，下摆为拖裾式。这一裙式令女子行走困难，举步不开，但在着衣女子轻移莲步时表现出的袅娜身姿，是当时最受人们欣赏的倩影。以前的巴斯尔暂时消失，到1883年才再次出现。19世纪80年代后半期，巴斯尔变成了简单的铁丝撑架，有的则做成坐垫形的臀垫。制作商宣传新款的巴斯尔，称其为科学的巴斯尔，健康的巴斯尔。有的巴斯尔做成折叠式，能在起坐时伸缩自如

（图12–31）。

与突出的臀相呼应的是要求女子挺胸收腹，为达到这种前挺后翘的外形特征，紧身胸衣仍是不可少的重要服装。极端的追求这种外形特征，就把女性身体侧面轮廓改变成具有S型特点的柔美曲线（图12–32、图12–33）。

六、1890年~20世纪初

19世纪最后的10年到20世纪的前10年，艺术领域出现了新的思潮，即新艺术运动。其特点是否定传统的造型样式，采用流畅的曲形造型，突出线性装饰风格。主题以动植物为主，如昆虫翅、蛇、花蕾、藤蔓等具有波状形体的自然物。其中以英国的插图画家奥布里·比尔兹利（Aubrey Beardsley）和威廉·莫里斯为代表。新艺术运动在欧洲大陆蔓延开来，到1900年巴黎的万国博览会上达到顶峰（图12–34）。

图12–31　后裙撑实物

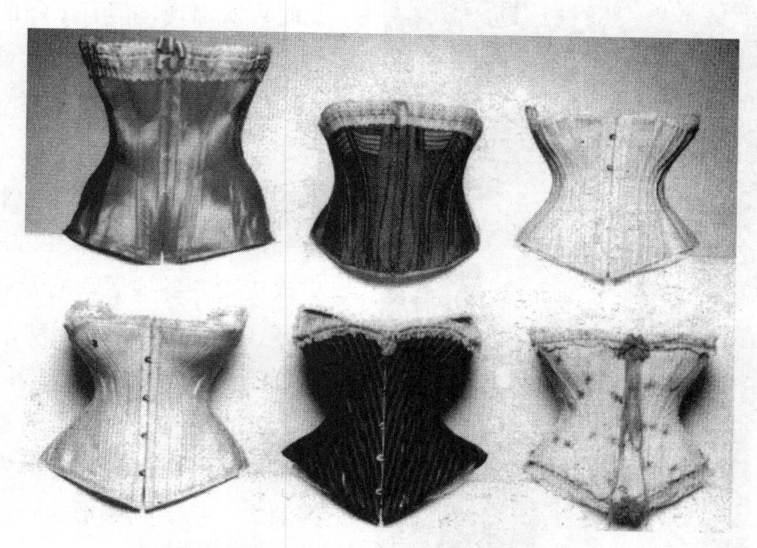

图12–32　1880~1889年的紧身胸衣实物

(1)1873 年镶边的做客装

(2)1885 年女子外出服

(3)1886 年女子外出服

图12–33　巴斯尔时期女性外出服

图12-34 花枝、藤蔓图纹

图12-35 紧身胸衣

服装受新艺术运动思潮的影响，能体现曲线美的女装最受人们欣赏，女性侧影的S型造型，成为服装时尚的典型，所以称这一时期为S型时期。

前一时期的巴斯尔过于累赘，正式退出流行舞台，裙子向简洁的形式发展，并强调结构的功能化。女子上身用紧身胸衣把胸部托起，腰部勒细，背部沿脊背自然下垂至臀部外扩，划出优美的曲线。裙摆扩大，形若喇叭。扩大裙摆的方法是用几块三角布纵向夹在布中间，这种裙子称为戈阿・斯卡特（gore skirt），意为拼接裙。连衣裙的袖子为羊腿袖，称作基哥・斯里布（gigot sleeve），这一袖形曾在文艺复兴时期和浪漫主义时期流行过，此时再次出现，但有了新的发展，袖上段呈灯笼状或泡泡状，从肘部开始收紧，形成强烈对比（图12-35、图12-36）。

女服分日装和晚礼服。日装要戴大帽子，上有鸵鸟羽毛、玫瑰花球等饰物，衣裙垂地，并形成拖裾，高领、长袖和长套，显得端庄而不乏秀丽。晚礼服则用低领短袖，表现妩媚与性感（图12-37）。女子运动服也发展颇快，骑马长裙被短裙取代，并配穿男式皮靴。各项运动的专业服装也出现了，如快艇、网球、高尔夫球、自行车等户外运动，都有运动服。但其造型仍和S型女装相似，还不能成为真正意义上的职业运动服，只是相对简洁些。

20世纪初，由于服装造型变得朴素，所以发型和帽饰显得格外重要，夸张的高而宽的发结、帽子十分流行。几年后，大型发髻消失，从头到颈形成直线形，头发烫卷，发型变小，预示着现代型短发时代的到来（图12-38）。

图12-36 1890年女装

(1)1899 年散步服

(2)1901 年散步服

图12-37 S型时期女性散步服

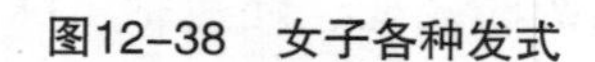

图12-38　女子各种发式

第四节　高级时装业的兴起

18世纪工业革命以来，西方社会的经济、商业、工业得到了日新月异的发展，也造就了一批富有的中产阶级，他们与当时的王公贵族、社会名媛，成为当时对优质服装消费的主要群体，在这样的市场环境下，服装设计师应运而生，同时也催生出一个新的行业——高级时装业的诞生。

一、时装设计师的产生及其影响

自有服装出现，就应该有服装的设计者，但在工业革命以前，他们都是集设计和加工制作于一身默默无闻的手艺匠人，也称裁缝师。社会地位低下，常受雇于王室贵族。工业革命以及城市化进程的加速，带来了巨大社会变化，使得人们着衣观念发生了急速改变，刺激了服装业的生产，服装的裁剪方式和缝制方式有了革命性的变革。因此，服装产品出现了明确的消费群体，分化为两个不同的层次。服装业批量生产的模式，是以一般大众为对象的；手工定做裁剪的方式，是以少数特定人群为对象的。前者属成衣的范畴，迅速、方便而廉价；后者属时装的范畴，合体、精致而考究，二者并行不悖，在市场上互相竞争，都拥有大量的客户，随着人们对服装的社会功能、心理功能、审美功能和实用功能的日益重视，服装流行的周期不断缩短，需要专门的人员来不断创新款式，为不同层次和身份的人设计服饰。于是在19世纪中叶出现了设计师这个独立的职业。

在19世纪50年代后，随着时装设计师的地位日益提升，时装设计师的姓名才被人们注意并得到重视。他们的设计作品产生了一定的影响。同时上流社会的频繁聚会，致使服装设计师的作品受到更多的关注。设计师也会以自己的名字来扩大影响，争取更多的顾客。自19世纪50年代起，到20世纪初，法国出现了许多服装设计师，为时装的流行创造了新的时代。他们的创造力对服装的审美观念产生极大影响，对社会名流的服装趋向有着引导作用，同时也将名流们的服饰趣味向全社会表现出来。在一个崇尚名流和追慕宫廷贵族生活的时代里，设计师设计的高级新款服装会迅速传播，被大众所仿效，成为流行服饰。当设计师的服装被全社会认可后，人们就不自觉地选择了某种时尚生活方式，促进了消费和服装业的发展，也刺激了设计师们的创造力，去创造更新的服装款式。

事实证明，服装行业缺少了服装设计师，就如同思想领域里缺少了哲学家，社会活动中缺少了革命家，人们的整个生活将会单调、乏味、毫无生气。服装设计师的出现给大众的生活带来了深刻的影响与变化，让人们的生活丰富多彩，让着装者找到了个性、情感思想、价值观的表达方式。

二、巴黎高级时装业的初创

19世纪的西方服装出现了不同的两种消费模式：成衣与时装。高级时装则属于后者的范畴。所谓时装又称流行服饰，英文为fashion，原指西方上流社会的流行服式、风度、礼仪和行为。后在服饰中借用，专指是特定时间由广大穿用者所使用的某种服饰品及某种纹样、色彩、材料及式样等。高级时装（high fashion），也称高级女装，是法语 Haute-Couture的意思，其中Haute是高级的意思，Couture是裁缝的意思，在这里特指沃斯创立的以上层社会的贵夫人为顾客的高级女装店及其设计制作的高级手工女装，因此有时也被译作“高级女装”或“高级手工业女装”。

自19世纪中叶沃斯开设第一家高级时装店后，巴黎又出现了许多专营手工定制女装的设计师，他们不仅作为才华横溢的艺术家，还是商业发展的推动力量。随着这些高级时装店的兴起，巴黎高级时装业开始形成。

1868年以沃斯为代表的新一代女装设计师，在原裁缝沙龙的基础上成立了成衣及女装订定制协会，德斯巴涅被推选为第一届的主席。其形制表现为：以单个时装工作室的形式运行，以高级女装设计师的名字命名。最初，这个协会联盟中不仅包含了高级时装业，还包括了除高级时装工作室以外的成衣业。在协会的努力下，高级时装业得到了蓬勃发展。1900年的世界博览会上，巴黎20家著名的时装设计公司第一次拥有了独立的展览馆，为高级时装奠定了坚实的基础。直到1910年12月14日，在原定制成衣及女装订定制协会自行宣告解体之后，弗雷德里克·沃斯（Frederick Worth）之子雅克·沃斯重新成立了高级时装协会，至此高级时装业第一次完全独立，完成了初创阶段。

三、沃斯与高级时装店

被誉为高级时装之父的沃斯，他的全名是查尔斯·弗雷德里克·沃斯（Charles Frederick Worth），1826年11月13日出生于英国林肯郡，12岁到伦敦一家布商当雇工，19岁只身来到巴黎，在两年时间内，边做清洁工，边学法语，不久受雇于著名的梅索恩·盖奇林纺织品公司，从事推销工作，后说服公司经营时装业务，并主持设计工作，才华得到展现。在1851年的英国世界博览会上，他设计的女装荣获一等奖，声名鹊起，成为法国上流社会以至王室贵妇们的服装设计师。1858年，他和瑞典衣料商奥托·博贝夫合伙开办了一个时装店，故称为“沃斯与博贝夫时装店”。他们自行设计，出售设计图纸，订制并销售高级时装，从此巴黎出现了第一家高级时装店，由设计师以自己的设计进行营业是历史首创，这种集设计、订制和销售于一体的经营方式成为后来巴黎高级时装业的基本模式，逐渐影响并左右巴黎的时装潮流。（图12-39、图12-40）

1864年，沃斯被聘为皇室专职服装设计师，更是如鱼得水，不断创新女装，并且为欧洲多国王室贵妇量身定制各种豪华礼服，深受欢迎。1867年以后，他设计的女装变成优雅的曳地长裙，腰线上移，下摆放宽，掀起了一个优雅的“沃斯时代”风尚。19世纪70年代，他又创造了著名的“公主线”时装，其裁剪方式成为服装结构设计的经典。沃斯的声誉和他设计的服装传到欧洲其他国家，又越过大洋到了美国，成为了世界时装的旗手。

1895年3月10日，沃斯在巴黎逝世，然而他给人类服装文化留下了许多宝贵遗产。沃斯在巴黎开了第一家高级时装店，“高级时装”的概念由此而生。他的许多创举为日后的高级时装业的发展奠定了基础：是第一位像画家那样在设计的服装上签名的设计师；也是第一个以自己的名字作为品牌的高级时装设计师；更是第一位建立季节时装更新理念的设计师，并以广告形式展演最新创作，用年轻女模展示当季高级新款服饰。

沃斯的成功正如他自己所言：“我成功的秘密就是创造，我不要她们‘定制’自己已经想好的样式，如果这样做的话，那我工作的意义就失去了一半。”

图12-39　沃斯像

四、其他服装设计师

这一时期较有影响的服装设计师主要有以下三位：

1. **布卢默夫人**（Mrs Amelia Jenks Bloomer）

布卢默夫人是19世纪美国著名的妇女解放运动的先驱。她在女装设计中也敢于打破禁锢，1850年设计了一套宽松式上衣和灯

(1)1891 年沃斯新款

(2)1892 年沃斯新款

(3)1899 年沃斯新款

(4)1897 年沃斯新款

图12-40　沃斯的设计作品

笼裤，使女子服饰出现巨大的改变。上衣是小碎花纹棉布制成的小圆领长外套，在直筒形服装的基础上加大下摆，衣长及膝，简洁轻便。灯笼裤裤筒宽大，脚口束紧。灯笼裤由她本人首先穿出，游学欧洲时受到英国妇女喜爱，成为流行装。这一行为使世俗中女子穿裤不高雅不体面的观念发生动摇，许多参加户外活动的女子都选穿布卢默裤。19世纪末，布卢默夫人还设计了一套自行车运动服，很受欢迎。

2. 卡洛特姐妹（Callot Soeurs）

卡洛特姐妹是俄罗斯血统的三姐妹服装设计师，她们中的大姐雷吉娜·杰尔贝尔具有设计服装和经营的才干。她们在巴黎开设了高级时装店，经营缎带、花边和镶边的罩衫以及女内衣裤，之后接受来料加工，刺绣出具有中国风格和洛可可特色的纹样，手工精美绝伦。她们精致华丽的手工制作和东方风韵的服饰风格曾一度饮誉巴黎（图12–41）。

3. 雅克·多赛（Jacques Ducet）

雅克·多赛1853年生于巴黎，17岁时开始时装设计，用淡雅的色调表现女性的妩媚和性感。饰以花边的礼服，袒胸露肩的造型，满足了名演员和高级妓女的需求，尤其是她设计制作的明星舞台装闻名遐迩。由于她的艺术素养较高，其服装设计受到文艺界名人的欣赏，被誉为“高级时装魔术师”（图12–42）。

图12–41　卡洛特姐妹设计的珍珠缀边晚礼服

图12–42　雅克·多赛设计的丝质晚礼服

本章综评

19世纪的政治风云和工业革命对社会生活带来巨大影响，艺术史上先后出现的各种思潮和主义，对服装的变革起到直接的促进作用。男装中组合套装嬗变的四个时期和女服流行的六种样式，大致和艺术史上的风格流派相呼应。人们的服装形式和着衣观念从近代迈入了现代，男女服装各自发展，又相互映衬，男装完成了现代形态的转换，女子从紧身胸衣和裙撑的束缚中逐渐解放出来，找到自然的美，并进一步从闺阁中走到户外，在悠闲雍容的审美中加入了健康运动的因素，简约成为服饰造型的总趋势。人们在模仿传统服装的过程中，不断淘汰繁缛的装饰和无实用机能的设计，而增加了与时代审美、社会心理同构的服装因子。在历经新古典主义、浪漫主义、新洛可可主义、巴斯尔时期和S型时期后，女装的设计更为理性化与艺术化，高级时装在19世纪诞生，代表着这个世纪服装发展的最高成就。巴黎高级时装店和高级时装设计师的出现，使西方服装的流行有了科学和理性的成分，不仅为巴黎奠定了世界时装中心的坚实基础，并改写了人类服装发展的历史，为20世纪服装的发展开辟了更为广阔的道路。

思考题

1. 名词解释：燕尾服，新古典主义，浪漫主义，S型样式，克里诺林，高级时装。
2. 工业革命对西方服装产生了怎样的影响？具体表现在哪些方面？
3. 法国大革命对男装式样有怎样的影响？具有怎样的意义？
4. 简述西方男装向现代形态转变的过程，并分析其成因。
5. 近代后期女装的流行经历了哪几个时期？并简述各时期的具体内容。
6. 为什么西方服装史上把女装流行的19世纪也称为样式模仿的世纪？并举例说明。
7. 为什么西方在19世纪出现了服装设计师？其有何重要意义？
8. 模拟新古典主义、浪漫主义风格进行设计训练。

20世纪服装（上）

课题名称： 20世纪服装（上）

课题内容： 世纪之交与第一次世界大战期间的服装
20世纪20年代的服装
20世纪30年代与第二次世界大战期间的服装
第二次世界大战后及20世纪50年代的服装

课题时间： 4课时

训练目的： 通过本章学习，学生应了解这一时期社会的政治、经济、文化特别是两次世界大战对西方女装所产生的深刻影响，更加明确服饰与社会的互动关系，充分认识现代西方服装发展的规律及其本质特征。

教学要求： 1. 全面把握西方女装从摆脱传统形态到真正实现和全面普及现代形态的进程及其完成的条件。
2. 正确认识高级时装。
3. 了解20世纪上半叶对社会生活具有影响的流行与时尚。
4. 深刻认识这一时期重要的设计师以及他们的历史地位。

第十三章 20世纪服装（上）

——成熟与经典

（19世纪末~20世纪50年代）

本章导语

西方社会进入20世纪以后，社会经济、民主意识和科学技术突飞猛进地发展，社会物质财富和精神财富有了极大丰富，然而两次世界大战却给这一切带来了灾难性的破坏，也改变了人们的着装方式。20世纪上半叶的服装与以前各个时代相比，在造型、内涵、制造工艺、销售方法和传播媒介等方面都具有划时代的进展。其主要特征表现在以下几个方面：

1. 服装的变化与社会发展之间的联系比以往任何时代都更为紧密，服饰与社会的这种互动关系证明：社会变化带来的新的生活方式，改变了人们的着装观念，服装开始向轻便化、功能化、多样化、个性化的趋势方面发展；服饰受社会变化中各要素的影响，极为敏感地做出积极的反映，成为社会风尚的一面镜子；服饰虽然不是实现社会变化的直接工具，却经常是各种政治、文化等意识形态间出现尖锐斗争的焦点之一，甚至成为社会发展趋势的风向标。

2. 受20世纪社会变化的冲击，特别是经过两次世界大战的催化，西方女装完成了从摆脱传统形态到真正实现和全面普及现代形态的进程，并成为20世纪服装流行的主宰。相比之下，男装则相对稳定，变化幅度较小。

3. 女装的变化频率不断加快，流行区域更加广泛，造型样式层出不穷；20世纪上半叶是高级时装不断发展，并达到鼎盛的时代，这与各个时期服装设计师的杰出贡献分不开，没有他们，就无所谓现代服装，他们作为时尚的弄潮儿引领着服装的发展方向。从本章起，我们将开始关注服装设计师及其品牌。

当时尚作为现代生活方式的一个基本理念后，服装不再是简单的穿着行为，它成为时尚链中的重要环节，与其他时尚环节相互影响、相互作用，因此整个时尚链都应成为我们关注的对象，而服装是其中最重要的一环。

第一节 世纪之交与第一次世界大战期间的服装

20世纪初的前几年中女装造型延续了19世纪末的形态，这是一个承上启下的过渡期，也是服装激烈变革的交锋期。直到第一次世界大战结束后，西方女装告别传统形态完成向现代形态转换的过程，其间着装观念上新与旧、保守与创新的冲突表现得尤为突出，而设计师革命性的措施为彻底改变女性着装奠定了基础。而这个时期的男装，仍延续19世纪的基本样式，主要是西装外套、短背心、衬衫、领结或领带、西装裤的组合，这种穿着所表现的挺拔方正的形象，相对稳定并一直保持到20世纪下半叶。

一、从传统形态向现代形态过渡的女装

从19 世纪末，到第一次世界大战结束，西方女装发生了质的变化，其变化过程大致经历以下三个阶段：

1. 第一阶段（1907年以前）

这一阶段，服装仍然流行19世纪末S型样式，服装的造型基本相同，紧凑的上身、宽大的裙子、高耸的衣领，强调胸部，臀部突出，小腹平直，夸张的帽子上有复杂而庞大的鸵鸟毛或鹦鹉毛装饰。整个设计的核心内涵，就在于紧贴身体，把女性的身体都束缚成为一个标准的式样。服装设计不是要表达个性特征，而是要使女性在穿着上显得一样，这是当时整个社会崇尚的一种方式。受新艺术运动风格影响，此时的服饰更加华丽，充满浪漫和柔情。女性戴长手套很普遍，出门带一把太阳伞，赴晚会时带一把精巧折扇也是一种时尚。这种风格成为这一时期女性服饰审美的主流（图13–1）。

2. 第二阶段（1907~1914年）

19世纪末，女性要求参与各种社会活动的呼声越来越高，而束缚人体的紧身衣具却妨碍了她们的参与，由此引发的对服装设计进行变革的要求越来越强烈。把妇女从紧身胸衣中解放出来，是这个时期时装设计师具有革命性的响亮口号，为现代女性服装开拓了发展的道路。这阶段女装变化最显著的特点是流行了数十年的S型服装逐渐消退，紧身胸衣得到改良，其线条趋于直线，在年轻女性与中老年妇女穿着行为的激烈较量中，女装从丰胸、束腰、翘臀的传统形态向平胸、松腰、束臀的现代形态转变。1907年，特别强调S型曲线的服装之风逐渐趋缓，女装长度向下延伸，腰围放大，臀围收缩。1908年女装继续向放松腰身的直线形转化，裙子也开始离开地面，露出鞋面。1909年以后紧裹臀部和腿部的蹒跚裙出现，迅速成为流行时尚。女装的领口变大，配饰品也流行具有新艺术风格的珠宝和用丝带串起来的彩珠链等。这种转变就服装本身而言，最关键的问题是如何看待紧身胸衣，只有彻底打破这种束缚人体的穿着方式，才能具备最基本的现代服装形态意义（图13–2）。

3. 第三阶段（第一次世界大战期间至战后）

第一次世界大战之前，欧洲的一些年轻妇女已经逐渐接受废除紧身胸衣的改革，女装向简洁、轻便的方向发展。1914年战争

(1) 浪漫的女装

(2) 华丽、柔情的女装

(3) 鸵鸟毛的装饰和土耳其头巾

图13–1　1907年的女装

爆发以后，优雅繁冗的服饰很快被适应战时环境的着装所取代，裙子长度变短，露出双脚和踝关节。1915年，女裙长度缩短至小腿部位。战争期间妇女参加工作穿起了工作服，常见的工作装造型为宽松、有袋、长及小腿肚的大衣，有的还穿长裤，与衣服配套的是长筒靴。在战前几年和战争期间，衣服和裙子都变得瘦而短，两件套的衣服很常见。帽子在战争期间，逐渐变小。而且女士服装的样式也模仿男士的制服。总的来说，时装变得更加直挺，去除了不必要的装饰。战争彻底改变了这一时期女性的整体形象，西方女装从此趋于功能化和轻便化，初步完成向现代形态的转变。

图13-2 1910年仍带有S型痕迹的女装

在西方女装由传统型迈向现代型的发展进程中，不难看出，变化的关键是对紧身胸衣的改造及处置；变化的基础是生活方式与着装观念改变；变化的契机是妇女地位的提高与第一次世界大战的爆发；而变化的弄潮儿则是引领时尚的设计师们，他们以新颖的设计为目标，以自己的名字为品牌，并且还开设以自己名字命名的服装店，为上流社会的女性或演艺界女性服务，并通过她们促进时装的流行，从此女装告别过去走向新的时代（图13-3）。

二、时尚与流行

1. 紧身胸衣

这个在西方女装舞台上存在了300多年的塑身衣具，为塑造女性理想形象起到了极其重要的作用，在它即将退出历史舞台以

(1)1912 年的女装

(2)1913 年具有男装风格的女装

(3)“脚踏车装”

图13-3 第一次世界大战前及战争期间的女装

前无疑是这个时期不可缺少的一种时尚。从16世纪开始，许多贵族家庭的少女，在母亲的监督下，从小长期有计划地进行塑身活动，几年以后，腰部被束得如同蜂腰一样。紧身胸衣在满足人们爱美欲的同时也给女性肉体带来了极大的危害，长期穿用紧身胸衣的女性，胸廓下部与正常躯干相比，被压缩了近三分之一，肌肉遭到严重挤压，内脏受到很大影响，可导致二十多种疾病。19世纪后期到20世纪初，紧身胸衣的造型和构成形成了现代紧身胸衣的基础。其做法有两种：一种是为了突出胸部和臀部的造型而施加楔形三角布的方法；另一种是通过数片不同形状的布纵向拼接做成的合乎体形起伏的造型。1900年噶歇·萨罗特夫人创造了卫生的紧身胸衣，其特征是前面的内嵌金属条或鲸须在腹部呈平直状。后来又在这种胸衣的下端装上用缎子包松紧布制成的下端装有金属夹子的吊袜带。当女装外形从S型向直线形转化时，紧身胸衣也随之变长，随着它的向下伸长，上部越来越短，终于，乳罩（brassiere）应运而生，用来整形的紧身胸衣从此上下分离，完成了它的历史使命，现代胸衣开始登上历史舞台（图13-4~图13-6）。

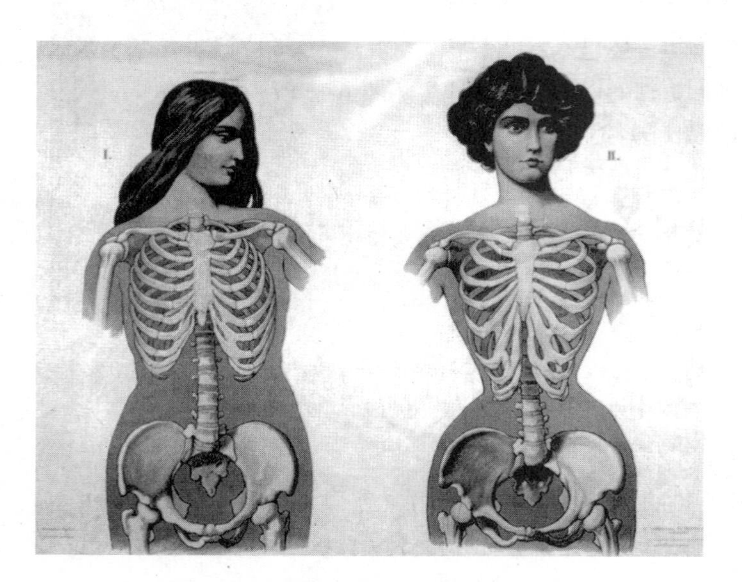

图13-4　穿紧身胸衣后的生理解剖结构图

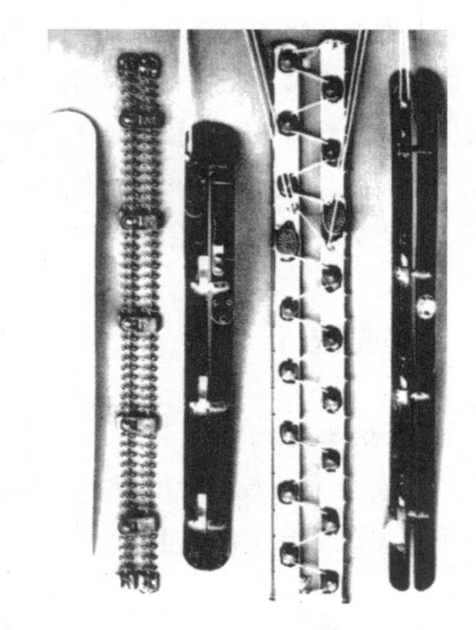

图13-5　紧身胸衣的支撑架（实物）

图13-6　1912年的内衣

2. 俄罗斯芭蕾舞

1909年塞奇·戴格莱夫的芭蕾舞《俄国的芭蕾舞》第一次在巴黎上演，演员的服装在时装界引起了极大的轰动。观众被粗犷的俄罗斯音乐、新奇绚丽的服装和布景弄得眼花缭乱，这些色彩绚丽、灿烂夺目的演出服装，打破了传统巴黎上层社会的阴暗、沉闷和保守而一成不变的服装形式，为巴黎服装设计带来了春天的气息。俄罗斯芭蕾舞团的演出不仅给巴黎带来了新时尚的追求，而且也为服装设计如何吸收姊妹艺术的营养开了先河（图13-7）。

图13-7　俄罗斯舞蹈

3. 蹒跚裙（hobble skirt）

又称霍布尔裙，hobble即蹒跚走路的样子，这是法国设计师保罗·普瓦雷于1911年发表的一款新装。其式样为宽松腰身，膝部以下收窄，裙口非常狭小，以致无法大步走路，穿这种裙子的女士行走时步履蹒跚。虽引起争议，但这种优雅的全新样式在第一次世界大战前后成为女性们追求的时尚。为了步行方便，设计师在收小的裙摆上做了开衩处理，这是西方服装史上第一次在女裙上开衩。腿部的收紧和开衩，这不仅是一种性感的表现，而且还预示了未来女装设计的重点将向腿部转移（图13-8）。

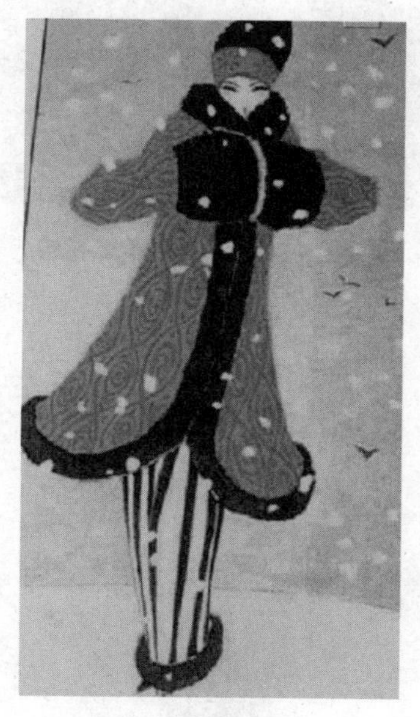

图13-8　着霍布尔裙的女性

4. 女式长裤

20世纪以来，妇女服装的一个重大的突破就是长裤逐步成为重要内容之一。第一次世界大战之后，女性有机会走出家庭，进入社会从事生产劳动或是参与后方社会的服务工作，她们开始抛弃繁缛、累赘、华丽、不方便、机能性差的服饰并普遍穿上男式长裤与工作服。虽然如此，但是很少女性会把长裤作为一种时装来看，长裤固然有功能性，但是毕竟不美观，只有参加工作和体育运动时才穿长裤。当她们逐渐把长裤当作正式服装穿着，大摇大摆地在巴黎的豪华大道上招摇过市时，引起人们的非议，为大多数法国女性所拒绝。因此，战前长裤在晚会和其他正式的社交场合依然是受到排斥的。但是，在第一次世界大战结束之后，越来越多的女性开始视长裤为正式服装，时装设计师也把长裤作为一个设计的要素来看待。女性长裤的发展、普及与妇女的解放程度是相辅相成的。第一次世界大战刚刚结束，正式女装出现了一个新的设计趋向，就是将男性的燕尾服和长裤搭配成一套正式晚礼服。妇女穿男式燕尾服是无尾式的，女性服装的男性化设计，在这时达到第一个高潮。

然而实际上，女装长裤在社会交际中被真正接受为正式时装还延迟了很久，直到20世纪90年代，西方才正式接受妇女在所有的正式场合下穿着裙装或长裤装（图13-9、图13-10）。

图13-9　第一次世界大战后流行的马裤装

图13-10　第一次世界大战前设计的多褶裙裤，解开扣子即为短裤

5. 箭牌衬衫

19世纪末20世纪初，美国人自由和民主的生活观念对人们的着装产生了一定的影响，其中最明显的是原来在欧洲一直作为内衣的衬衫被美国人作为外衣穿着，并开始在世界普及开来。箭牌领（arrow collars）就是在这种潮流下出现的。

箭牌领源于男士衬衫上一种经过上浆处理的可拆卸领，1820年美国的设计师设计出了类似于现代男士衬衫的可拆卸领，从而成为箭牌衣领的范本。1860年间可拆卸领子在美国的需求量大增，为此有梅萨斯·莫琳和布兰奇特率先在纽约开办了生产可拆卸领子的专门工厂。1889年这家工厂与另外一家商业贸易公司合并，创造出了箭牌商标。1913年公司更名，并聘请画家约瑟夫·里安迪克为箭牌衬衫做广告，使得箭牌衬衫的影响进一步扩大。在第一次世界大战末期，箭牌衬衫已经有400多种不同类型的衬衫领。在以后几年中，由于可拆卸领子的需求量下降，箭牌开始生产衣领与衣身连体的衬衫，这种衣领经过预收缩处理，裁剪线条简洁，贴合颈部曲线。同时男士箭牌衬衫经过设计师修改又受到了女性的青睐，产生了箭牌女衬衫，并紧随时装流行而不断变化衬衫款式（图13-11）。

6. 巴拿马平顶帽

20世纪初的男帽除大礼帽以外，宽边低顶毡帽和鸭舌帽也非常流行，此外还有夏天戴的巴拿马平顶草帽（panama hat）。这种草帽有各种造型，色彩以浅颜色为主，平顶有檐，以棕榈科植物的嫩叶作材料利用经编技术制成，起源于厄瓜多尔及周边国

图13-11　男士衬衫

家，因1906年美国总统罗斯福在巴拿马运河旅游时戴过此帽，故有“巴拿马平顶草帽”之称。巴拿马平顶草帽从20世纪初开始直到第二次世界大战结束，一直都是夏季流行的帽子。

此外，男子的发式流行直发，并选用马卡油梳理头发。

三、名师与品牌

1. 保罗·普瓦雷（Paul Poiret，1879—1944）

保罗·普瓦雷1879年4月出生于法国巴黎的一个呢绒店家庭，从小对服装设计很感兴趣，他画的设计图被当时的高级时装设计师雅克·多塞看中，于1895年进入多塞店工作成为其特约设计师。1904年在巴黎欧伯街独立开店营业，此后，便开始了“把女性从紧身胸衣的独裁垄断中解放出来”的革命性创作实践，并取得了极大成功，成为享誉20世纪初至第一次世界大战前后的法国著名服装设计师。出于多方面原因，1925年以后他的产业日益衰败，最终于1944年在孤独、贫困和疾病中结束了他的设计生涯。

普瓦雷作为20世纪第一个主张放弃束腰造型和紧身胸衣，把服装设计的重心放到女性身体的自然表达上，这使设计师和着装者对于服装开始有了全新的看法和体验，从而开启了服装自由化、个性化的新时代。其设计奠定了欧洲现代服装的基调，改变了原来服装的基本结构，使女装轻松、自然，他提高了服装的腰线，衣领也越开越低，与传统女装形成了巨大的差异。他随后推出的一系列简便、放松腰线、外轮廓呈直线条的服装改变了女装的紧身造型，在服装史上具有划时代的意义，被西方服装史学家称为简化造型的“20世纪第一人”。

普瓦雷十分擅长运用面料来体现其造型，并热衷于用丝绸、薄纱来设计他的服装。他摒弃过分造作的装饰，充分展示服装造型与面料的和谐统一。在服装色彩上，普瓦雷喜欢用鲜明、强烈的色彩，他常用高纯度的红、绿、紫色、青莲、橙色等，取代传统S廓型服装流行的淡色、粉色系列，图案也不再是以往的淡雅花卉，而是色彩强烈的花纹和华丽的装饰，色彩鲜艳的刺绣、锦缎、流苏、珍珠和罕见的羽毛都是他广泛使用的装饰品。他的代表作霍布尔裙曾在欧洲风行多年。同时他在设计中借鉴了日本、中国、印度和阿拉伯世界具有东方韵味的服装特点和风格，发布了一系列作品，如“孔子式”大衣、土耳其式的长裤、穆斯林式样的头巾、和服式的开襟等。

普瓦雷的足迹曾遍及欧洲与美国，并带领他的模特到各地展示他的作品，每到一处都获得好评，成为首位国际性的“时装使节”。同时，普瓦雷也是世界上第一个出品自己香水的时装设计师。而且从首饰到室内设计领域，他都在人们的生活中留下了自己的设计作品，成为20世纪第一个“真正的”设计师（图13-12、图13-13）。

图13-12　普瓦雷

2. 帕坎夫人（Jeanne Paquin，1869—1936）

简·帕坎1869年出生于法国圣但尼市，她从小喜爱服装，曾在巴黎有名的多来科尔时装店学习裁缝技术。1891年与银行家伊吉多尔·帕坎结婚并在巴黎创立了帕坎时装店。帕坎夫人的创作和她丈夫的经营珠联璧合，使这个店在短时间内跻身于巴黎高级

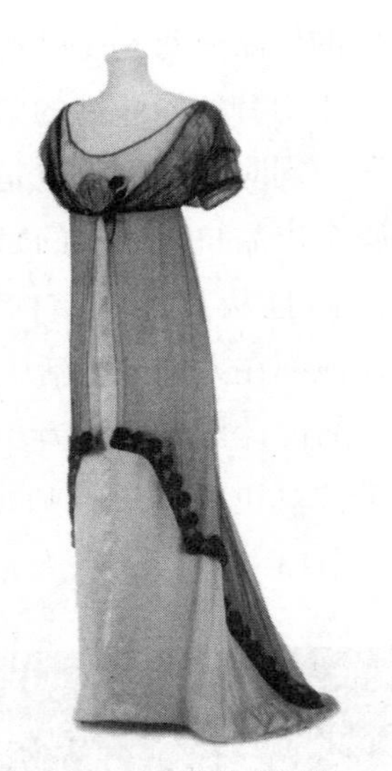
(1)1907 年设计的时装

(2)1912 年的设计作品

(3) 具有“东方韵味”的女装

图13-13　普瓦雷设计的女装

时装的第一线。1936年帕坎夫人逝世后此店仍旧运营，直至1953年被沃斯时装店兼并。

帕坎夫人致力于对新女性形象的塑造，1906年她设计了著名的“帝国风格”（Empire—line Dresses）女装系列，开始改变传统的S廓型女装的套路。帕坎对色彩有着很强的驾驭能力，她喜欢运用黑色，并把黑色和大红搭配，给人耳目一新的感觉。她的毛皮服装很受欢迎，她善于使用各种富有个性的裘皮装饰。1926年推出的三角形毛皮大翻领大衣等作品至今仍以“帕坎式”留名于世。她是第一个在海外开设分店的法国时装设计师，她也曾担任巴黎世界博览会时装展区的负责人。鉴于她对服装业的贡献，法国政府授予帕坎夫人“荣誉勋位团骑士”勋章（图13-14）。

3. 露西尔（Lucile，1863—1935）

露西尔1863年出生于英国伦敦，1891年在伦敦创办了英国第一家法国式的时装店，1910年在纽约开设分公司，并首次将时装表演艺术推上舞台，引起了极大反响。此后她又陆续在巴黎和芝加哥开设了时装分店，她的时装事业赢得了极高的声誉。露西尔的设计风格是她所处时代的产物，她生活在英国爱德华七世时期，因而她的作品体现出华丽气氛和浪漫情调。在她的时装发布会中，也常以浪漫主义的花式女装或带有异国情调的东方礼服为

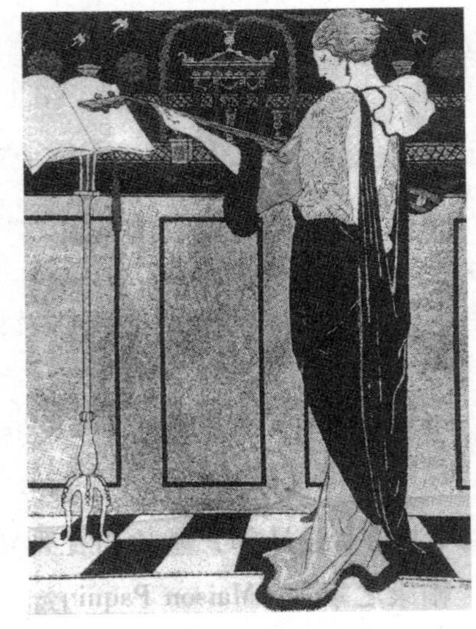
(1) 和服衣袖的女装

(2) 带有夸张羽毛头饰的女装

图13-14　帕坎夫人的设计作品

主题。她设计的茶服、晚礼服、结婚礼服、女式内衣等，常以柔软的绸缎为面料，并镶嵌各式花边或缎带，点缀以精致的贴花，风格华丽高贵。

露西尔一生中最为引人注目的作品是舞台装。她为戏剧《风流寡妇》中的女主角莉丽·爱尔西所制作的大帽戏装曾成为一代人追求的女装款式，特别是那顶帽子，受到当时上层社会妇女的欢迎，在欧美诸国流行，被称为“露西尔帽”或“风流寡妇帽”。她为艾琳·卡索制作的舞裙在柔美的舞姿的配合下产生的神韵轰动一时。她的杰作还经常被参加选美比赛的小姐们竞相选用（图13-15）。

图13-15　《风流寡妇》舞台装

第二节　20世纪20年代的服装

进入20世纪20年代西方女装的现代形态得到了真正的确立，并开始了绚丽多姿、蓬勃发展的进程，同时也迎来了巴黎高级时装20世纪的第一次兴盛。受工业革命的影响，这个时期出现的以“现代主义”为特质的设计运动，也反映在服装设计领域中。

一、现代女装形态的确立与巴黎高级时装业的兴盛

1. 女装现代形态的确立及其意义

20世纪20年代西方社会的生活环境发生了巨大的变化，生活节奏加快，社会更加民主化，道德标准也逐渐放宽。与此同时以美国为首又一次掀起了世界范围的女权运动，女性在政治上获得了与男性同等的参政权，在经济上则因有了自己的工作而能独立，女性生活状态出现巨大变化，许多妇女涌入就业市场。这种男女同权的思想，在此时被强化和发展。女性角色和地位的改变，造成了西方女性服饰的变革，强调功能性成为女装款式设计的重点，出现了否定女性特征的独特样式，职业女装也应运而生（图13-16）。

图13-16　女权运动

这时的服装样式简洁而轻柔，没有花边或其他累赘的细节。裙子变得越来越短，直到完全露出膝盖。衣服和裙是直线裁剪，忽略了腰部、臀部和胸部的曲线。它们松松垮垮地挂在身上，好像是没穿束胸一样，其实

此时的妇女已穿上了现代材料做的胸衣。新女性把头发剪成短短的，在表现出男性化自信的同时也不乏女性的优雅。

1920~1929年的10年是西方女装发展的重要时期，现代形态不仅得到了确立，其设计理念也对整个20世纪的服装设计产生重要影响。特别是女装中性化概念的提出。当时，法国女装设计上出现了男性化的设计趋向。许多世纪以来，女性服装的重点是突出女性的特征，而在这个时期，女性服装设计出现了男性化倾向，与传统有较大的差距，而这正是设计师的创意理念。她们首先提出男性对于女性的性感美的欣赏立场不应该作为女性服装设计的考虑中心，女性自己的舒适感受才应该是主要依据，这样，时装设计走上了一个更高的阶段，第一次从女性自身而不是从男性的角度来设计服装，这在时装发展史中具有重要意义。

图13-17　战争期间女装的“方肩”造型

从美学角度来说时装在20世纪20年代更具现代感了，许多先锋派的艺术家对时装表现出极大的兴趣。未来派想把时装同人的身体剥离开来，使它成为一门独立的艺术形式，并且反映现代都市生活的运动和速度；俄罗斯的先锋派艺术家则试图把民间传统元素注入时装中。服装这一变革的重要意义，在于它没有落后于其他艺术形式——建筑、文学、绘画或设计，它们都是同时平行发展的。这就意味着时装具有独特的审美功能，成为一门独立的艺术形式，而且在如何适应不断变化的生活方式上，找到了自己的位置（图13-17、图13-18）。

图13-18　1929年的女性风貌

2. 巴黎高级时装业的兴盛

第一次世界大战后的经济繁荣使法国高级时装业出现了第一次兴盛。巴黎“高级时装”，在服装产业中专指一个独特的服装行业，最先是在产业革命的影响下出现于19世纪中叶的巴黎沃斯时装店，此后许多设计师步其后尘，从而形成了巴黎的高级时装业，并在20世纪初得到蓬勃发展。第一次世界大战期间巴黎的高级时装店虽然受到很大影响，但在战后重整旗鼓，许多新的设计师和时装店纷纷问世，高级时装业协会重新得到法律承认，并迅速发展，出现了巴黎高级时装业在20世纪的第一次兴盛，迎来了高级时装的黄金期。当时除了沃斯、卡洛特姐妹、普瓦雷、帕坎等元老店外，新崛起的如维奥内（Vionnet）、朗万（Lanvin）、罗夏莱多芳、鲁伦等都开办了自己的时装店，拥有了自己的品牌。而作为他们中的领军人物可可·夏奈尔（CoCo Chanel）的出现则标志着整个时装业的成熟（图13-19）。

图13-19　夏奈尔的豪华店面

二、时尚与流行

1. 男孩风貌

这是一种平胸、松腰、束臀的男性化外观的女装。胸部被有意压平，纤腰被放松，腰线的位置被下移到臀围线附近，臀部被束紧、变得细瘦小巧。头发被剪短，与男子差不多，也称为管状式（tubular style）外观，整个外形呈一个名副其实的长管子状。

为了塑造管状外观，20世纪20年代的设计师马德里尼·切鲁德等人设计了用弹性橡胶布制成的直筒形紧身内衣、直筒形背心裙等服装款式。其领围、袖窿较宽大，又不系腰带，结构特征与当时童装相仿，再加上与服装配套的也是儿童式的短发、短袜，具有管状外观的女子形象很像未充分发育的瘦高个少年，所以这样的装束也被称为男孩式（boyish）或男生式（school boyish）、轻浮少女款式（flapper look），法语称男孩风貌。这种款式在初期是一种交际花的形象，在中期，它演变成剪短发，戴钟形帽（后来改戴贝雷帽），穿女衬衫、短裙、及膝高的袜子和高跟鞋的形象，是时尚年轻一代的典型装饰。

20世纪20年代的女性希望胸部显得越平越好，腰线越来越往下移，人们希望有男孩子似的外表。也有一些成年女性的管状外观并不具有男生式特征，而是突出一种瘦高个的端庄感。特别是英国和美国女性，她们为追求男性化外观而千方百计地使胸部平坦，甚至通过节食减肥和穿高鞋而塑造瘦高个的形象。同时，一些时装杂志上的设计效果图也开始迎合时尚，刊登出了小头长身躯的时装人物画，其比例比普通女性瘦两倍（图13-20、图13-21）。

图13-20　管状式外观

图13-21　男孩风貌女装

图13-22　赫本穿着小黑裙

2. 小黑裙

小黑裙是夏奈尔在这个时期推出的最具影响力的一组款式，发表于1926年，当时美国的《时尚》杂志刊登了这件作品，并且称之为“时装界的福特”。福特T型汽车当时是全世界销售第一的名车，可见美国人对小黑裙的评价之高。这种小黑裙是一种无领无袖的连衣裙，整体轮廓为长条直线形，呈现出纯粹、利落、帅气、潇洒的风格。最著名的“小黑裙”的穿着者要算奥德丽·赫本（Audrey Hepburn）。她在电影《蒂凡尼的早餐》中穿一件精致的“小黑裙”，风姿俊俏，颇具倾城之美。

当代时装设计大师克里斯汀·拉克鲁瓦（Christian Lacrois）说：“黑色是一切的开始，是零，是原则，是载体而不是内容。黑色也是所有色彩的总和。它的忧郁性、多样性，从来没有完全一样的黑色。”黑色各有不同：半透明的精致黑，哀悼的阴沉的黑，深沉的、皇室的天鹅绒黑，衰败的平纹绉纱黑，丝的直率黑，流畅的缎子黑，欢乐而正规的油画黑。羊毛黑令人联想起煤炭，而黑色的棉织品有一种乡村的民俗感。所有的新材料，当它是黑色的时候总是有种娱乐味道。也许正因为黑色如此非凡的魅力，“小黑裙”才得以持久不衰（图13-22）。

3. 妆饰

20世纪初，女性不赞成厚重的、虚假的化妆，认为这暗示了一种不正常的生活方式，如果想要化妆，也会用不显著的方式。到20世纪20年代，化妆已成为女性日常生活的一部分，而且一天中的时间越晚，妆就化得越浓。眼睛和嘴唇是重点，金色头发的女孩要把眼影画成绿色或者蓝色，形成对比，大家都使用眼影粉，把眼睛画成大大的杏仁状，看来好像深不可测，假睫毛也开始流行。眉毛被拔掉，然后再用眉笔画上细细的线，看上去大家的眉线都是一个样子。1925年开始流行指甲蔻丹，这样指甲的原来面目就看不见了，被厚厚的指甲油涂盖。

19世纪后期~20世纪，化妆技术有了显著进展，出现了许多新的美容法。1915年美国发明了棒状口红，20年代风靡世界，红唇妆成为流行的美容法。棒状口红很适合画当时流行的所谓“玫瑰花瓣小嘴”。此时还发明了防水睫毛油，发明者是1921年在巴黎开设美容院的伊丽莎白·雅顿（Elizabeth Arden）。

20世纪20年代，流行把短发理成泡泡式样，或有刘海或无刘海，或直发或卷曲，泡泡发配上描绘清晰的红唇和眼睛轮廓，成为最风行的搭配（图13-23）。

4. 迪考艺术

迪考艺术（Art Deco）有“摩登艺术”之称，始于20世纪20年代，它广泛应用于美术领域和这一时期的产业、建筑、织物及服饰等方面。其特点是颜色鲜艳，有对称几何图案，颇具东方艺术情调。直线的几何形表现了人们在工业化时代适应机械生产的积极态度，是规则设计的基础。在服装设计上常表现为直线造型、对称的装饰品和纹样图案。迪考艺术一直影响到20世纪30年代，后在1960年有一次复兴，1970年初和1980年曾重新受到人们的广泛关注和应用（图13-24）。

5. 牛津裤

男装在第一次世界大战前后的变化很大，战争中一些功能性较强的实用服装，如马裤和绑腿，在战后日常男装中继续使

(1) 爵士娃娃装

(2)1928 年女性的化妆与帽子

(3) 钟形帽

图13-23　20世纪20年代的女性装饰

用。军用雨衣、披风对后世的影响也很大。20世纪20年代时髦男子最特殊的款式要算牛津裤（oxford bags），它源于英国，1925年盛行一时，裤型宽大。牛津裤是牛津大学的学生兰伯特（Lambert）设计的，以顺应20世纪初取消女子紧身胸衣和撑裙的服装改革运动。当时牛津大学学生不顾校方反对，放弃校服穿起了这种形似布袋的裤子，因此得名。此裤裤口翻卷，裤脚管宽约30厘米且呈袋子状，穿着便捷舒适。此后牛津裤在妇女中流行起来，男子已不常穿（图13-25）。

图13-24　1923年著名设计师巴比尔绘制的时装水彩画

三、名师与品牌

1. 可可·夏奈尔（1883—1971）

加布里埃尔·夏奈尔（Gabrielle Chanel）1883年出生于法国的索米尔，她的童年十分不幸，在孤儿院长大，少女时代在音乐厅演唱，赢得了CoCo的艺名，也成为其日后时装店和品牌的名称。1910年在他人帮助下开设了一家小帽店，以此为契机于1913年进入时装界。1915年可可·夏奈尔的第一家店铺开张，并开始施展她的艺术天才。第一次世界大战期间及战后，她根据社会变化敏锐地推出了一系列著名的夏奈尔套装，引领了当时的流行，她的事业也在第二次世界大战前达到顶峰。夏奈尔于战争期间关闭时装店隐居瑞士，1954年后返回巴黎重整旗鼓、励精图治，不久又恢复了往日的朝气。她非常热爱自己的事业并一直工作到1971年生命的最后一刻。

图13-25　牛津裤

夏奈尔作为世界最具影响力之一的设计师为20世纪时装业作

图13–26　可可·夏奈尔

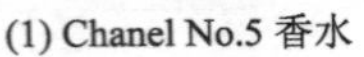

(1) Chanel No.5 香水

(2) 著名的品牌系列

图13–27

出了杰出的贡献。她坚信女性应该主宰自己的生活，包括穿着打扮，一个美丽的女性应该是积极健康的，她用自己一生的实践履行了这个理念。夏奈尔的时装包括直线形剪裁的裙子、长带的夹克衫、白色的短衫。夏奈尔所设计的款式特别雅致和简洁，且充满了女性风韵。她塑造了女性高贵、精美、雅致的形象，简练中见华丽，朴素而非贫乏，活泼且显年轻，实用但不失女性美。夏奈尔设计服装多是受当时男装的启发，创造出一种特立独行的女性风格。她把真假珠宝混合在一起当作首饰，这在当时是闻所未闻的。她从“Rodier”公司买来毛织的衣料制作成时尚服装，而这种衣料以前只是用于运动装和男士内衣。于是创造了夏奈尔的服饰经典：无领粗花呢套装，小小的黑色连身裙（即“小黑裙”），亦假亦真的珍珠配饰，栀子花与镶拼皮鞋，以及堪称为“传世之作”的夏奈尔5号香水（Chanel No.5）等。如今，夏奈尔5号香水已经成为世界上最著名的香水之一。正如夏奈尔所言：“时尚来去匆匆，但风格却能永恒”。夏奈尔高雅简洁的风格堪称独树一帜，全然摆脱了19世纪末的传统与保守，开创了一种极为年轻化、个性化的衣着形式，奠定了20世纪女性时尚穿着的基调。夏奈尔时装所强调的线条流畅、质料舒适、款式实用、优雅娴美，均被奉为时尚的基本穿衣哲学。

在领导20世纪20年代时装潮流的设计师中，夏奈尔是当之无愧的革命家，也是当时巴黎时装界的女王，因此那个时代也被称为“夏奈尔时代”。在以后近半个世纪的设计生涯中，她始终能充分地理解和把握新的时代精神，指引新女性穿着的流行方向，她对现代女装的形成与发展起着不可估量的历史作用。今天，夏奈尔成为国际性的奢侈品公司，是当今世界最卓越的品牌之一，可以说是优雅和经典的代名词。夏奈尔继续延续着其不朽的神话（图13–26、图13–27）。

2. **珍妮·朗万**（Jeanne Lanvin，1867—1946）

珍妮·朗万1867年出生于法国的布列塔尼。1890年，朗万开设议价帽子店，同时推出女装和童装。1909年推出高级女装。1926年推出男装。

珍妮·朗万的设计思路来源于各个时期的艺术作品，书籍、果实、花园、博物馆、旅途见闻等都是她的灵感来源。她最出名的革新作品“袍式”（Robe de style）的灵感来源于18世纪的巴尼尔裙。这种上部紧，下部是喇叭口形，长度及膝的连衣裙，装饰华贵，图案则受当时流行的立体主义几何图形的影响。在20世纪20年代里推出的许多服装，如长袍、斗篷、灯笼裙等，常使用各种不同的面料，如丝绸、蝉翼纱、网眼布等。朗万的服装在装饰上独具特色，她对光影效果有良好的感觉，珠绣和镶嵌补花亦常见于朗万的衣装。她的绣花多用机器做出针迹缝纫或绗缝手

(3)1927 年的时装

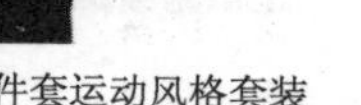

(4)1935 年的三件套运动风格套装

(5)1939 年的罗纱晚礼服

图13-27　夏奈尔的时尚产品

段。这种带有迪考艺术风格的装饰一直沿用至20世纪30年代。印染是朗万的又一装饰手段，她有自己的染色工厂，“朗万蓝”（Lanvin Blue）就在那里发明。这些装饰手段其后沿用到朗万品牌的女帽、男装及饰物之中。巧妙的配色也是朗万风格的标志之一，色泽明亮、精致、富有女人味。

1946年珍妮·朗万去世，她的继任者虽几经更迭，但该品牌依旧保持浪漫迷人、富有朝气的风格，如今朗万品牌则致力于高级成衣的发展（图13-28）。

(1)1928 年设计的下午装

(2) 晚礼服

图13-28　郎万的设计作品

3. 玛德琳·维奥内（Madeleine Vionnet，1876—1975）

玛德琳·维奥内1876年出生于法国欧贝维利，12岁在裁缝店当学徒，1912年她开设了自己的服装店，直到1940年关店为止，是当时巴黎最大的时装店之一。

维奥内设计的目的是要使服装成为女性的伴侣，她曾说：“当女子笑的时候，服装也应和她一起笑”。她常用如丝绸的绉纱、真丝薄绸、天鹅绒、缎子等材料来达到飘逸的效果；她第一个把流苏束独立固定在服装上，从而使流苏更加具有动感。她创作时从来不画设计图，直接将面料在立体模型上造型。她的设计风格受装饰艺术和东方艺术影响很大，直线的、几何形的、日本的浮世绘、和服等都在其作品中出现过。她被认为是20世纪初东西方服饰文化以新的形式在时装

(1) 黑色晚礼服

(2) 1931 年的作品

图13–29　维奥内的设计作品

上融合的典范。

维奥内在服装史上的最大贡献是创造了“斜裁”技术。她寻找缝线的最恰当位置，以致能把身体的曲线美淋漓尽致地体现出来。为了能够方便斜线剪裁，她首先使用了双幅宽的面料。她设计的正式晚礼服完全改变了传统形式的服装，是露肩和交叉过肩这两种晚礼服的奠基作。可以说如果没有她的设计，今日好莱坞的电影女明星们在出席奥斯卡颁奖仪式时的服装可能就大减风采了（图13–29）。

第三节　20世纪30年代与第二次世界大战期间的服装

尽管20世纪30年代初出现了世界经济危机，却为西方现代女装带来了极富魅力的典雅风格，成熟的优雅女性美成为日后女装不断流行的模式。这个时期流行甚广的“装饰艺术”，也成为服装设计的一种风格。此后发生的第二次世界大战给服装的发展造成了巨大的冲击，女装完全变成了一种非常实用的具有男性风格的装束。而男装仍以套装、制服为主，外形则以方正挺拔为理想。

一、女装的阴柔与阳刚

1. 20世纪30年代女装

1929年10月发生在华尔街的金融崩溃预示着经济大萧条的开始，失业、贫穷和饥饿的状况越来越严重，社会骚乱接连不断。在这样的历史背景下，女装设计明显地反映出经济危机带来的影响，表现出阴郁、沉闷和怀旧的审美倾向。女装形式的变革大约在20世纪20年代末就开始了，外形轮廓加长，变得更加柔和、更加优雅，一种更自然、更传统的女性化风格出现。这种风格使女性显得更加苗条，上衣和袖子都更紧，腰线不再被注重强调，又逐渐回升到它“自然”的位置，并用一根细腰带系紧，裙摆也下移到脚踝处，具有下垂感的裙子和高高的腰线，使腿显得特别修长。整体外形以“流线型”取代了以前的“直线型”，以“成熟、妩媚”，取代了20世纪20年代的“年轻、帅气”。

在这一时期女性服装中广泛地开始应用松紧带及针织面料、拉链等。当时年轻女子都希望保持身材苗条，穿衣服也要求显出活泼健康的样子，这种审美倾向与弹性材料的流行刚好吻合。针织这类具有柔软、流动感和下垂感的服装面料和配件的推广使用，体现了20世纪30年代服装典雅、美观、大方的形态特点，对后来的服装设计影响深远（图13–30、图13–31）。

2. 第二次世界大战期间的女装

1939年9月，第二次世界大战全面爆发，历时六年的战争给欧、亚、非三大洲的人民带来严重灾难。战争期间，妇女们无暇顾及衣着打扮，服装仅以实用、方便、耐穿为主，普遍穿着的是“工作服”与“制服”。第二次世界大战期间，物资匮乏，衣料是定量供应，因此服装样式变得更短更紧。1941年，当衣料开始限制供应一年以后，英国政府强制执行了“使用规定”。早在1938年，好似预感到战争的来临似的，裙子开始短缩，仅遮住膝盖，而且裁剪得比较窄，只加了一个褶裥以便于运动。女装开始强调和夸张肩部，向后来的军服式过渡。垫肩和绷紧的腰带的使用，使衣服的造型显得非常的男性化。肩章、硬领、翻领都加强了这种男性的甚至是军队的感觉。在战争期间，这些形式被强化到无以复加的程度也成为时尚的主流（图13–32）。

二、时尚与流行

1. 公主装

这是流行于20世纪30年代的一种垂直裁剪，强调修长轮廓的时装样式。其特征是裙长多褶，织物一般是斜裁的，面料多选用柔软、松散的质地，以强调流动感和垂坠感。日装有高的领圈，领圈上有小蝴蝶结或衣领装饰。晚礼服则有更具诱惑力的露肩装，衣长及地，后面用一个小拖裙结束，当穿衣者摆姿势照相时，它可以很戏剧化地散落在她的脚周围。头发大都以遮住耳朵为度，与细长型的服装相互辉映，展现一种成熟、优雅的女性美（图13–33）。

2. 白色晚装

这是夏奈尔继“小黑裙”之后，推出的另一系列时装界的经典款式。可可·夏奈尔在20世纪30年代改变了自己的风格，她摒弃了原有的、方形的特征，转而追求一种更加浪漫、流畅的晚装。

白色套装系列是标准的女性高级晚礼服，夏奈尔的设计与维奥内的斜线剪裁结合起来，成为当时最高级的晚装设计方式。紧紧贴身的白色缎子闪闪发光，把身体曲线完全勾勒出来，性感突出。白色晚装带来的新特征

图13–30　1936年的晚礼服

图13–31　1934年有褶边的服装

图13–32　1934年体现实用性的时尚女装

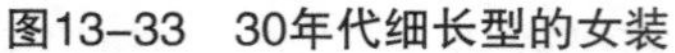

图13-33　30年代细长型的女装

图13-34　1935年的白色晚装

炫目耀眼，成为好莱坞电影圈的最爱，无论是电影中的那些光彩耀人的女主角，还是奥斯卡颁奖仪式上的女影星，很多都着白色晚装来吸引观众和媒体的注意（图13-34）。

3. 军服式女装

军服式女装即从军服上得到启示而设计的具有男性特征的服装。军服的款式有陆、海、空三军的式样，以垫肩、肩章、金绠子、盖式贴口袋或金属扣子等为特征。在设计上强调直线的、机能的、活动的细部结构。而在第二次世界大战爆发后以及整个战争期间，女装开始强调和夸张肩部，裙子缩短，呈现出一种非常实用、男性味很强的现代装束。当时美国纽约的设计师维拉·马克斯韦尔（Vera Maxwell，1903~1995年）曾因设计了许多实用型的军服式女装而受到人们的关注。

从1945年战争结束，一直到1946年，战争中的军服式女装继续流行，但开始出现微妙的变化，腰身变细，上衣的下摆出现波浪，更加强调细节的设计。因腰身收细肩就显得更宽，所以战后的军服式被称作宽肩式（bold look）。反过来由于宽肩和下摆的外张也就更显得腰细，这为1947年迪奥的“新面貌”女性味的复活作了铺垫（图13-35）。

4. 尼龙丝袜

1935年美国哈佛大学博士卡罗瑟斯在杜邦公司实验室主持一项高分子化学研究时，首先发明并制成了聚酰胺纤维——尼龙。在20世纪30年代末~40年代，以锦纶即聚酰胺纤维——尼龙为原

(1)1944 年战争改变了女性形象

(2) 战后的女装

图13-35　军服式女装

料生产的尼龙丝袜畅销美国，取代了以前的黑色羊毛袜和印花长筒袜。1939年用尼龙纤维材料制成的丝袜首次在纽约世界博览会中展示。因为女性发现穿上尼龙丝袜后双腿的线条和光泽增强，尼龙丝袜顿时成为美感和性感的象征，随即风靡世界，女性们竞相抢购（图13-36）。

图13-36　尼龙丝袜广告

5. **电影时尚**

20世纪的20~30年代被称为是电影史上的“好莱坞黄金时代”。当时的活动影像和有声电影正在趋于普及，电影的感染力和艺术表现力使人们感到无比的惊讶和喜悦，蓬勃兴起的电影业成为人们娱乐生活中不可缺少的一部分。电影改变了文化内容，改变了人们的娱乐方式，也改变了许多人的生活方式，进而引导了服饰的时尚潮流。当时在时装界和高级消费层之外，很少有人了解，是电影将时装介绍给大众。如白色晚装，正是因美丽的电影明星的穿着，才吸引了许多女性的目光。此时，明星和时装的关系已经十分密切，一个理想的女性形象产生后，她所穿的服装也马上跟着流行起来。美国的高级时装店所经营的时装，往往都是好莱坞某一时期曾经流行的电影服装，甚至还影响到巴黎的高级时装店（图13-37）。

6. **英美男装**

20世纪30年代英国男士依旧以挺拔、阳刚为理想的形象。男装仍以西装、礼服为主，表现厚重、挺拔的特质。这个时期的男子特别讲究服饰的整洁和穿着的标准得体，特别是在英国，男子穿着打扮有严格的规则。如正式晚礼服要求穿未漂染的精纺毛织物制成的黑色或深蓝色的燕尾服；长裤要求是同料的织物制作，一般镶有边缝，不翻卷裤脚；配套的背心要求单排扣，选用同色斜纹布制作；白衬衫用平纹布制作，要求衬有硬胸；服饰品有蝴蝶结、翼形领及珍珠领扣、白麂皮或小山羊皮手套、礼帽；鞋子有漆皮鞋、牛津鞋或浅口无带皮鞋；袜子为黑色或深蓝色，一般上面还绣有花纹；外套为黑色或深蓝色长大衣。美国人则试图在男装设计方面创造出一种美国式的式样，用混纺织料代替精纺毛料，套装的袖子带折边，钉纽扣，有贴袋。另外，男式夹克的衣长比欧洲式要短，裤子也窄小一些。这些服装后来被英国人称之为实用男装。从款式上看，比英国式男装显得更休闲一些。这种衣冠楚楚的绅士风度，成为欧美男子崇尚的一种装束（图13-38）。

图13-37　30年代的电影海报及电影女星

第二次世界大战后一些军便

装也变得非常流行。如艾森豪威尔夹克（Eisenhowcr jackct），因美国将军艾森豪威尔穿用而得名。其款式特征为衣长至腰围，领型为翻领，前开襟用拉链，胸前有盖式和褶盒形特大贴袋，袖口为有扣袖头。面料选用质地坚牢耐磨华达呢、斜纹布等，服装具有良好的机能性。此外，空军飞行员也是受崇拜的美男子形象，他们身穿飞行夹克，围着丝绸围巾，足登飞行靴的装束也成为当时的一种时尚。

图13-38　30年代男士服饰

图13-39　夏帕瑞丽

三、名师与品牌

1. **埃尔莎·夏帕瑞丽**（Elsa Schiaparelli，1890—1973）

埃尔莎·夏帕瑞丽1890年出生于意大利罗马。天生倔强的秉性和强烈的自由意识使她从小就有别于同龄人，她自小喜爱艺术并表现出非凡的才能。1927年发表了她的成名作—— 一套在黑色毛衣上加白色蝴蝶结领子的提花毛衣。1935年创立了夏帕瑞丽高级时装店，并提倡用垫肩强调肩部，恢复胸部曲线，主张让腰线回到自然位置，在20世纪30年代产生了很大影响。

夏帕瑞丽的设计风格富有反传统的激情和一种被她自诩为“丑陋的雅致”。她把意大利人的热情与法国人的趣味结合起来，想象力丰富新奇、设计大胆，甚至怪诞。如骸骨毛衫、有抽屉式口袋的套装、刺绣着鲜红的虾和绿色欧芹（莱）的白色晚礼服、一直戴到肩头的羊腿袖形长手套，把高跟鞋颠倒过来做成的帽子。夏帕瑞丽了解超现实主义的幽默，也充分认识现代艺术的精神，她因此和当时许多现代派艺术家都有深厚交往，创作思想明显受其影响。西班牙超现实主义大师萨尔瓦多·达利对她的时装设计有相当多的帮助，他协助夏帕瑞丽设计出“破烂装”。还为她设计了一个电话形状的手提袋，手提袋上用刺绣装饰“电话”的键盘。这种超现实主义的手法，使夏帕瑞丽的时装充满了前卫的时代气息。立体主义大师毕加索对她的影响也是非常大的，毕加索建议她把报纸作为图案印刷到纺织品面料上，结果立刻流行开来，成为时尚。夏帕瑞丽在色彩设计上也与众不同。她的时装色彩鲜艳，虞美人色、绯红色、紫丁花色、刺眼的粉红色，法国近代前卫画家马蒂斯等人偏爱的色调以及当时看来似乎不登大雅之堂的大红、大绿等强烈的色彩都在她的作品中出现，而且经常伴有华美的刺绣。夏帕瑞丽另一个重大的贡献是新型的时装表演方式，她非常注意时装系列推出时的表演效果。她的表演，不仅是时装表演，也是一场吸引人的声光、音乐、丽人的综合展示，带动和完成了时装设计从20世纪30年代到40年代的转型过程。

埃尔莎·夏帕瑞丽被称为20世纪30年代“时装界的超现实主义者”。具有非常独特的、不可忽视的历史价值，人们常将她与夏奈尔、维奥内并称为20世纪前期三大“女中俊才”（图13-39、图13-40）。

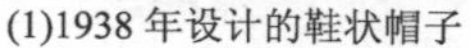
(1)1938 年设计的鞋状帽子

(2) 超现实主义作品

(3) 达利为其服装画上龙虾

图13–40　夏帕瑞丽的设计作品

2. **格蕾夫人**（Madame Grès，1903—1993）

阿利克斯·格雷斯（Alix Grès，1900~1993）1903年出生于法国巴黎。少女时代想成为雕刻家，为筹得从事雕刻所需的费用，她用白布为一个厂商制作出的衣服造型，深得厂家欣赏，时装杂志也对这位天才进行了报道，著名的“不用裁剪的斗篷”就是她当时的作品。以此为契机，她转而进入时装界。1934年她创设了“阿利克斯·格雷斯时装店”，1942年改用“阿利克斯·格雷斯”为店名。

图13–41　格蕾夫人

格蕾夫人擅长从古希腊的雕塑和花瓶上的绘画中汲取设计灵感，运用剪裁技术，特别是斜裁法、特制的悬垂感很好的宽幅衣料创作出流动的垂褶女装。她的服装不用任何装饰物，是最具有真正古典品味的代表，具有突出的个人风格。她认为时装是以人为基础而创造出来的雕刻和建筑，衣服要把服用者的魅力百分之百地表现出来。她创作时也不画设计图，也没有纸样，直接用布在人台上像搞雕塑一样地造型，每一件作品从设计到完成全都亲自动手，精心关注设计过程中的每个细节，因此作品细腻、风格独特、典雅而美丽。

图13–42　1935年格蕾夫人设计的古希腊风格的服装

格蕾夫人作为20世纪具有影响力的时装设计师之一，她的艺术生命力长久，81岁时还在致力于设计具有时代感的便装，也获得成功，被誉为“时装设计界的常青树”和“布料雕塑家”（图13–41、图13–42）。

3. **尼娜·里奇**（Nina Ricci，1883—1970）

尼娜·里奇1883年出生于意大利，儿时迷恋服装。13岁开始学习裁缝，22岁就成了裁缝店里的总设计师。1932年自立门户创立“时装之家”，其后改为“尼娜·里奇公司”。20世纪50年代，尼娜·里奇退休。

尼娜·里奇在设计上从不随波逐流，具有敏锐的洞察力，她的作品常能反映女性的内心世界。1937年，她创作的一件以“危险的游戏”为名的晚礼服作品，大胆地采用敞胸和露背设计，后背从肩裸露至腰，为20世纪30年代后期流行的露背礼服设计树立了典范。里奇擅长直接把布料披在模特身上进行立体裁剪设计。她毕生致力于探索女性时装设计之奥妙，晚年曾向他人吐露自己的设计宗旨：“论设计，应因人而异、因时而异、因地而异”。里奇的服装以别致的外观，古典且极度女性化的风格在时装界独树一帜。如今她的品牌已包含男装和化妆品系列（图13–43）。

图13–43　里奇设计的晚装

第四节　第二次世界大战后及20世纪50年代的服装

服装发展史的规律告诉我们，战后的重建和和平的环境都将给服装带来一个繁荣的时期。第二次世界大战后的西方女装结束了战前的状况，在社会变化和一批设计师的努力下，创造了20世纪50年代西方高级时装的辉煌，成为永远的经典，载入了世界时装的史册，也使高级时装业的发展达到了划时代的高峰。而男装仍保持传统样式，主要讲究正确的穿着方式，合适的风度以及精良的做工。

一、女装的优雅时代与鼎盛的高级时装业

1. 20世纪50年代女装

第二次世界大战后，欧洲百废待兴，各国处于重建时期。女装的发展在“庆祝和平，找回欢乐，期待复原，建立新时代”的气氛下出现转变。战后最初的几年里，时装的轮廓基本上没什么改变。而后，一种重建女装华丽、奢华的女子柔性的设计理念逐渐取代了简单、实用的男性化的设计理念。直到1947年克里斯汀·迪奥“New Look”的发表，满足了女性在经过了多年被剥夺穿漂亮衣服的权利后渴望华丽衣服的欲望。许多女性为了掩盖繁重劳动的痕迹，希望显得更传统一些。女装朝着充满女性化，强调奢华的趋势发展，并延续到20世纪50年代，这是服装史上最经典的优雅时代。

与此同时，战后的经济繁荣把女性重新推到摆设式的、家庭主妇的地位。女子的穿着又开始出现紧腰、长大的裙子、窄窄的肩膀、紧身的上衣，并且强调腰线，胸部和臀部都是重点部位，头发变成柔顺的波浪形，鞋子又窄又瘦，而鞋跟则又高又宽。

对于女性来说，50年代是物质的年代，人人希望更加有女人味，更加漂亮，也希望能够有更多的时间待在家里，而不是像战时那样必须每日上班维持生计。女性们外在的美丽和高雅非常醒

图13–44　20世纪50年代流行女装样式

目，穿着上自信而安详，纯洁无瑕。服饰、家庭装饰、花园又重新成为女性的生活内容，舒适、现代、方便则是新生活所崇尚的品质。杂志、电影树立了新女性的时髦形象，大家都趋之若鹜地学习打扮，时髦成为新的生活潮流。和平的环境带来了社会的繁荣，也造就了一个服装繁荣的时期（图13–44）。

2. 高级时装业的鼎盛

第二次世界大战期间，虽然巴黎高级时装业遭到重创，但其中有60多个店在纳粹的铁蹄下仍然坚持到战争结束。战后巴黎高级时装业又迎来一个继20年代以来再次蓬勃发展的黄金时期。据有关资料统计，1955年高级时装业员工总数达到2万人左右，而高级时装的消费者也高达2万人左右。这两项数字都创下了高级时装业发展史中最高纪录。经济的繁荣和生活方式的改变，造就了一批如克里斯汀·迪奥、伊夫·圣·洛朗、皮尔·巴尔曼、克里斯特巴尔·巴伦夏加、休伯特·德·纪梵希等引导潮流的杰出服装设计师。在他们的努力下，创造了20世纪50年代西方高级时装的又一次辉煌。设计师们的伟大作品也成为这个时代永恒的经典。

二、时尚与流行

1. 新风貌（New Look）

1947年2月17日，克里斯汀·迪奥（Christian Dior）在巴黎推出以“花冠”命名的系列时装，时装一反男性造型的军服式样，被媒体称之为“New Look”（新风貌）。

“新风貌”装具有独特的造型线，这是一种有柔美的肩、丰满的胸和细腰宽臀的女性曲线造型。将19世纪上层妇女的那种高贵、典雅的服装风格，用新的技术和新的设计手法，重新演绎，表现出的女性化与战争时期的男性化形成强烈的对比。袖子长度通常到小臂中央，即所谓3/4袖，里面衬以长手套。这种较短的袖子加长手套的搭配，女性化特征格外明显。裙子有两种，一种是包得紧紧的，另一种则是稍宽松的百褶喇叭裙。百褶喇叭裙很费料，所以最初在面临饥荒的欧洲很难推广，结果在富裕的美国首先流行起来。尽管如此，“新风貌”确确实实给战后

图13-45　New Look装

(1) 穿鸡尾酒服的女性

(2) 根据 New Look 造型设计的鸡尾酒服

图13-46　鸡尾酒装

图13-47　比基尼原型 1946年的腰布沙滩装

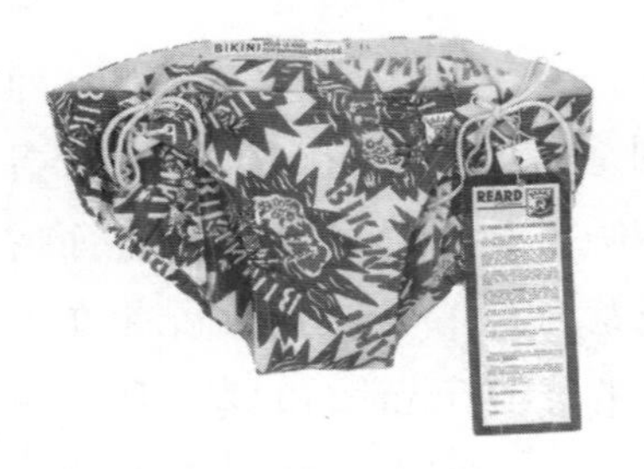

图13-48　比基尼

的欧洲服装拂去了压抑、灰暗情调，将快乐和美重新带了回来，成为时装史上的经典样式（图13-45）。

2. 鸡尾酒装

这是克里斯汀·迪奥在1948年推出的新样式，其设计的要点是前胸开领比较低，吊带在肩膀靠近手臂的位置，胸部和肩膀较为暴露。领口成V形或心形，裙身则有A字裙或直身式。裙长至小腿，比正式的晚礼服稍短，非常适合在时间较早的社交活动中穿着，是介于休闲和正式晚礼服之间的一种服装。由于服装比较紧凑、随意，使着装者显得年轻，故受到各阶层不同年龄女性的欢迎（图13-46）。

3. 比基尼泳装

比基尼泳装最早出现于1946年。设计师杰克·海姆（Jacques Heim，1899~1967年）早在1920年就曾以设计海滨服装出名。1946年他设计的比基尼是一种简单的两件套泳装，上装比胸罩小，下装比三角裤小，分别用带子固定在身上。穿上这种泳装几乎近于全裸，使当时许多专业时装模特也望而却步，但是被一位舞女大胆地穿上，并让媒体拍照。这引起的轰动不亚于同年美国在太平洋的比基尼珊瑚礁上进行首次核试验所产生的影响，所以媒体就将这种泳装称之为“比基尼”。比基尼虽然出现在1946年，但在欧洲真正流行是在20世纪50年代，美国直到1965年才接受这种款式。在20世纪70年代又出现了更加简约的带式比基尼（图13-47、图13-48）。

4. 妆饰

这个时期社会要求女性的化妆不宜极端，而要求温和，甚至有点中庸。眉型画得稍显弧形，略略上挑，若把眉毛剃掉或者是粗眉被视为不合潮流。美国妇女这时使用密斯佛陀袖珍粉盒，随时随地可以化妆，以遮盖面上的瑕疵，使其显得总是那样容光焕发。唇的化妆非常重要，流行红唇，并且唇的轮廓要勾画得清楚分明，“血盆大口”就是指的这种流行风尚。正方形的头巾叠成三角形来包头，在下颏打个结，既具有功能性，又好看。手套也是一种必备的饰件，20世纪50年代初期，白色的手套与两件的套装配合，中长的手套配正式外套，而长手套配晚礼服。手套用与服装同样的面料制作（图13-49）。饰物中还包括手提袋，摩纳哥王妃格莱斯·凯丽经常用皮手提袋，当时使用的是赫麦斯牌的大手袋，后来这种比较大的手提袋被称为“凯丽袋”，从而开创了名牌手提袋的先河。又流行宽大腰带，其不但具有功能性，也是一种必要的装饰。鞋子也非常讲究，有一种尖头鞋，其鞋跟用一种比较细的、略为弯曲的“萨巴林纳”做成，因奥黛丽·赫本拍电影时穿用而掀起流行风潮。还流行一种平底鞋，起源于法国电影女演员碧姬·巴铎，她原是芭蕾舞演员，爱穿平底芭蕾舞鞋，女孩子们仿效她而于平时穿着，特别是在后来开始流行的摇滚乐中跳舞的女孩子，觉得平底舞鞋特别舒服，因此更加流行。

5. 芭比娃娃（barbie doll）

芭比娃娃是由美国美泰儿（Mattel）公司推出的一款玩具。1959年第一个芭比娃娃出现在美国市场上，并很快出口到欧洲。芭比娃娃是世界上第一个显得“成熟”的娃娃，同时也受到孩子们的喜爱。与人们的期望相反，女孩子不仅仅喜欢玩婴儿娃娃，她们似乎对外表成熟的娃娃更加着迷，当她们玩的时候，就可以充当各种不同的角色。芭比娃娃教会年轻女孩怎样去穿衣服，因为芭比能够捕捉住适于任何场合的最佳服饰，以精美的服装忠实地反映了时装界中流行变化，因此和娃娃一起玩就能了解时装界主要的女性形象。她的第一任设计师夏洛特·约翰逊，引用了高级女装的方法和样式来打扮她，使她衣着非常华丽，看起来就像一位时髦的女性——每一个细节都是那么合适，包括手套和内衬，当然价格也不菲。芭比娃娃作为指导女孩穿衣的第一任启蒙老师，潜移默化地影响了西方女性的着装观念，也成为西方服装文明的组成部分（图13-50）。

(1) 化妆

(2) 手套

(3) 爱玛仕公司生产的“凯丽袋”

图13-49　20世纪50年代的华贵装饰

图13-50 芭比娃娃

三、名师与品牌

1．克里斯汀·迪奥（Christian Dior，1905—1957）

克里斯汀·迪奥1905年出生于法国诺曼底海岸边的格兰维尔（Granville）小镇。1919年移居巴黎，由于他喜爱建筑和绘画艺术以及在欧洲的旅行中结识了毕加索、达利、马逊等知名的艺术家，受到他们的熏陶，迪奥于1928年开设Galerie Jacques Bonjean画廊，展出20世纪现代艺术大师作品。后因经济萧条，合伙人破产，他的画廊被迫关闭。为维持生计于1935年在朋友的裁缝店内为顾客制作服装样板。1938年后，他的才华受到罗波特·皮凯的赏识，被其聘为助理设计师。在两次世界大战中参战，退伍后返回巴黎又进入鲁希安·鲁伦店工作。1946年，在“棉布大王”马赛尔·布萨克的资助下创建了“Dior高级时装店”。此后整整十多年中，他在高级女装设计方面获得了极辉煌的成就，成为誉满全球的顶级时装设计大师。

迪奥一生的经典作品不胜枚举，因其不断创新的服装廓型而改变了时装的进程，因此，在迪奥驰骋时装界的十年（1947—1957）被称为“形的时代”或“字母的时代”。迪奥的每一场发布会，都会介绍一种新造型。继“New Look”后，1948年春，他又举行了以“飞翔”命名的发布会，设计了侧边不对称和后边打褶、下摆像翅膀一样张开的裙子。1948年秋，他推出“Z”型女装，用硬制金属线绕于人体周围，有的贴身，有的距人体50毫米，使女子形体显得十分活跃。1949年春他推出“喇叭形”女装，利用各个分开的曲面给人造成丰满的错觉。1950年他设计的“垂直形”女装，利用垂直的线迹及打褶效果使女子显得更加高挑、苗条。1954年秋，迪奥发表了“H”型女装，这是一组更为年轻的时装造型，腰部不再受到约束。1955年，他又推出了当时最有影响力的“A”型女装，收肩的幅度，放宽的裙子下摆，形成与埃菲尔铁塔相似的“A”型轮廓，《时尚》杂志称其为“巴黎最负众望的线条，这是自毕达哥拉斯以来最美的三角形”。

迪奥又是一个天才的市场营销家，他知道怎样推销自己的设计，如何树立自己的形象。迪奥每6个月推出一个新的系列是极为成功的市场运作方式，他是时装界中第一位每次新系列都改变裙裾高低，甚至改变整个服装轮廓的设计师。迪奥的另一天才之处就是打入美国市场并获得极大成功。他以欧洲人的眼光发现美国是一个巨大的奢侈品的潜在市场。于是，他在美国建立了一套商业性的时装分销系统，利用美国式的操作方式和营销制度，并以美国为平台，迅速扩张到美洲其他国家。迪奥还是第一个以注册商标确立“品牌”概念的设计师，他把法国高级时装业从传统家庭式作业引向现代企业化的操作模式。他以品牌为模式，以法国式的高雅和品味为准则，以极度奢华和极度优雅的法国文化为品牌的核心理念，坚持华贵、优质的品牌路线，运作着一个庞大的奢侈品王国。他不仅从事女装设计，还涉及童装、毛皮、香水、帽、鞋和珠宝。

1957年10月，因心脏病突发，迪奥留下了未完成的作品系列与世长辞，终年52岁。整个巴黎为他举行了盛大的葬礼，牧师在迪奥墓地上致词：“如果上帝把迪奥召唤而去，那是因为上帝需要他为天使们打扮！”而作为他的继任者，伊夫·圣·洛朗、马克·伯翰、詹弗兰科·费雷始终保持着迪奥品牌典雅的风格，续写了40余年的辉煌。1996年，约翰·加里亚诺成为迪奥的首席设计师，吸纳了更多的文化元素融入高级女装的设计中，以更宽泛的想象力使迪奥传统再次回归，他使迪奥品牌的女装穿起来更加年轻、更加充满活力（图13-51~图13-53）。

图13-51　克里斯汀·迪奥

(1) 迪奥作品的效果图

(2)1953 年的晚礼服

(3)1955 年秋季 Y 型裙

(4) 泡装

(5)H 型款式

图13-52　迪奥的设计作品

(1) 品牌标志“CD”

(2) 时装店

图13-53　迪奥时装店及其品牌标志

2. 克利斯特巴尔·巴伦夏加（Cristobal Balenciaga，1895—1972）

克利斯特巴尔·巴伦夏加1895年出生于西班牙的圣桑巴蒂安，从小跟随母亲学裁缝。1915年在家乡独立开店，不久又在巴塞罗那和马德里开设了服装分店。1937年在巴黎开设高级时装店，并很快获得成功。1968年巴伦夏加退休。1972年在巴黎逝世。由他创立的“巴黎世家”已成为世界知名品牌，现已向高级成衣、香水系列扩展。

巴伦夏加被认为是时装设计领域中少有的全才，他不仅设计超群，而且精通裁剪和缝制。常直接在模特身上利用布料的性能来进行立体裁剪和造型，被称为“剪子的魔术师”。他的作品以雕塑般的艺术造型而著称，他常常像建筑师研究建筑的结构一样，研究服装结构的变化以及造型的力度，在作品中能够恰如其分地表达他设计的全部思想。1939年，他设计的束腰形女装，预示着战后迪奥“新风貌”装（New Look）的到来。1950年他推出巴莱尔·拉印（酒桶形女装），先于迪奥解放了女性的腰身。在随后的数十年，他创造了一系列新的样式，如斗篷式大衣、波罗夏茨风格的套装、袋状女装等，以至有“现代女性无不以某种形式穿着巴伦夏加的作品”的说法。

巴伦夏加不受任何流行的束缚，他的作品具有超时空的持久性和艺术性。他的非凡才华和卓越成就在西方服装界具有重大影响，以至迪奥和夏奈尔都对他赞赏有加。同时巴伦夏加也非常注重培养人才，著名设计师休伯特·德·纪梵希、安德烈·库雷热、埃马纽埃尔·温加罗等都曾是他的门徒（图13-54）。

3. 休伯特·德·纪梵希（Hubert de Givenchy，1927—　）

休伯特·德·纪梵希1927年出生于法国的博韦，从小就与纺织品设计有接触。17岁时被聘为助理服装设计师，以后又在几家服装名店从事设计工作。1952年在巴黎开设服装店，随后推出个人作品发布会，并获得成功。1953年开始陆续在其他国家开设专卖店。此后纪梵希名下的产品也陆续开发扩充，成为知名品牌。1988年，纪梵希品牌被法国的LVMH集团收购，但纪梵希本人仍主持品牌时装的设计工作，直至1995年宣布退休，但纪梵希品牌仍被他之后的设计师继续经营着。

纪梵希的设计简单明快，富有现代气息，优雅中包含着简洁、清新、洗练、庄重、纯朴和谐趣。高贵典雅的设计创造出许

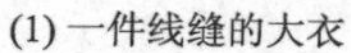

(1) 一件线缝的大衣

(2)1955 年作品

(3) 出色的裁剪

图13-54　巴伦夏加的作品

多经典之作，如他为赫本在《蒂凡尼的早餐》中设计的无袖黑色连衣裙、三层珍珠项链和特大型的太阳镜成为被人们无穷尽地复制的经典。他的设计注重线条的表现而非细节的装饰，广泛的色彩应用是其设计的主要特点，饱含青春韵味和活力的服装也是他的长项。他的设计总能跟上所处不同时期的设计要求。1978年和1982年两次获金顶针奖，1983年获得法国荣誉军团骑士勋章，1985年获奥斯卡优雅大奖。

纪梵希在他近半个世纪的设计生涯中经历了高级时装从鼎盛走向衰落、成衣业迅速崛起的时期。他不仅用智慧成功地完成了品牌的延续，而且在继承了巴伦夏加风格的同时也深深影响着法国之后的设计师。当初纪梵希先生创立纪梵希品牌时所赋予的品牌4G精神——古典（Genteel）、优雅（Grace）、愉悦（Gaiety）、纪梵希（Givenchy），加之他与赫本的传奇故事，为人们创造了一个世纪的美丽神话（图13-55、图13-56）。

图13-55　麦克奎恩为纪梵希设计的绣花套装

图13-56　赫本穿着纪梵希的作品

本章综评

20世纪无可争议的是一个时装的世纪。上半叶人类社会发生了许多前所未有的变化，都与西方社会的政治、经济、文化、科技有着直接联系。其中，影响最深刻的是两次世界大战，尤其是第二次世界大战，这是迄今为止人类历史上规模最大、伤亡人数最多、破坏力最强的战争，但它也使人类的衣生活产生了巨大的变化。服装变迁的规律告诉我们，在和平的环境中，服装遵循渐变的原则；而在战争或重大历史事件发生时，服装会产生突变。

在19世纪中后期，西方男装从“传统型”向“现代型”转变后，男装的造型基本定格下来，从此服装的变化重点转向了女装。虽然从18世纪末以来，女装的流行周期缩短、变化速度加快，但仍以传统型态为基本模式。第一次世界大战，给西方女装的发展带来了质的飞跃，开始了现代女装的成熟期。第二次世界大战则使女装彻底摆脱了更多的束缚，从成熟走向经典。

这一时期，服装产业也得到了迅速发展，特别是巴黎高级时装。尽管有过战争时的低潮，但当战争一结束，就出现了高级时装的黄金发展阶段，特别是在20世纪50年代进入了它的鼎盛期。在这期间涌现出了许多著名的设计大师，给我们留下了可圈可点的经典之作，也在服装史上写下了可歌可泣的动人篇章。让我们永远记住这些使女性变得更加美丽的不朽的名字：保罗·普瓦雷、可可·夏奈尔、克里斯汀·迪奥……

思考题

1. 名词解释：紧身胸衣，蹒跚裙，男孩风貌，小黑裙，公主装，新风貌，芭比娃娃。

2. 西方女装在20世纪初发生了怎样的变化，具有怎样的意义？

3. 简述20世纪20年代与30年代女装的特点并列举这个时期具有影响的服装设计师及其设计风格。

4. 为什么高级时装业能在50年代出现鼎盛时期？简述这个时期的女装特征及其著名设计师（3~5个）。

5. 19世纪末至20世纪中叶西方女装从传统型向现代型确立，进而从成熟走向经典经历了哪几个阶段？并说明其原因。

6. 举例说明20世纪上半叶具有影响的流行与时尚有哪些？

7. 根据20世纪30年代和50年代的服装样式模拟设计服装。

20世纪服装（下）

课题名称：20世纪服装（下）

课题内容：20世纪60年代的服装
20世纪70年代的服装
20世纪80年代的服装
20世纪90年代的服装

课题时间：4课时

训练目的：通过本章学习，学生应了解西方服装在20世纪60年代至90年代末发展的基本状况，明确在后工业化时代背景下所开创的服装领域中新的设计格局，在今后的学习中更好地借鉴和应用这种新的设计理念。

教学要求：
1. 认识20世纪60年代“年轻风潮”对西方服装产生的深刻影响。
2. 了解成衣业蓬勃发展的背景和意义。
3. 了解这一时期具有代表性的设计师及其代表作。
4. 把握好多元化和大众化时代的设计方向。

第十四章　20世纪服装（下）

——大众与多元

（20世纪60年代~2000年）

本章导语

从人类社会进程来看，这个时期世界发达国家已从工业化时代迈向后工业化时代，而发展中国家则从半工业化逐渐走向现代化，人类社会比过去任何时代都更加复杂、多样。

发生在20世纪70年代的中东战争、能源危机和20世纪80年代末90年代初的东欧剧变、苏联解体使世界政治格局呈多极化趋势。出现在20世纪70年代的“材料革命”“能源、生命科学革命”的现代科学技术以及20世纪90年代的信息革命，使生产力以飞跃的速度向广度和深度发展，极大地改变了西方社会乃至整个世界的面貌。

在文化艺术方面，摇滚乐、流行音乐、流行艺术（波普艺术、欧普艺术）以及后现代文化现象已成为大众文化不可缺少的一部分，对人们的衣食住行生活习惯和思维方式产生了重大的影响。这一切使得20世纪下半叶西方服装呈现出一幅崭新的面貌。

这个时期服装的发展呈现出前所未有的多元化趋势，不同服饰的风格和表现形式可以在同一时间相互并存，改变了过去某一历史时期只有一种设计风格的局面；时尚流行不再以巴黎为中心，而出现了多个中心平分天下的局面；同时世界上不同文明形式的持续存在使服装发展的多样性更加鲜明。服装市场消费对象的变化打破了20世纪上半叶高级时装一统天下的格局，成衣业兴起，并得到迅速发展，几乎主导了整个20世纪后期的服装产业，以至于人们将这个时期称为“成衣的时代”。后工业化时代背景下的生活观念和生活方式，开创了服装领域新的设计格局，导致了设计理念的一场深刻革命，以简约取代烦琐，以平民化取代贵族化，以商品标识取代血统标志，以标新立异、打破常规取代循规蹈矩、墨守成规。这种状况直接影响着20世纪末到21世纪的服装走向。

第一节　20世纪60年代的服装

当20世纪50年代群星璀璨的高级时装尽情地闪烁着它的耀眼光芒时，一场年轻风潮的兴起不仅打乱了时装持续百年的传统秩序，而且又以它们革命性的举动改写了服装史发展的历程。出现在这个时期的摇滚乐、嬉皮士、迷你裙等青年亚文化现象形成一股强大的潮流，冲击着西方的主流文化，掀开了西方服装史上新的一页。

一、从年轻风潮走向大众时尚

20世纪60年代中期开始的“年轻风潮”起源于20世纪50年代末美国“垮掉的一代”兴起的避世运动，发展至今已成为一种“亚文化现象”，这场风潮由于对素食、环境保护以及和平的兴趣而在青年文化中占据了一个永久的地位。它与当时校园里的反传统、反体制运动和黑人解放运动一样都标志着青年人对社会底层的关注，对人民权利的兴趣，对消费文化的拒绝，对生态平衡的关心。受这种亚文化的影响，也出现了很多新的思想、新的艺术模式，波普艺术、欧普艺术、摇滚音乐、街头时装等都诞生于此时（图14-1、图14-2）。

图14-1　青年亚文化

这些风靡西方世界的青年运动和文化艺术，使这一时代的西方社会极不安宁，强制性地改变着人们的世界观、价值观和审美观，从而也扭转了20世纪后半叶服装流行的方向。青年们纷纷效仿嬉皮士、摇滚歌手们怪诞的着装现象，引起了设计师的兴趣，从中得到设计的灵感。他们以年轻一代为消费目标，迎合青年们的反传统心理，设计出更加青春的时装。时装抛弃了20世纪50年代的优雅和女性化，短而宽松，裁剪得非常平滑，色彩鲜艳，经常印有几何图案，大部分使用合成织物。这些中性化的服装掩盖了女性的曲线，露出部分小腿，使得成年女性看起来像个小女孩。同时，著名的碗状披头士发型也深受青年人的喜爱。此时的服装不再是一种舒适或保暖的需求，不再是一种社会身份和地位的象征，它已丧失了精品的特征，成为一种年轻人大众化的符号，一种情感表达的符号。

图14-2　欧普文化

总之，20世纪60年代这个时期是一个“反文化”的年代，其特质是将“年轻文化”“大众文化”“性自由”“女权运动”四者相融合，时代的主角是战后出生的年青一代，是他们颠覆了传统的设计理念。随着成衣业的兴起，高级时装一统天下的时代宣告结束，一个更加民主化、大众化、多样化、国际化的时代到来了（图14-3、图14-4）。

图14-3　象征和平的雏菊花在60年代十分流行

图14-4　中性化男装

二、时尚与流行

1. **嬉皮士**（hippies）

嬉皮士运动是20世纪60年代美国青年对现行社会秩序的一种挑战的“亚文化”现象，其源头可追溯至旧金山的黑特—阿什伯里区理想主义的群居村生活。早期的嬉皮士排斥美国的消费主义，热衷于东方文化，开着野营车到阿富汗和印度旅行。于是就有了一种由异族获得灵感的装束，包括五颜六色的土耳其长袍、阿富汗外套、寓意“爱与和平的权力”的印花图案及和平象征物，这些服饰还配上反潮流打扮，如喇叭形的蓝色牛仔裤、色彩缤纷的串珠、必不可少的飘动长发、军用剩余装备以及自己在家里“拼凑修补”做成的东西，如百衲衣和扎染。他们的装扮很快风靡欧洲，成为青年人仿效的时尚。

嬉皮士文化中男士穿着“柔性、颓废”的服饰，打破了19世纪以来，西方传统男性在服饰形象上以“阳刚英挺”为主的风格。出现了颠覆“以性别来区分服饰模式”的“中性服装”（unisex dress），对象征“物质消费文化”的“流行”进行排斥。嬉皮士运动改变了部分青年人传统的生活观念和生活模式，其时尚装扮也成为国际上的一股潮流，影响一直延续到20世纪80年代（图14–5）。

2. **摇滚风**（rock and roll）

摇滚乐是20世纪40年代西方从“节奏布鲁斯”派生出来的一种黑人音乐，之后一直风靡欧美，其内容多半是对世界、对生命的思考，且随社会环境、人文思潮的变化而改变，故常被喻为一块不断运动的滚石，即“rock is rolling”。摇滚乐一扫典雅的古典音乐和流畅单调的爵士乐沉闷的气氛，以崭新的音乐语汇表达出年轻人的心声，令人兴奋，受年轻人狂热的追捧。初期的比尔·哈利和“猫王”艾尔维斯·普莱斯利是摇滚先驱，后来有披头士、滚石、“谁”乐团、艾里克·布顿等重要的音乐团体和音乐家。英国披头士乐队以其轻快活泼、不流于俗的魅力，为当时的欧美乐坛注入了活力，给音乐更高层次的追求。披头士们不但在音乐表现上才华横溢，他们的服装穿着、发型似乎始终带着微笑，都像是来自遥远快乐星球的使者，所以很快成了年轻人仿效的对象。披头士乐队的服装和嬉皮士的服装有着相似的内涵，无论是披头士乐队队员的刘海式发型、“披头士靴”，还是嬉皮士的蓬松凌乱的大胡子和头发以及头上插花、手握念珠的怪诞装束，都是当时年轻人的一种情绪反映（图14–6）。

图14–5　嬉皮士文化

图14–6　Beatles乐队

当时摩托车手所穿的黑色皮夹克是摇滚风的一个标志，上面饰满了纽扣，醒目的画上刀或骷髅这类图案。特别尖的尖头皮鞋、褶裤脚的蓝色牛仔裤，还有链子，都成了摇滚装束的同义词。

3. **街头时装**（street fashion）

街头时装一词最早出现于20世纪50年代末60年代初，从狭义上讲是适合街头穿着的时尚服饰，广义上讲它属于流行文化的范畴，特指标新立异、离经叛道、具有一定个性特色的服装，现在则多指那些与传统服装不相符、非正式的、有个性化的服饰。街头时装传达着一种生活状态，通过自由的、不受拘束的穿着，追求心灵解放和满足，并表明对传统服装规范的背离。青年们通过这些与众不同的穿着方式，追求新奇感受，体验生活刺激，享受快乐的生活。20世纪60年代，伦敦大街上出现了街头时装的身影。瘦长裙、长筒袜、高跟鞋以及短至臀下的迷你裙，伴随着年轻人的躁动和摇滚乐的喧嚣登上了时尚舞台。到了21世纪，街头时装的风潮愈演愈烈，就连高级时装的展台上也出现了来自街头的元素（图14-7）。

4. **迷你裙**（mini skirt）

迷你裙又称超短裙（skimp skirt），通常指下摆在膝盖以上的短裙。20世纪50年代末，英国年轻的设计师玛丽·匡特（Mary Quant）在英国画报上刊登了一款称为“迷你”（mini，minimum的简称，表示最小极限）的裙子式样，它以伦敦街头的年轻人为创作对象。这种富有革命性的迷你裙成为20世纪60年代个性的、无拘束服装中的一个范例。1964年安德烈·库雷热在巴黎时装发布会上推出膝上5cm的迷你裙而产生更大的影响。迷你裙自从登上高级时装的艺术殿堂之后，即以更快的速度在全世界普及，1968年达到顶峰。裙摆在膝以上15~20cm的十分平常，还有更短的，如膝以上25cm左右。虽然超短裙受到保守思想的批评，但它因有超摩登和年轻化感觉而得到大多数年轻女性的喜爱，并把它作为完美典范，这也使20世纪60年代初的伦敦服装界以创新年轻服饰而领导了世界的时装潮流（图14-8）。

图14-7　街头时装

图14-8　迷你裙

5. 连裤袜和平底靴

20世纪60年代随着年轻化风格的兴起，女式发型越剪越短，牛仔裤、圆领衫以及与长靴配套的花俏连裤袜流行于世。把超短裙和连袜裤、靴子搭配，是设计师安德烈·库雷热的创作。他强调超短裙必须与靴子和连裤袜一起穿才有气质，主张穿上长靴，靴底要平，这样才能和大地密切地联系在一起。他还设计了保暖的羊毛紧身裤袜，使女孩子在冬天也可以穿超短裙。连裤袜与迷你裙成功的配合，共同流行，使吊袜退出了历史。连裤袜的图案、设计、色彩有多种多样，与当时的欧普艺术和波普艺术有密切的关联。这种装束的真正意义在于把“高级服装”和日常街头服装的界限混淆了，从而造成服装设计上模糊的设计倾向，与波普艺术的手法相似（图14-9）。

图14-9　印花短裙配上紧身连裤袜

6. 模特风格（消瘦）

与以往服装要求穿着者身材较丰满、胸部高耸、富有女性韵味不同，这一时代的迷你装要求穿着者身材消瘦，胸部平坦。许多成年女性以体态娇小的孩童身材为美。当时的名模崔姬（Twiggy）即是时尚身材的代表。崔姬出生于英国伦敦，1966年开始进入流行舞台并很快成为欧美时尚界的名模，她瘦小的身材一时成为人们仿效的对象。她常穿的超短衣裙，以及她的短发式和洋娃妆都体现了一种天真的儿童情趣。那时最受欢迎的英国模特如简·诗琳普顿（Jean Shrimplon）、佩内洛普·特里（Penelope Tree）等人都是消瘦型的，而且看上去都像是尚未发育成熟的小女孩。崔姬以她瘦削的身材、又窄又苍白的脸和大大的眼睛，代表了那个时代的面貌，是20世纪60年代时尚中最具代表的典型。

此外，这个时代的时装明星也都是身材小巧玲珑、性感，而且青春焕发，如奥黛丽·赫本，她身穿纪梵希的服装，通过电影《蒂凡尼的早餐》而闻名世界（图14-10）。

图14-10　模特风格

三、名师与品牌

1. 安德烈·库雷热（Andre Courreges，1923—　）

安德烈·库雷热1923年出生于法国的波城（法语Pau）。1950年他求学于巴伦夏加门下，1961年在巴黎开店。同年以“白色的幻想”为主题，推出了首场个人时装发布会，获得成功。以后又相继推出了纯白色的“未来系列”。1965年的春夏季时装系列成为20世纪60年代服装的代表。1969年，他推出了第二个系列“未来”，使他成为巴黎时装界最富有革命性的设计师。

库雷热的作品非常准确地迎合了当时的氛围和需求，他的时装是这10年的象征和文化的表现。库雷热有明显的未来主义美学倾向，他设计的服装多采用白色来体现宇宙时代的风格。超摩登未来装，以及在白色底上采用粗直线和格子花纹的夹克衫让人耳目一新。他采用白色和明快的浅色系列，具有太空服的一些特征，帽子、眼镜和手套也都配合这个设计，造成一种前所未有的清纯和未来感的面貌。受现代抽象艺术的影响，库雷热将时装设计向造型简洁、结构简单的方向发展。他设计的迷你裙采用了几何形式的剪裁，不仅缩短裙身，而且腰线下降，这是现代大众成衣向传统的高级时装发起的挑战，具有划时代的意义。库雷热是继夏奈尔之后第一位将男装的设计素材大胆地运用于女装的设计师。他还设计了大量的网球服、高尔夫球服、潜水装等运动类型的女装，这些服装的色彩多为粉红、鹅黄、湖蓝的巧妙组合，其样式被称为“纯正、精确、新鲜、年轻的库雷热风格”而风靡世界（图14-11）。

2. 伊夫·圣·洛朗（Yves Saint Laurent，1936—2008）

伊夫·圣·洛朗1936年生于阿尔及利亚。1954年他在国际羊毛局举办的设计大赛中荣获女装一等奖，以此为契机进入迪奥店做助理设计师。1957年迪奥去世后，他被指定为迪奥公司的主设计师。1962年在巴黎建立了自己的公司。圣·洛朗在时尚领域奋战了40余年，最终成为法国极具影响力的著名时装设计大师。他于2001年宣布退休，2008年4月病逝。

(1)1964 年设计的简单未来主义作品

(2) 未来派的皮夹克

(3)1968 年的绣花迷你裙

图14-11　库雷热的设计作品

图14-12　伊夫·圣·洛朗

圣·洛朗的设计既前卫又古典，自始至终力求高级女装如艺术品般的完美，在高级时装设计中留下了众多的经典作品。1958年，他发布了继迪奥之后的第一个“迪奥”系列（梯形系列）。造型简洁优美，既保持了迪奥的魅力，又具有新时代的清新气息。1965年推出以抽象几何为特色的针织短身连衣裙，即著名的“蒙德里安裙”，突出妇女自身形态的美。1966年他从男性服装中找寻合理的元素，将其运用到女性服装的设计上，成功地推出了女性裤装礼服，是女装设计的重大突破。1968年推出非洲“狩猎外套”、透明衬衫、雪纺裙子。1971年，他匠心独具地设计了超短裤礼服、典雅优美的荷叶裙女装以及具有怀旧格调的沙漏形连衣裙。1972年，他设计了以针织开衫与褶裥长裙相结合的礼服，迎合了当时的大众趣味。1974年，他又设计出具有民族风格的哥萨克式服装。1976年后，他设计的法国风格、西班牙风格以及俄罗斯风格等一系列具有浓郁民族特色的时装。1981年，他受毕加索等人绘画的启发，设计了具有现代派艺术风格的时装。

圣·洛朗除经营成衣外还活跃于首饰、香水、鞋帽、化妆品等行业。1983年和1985年，他曾先后在纽约大都会博物馆和中国美术馆举办作品回顾展。他的时装表演也是1998年世界杯足球赛闭幕式的庆典活动之一。鉴于他对时装业作出的卓越贡献，被授予法国政府颁发的“骑士勋章”（图14-12、图14-13）。

(1)1975 年的长裤晚装

(2)1971 年设计作品

(3) 俄罗斯系列作品

(4) 蒙德里安系列作品

图14-13　伊夫·圣·洛朗的设计作品

3. 皮尔·卡丹（Pierre Cardin，1922—　）

皮尔·卡丹1922年出生于意大利威尼斯，14岁开始学习裁缝。23岁时来到巴黎，先后在夏帕瑞丽、巴尔曼和迪奥等人的设计室工作。1950年，开设了自己的公司，为剧院设计面具及剧装。1951年开始推出自己的时装系列。1954年和1957年先后创设了以年轻人为对象的女装"夏娃"、男装"亚当"服饰店。1958年设计出世界上第一个无性别服装系列，受到广泛的欢迎。1959年，皮尔·卡丹率先推出了成衣套装。1960年，举办男装发表会，第一次打破高级时装店不得经营男装的禁忌。卡丹十分具有时代意识，1964年就设计了"太空"系列服装。1979年进军中国，成为第一个进入中国内地的西方设计师，掀起了一股"中国风"的时尚潮流。

皮尔·卡丹注重裁剪的主体质感及整体结构，在设计中强调整体和局部的统一，他的作品常常造型简洁、外观鲜明，对服装的细部精心处理。卡丹的成功在于他坚持开拓自己的设计方向，20世纪50年代中期其革新性初见端倪，到60年代他已成为前卫派设计师的领导者之一，被誉为法国时装界的"先锋派"。卡丹在服装经营策略上以出奇制胜而著称，他设计的法国第一个批量生产的成衣时装系列打破了高级时装占主导地位的市场格局。卡丹的设计不仅涉及服装领域，从圆珠笔、打火机到汽车、飞机的内部装饰，都是他展示才华的天地。半个多世纪以来，他所创造的"卡丹帝国"为法国的经济和文化发展作出了杰出贡献，从而荣获法国政府颁发的"荣誉勋位团骑士勋章""国家荣誉最高奖"，1992年被授予"法兰西艺术院士"称号（图14-14、图14-15）。

图14-14　皮尔·卡丹

(1)1966 年的小圆片服装

(2)1966 年突破传统的男装设计

(3)1966 年的作品

图14-15　皮尔·卡丹的设计作品

第二节　20世纪70年代的服装

在由20世纪60年代青年风潮演绎的大众时尚向80年代的后现代风格转变中，这一时代是西方服装发展的一个过渡时期。朋克风的盛行使青年人继续成为时尚消费的主流。具有保暖功能的服装、宽松式样式、牛仔裤、热裤、喇叭裤等不同的服装风格并存。成衣业在这个时期继续蓬勃发展。具有东方民族风韵的时装风格受到了西方的青睐，这与日本设计师在高级时装王国的崛起有关。

一、成衣业的发展与多种样式并存

1. 成衣业的繁荣

进入20世纪70年代，设计师在社会时尚方面的主导作用逐渐减弱，服装出现了许多新的变化。“适合自己的就是最好的”成为指导着装打扮的至理名言。与此同时，受街头时装和反流行服装的冲击，高级时装业的发展日益艰难，在此情况下，成衣业开始蓬勃发展，并在服装业的地位越来越重要。

成衣19世纪起源于美国，是指机器生产的规格化、大批量的服装。直到20世纪60年代，随着青年风潮的兴起，介于高级女装与成衣之间的高级成衣迅速崛起，占据服装市场的大量份额。其原因如伊丽莎白·尤因在《20世纪服装史》中所说：“英国年轻一代的兴起，在1967年达到了高潮。约占全国10%的年轻人，在服装市场上的整体购买力却达到了近50%。年轻一代本来就反对高级时装店那种‘由上至下’的流行方式。所以他们进入市场以后，成为60年代成衣迅速发展的主要动力。”同时，一些著名的高级女装设计师也纷纷推出高级成衣系列，如皮尔·卡丹、伊夫·圣·洛朗等，而且随着日本设计师进军欧洲时装，其设计也为欧洲的成衣设计带来新的变化。高级成衣设计结合了高级时装和成衣设计的特点，在大批量生产的成衣中融入了艺术创造性，它的出现不仅改变了旧有的服装等级观念，使作为象征意义的服装观念逐渐淡薄，而且也结束了高级时装一统天下的局面，开创了服装界新的设计格局。从某种意义上说，它的兴起和迅速发展几乎主导了整个20世纪后期服装行业的发展，以至于有人将这一时期称为“成衣的时代”。

2. 多样化的流行

20世纪70年代并没有创造一种新的、独立的形式，在某种程度上甚至扩大了60年代的潮流，同时为出现在80年代的“为了成功而穿衣”的风格播下了种子。20世纪70年代服装的样式变幻莫测，无论是超短迷你裙、半长裙、过膝裙、长裙，还是热裤（hot pants）、牛仔裤都成为时髦的主流。还有像袋装裤、喇叭裤和采用黑色基调的长裤，风衣的各种组合穿法也十分普遍。由于长裤的流行，职业女性的增加以及受越南战争时期美国军人服装的影响，出现了军装热。中东战争引起了人们对阿拉伯地区的关注，引发了宽松式服装的流行。另外，这一时期受能源危机的影响，服装的保暖御寒功能成为非常现实的问题。多层装和鸭绒滑雪装在能源危机期间兴起，成为冬季里最常见的服装。受休闲装的影响，质朴、干练、潇洒的牛仔装也成为适合各个阶层和场合的穿着方式（图14-16、图14-17）。

来自日本的森英惠、高田贤三、三宅一生、山本耀司等几位设计师也站在了世界时装的大舞台上，从而使巴黎时装界刮起了一股强劲的东方文化之风。

整个20世纪70年代，消费者自由地选择、自由地穿用倡导了新的潮流，流行完全多样化了，为人们展开一个丰富多彩的世界。服装多样化的背景以及东西文化的碰撞，服装开始朝着多元化的趋势发展（图14-18、图14-19）。

二、时尚与流行

1. **朋克风**（punk）

20世纪70年代穿着打扮最激进的莫过于朋克了，这场起初只是一种叛逆方式的运动，此时却成了英国最有影响的文化现象之一。朋克原意指流氓、阿飞、胆小鬼、窝囊废，指20世纪70年代中期出现于伦敦街头的一群穿着怪异的年轻人，清一色的廉价黑皮夹克上随心所欲的装饰着闪闪发光的别针、铆钉、拉链、锁链或刮脸刀片，脖子上戴着厕所抽水马桶的链子，链子上挂了一些完全不相干的玩意儿作为装饰，比如安全夹、避孕套、纳粹的卐字徽章、骷髅饰件，把像刺猬一样的头发染成黄色、粉红色或紫色，如果不是光头就剃成称为“美洲莫希干人式”的发型，化妆就像原始部落涂面漆身和过时恐怖电影中的人物，眼影、嘴唇和指甲都是黑色的，文身、在身体各个部位穿孔戴环，或穿有破洞的牛仔裤、破烂的圆领衫、廉价的皮衣、闪光的鲁勒克司上衣、印上豹皮纹样面料的军队制服、多克·马腾靴子，衣服开了线，或是改做过的，裤袜抽了丝，校服是破烂的，凡是社会认为是最低品味的、最恶俗的穿着，他们就拿来穿。他们对未来没有任何信心，对60年代的青年人表示愤怒，60年代的口号是“爱与和平”，而朋克的口号是“性和暴力”。60年代主张自然面料，比如棉布、羊毛、亚麻，而朋克非要用人造材料和塑料。他们对花卉、对自然表示仇恨。因此，朋克也带有一种“颓废的”“不良的”甚至是“暴力的”“破坏性的”嫌疑。

图14-16 印花T恤

图14-17 中性化女装

图14-18 摇滚乐队以“性别倒置”来装扮

图14-19 电影《安妮·霍尔》中的装束

图14-20　朋克风

朋克这些另类的服饰，深刻地颠覆了传统服饰的穿着模式，成为日后服装设计师灵感的来源之一。到了20世纪80年代，以维维安·韦斯特伍德为代表的另类设计师们将这些元素用于流行的主题之中，形成“反唯美的、颓废的、破裂的、冲突的”美学精神（图14-20）。

2. 牛仔装

20世纪70年代颇具文化影响的就是牛仔装了，这个流行并普及了一个多世纪的服装品种，从一开始就具备了国际性要素：最早产生于法国尼姆的粗斜纹棉布，经意大利热那亚转口到新兴的美国，又由德国移民李维·斯特劳斯（Levi Strauss）制成衣服，以第二次工业革命为契机，进行成衣化大量生产，普及到全世界。这种极富“国际主义”色彩的牛仔装文化在聚集着各种世界文明成分的美国新大陆上孕育、成熟，它也体现着一种美国文化，渗透着美国式的实用主义和合理主义的精神。

20世纪70年代的平民服装不再是过去朴实的劳动服，也不是休闲的市井服，由于更多年轻人的普遍穿用，而增加了许多“年轻的”“活力的”“反叛的”色彩，得到西方各阶层人士的喜爱，不分贫富贵贱、男女老幼都穿它。使它失去了性别色彩，成为名副其实的“中性”（unisex）服装，它也促进了无性别化服装的发展，受到追求两性平等的年轻一代的追捧。

为吸引年轻人的目光，法国设计师弗朗索娃·吉尔宝创造了脱色处理、洗褪色、做破洞、撕裂等故意做旧的方法。特别是用石块洗磨（stone wash）方法设计的“都市运动服”“优雅的市井服”“牛仔西装”“牛仔连衣裙”“牛仔套装”等旧处理的牛仔装系列，引起强烈的反响。1971年刚露头角的高田贤三推出了受嬉皮士影响的年轻样式——有补花装饰的和服袖毛衫与裤角高卷到小腿肚子的牛仔裤的组合。著名的头巾厂商爱马仕（Hermes）在1979年的广告中把牛仔装与高雅的爱马仕头巾搭配在一起出售给消费者。

牛仔布也成了时髦面料，用途越来越广泛，除了上衣、裤子和裙子外，背心、风衣、外套、防寒服、鞋、帽子和包、坐垫、铅笔盒等生活用品都用牛仔布来做，甚至连《圣经》的封套也有用牛仔布来做的。总之，随着流行的多样化，牛仔装从款式、色彩、面料上也朝着多样化、系列化的方向发展，它不仅跨越国界、肤色、民族和宗教信仰的局限，而且冲破年龄和性别的束缚，成为当今普及率最高的一个品种。可以说牛仔装的产生、发展流行和普及实际上也是一种文化的形成和展开。今后，它也会不断地以其独特的姿态和魅力抓住更多的消费群体，延续自己的文化生命力（图14–21）。

3. 热裤（hot pants）

20世纪70年代早期年轻妇女最“火爆的”衣服是紧身的、特别短的短裤，即俗称的“热裤”，它们与普通的休闲短裤毫不相同。冬天，热裤是用保暖的羊毛织成的，与紧身衣和落地长外套搭配着穿。夏天，T恤配牛仔热裤成为自20世纪70年代流行至今的经典少女款式（图14–22）。

4. 喇叭裤（bell bottoms）

喇叭裤是一种从膝盖至裤脚口部分逐渐展宽成喇叭形及钟形的裤子，它借鉴于西方海员穿的裤子，自1968年出现后得到青年们的喜欢，流行于整个70年代。最初在女性中流行，可以衬托出女性修长的腿形，后来在男性中也风行起来。裤脚口尺寸逐渐增大，有的甚至达到60厘米以上。但到了20世纪80年代，这种裤型逐渐被小脚口裤子取代（图14–23）。

5. 高底鞋（platform shoes）

它起源于20世纪30年代，但也不时地成为日后流行的重点。例如在20世纪60年代以及20世纪90年代，“高底鞋”都曾成为当时时髦女性作为表现流行的重点款式之一（图14–24）。

图14–21 牛仔裤

图14–22 热裤

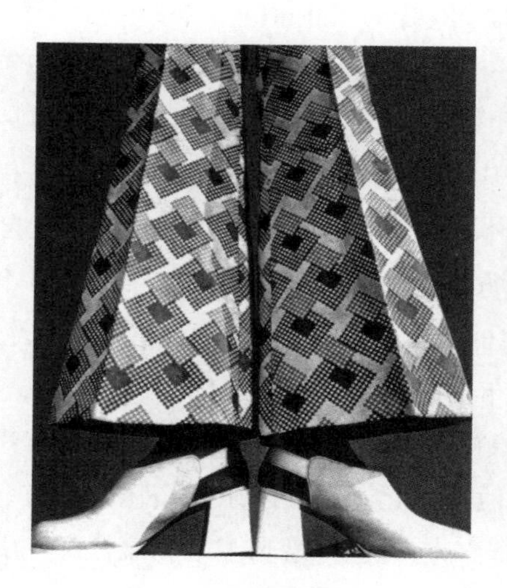

图14–23 喇叭裤

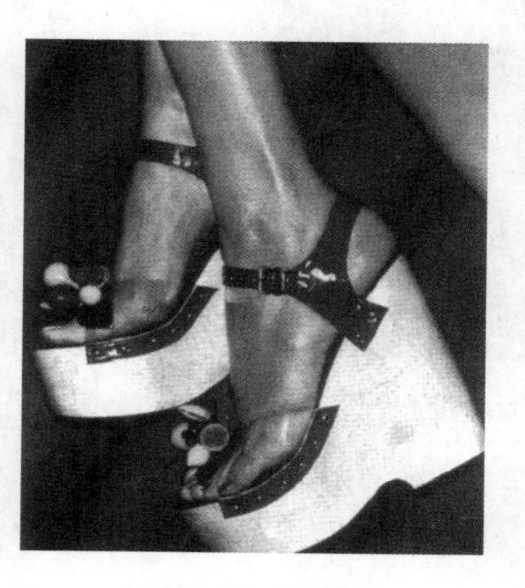

图14–24 高底鞋

三、名师与品牌

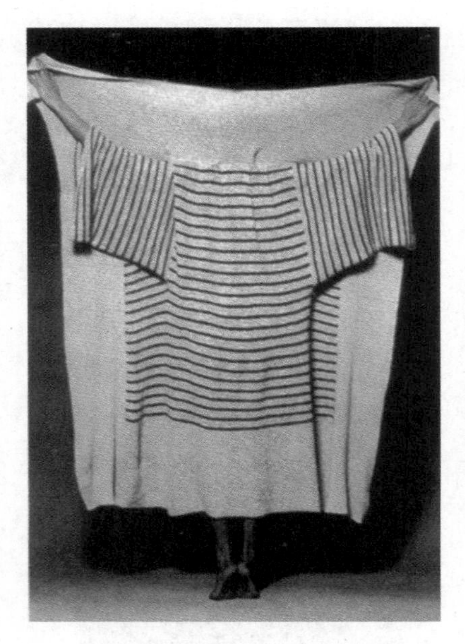

(1) 具有后现代设计风格的作品

(2) 给我褶裥系列

图14-25　三宅一生的设计作品

1. 三宅一生（Issey Miyake，1938—　）

三宅一生1938年出生于日本广岛，毕业于多摩美术大学。1964年前往巴黎发展，在巴黎高级女装联合会设计学校深造后分别担任纪·拉罗什、纪梵希的设计助理，并奠定了深厚的剪裁技术基础。1970年，在东京成立“三宅一生”设计研究室，同年推出女装系列。1973年，在巴黎成功地举办了个人时装发布会。1978年三宅一生的理论著作《东西方相遇》出版。随后的“给我褶裥”（Pleats please）系列、“一片布”（A piece of Cloth）概念服装的发布，引起了人们的极大关注。1999年10月，三宅一生将品牌的设计工作交给其助手Naoki Takizawa，自己则专心于“一片布”系列的研究。

三宅一生致力于将东方的服饰观念与西方的服装技术、传统文化与现代科技相结合，开创了一条属于自己的设计道路。他从传统的日本和服中汲取了剪裁、结构等方面的养分，将传统的披挂、包裹、缠绕、褶皱运用到现代的服装设计中，在身体与服装之间创造了无数个可能性。用一种最简单、无需细节的独特素材将服装的美展现出来。直接将面料披缠在模特身上，进行“雕塑”，创造出与人体高度吻合、造型极度简洁、富有原创性的完美作品。三宅一生以他既非东方又非西方的全新设计，对当时故步自封的西方时装界发起了革命性的冲击，影响了整整一代设计师。三宅一生被誉为“这个时代最伟大的服装创造家”，其独创性已远远超出了时代和时装的界限（图14-25）。

2. 高田贤三（Kenzo Takada，1939—　）

高田贤三1939年出生于日本南部兵库县，1958年进入日本文化服装学院学习，1965年起到巴黎发展。1970年4月，在巴黎创建了第一家专卖店，成为第一个在欧洲时装舞台上以自己的品牌推广设计的日本设计师。同年8月，高田贤三在自己的专卖店中成功举行了首场小型时装发布会。1975年他在日本举办以“中国”为主题的发布会，1978年在巴黎举办以“宫廷、僧侣、军装”为主题的发布会，2000年宣布退休。

高田贤三自称是“艺术的收集者”，他更是多元文化的推崇者和融合者。他树立起了一种以东方文化为特质、以西方理念为基础的时装风尚，同时也将绘画艺术和流行文化引入设计。高田贤三的时装不是单纯地标新立异，它有传统的味道、热情的颜色、灵动的图案，还有几分狂野和乐趣。其服装以简洁的线条体现出幽默、青春和超意识的交融，凸现宽松、舒适、无束缚感的独特风格。高田贤三用来自亚洲的声音表达着自己的创作理念，在服装造型、色彩、素材选择、制作工艺及发布会的表演形式上都打破欧洲的常规，把东方的服饰文化、穿衣理念传播给西方人，改变了人们固有的服饰审美观和价值观。因其作品中独具的快乐色彩和浪漫的想象，高田贤三被称作“时装界的雷诺阿”（图14-26）。

3. **川久保玲**（Rei Kawakubo，1942—　）

川久保玲1942年出生于日本东京，1965年毕业于庆应大学文学部。最初她在一家纤维工厂的广告部做职员，这个职务为她提供了大量接触时装界人士的机会。川久保玲1967年成为自由设计师，1969年成立了自己第一家公司，并别出心裁地取名为“COMME DES GARCONS”（像男孩一样），1975年首次举办服装发布会，1981年进军巴黎。1982年她推出震惊世人的“乞丐装”，1985年在纽约举办服装发布会。30年来，川久保玲一直以她那永远与流行无关的作品不断向商业宣战，成为时尚界的领军人物。

川久保玲虽然没有经过专业训练，但一涉足服装业就显示出非凡的才能。她喜爱逆向思维思考，从对立的事物中寻找灵感，推出无数打破常规的设计。看似古怪的思想，却暗含深刻的内涵。她的意识已经远远超过了当时堪称前卫的美国和英国设计师。30年前她就开始活用东西方文化，其设计从形式到实质，从技术到表现，虽然受到西方人褒贬不一的评价，但她那借助大块面料填充的奇异夸张的造型、膨胀的男裤和肩部曲线怪异的夹克完美地表现了她服装的两性特质。从服装的裁剪到穿戴的创新，打破了时装表演的一贯模式。她以惊人的独创性和前卫性，为人类的衣生活方式提供新的选择，是全世界最具天才灵感的设计师之一。1983年和1988年两次获“每日时装大奖”。1991年11月被评为日本最有能力的设计师和女企业家。1993年法国政府授予她“艺术文化骑士勋章”（图14-27）。

4. **山本耀司**（Yohji Yamamoto，1943—　）

山本耀司1943年出生于日本东京，毕业于东京文化服装学院，毕业时获该院的“装苑奖”和“远藤奖”，同时获赴巴黎学习时装的奖学金。1970年，从巴黎深造回国，两年后成立了自己品牌的成衣公司。1981年进军巴黎，在巴黎开设高级时装精品店，从此活跃于国际时装舞台，成为国际知名的服装设计师。

(1) 东方风韵

(2) 日式风格

图14-26　高田贤三的设计作品

图14–27 川久保玲的设计作品

1988年设立“耀司设计研究所”。2001年与阿迪达斯合作，推出Y–3品牌，被称为时尚界的经典联姻。

山本耀司蔑视20世纪以来强调女性线条的传统观念，主张用披挂和包缠的方法来装扮女性，认为面料的肌理和宽松适体的样式更重要。他的作品就像一部远古的史诗，具有强烈的个人风格，同时保持了日本传统服装的色彩和某些美学特征。作为当今极具权威的时尚界的创造者之一，山本耀司将别具一格的创新和经典完美结合，游走于年代和文化之间，体现了多变的美学观。他的男装自由组合度高，加之中等价位策略，获得了极大的成功。山本耀司“亦西亦东”的服装风格充满了禅意，影响了国际时装界，他不只是设计服装，而是在设计艺术品。连唐娜·卡伦也公开赞誉他是“真正的艺术家”（图14–28）。

(1) 具有雕塑感的作品

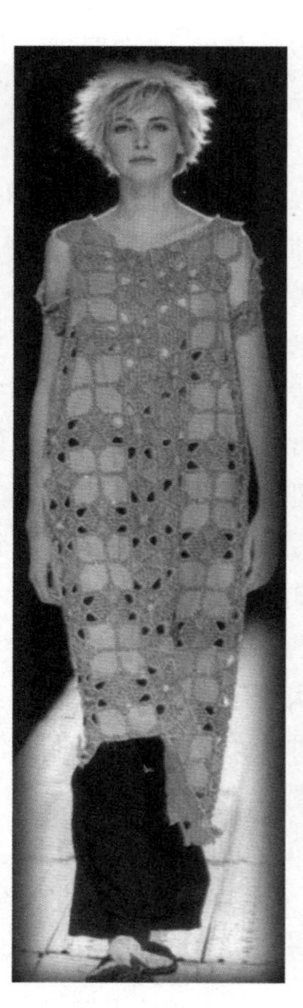

(2) 包缠结构的东方样式

(3) 各色花纹的拼合和非对称下摆

图14–28 山本耀司的设计作品

第三节　20世纪80年代的服装

20世纪80年代西方社会的服装明显地受到了后现代主义文化思潮的影响，服装设计理念有了重大突破。许多过去的“另类”“不合理”的设计概念被运用到设计之中，呈现出新的特质，服装的国际性、成衣化、民族风趋势更为明确。

一、后现代主义及其影响下的服饰现象

后现代主义起源于法国，最早使用这个词的是19世纪末20世纪初的艺术家们。他们用这个词来称那些打破陈规的新运动。而自20世纪60年代以来，后现代主义的定义在理论界引起了很大分歧，确切地说后现代主义是一种心态，一种存在状态，而不是一种哲学。因此，它才可以和各种不同的学说与主义发生一系列错综复杂的关系，形成一个富有创造力的理论空间。后现代主义是通过反对传统的意识形态、规范、秩序而发展起来的，它认为现代主义是文化上的西方中心主义、经济上的资本主义、种族上的白人至上主义、性别上的男权主义，它则是现代主义的反潮流。它具有强烈的“自觉性”，并因此有自嘲，也有嘲弄——嘲弄传统和权威，它不相信任何庞大且具有总括覆盖性的意识形态，也不相信艺术和理论、高级和通俗、艺术形式和艺术形式之间存在什么绝对的界限，它最大的特点就是开放型的结构，自由的、有时甚至是游戏的思想方式，对传统的兴趣、利用和颠覆（图14–29）。

图14–29　“后现代”美学观

作为文化现象，服装也受到后现代主义思潮的巨大影响，与当时的社会、科学、文化环境不无关系。首先，由于后工业社会中，社会面临的首要问题是人与人、人与自我的问题，这种人与人的竞争使人们的生活态度与自我意识发生了重要改变，人们更注重表现自我，消费形式上也更多地用于精神消费；其次，在信息时代下的信息文化带来的冲击，即大众媒介、远程通信和电子技术服务以及其他信息技术的普及，标志着这个社会已经从一种“硬件形式”转变为一种“软件形式”；再次，是日本设计师的崛起，给流行时尚界带来了富有东方文化内涵的设计，东方文化中的博大与包容影响了西方文化的精确与思辨。在这种多元的、自我的、模糊重复的后现代环境影响下，女装设计也体现出了独特的“后现代风格”，即打破了艺术与生活的界限，出现了显著的平民化倾向以及对各民族艺术的包容和古典主义的传承再现。对女性形象的塑造，出现了比较颓废的并带有反叛的精神，在保持整体风格简约性的同时，更注重细节的装饰，体现出休闲的味道（图14–30、图14–31）。

在这股风潮中，设计大师们也纷纷为其推波助澜，推出了许多眼花缭乱的后现代风格作品，其中最具代表的是让–保罗·戈尔捷和维维安·韦斯特伍德。让–保罗·戈尔捷倡导了男性穿裙子的风潮，也以怪异而另类的手法来逆转传统的审美观；维维安·韦斯特伍德则成功地将青年亚文化团体的服饰观念运用到高级时装的设计元素之中。

同时，这一时期也出现许多与时装相关的现象，名设计师投入大笔资金推出风格各异的作品，在纷繁多彩的社会中寻找自己的位

图14-30　艾滋病也成为许多设计师涉及的主题

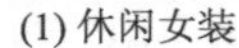

(1) 休闲女装　(2) 牛皮纸晚礼服

图14-31　后现代女装

置，出售他们的梦想，消费者也借助这些名牌体现自己的生活方式。

二、时尚与流行

1. 黑色破烂式

自从高田贤三和三宅一生以东方的非构筑式平面二维的服装风格取得成功以来，1981年另外两位来自日本的设计师——川久保玲、山本耀司又一次对传统观念挑战，他们以黑色为基调，推出了令世人瞠目的“破烂式”和“乞丐装”，这是传统样式的颠覆，是人类生存方式的一种新的思考。他们以更加彻底的革命精神，对一切传统提出挑战，这种让许多人难以接受的“黑色冲击”又一次给巴黎时装界投下一枚重磅炸弹，掀起轩然大波。

图14-32　“现实给理想的破洞”

川久保玲的设计就像其公司的名称一样（Comme Des Garcons，像男孩一样），大胆地打破华丽高雅的女装传统审美习惯和着装常识，有意把裙下摆裁成斜的；毛衣上故意做出像被虫蛀了似的破洞；衣服边毛茬暴露着，或有意保留着粗糙的缝纫针脚；袖子经常从莫名其妙的地方伸出来；头从哪儿伸出来都可以。她把一些完全异质的东西组合在一起，从各个角度来考虑设计，有时从造型，有时从色彩，有时从表现方法和着装方式，有时有意无视原型，有时则根据原型，但又故意打破这个原型，总之，是反思维的。川久保玲认为黑色是一种代表着人们所能看到的社会现状的另一个侧面，这个侧面也是人人都有的一种心理色彩。

山本耀司既非西方也非东方的独特风格与川久保玲很类似。他这样解释自己对黑色的偏爱：“我采用黑色等暗色调，是一种反命题，因为黑色是向传统挑战的色，随着人类的现代化和知识化，黑色调必然为人们所接受并乐于穿用。”

黑色旋风的出现从表面上看，似乎是给当时五彩缤纷的时装世界罩上了一层乌云，但反映的却是当时社会政治和人们心理状态。在这个讲究“公开”“透明”的年代里，表达自我意识的黑色或深暗色必然为人们所接受。川久保玲和山本耀司以令人难以接受的极端形式预兆性地揭示了这一历史主题，影响了后来的许多设计师（图14-32）。

(1) 女性上班族

(2) 雅皮士

图14-33　20世纪80年代雅皮士的着装

2. 雅皮士（Yuppie）

20世纪80年代的"雅皮士"专指"年轻的、住在城市中的职业人士"，对他们来说，关于道德的、意识形态的、政治的问题并不存在，整个世界的中心是经济增长和经济扩张，实用主义是他们的信条，经济的成功、事业的成功、丰裕的物质生活，是他们追求的目的。去三星级的饭店吃饭、住在五星级的旅馆、坐飞机来来去去，是他们的生活方式。他们喜欢单身，即便同居，也不要小孩，喜欢在证券交易所、律师事务所、传媒中工作。男性雅皮士的穿着象征为双排扣的老式西装，带有很厚的垫肩。主要牌子是阿玛尼、雨果·波斯或者拉尔夫·劳伦。穿着者希望人家觉得他表里如一，显示个人品质保守、讲究和有高品位。女性雅皮士与男性一样，她们的服装也是正式的，剪裁精致，宽垫肩，短而紧身的裙子和讲究的衬衣。垫肩是从男装中借鉴来的，同样显示权威、力量和严肃。至于管理阶层的女性，手提袋成为显示她们自己身份的重要装饰（图14-33）。

3. 超级名模现象（Supermodel）

"超级名模"一词是在20世纪80年代末期风行起来的，当时的国际时装业和相关的奢侈消费品产业正面临着严重的衰退，超级名模的出现掩盖了颓丧的事实，使时装业的光环得以继续闪亮。她们的魅力和大牌明星的地位都足以确认最重要的时装品牌身份，为那些高级时装带来效益。时装设计师成了她们最大的支持者，时尚摄影师也都是她们的忠实簇拥者。更有国际时装杂志的评论员、时尚分析家们的得力助阵，就连好莱坞的女明星们也为这些名模们流星般的蹿升助上一臂之力。所有这些努力，终于使得时装模特成为20世纪末的大众偶像。这些美丽绝伦的模特们成为时装界和新闻媒体追逐的对象，也成为名望、财富、权力和美丽的化身，而她们自己的身价也水涨船高，在80年代达到天价（图14-34）。

4. 塑身·有氧健身·霹雳舞

20世纪80年代是个崇尚自由、塑身和有氧健身的时代。人们认为为了达到理想体型而做的努力，反映了一个人自制力的水平。因此，一个人健美的身体也可以体现他在其他领域的成功及自我认识的能力。塑身以前被认为是强壮的男人们的事，而女人是不会去做的，免得长出难看的

图14-34　20世纪80年代的模特

肌肉。但是现在，塑身已经被全社会认可，甚至妇女也一样，女性不再希望消瘦柔弱，而是强壮和健美。妇女们穿着色彩鲜艳的T恤或针织棉上衣、护胫、明快的绑腿和有氧健身鞋，这种运动时装很快传播到日常时装中。而所有妇女，无论是否做运动，都穿起了护胫和网球鞋。另外由于健身操流行，“莱卡”（lycra）这种松紧的弹性材料成为当时非常流行的服装面料。

图14-35　运动装

20世纪80年代黑人的电子音乐和饶舌音乐大行其道，一种新的舞蹈——霹雳舞（break dancing）应运而生。贫民区中的年轻人穿着宽大如袋的裤子、健身衣，头戴篮球帽，戴着沉重的金属项链，在街头大跳这种类似健身舞蹈，那些节奏紧张、言辞挑逗、放荡形骸的饶舌歌曲和舞蹈反映了这些青年的生活方式。1984年维维安·韦斯特伍德采用这些元素设计时装，使黑人贫民区青少年的打扮正式进入欧洲时装体系，直到90年代末依旧流行（图14-35）。

5. 麦当娜

流行歌手麦当娜的形象和穿着，从20世纪80年代开始成为国际流行界瞩目的焦点。她的歌曲、表演、舞台效果、难以想象的奇特服装总是引起社会的骚动和非议，她的造型总是变来变去，混杂了各种不同的时尚、文化以及风格，但是总能够引发新一轮的潮流，无论是上层人士还是普通百姓，人人学习麦当娜，跟她穿，跟她唱，跟她打扮。她可以说是80年代大众文化的缔造者，后现代主义的完美偶像。

麦当娜始终是天才的市场战略的优秀代表。在她的演唱会和录像中，她用非常驯服而又极其性感的形式来展现自己的身体。在她用来自我展现的工具中，就有服装：露肚脐的蜷身窄裙、蕾丝花边紧身短背心、长长的黑手套和十字架珠串项链，这些性感的、强调身体曲线的衣服和饰品充满了时尚偶像的元素。麦当娜在她1990年的金色旋风之旅（Blond Ambition Tour）的演出中所穿的锥形胸衣，是让-保罗·戈尔捷（Jean Paul Gaultier）设计的，获得了特殊的声誉（图14-36）。

图14-36　穿着戈尔捷为其设计的锥形胸衣的麦当娜

三、名师与品牌

1. 维维安·韦斯特伍德（Vivienne Westwood，1941—　）

维维安·韦斯特伍德1941年出生于英国德比郡，1971年开始设计服装并开了名为“Let it Rock”的第一家店，此后店名便不断更改为“性”“叛逆者”“世界末日”等，逐步奠定了“朋克之母”的地位。1981年在伦敦第一次举办个人服装发布会。1990年开始专注于高级时装，同时推出男装系列。1993年推出二线品牌Anglomania系列。1998年推出Boudoir时装系列。1999年进军巴黎，至今依旧活跃在时尚舞台。

韦斯特伍德已成为英国的一个符号，她设计的服装成为朋克族的“制服”，从根本上改变了人们对时尚的认知。她思想另类、性格乖僻，用颠覆传统的设计理念，改变了欧洲既有的时装格局。她利用历史素材和街头元素创造出惊心动魄具有极端色彩的时装，每一次发布都会引起轰动和仿效。维维安·韦斯特伍德作为当代伦敦时装舞台上最有影响的设计师，她的成就远远大于人们对她的争议。她那放荡不羁的创作个性和永远保持着年轻人般的冲动情绪及批判性的思想让国际时尚圈永远年轻，被誉为“真正闪光的明星”。美国杂志《妇女服饰报》称她为20世纪最有创作才华的六位设计师之一，曾两次获得“不列颠设计师”称号。1992年在法国现代美术馆举办“二十年回顾展”，同年荣获伊丽莎白女王颁发的“O. B. M”奖（图14-37、图14-38）。

图14-37　维维安·韦斯特伍德

2. **让-保罗·戈尔捷**（Jean Paul Gaultier，1952—　）

让-保罗·戈尔捷1952年出生于法国巴黎，从小受到的家庭熏陶开启了戈尔捷对时尚世界的憧憬。1970年作为皮尔·卡丹的助手开始了其设计生涯。1972年成为贾克·艾斯特拉和让·帕图的设计助理。1976年创建了个人品牌，在首次时装发布

(1)1955 年“挑逗”系列

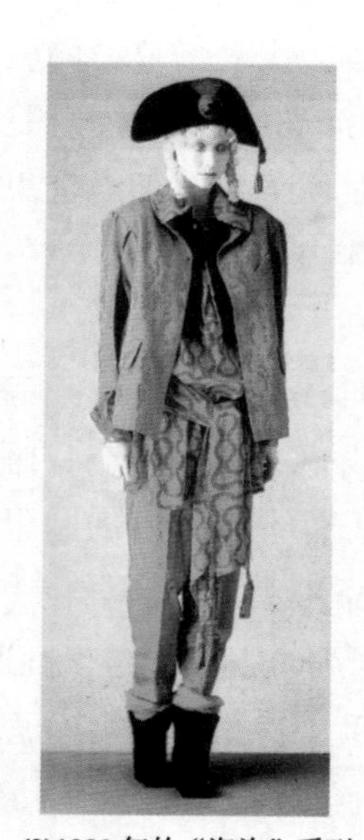

(2)1980 年的“海盗”系列

(3) 浪漫海盗装

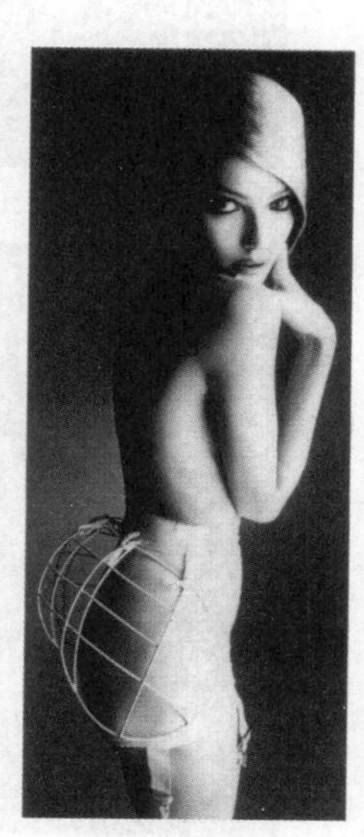

(4)1994 年的设计作品

图14-38　韦斯特伍德的设计作品

会上推出令人惊叹的“先锋派”时装。1998年被法国吸纳为高级时装设计师协会成员。此后，曾担任经典老牌“爱玛仕”的设计师。

让-保罗·戈尔捷的设计理念是既引导流行又颠覆传统，作品以奇、异、怪、绝著称。他重新定义了时尚界的规则，在设计上坚持男女服饰平等的原则，将悠久隽永的传统文化与前卫创新意识相结合，以怪异而另类的手法挑战和颠覆过去的审美观，开创了“内衣外穿”的先河。戈尔捷有着惊人的想象力和创造力，创作灵感常来自于伦敦街头而不是巴黎的高级时装。1990年为麦当娜量身打造的金属尖锥形胸衣获得了全世界的关注，也为他的事业翻开了新的篇章。让-保罗·戈尔捷作为另类时尚的象征，是新一代年轻人崇拜的偶像型设计师，他有着顽童般的叛逆心理，充满着热烈、旺盛的生命力和独特的艺术魅力，人称法国时尚“坏小子”。让-保罗·戈尔捷的传奇艺术生涯使他集摇滚舞星、通俗音乐学者、手工艺泰斗三项美名于一身而闻名于世（图14-39）。

(1) 半嬉皮士的颓废主义

(2)1994 年的设计作品

(3)1989 年的设计作品

图14-39　戈尔捷的设计作品

3. 詹尼·范思哲（Gianni Versace，1946—1997）

詹尼·范思哲1946年出生于意大利的加拉布莱，大学学习建筑专业，曾在母亲的裁缝店里做过学徒，后在米兰以自由设计师的身份在Genny、Callaghan等公司担任设计师。1978年在米兰与兄长Santo Versace一起创立品牌Gianni Versace，推出首个女装系列。1985年打入法国巴黎时装界，并具有较高的名誉度。范思哲的品牌标志是希腊神话中的蛇发女妖美杜莎（MEDUSA），她的美貌迷惑人心，代表着致命的吸引力。范思哲一生都在追求这种美的震慑力，他的作品中总是蕴藏着极度的完美，以至达到濒临毁灭的强烈张力。正当范思哲帝国蓬勃发展、全速前进的时候，1997年7月15日范思哲在美国迈阿密遭枪杀，不幸身亡。

范思哲的设计不受任何羁绊和禁忌，着意追求美丽和性感。流畅简洁的线条、宝石般夺目耀眼的色彩是范思哲作品的风格。斜裁是范思哲设计最有力、最宝贵的属性，随心所欲地将各种全然不同的艺术风格糅合在一起，性感地表达女性的身体。他的男装五彩缤纷，女装富于挑逗性，非常摩登。顾客从王室贵族到摇滚乐手，身份迥异。范思哲的崛起使时装业本身的精神实质得到了升华，把普通的衣服变成了艺术。詹尼·范思哲以其卓越的才华和对时尚的贡献被意大利政府授予“国民荣誉奖”，被誉为“米兰的骄子”。范思哲的早逝是国际时尚界的一

(1) 梦露系列

(2) 晚礼服

(3)1992 年的作品发布

图14-40　范思哲的设计作品

大损失，然而“时装界的太阳王”留给我们的美丽却是永恒的（图14-40）。

4. **乔治·阿玛尼**（Giorgio Armani，1935—　）

乔治·阿玛尼1935年出生于意大利皮亚琴查，大学时期学习医学。20世纪50年代末，受雇于意大利著名精品百货连锁店“文艺复兴”（La Rinascente），习得了橱窗设计和服装销售的宝贵经验。1961年，他被意大利时装之父尼诺·切瑞蒂看中，聘请为Hitman的男装设计师。1970年，阿玛尼与建筑师赛尔焦·加莱奥蒂合办公司。1974年，第一个男装秀发布后，就被人称为“夹克衫之王”，此后更是引领了一个时代的生活方式。2004年，阿玛尼将触角延伸到奢华酒店这一新的领域，开始打造以“阿玛尼”为品牌的连锁豪华酒店及度假村，这成为对阿玛尼生活方式的最好诠释。

图14-41　乔治·阿玛尼

阿玛尼的服装优雅含蓄，大方简洁，做工考究，坚信时装应该是简单、纯净、明朗的。阿玛尼设计的服装多源自于观察，将街上优雅的穿着方式重组再创造出属于阿玛尼风格的优雅形态。其最大的成功是在市场需求和优雅时尚之间创造出一种近乎完美、令人惊叹的平衡。他简单的套装搭配、优雅的中性化剪裁令人无需刻意炫耀，不论在任何时间、场合，都不会出现不合潮流的问题，吸引了全球的拥护者。阿玛尼已统领乔治·阿玛尼王国三十余年，至今其标志性的银色短发，褐色的健康皮肤，紧身的黑色T恤衬托出年轻人般的硬朗，还有无法抗拒的迷人微笑，仍是人们津津乐道的时尚教父（图14-41、图14-42）。

(1) 简约主义风格

(2) 黑色简约的晚礼服

(3) 经典女装

图14-42　阿玛尼的设计作品

5．约翰·加里亚诺（John Galliano，1960—）

约翰·加里亚诺1960年出生于英国直布罗陀。1983年以第一名的成绩毕业于伦敦圣马丁艺术设计学院。1984年创立个人品牌，发表处女作并获得极大成功。1992年进军巴黎时尚界。1995年，担任纪梵希首席设计师而名扬全球。1997年担任克里斯汀·迪奥的创意总监。

约翰·加里亚诺被当作英国时尚的象征。受传统艺术和后现代艺术的影响，他的服装是传统与现代流行元素的结合，有着强烈的戏剧化魅力，充满视觉快感，满足人们对时装的幻想。他每一季的作品发布，都会给时装界带来震撼。加里亚诺在裁剪方面的禀赋及对各种创作灵感的有效处理，给他的个人品牌创立了崭新的时尚面貌和前卫风格。其二线品牌Galliano Genes以街头时装路线迎合现代都市中更年轻的消费群。精致又不拘泥于传统；前卫但又不雍丽奢华；古雅却又有英式现代先锋感。在加里亚诺进入迪奥品牌的十多个年头中，其风格一直伴随着华丽、另类和无尽的争议。作为这个在时尚金字塔塔尖的经典品牌，先颠覆再延续，加里亚诺以其天马行空的创意和大胆的手法延续着克里斯汀·迪奥的辉煌（图14-43）。

(1)1997 年为迪奥设计的作品

(2) 东方情调

(3)1997/1998 秋冬作品

图14-43　加里亚诺的设计作品

第四节 20世纪90年代的服装

这是一个信息革命的时代，也是一个全球化的时代，服装的发展正坚定地朝着多元化的方向迈进，受消费文化、后现代思潮、环保理念和民族文化的影响，加上互联网和高科技的迅速发展，西方服装的风格和时尚的流行出现了纷繁复杂的多样性。

一、走向多元化的时代

进入20世纪90年代，时装开始向不同的方向发展，再也不可能只有一种潮流、一种风格独领风骚。现在需要用许多不同的、甚至相反的流派来描述时装世界，时尚和非时尚的界限越来越难以界定，整个时装界呈多元化的趋势发展，具体表现为时装风格的多元化和时尚中心的多元化以及奢侈品集团模式的运作。

1. 时装风格的多元化

这一时期后现代风格继续扩大着它的影响，“文身风潮”“乱发造型”“颓废造型”“撕破造型”等都是相当具有代表性的造型，强调“零乱、冲突、反唯美、拼凑、趣味、反讽、无意义”仍旧是服装设计表现的重点主题（图14–44）。

图14–44 颓废美

在“环境保护”思想的倡导下，人们从大自然的色彩和素材出发，各种自然色和未经人为加工的本色原棉、原麻、生丝等粗糙织物成为维护生态的最佳素材。在服装造型上，人们又一次摒弃传统的构筑式服装对人体的束缚，追求自然的、无拘无束的、舒适的和乡村田园式的、富有诗意的美感。各种休闲装、便装、运动装普及于日常生活中。

在美国设计师的带动下，“极简主义”成为90年代服装的主要流行时尚。极简主义（minimalism），代表一种艺术流派，也是一种生活方式，这是一种将设计删减至最后的“纯粹”形式。卡尔文·克莱恩等美国设计师们将美国文化中的“自由、不受拘束”与“极简风格”相互结合，表现出“简洁、利落、帅气”的特色。但简约并不等于简单，在精致、简洁的背后凝聚着耗料、费时的过程，所以极简主义与20世纪90年代追求奢华的时尚在骨子里并不相悖。

图14-45 炫目繁簇的高级时装

图14-46 文化元素错乱拼凑

这个时期服装设计风格也出现了回复20世纪60年代、50年代、40年代、30年代甚至20年代的流行现象，以及19世纪的浪漫主义风格、16世纪文艺复兴式样、中世纪式样、古希腊式样，甚至像史前风格的服装都成为设计者追溯的对象，设计灵感之来源从绘画、建筑到工艺美术，几乎无所不包（图14-45）。

多种文明形势持续存在同样影响着服装的发展，不再是简单地称为"东方文明"和"西方文明"，印度、拉美甚至非洲也都有着自己独特的文化。于是多年来那些为世人所忽略的古老的土著衣裙、撒克逊式披风、吉普赛人的装束、非洲人的草裙、南美洲人的穗饰披巾等又被发掘而重新使用（图14-46）。

2. 时尚中心的多元化

世纪之交，由于成衣业的迅速发展，巴黎的高级时装业呈现了夕阳西下的颓势。但法国得天独厚的历史文化，巴黎独特的艺术氛围，巴黎人对时装审美和艺术追求的高品位以及政府在各个方面对时装发展不遗余力的支持，使巴黎仍被公认为是全球时装的领导者。巴黎的时装融历史、艺术、文化于一体，主体相当广泛，高品位、艺术化、精细奥妙，体现了服装艺术精典之美。而以夏奈尔、迪奥为代表的巴黎高级时装设计师品牌，用鲜明的个性与独特的风格，诠释了他们对女装的全新概念。时尚的外形、华贵的质地、精良的做工成为设计师品牌高质、高价的保证。面对21世纪各方面的挑战，巴黎时装界不断地调整阵容、变革经营方式、培养后备力量，使他们的第八艺术——高级时装得以持续发展。

米兰的时装风格是朝着与巴黎时装风格不同的方向发展的，以高雅大方、简洁利落做工精致的便装为主，将高级时装平民化、成衣化，尤其在男装领域有着卓越的贡献。从20世纪70年代，米兰以其非凡的气派与活力登上国际时装舞台。在意大利这块美丽而浪漫的土地上，米兰被一种浓郁的艺术气氛所包围，造就了一批对服装美有着特殊感觉与执著追求的设计师。他们的设计呈多元化、带有浓厚的个人气质和艺术性。由于意大利的制造业多具有小型化、家族化的特点，在设计上就更加有个性、有特色。虽然时装界较多人认为米兰过于经典，伦敦过于狂热，只有巴黎才真正具有想象力和多元化的设计，但不可争辩的事实是，无论是巴黎还是伦敦，都不得不依靠意大利设计和生产的精美面料。在20世纪下半叶，意大利服装面料以其无与伦比的杰出设计和一流的质量成为世界时装的主要材料，在世界市场中占据了无可争议的领导地位。

英国是时装设计大国，伦敦长期以来就是另类时尚有力的一环。英国人我行我素的风格，使他们的设计与其雕塑、绘画一样，具有浓郁的英伦特色。从20世纪50年代后期开始，英国时装逐步走向潮流化，并且开始成为国际时装中一个非常具有个性的类型，这不但丰富了英国的时装，同时也丰富了国际时装设计的面貌，首都伦敦自然也就成为国际时装设计的重要中心之一。伦敦对于国际时装最大的贡献就是输送了数位世界级的大师，如韦斯特伍德、加里亚诺、麦克奎因等，他们独特的创造力和敏锐的商业触觉将伦敦文化带向了全世界。

创造力和想象力是美国人的强项，而科技与经济的进步极大地促进了时装业的发展，也使人们的着装观念发生了变化。美国时装设计注重所谓的“无时间限制”风格，服装不会由于过于讲究某种风格而打上时间的烙印，这是美国时装与法国时装最大的区别。美国设计师依托娴熟的全球市场运作，以实用、舒适的机能性为基调，以简洁的结构、随意的设计对时装进行独特的诠释，展开以便装为主的时装成衣化设计，面向平民大众，这也使得美国后来居上，成为工业制衣王国的主力军。

东京时装业于1973年开始大规模崛起，当时的日本受到“石油危机”的打击，重新调整了自己的强国政策，家电、汽车、轻工产品和服装成为对外贸易的四大支柱，东京也跃入世界时装之都的行列。东京的时装风格既保持了浓厚的东方传统文化色彩，又开创了服装穿着的新观念，以不强调合体、曲线、宽松肥大的非构筑式设计取代了西方传统的构筑式窄衣结构，并将面料与人的关系作了新的阐释。由这种观念所形成的服装风格促进了东西方服饰文化的碰撞与交融，推动西方服饰文化朝着东、西融合的国际化方向发展。

二、时尚与流行

1. 动物保护和环保

随着环境和动物保护运动的日益高涨，人们普遍认识到破坏自然的危险性。面对那些为了珍贵的皮毛而猎杀濒危动物以及以毛皮工业为目的的圈养动物的做法，动物保护者们坚决予以抗议。他们还反对化妆品工业中的动物实验（图14-47）。利于环保成了一条新的市场规则，反毛皮、反残忍的战斗取得了成功。在时装历史上，毛皮第一次不被看作奢侈品或地位的象征，而是体现了一种欠考虑的自负。PETA（对待动物合符道德的组织）是反对穿着裘皮宣传运动的主要力量，吸引了一些超级名模参加了颇具争议的“我宁愿什么都不穿，也不穿裘皮”的推广活动。许多妇女都把她们的皮衣弃之不穿，而毛皮商们无论是在销售还是做广告时都格外谨慎。同时，设计师们迅速对这种潮流做出了反应，大量采用仿皮革面料（图14-48）。

图14-47　环保观念影响到化妆产品

图14-48　对裘皮说“不”

2. 服饰配件

20世纪90年代的女性受极简风格的影响，她们穿着尽量简单，喜欢用手提袋、眼镜这些服饰配件进行搭配。1996年最流行的手提袋是普拉达的黑色塑料手提袋，到20世纪90年代末和21世纪初，类似手提袋、眼镜这些附件上面未必需要有品牌标志，但是却需要有好的设计，因为人们越来越讲究实际，品牌是给人看的，而设计好是自己用的，同时设计完美的产品也是一种更加强烈的品牌标志。

3. 女性化男装

随着社会的发展，人们对于性别的审美价值观念被重新颠覆，相应的男女服装的设计元素也不断错位、相互借鉴。到了20世纪90年代，女性化的设计元素已经深入到日常的男装设计当中，男装得以摆脱往日的简单和沉闷，男装设计师寻找到了另外一种创造空间。

图14-49　女性化男装

男装设计最明显的变化在于色彩，曾经属于女性专用的颜色如红色、黄色、紫色，以及一些色彩多变的印花都用在了男装上，用来柔和以往男性过于硬朗的风格。绣花、印花等繁复图案的面料，网眼、蕾丝、有PV涂层的反光面料，都被设计师局部地用于男装各个部位，如领子、肩部、袖子、衣襟、裤腰、裤脚等，用以表现男女性别之间的强烈对比，突出男性本身的力量美。造型上，男装的上身不再过度强调力量、加厚肩部，相反有时增加一些曲线柔化肩部，体现一种修长的感觉，贴身的短小衬衫、紧身的甚至露出肚脐的无袖弹性T恤都大大丰富了男装的各种造型（图14-49）。

4. 广告运动

20世纪80年代开始的广告运动为服装品牌宣传起到了不可忽视的作用，而到了90年代，广告不仅是服装品牌的传播工具，也是时代观念的表达。由广告宣传的内容会立即被带到媒体中，并已经开始创造属于自己的流行。

推动这一运动的弄潮儿首推贝纳通（Benetton）。贝纳通的每一个广告都带有一种传奇色彩，广告背后的故事极大地延展了广告画面本身的震撼，它对于残酷现实的独白引起世人的震惊。它的广告与产品无关，只是在讲述一系列与整个社会和全人类共同的故事，艾滋病和性行为、种族歧视、人道主义、战争与和平、生命与死亡……而且表达方式极富创意甚至触目惊心，但人们通过它特有的讲述方式和内容认识了这个品牌，并且每个人可能都会在心中对这个品牌树立一种机智而富有责任感的形象。

与贝纳通选择的现实主题相反，卡尔文·克莱恩（CK Calvin Klein）选择的则是人类最原始的本能。它通过极具性感、大胆刺激的广告创意，把“性”塑造成流行和渴望的东西，构筑成一种与整个社会价值观不一致的价值体系，在很大程度上影响着年轻的一代，甚至一度成为美国文化的象征。CK的广告运动成为不道德争议广告的典型，但它恰恰利用这些争议为公司创造了更高的销售额。

顺应这些新兴品牌带动起来的潮流，一些经典老品牌也在新舵手的带领下利用引起争议的广告塑造着新形象。汤姆·福特（Tom Ford）接手古奇（Gucci）后，主张用颓废、奢靡和性感为主题，改变以前“传统贵族”的市场定位，以适应这个“谈性色变”的社会，尤其是它的同性恋系列，将女模特与两个男人放在一起，取名为“三口之家”。加里亚诺也常常用迪奥的广告赤裸裸地表现女性之间的同性恋倾向，使其形象变得更性感、更张扬、充满野性（图14-50）。

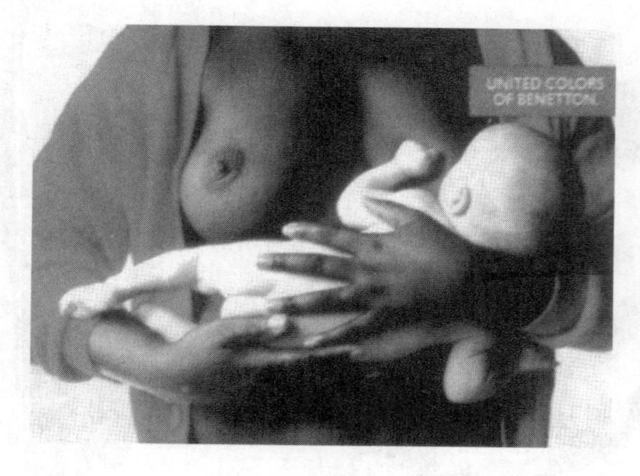

(1) 哺乳（种族平等）

(2) 迪奥的同性恋广告

图14-50　90年代的品牌广告

5. 重叠穿衣

20世纪随着70年代样式的复兴，重叠穿衣再次成为时髦的着装方式。一般以内紧外松、内短外长或内长外短的方式进行组合搭配，如里面穿紧身而富有弹性的针织类衣服强调性感的女性曲线，并且裙长较短，表现一种轻快的造型感，外边穿宽松肥大但并不显笨重的长夹克或长大衣；长长的衬衣外边罩一件随便的短马甲，追求一种放荡不羁的对比效果，整个外形以H型和A型等宽松、修长的造型为主（图14-51）。

图14-51　重叠穿衣

6. 运动休闲

20世纪80年代，对时装业来说，通过运动来宣扬体形健美如火如荼。到20世纪90年代安全、个人自由、毫无拘束是新纪元人们对时装的追求，服装的安全性从来没有像这个时代那样受重视。运动服装风行一时，形式上走运动休闲的方向，材料上更加注重高科技的舒适和安全。而许多新兴的运动，如风帆冲浪和雪上滑板，也催生了他们自己的服装业。西方退休的老年人比例增长，导致整个快干、免烫、防皱的休闲服装做出调整，以适应冲击力较小的运动如高尔夫的需要。运动和时装之间的共生关系，对这两种产业都有积极的益处。1996年体育用品商耐克（Nike）在纽约开设了声势浩大的“耐克塔”，不但青年人蜂拥而至，其他年龄层的人也都为之吸引，到“耐克塔”来不仅仅是买东西，也是一种经验、一种青春的新潮感、一种惊喜、一种刺激、一种娱乐。

设计师也把舒适随意和高级时装的品位结合起来。利法特·奥兹别克帜（Rifat Ozbek）1990年推出的“新时代”（New Age）系列，包括超大号的篮球鞋；卡尔·拉格菲尔德（Karl Lagerfeld）把篮球鞋上加上了可可·夏奈尔的两个C字母连起来的标志；让–保罗·戈尔捷则把篮球鞋加上了高跟（图14–52）。

(1)Nike 运动鞋

(2) 带有运动元素的时装

图14–52　90年代的体育型服装

7. 新衣料·新组合

20世纪90年代最重要的时装运动在于材料的使用。科学技术的不断发展，人们对面料的质量要求也日益提高，更加讲究。于是塑料、聚乙烯、合成物或其他合成面料，彩色生态棉，生态羊毛，再生玻璃，碳纤织物及酒椰纤维、黄麻、大麻、龙舌兰、凤梨等植物纤维都被用来作为衣料，连平时不为人注意的蒲公英也被派上用场，取代羽绒作填充物，使衣料呈现出一种崭新的、甚至有点儿讽刺意味的面貌。新的“微型纤维”（microfibers）更加柔软，更加具有弹性，这些新面料具有透气、保暖、抗紫外线、气味芬芳等特点，甚至有些还可以包含润肤霜。技术的发展为服装设计创造了崭新的空间。时装有了更多组合的可能性，再生、重新流行、技术和蹩脚货都是混合的风格，看起来新奇、富有挑衅性和粗俗，但都已经被主流所采纳。实际上，时装不再仅仅是时装设计师在工作室中设计出来的作品，也是着装的消费者设计的，并且用创新的方法把各种元素组合起来（图14–53）。

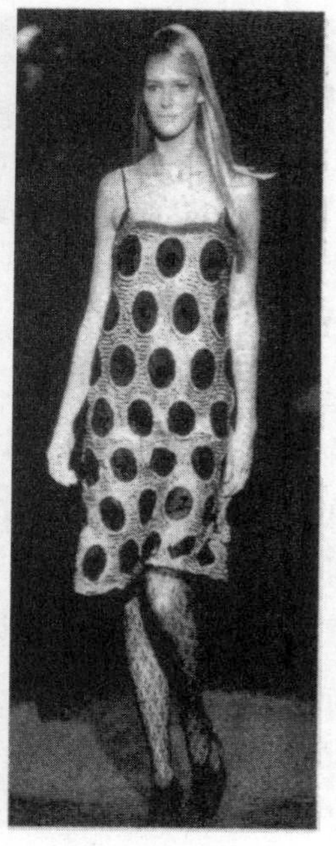

图14-53 新织物的应用

图14-54 计算机辅助设计的形象“劳拉”

8. 网络与计算机技术

由于网络在20世纪90年代快速的普及，流行咨讯也因而更加迅速地打破过去流行时差的局限，以同步、及时的姿态，出现在全世界的每个角落。各个品牌销售商们也充分利用电子商务营销他们的品牌，使其渗透到每个消费者，起到往日不可想象的作用。

在技术方面，新的视觉美学与计算机高科技影像的发展，有着息息相关的联系。计算机在服装设计与生产中所起的作用越来越大，已从基础应用型走向专业化、行业化。计算机辅助技术如CAD和CAM在服装设计、制图、打板中，在纹织物的设计、印花设计及其配色、分色中，在制鞋、绣花中已经得到了普遍应用。然而，已有的手工艺技术作为一种传统文化技艺也继续存在（图14-54）。

9. 名人效应

这个时代最典型的偶像，莫过于英国王妃戴安娜。戴安娜原名戴安娜·佛朗西斯·斯宾塞（Diana Frances Spencer），生于1961年，20岁时嫁给英国王子查尔斯亲王。与英国女王相比，她很会穿衣和打扮，同时，她与时尚界的名流如范思哲、爱尔顿·约翰等都有着密切的合作。她为艾滋病患者、无家可归者以及反毒品、反地雷、反贫困等活动而奔走，她投身于公益事业，得到世界各国人民的尊敬和爱戴。1997年8月31日因车祸而丧生，成为人们永远追忆的英格兰玫瑰。她的服装也一度成为西方妇女们效仿的时尚对象（图14-55）。

图14-55 戴安娜王妃

(1) 2000~2001 年的设计作品

三、名师与品牌

1. 亚历山大·麦克奎恩（Alexander Mcqueen，1969—2010）

亚历山大·麦克奎恩1969年出生于英国伦敦东部一个出租车司机之家。16岁时，作为一名裁缝师学徒受训于伦敦以男士定制西服而闻名的Savile Row。20岁投身名师Romeo Gigli门下，负责服装的图案设计。1992年进入伦敦圣马丁艺术学院修读时装设计，毕业后迅速成为英伦炙手可热的设计师。1996~2000年，麦克奎恩曾担任纪梵希的主设计师。如今，麦克奎恩全力打造自己的个人品牌Alexander McQueen，后推出二线品牌McQ-Alexander McQueen成衣系列。

麦克奎恩才华横溢，放荡不羁，具有典型的不列颠冷漠傲慢的本质。他敢作敢为、思维活跃、超常的想象力无人能比，设计上常打破传统美学的框架，将廉价的成衣感觉植入高级时装的体系中，充满戏剧性的效果。麦克奎恩对于裁剪和服装结构也有着深刻的理解，在进行款式设计的同时他创造性地把握空间的延展和变化，常以挑逗性或带有色情味的小细节来冲淡其严肃性；

(2) 头饰与项链

(3) 羚羊角头饰

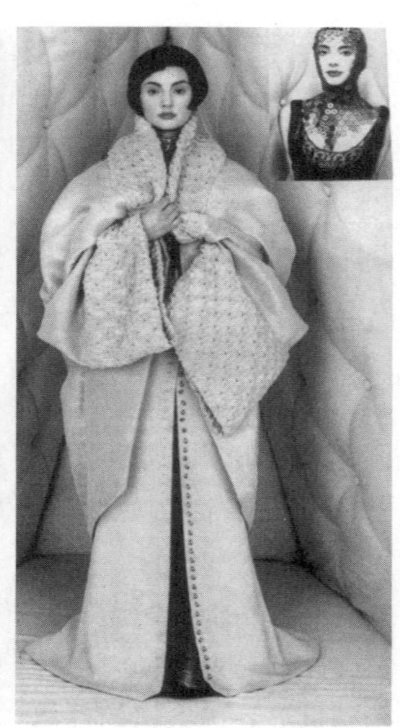

(4) 复古豪华的样式

图14–56　麦克奎恩的设计作品

在配饰与舞台设计方面更是别出心裁。他每年的时装秀都是对时装界新一轮的挑战与颠覆，其天马行空的想象力及那副剪开传统禁忌的魔术剪刀赢得了全世界的关注，被称为“时尚界的坏小子”。1996年，麦克奎恩被评选为英国年度最佳设计师，成为有史以来最年轻的当选者；1997年、2001年，又两次获得此项殊荣；1999年，他荣获美国VOGUE“年度最新锐设计师大奖”（图14-56），于2010年2月不幸去世。

2. **詹弗兰科·费雷**（Gianfranco Ferre，1944—2007）

詹弗兰科·费雷1944年出生于意大利米兰，1969年毕业于米兰工艺学院建筑系，1978年10月创立了Gianfranco Ferre公司，当时设计的白色女士衬衫已成了费雷的标志性服装。1982年1月，费雷首次发布男装。1989年担任克里斯汀·迪奥女装、成衣和皮革系列的艺术总监。之后，费雷推出费雷（Ferre）牛仔系列、詹弗兰科·费雷（Gianfranco Ferre）童装系列、詹弗兰科·费雷（GF Ferre）品牌系列等，其产品在时尚界占据着举足轻重的地位。2007年6月17日，费雷因病逝世。

费雷以单纯的线条、华丽的面料和鲜艳的颜色而闻名。设计中，以简洁却十分突出的线条来架构服装，巧妙融合剪裁与颜色使两者达到契合，展现穿着者更佳的身形轮廓。同时，他还常采用不对称的几何形，用独特的尺寸比例与各种面料巧妙结合的方法来塑造一种异乎寻常的效果。色彩上，费雷最爱用蓝色来点缀夏装；用黑色来象征冬装，并与各种浅淡背景色相配以产生对比或相谐成趣的魔力。无论是在回应传统的需要，还是在追寻理想的边际，或是单纯地表达强烈的浪漫，他的作品总是具有十足的创造力和立体感。虽然大师不在，但费雷的服装仍旧是精确、精致和精美的代名词。被誉为“时装建筑师”的詹弗兰科·费雷在意大利与詹尼·范思哲、乔治·阿玛尼三足鼎立，素有三“G”之称（图14-57）。

(1) 1989 年为迪奥设计的作品

(2) 1988 年的设计作品

(3) 大篷裙

图14-57　费雷的设计作品

3．瓦伦蒂诺·加拉瓦尼（Valentino Garavani，1932—　）

瓦伦蒂诺·加拉瓦尼1932年出生于意大利，17岁时前往巴黎学习服装设计，曾在让·戴塞、纪·拉罗什店做助理设计师。1959年回到罗马开设自己的服装店。1962年瓦伦蒂诺的事业达到顶峰，他在佛罗伦萨的时装秀场场爆满。1967年发布的“白色系列”无领外套和短裙组合造型，引起了强烈反响并一举成名。1984年他为参加奥林匹克运动会的意大利运动员设计制服。1993年曾在中国北京举办了个人作品展示。2008年1月，瓦伦蒂诺在巴黎举行了最后一场新品发布会，为其设计生涯画上了圆满的句号。

瓦伦蒂诺善于表达高贵优雅的造型，强调成熟端庄的女人韵味，体现了华丽壮美的罗马式艺术风格。他的高级女装精美绝伦，充满女性魅力，用色华贵、典雅，造型优美、俏丽，用料讲究、高档，做工考究、细致，从整体到每一个小细节都做得尽善尽美。鲜艳的红色是他的标准色，“V”是其品牌符号。无论时装潮流如何变化，瓦伦蒂诺始终遵循高级时装的传统，追求华贵、典雅和精湛的工艺，他的服装是豪华、奢侈生活方式的象征，极受追求十全十美的名流钟爱。瓦伦蒂诺有高级时装界的“金童子”之美誉，他以敏锐过人的创造力开拓了意大利乃至整个西方世界时装发展的新纪元。即使离开了时尚舞台，人们的记忆中将永远留住那一抹“红”（图14-58）。

(1) 细致，典雅的晚礼服

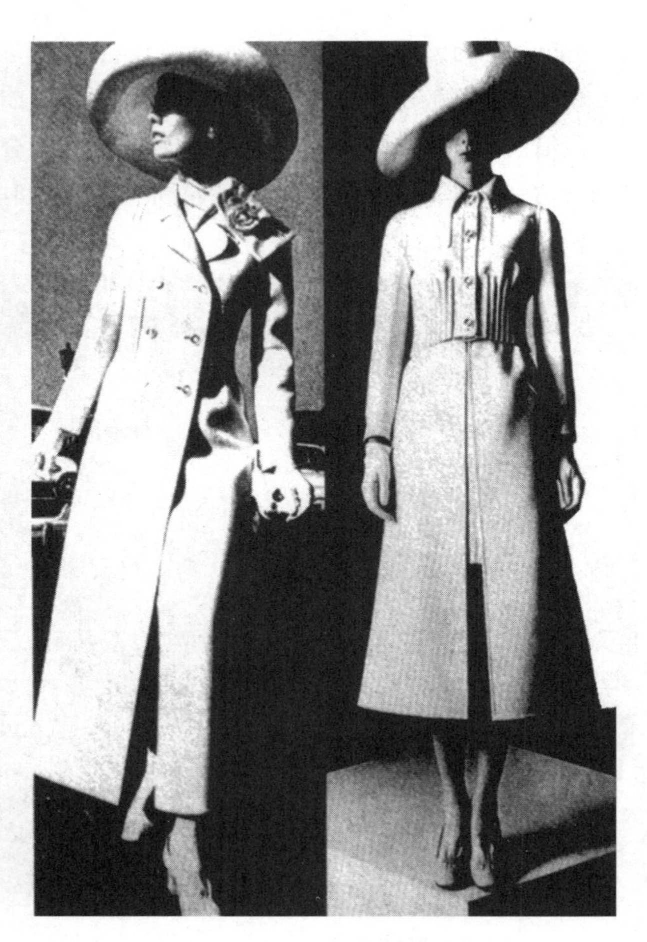

(2) 新款雅致的时装

图14-58　瓦伦蒂诺的设计作品

4. 卡尔文·克莱恩（Calvin Klein，1942—　）

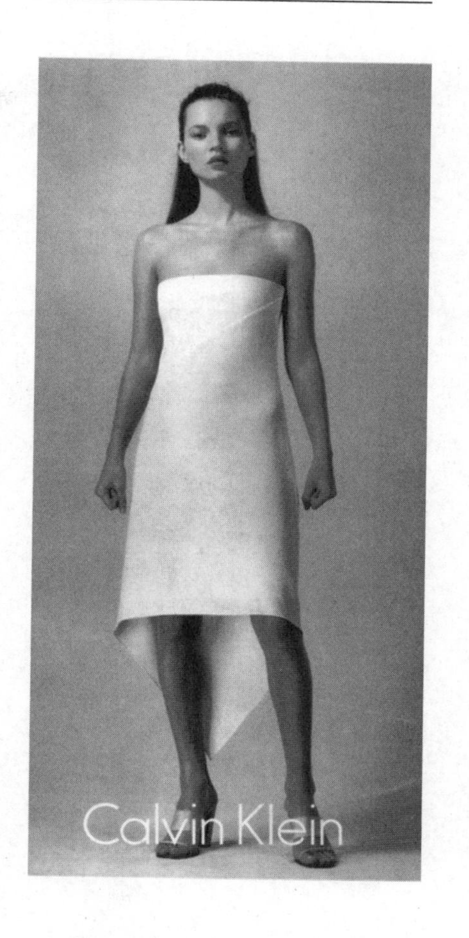

卡尔文·克莱恩1942年出生于美国纽约，毕业于美国纽约时装学院。1962~1964年，任Dan Millstein的助理设计师。1964~1968年，成为自由设计师。1968年，创办了卡尔文·克莱恩公司，以牛仔和内衣系列最为著名。1999年，克莱恩卖掉了自己的设计室，但仍拥有旗下Calvin Klein、CK Calvin Klein、Calvin Klein Jeans三大品牌。

克莱恩是个全方位的设计师，他坚信服饰的美感源自简洁，始终恪守"Less is More"的信条。设计中，克莱恩的审美中心是性别特征，强调能随身体活动而产生流畅线条的设计，善于将前卫、摩登的服饰演绎为优雅别致的风格，将时尚与商业完美融合。在品牌创造和逐渐壮大的过程中，广告将CK 产品的重要风格之一性感发挥得淋漓尽致，营造出一种男性文化对异性躯体的迷恋和困惑。克莱恩的成功还在于他创造了一个土生土长的美国人自己的品牌，年轻、简洁、讲求实效，反映了美国人特有的民族自由精神与生活方式。设计师本人也被称为"纽约第七大道的王子"，曾被TIMES杂志评为美国最有影响力的25人之一。如今，几经起落的卡尔文·克莱恩品牌依旧带着它简洁的风格，独具一格的广告继续创造着一个时装帝国的奇迹（图14-59）。

图14-59　CK的模特与广告

5. **拉尔夫·劳伦**（Ralph Lauren，1939— ）

拉尔夫·劳伦于1939年出生于美国纽约。1967年，在一家名为A. Rivetz的领带制作公司做设计，制作完成一种造型宽大、色彩鲜艳的丝质领带，其以“POLO”命名，十分畅销。20世纪60年代末，拉尔夫又为男士设计了一系列与宽领带配套的“马球”牌产品，获得广泛好评并由此成立了POLO时装公司。1970年拉尔夫的首次个人服装发布会取得了成功。1971年在好莱坞开设了一家POLO专卖店，成为美国第一个拥有自己专卖店的设计师，并推出了女装系列。2002年推出女装新线Blue label，融入了高贵经典的品味。近些年，随着时尚帝国的扩张，马球手标志已经演变成一种身份的标志。

拉尔夫·劳伦成功的秘诀是将自由潇洒的美国精神和高雅严谨的欧洲传统风格巧妙地结合在一起。他的作品风格洒脱、用料上乘、色彩素雅、款式大方、穿着自如，给人一种舒适、健康、自信、向上的感觉，被认为是高品位、永恒、优雅的代名词。其设计灵感多源于英美上流社会的生活、西部的荒野、旧电影、20世纪30年代棒球运动员以及旧贵族等。他的产品保持着美国东部生活方式的特点，与现代生活十分和谐，适宜各种场合穿用，被美国人称为时装牛仔。拉尔夫·劳伦也是第一位在欧洲开店的美国设计师，给国际时装界注入了新的活力。同时他还是唯一一位七次获得美国CFDA奖的设计师（图14-60）。

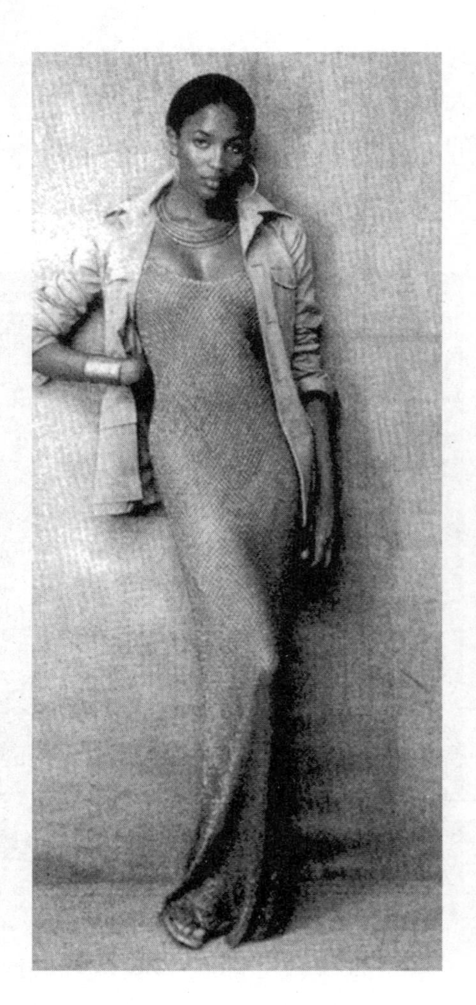

图14-60 拉尔夫·劳伦的设计作品

6. 卡尔·拉格菲尔德（Karl Lagerfeld，1938— ）

卡尔·拉格菲尔德于1938年出生于德国汉堡。1954年，16岁的拉格菲尔德获国际羊毛局主办的时装设计大赛女士外衣类最高奖，为时装界所瞩目。此后，受著名时装设计师皮尔·巴尔曼欣赏，邀请其担任设计助理。三年后，出任让·帕图时装店首席设计师。1963年，进入克洛耶（Cholè）高级成衣公司，1972年晋升为首席设计师。1983年开始担任夏奈尔的艺术总监，让这个经典的有些老派的品牌焕发出年轻摩登的气息。1984年创立个人品牌Karl Lagerfeld，之后仍持续担任夏奈尔、芬迪和克洛耶的艺术总监。1998年拉格菲尔德将时装、书籍和摄影三大挚爱结合，成立拉格菲尔德艺术廊（Lagerfeld Gallery），完整展现拉格菲尔德渊博的知识、丰富的文化素养和永远的前卫品位。

拉格菲尔德是一个极有现代创意感的人，有着天生桀骜不驯的性格。对时尚巨大的热情和旺盛的精力使拉格菲尔德同时为多个品牌担纲设计，并能轻易地与自己的风格、才气相融合。他总是可以把握时尚的正确方向，从各种艺术如歌剧、芭蕾中寻找创意。他的服装工艺独特、裁制巧妙、饰物简练，色彩以柔和优雅居多，面料经常选用中国绸、透气织物为主。服装上常有一些趣味性极高的手绘、刺绣和珠绣，或用花边、饰带进行镶嵌。拉格菲尔德继承了夏奈尔精确巧妙、比例匀称的思想，又发展了高雅洒脱、华贵浪漫的风格，重振了夏奈尔当年的雄风。他以富有活力的创作和非凡的才能，赢得了“时尚界的凯撒大帝”的美誉，与高田贤三并称巴黎的“二K”。今天，拉格菲尔德的创作理念与实践对当代国际时装界仍产生着深刻的影响（图14-61）。

(1) 1996年的设计作品

(2) 1998 年为夏奈尔推出的作品

图14-61　拉格菲尔德的设计作品

7. GAP

GAP从1969年发展至今，已成为世界知名的服装零售公司。其品牌的创始人将零售的概念和连锁概念合二为一，又将连锁店的概念和产品品牌概念合二为一，这种经营方式上的创造为GAP的发展奠定了基础。之后，第二任核心人物又将现实渠道和在线渠道的概念合二为一，维护了公司的核心品牌。

GAP以卖Levi's牛仔裤起家，在其创业之初就重视零售点的购物环境和气氛，进入店中，所有的顾客都觉得“平等、亲切”，几年后，其连锁店就在美国遍地开花。但随着竞争的加剧和利润的削减，GAP决定引进私有品牌，这样就能够控制整个供应链，并完全掌握从产品到顾客之间的整个流程，从而控制产品价格，这样可以把更多的精力放在完善产品和品牌形象上，不需要过多受制于产品的生产商。经过一系列提高产品质量的改造，GAP从一个机械的服装承办商转变为极富创意的时尚服装零售商，从单一的青年目标市场转向包括老少咸宜的传统舒适服装的更大市场。

GAP在品牌组合上，选择了多品牌策略。GAP定位于简洁和平民化，用一些受欢迎的颜色开发一系列最基本的经典款式，同时又供应多变的牛仔装；Old Navy则追求更加普通、率直，甚至偏向于下层百姓的大众化风尚，针对家庭，以一些时髦、有品位、平价的服装来争夺市场；Banana Republic的主要目标群是年龄更大、更富有的人穿着的比较正式的服装。这样多重的定位组合和市场细分既维系了品牌本身的价值，又创造了巨大的利润，1999年其销售额达到91亿美元，拥有3千多家零售店，进入发展顶峰（图14-62）。

(1) 儿童服饰广告

(2) 店面环境

图14-62　GAP的店面及产品宣传广告

8. Zara

Zara，与GAP一样也是专业的服装零售商，隶属于西班牙的Indifex集团。但与GAP美国品牌不同的是，Zara并不靠广告来打响它的知名度。因此，即使它已成为世界排名第三的服装零售商，但很少人知道这个品牌。而它之所以能在不做广告的情况下仍能保持业内最高水平的赢利率，则要归功于Zara独特的经营模式——关注速度、顾客导向、供应链管理和信息分享。

Zara的模式是以有效信息的及时流动为基础，各个商店的经理每天整理库存，将最畅销的颜色和款式作为建议发送给总部，总部的设计师和产品经理则将各个店的信息进行匹配，拟定出新款式，发送到工厂制作，生产出来的服装经过Zara的分送中心，在48小时内到达各个商店。这样，店中商品的循环周期只需要一个星期就能够翻版最近的时装潮流，并以很低的价格出售，迅速适应市场的变化。从这一过程中可以明显地看出Zara的制胜之处就是速度。他的产品从设计到在世界各地的专卖店中出现，不会超过两周的时间，并且它可以根据设计风格的多样性，将成衣产品分为众多的细小类别，设计款式多而货量少，这样不受欢迎的产品能迅速地淘汰，起到比减少劳动力成本更有效的节省效果。

Zara的模式可能是独一无二的，但它的核心却是非常简单的原则，即新产品上市的速度。因为时尚世界是不断变化的，而这种变化的驱动力不是供应方，而是消费者的需求，一家服装店商品更新的速度比广告等促销活动更能吸引消费者的光顾。Zara不断变化自己的整体形象，以适应消费者的口味，且迅速获得成功，成为它区别于迪奥、夏奈尔、GAP、CK这些典型的“商品品牌”的主要标志，有人称之为“形象品牌”，是新一代时装业和零售业的代表。它的成功促使整个时装界对产业价值链进行重新思考，对传统的服装零售业进行反思（图14-63）。

(1) Zara 的巴黎店

(2) 利用网络宣传的图片

(3) 2001 年春夏作品

图14-63 Zara的形象店及产品

本章综评

20世纪下半叶，西方社会进入了后工业时代，文明进入后现代文明时代，服装文化也进入到一个大众文化与多元文化的时代。

大众文化亦称通俗、流行文化，是指当代的一种生活状态，是为广大民众所能接受和能够参与消费的各种活动形式，区别于传统意义上的崇尚科学、教育、道义等精英文化。大众文化在传媒信息技术的普及下具有时效性，它总是迅速变化，使流行的周期越来越短。人们的衣着打扮不再像以前那样阶级分明。从大众文化的流行模式来看，它具有自下而上的特点。这样的流行模式对高级时装具有极大的冲击，颠覆了传统的设计理念，设计师们不断地从街头时装中汲取灵感，植根于平民阶层中的大众时尚具有越来越强的吸引力。可以说，西方20世纪下半叶的服装史是一部大众服装文化的历史，也是一部流行时尚的生活史。

当Internet迅速普及到世界的各个角落时，我们已进入到地球村时代，人类生活的空间似乎变得狭小了，我们似乎丢失了那么多的相异之处，每个大都市好像都是一样的，同样的高楼大厦、同样的快餐速食。好在服装中的多元化现象让我们重新找回了各自的特性，无论是服装风格的多元化，还是流行中心的多元化，都让我们生活得有滋有味、色彩缤纷。在21世纪，大众化与多元化仍将在时尚舞台上继续展现它们的魅力。

思考题

1. 名词解释：嬉皮士，摇滚风，迷你裙，朋克风，雅皮士，极简风格。

2. 20世纪60年代的“年轻风潮”对服装产生了什么影响？举例说明其具体表现为哪些流行时尚？

3. 试分析20世纪70年代成衣业产生的背景和意义。

4. 20世纪70、80年代，日本设计师在巴黎成功的原因是什么？并举例说明。

5. 后现代风格服饰产生的原因有哪些？其具体表现在哪些方面？并举例说明其中最具有代表性的服装设计师及其代表作。

6. 走向多元化的90年代的服装表现在哪几个方面？并列举3~5个设计师及其代表作。

7. 根据服装与社会的互动关系，试分析20世纪西方女性理想形象的变化。

8. 根据20世纪60年代至90年代的服装风格模拟服装设计。

第四篇 结 语

【本篇内容】

- 中西服装跨文化比较

服装作为一种文化现象，在人类历史的长河中，不仅真实地记录了人类文明发展的艰辛历程，而且鲜明地反映出不同地域、不同民族的个性特征，同时还生动地体现了不同服装文化形态之间的交流与融合。从某种意义上说，人类服装文化的发展与服装文化交流密不可分，没有各种不同服装文化的互相碰撞、交流、融合，服装文化的进步与发展就无从谈起。而为了更好地促进这一交流与融合就必须正确地认识中国服装文化与西方服装文化，认识它们各自的发展历史与特质，以及它们之间在历史上的相互关系，特别需要分析清楚两者之间的异与同。

我们通过跨文化比较的方法，更深层次地理解中西服装文化在各方面的差异，以及形成差异的原因，这样才能在新的时代下全面汲取人类服装文化的优秀成果，以中国服装文化中优势的力量，创造出更科学、更进步、更和谐的服装文化。

综合分析——

中西服装跨文化比较

课题名称： 中西服装跨文化比较

课题内容： 中西服装发展轨迹比照
中西服装文化差异性特征分析

课题时间： 2课时

训练目的： 通过本章学习，学生在比较思维的训练下深入学习和继承全人类服饰文化的优秀遗产，弘扬本民族服饰文化，并在今后的服装设计中有所创新。

教学要求： 1. 对中西方服装发展的历程进行合理分析。
2. 比较中西方服饰文化的异同，充分认识其产生的原因。

第十五章 中西服装跨文化比较

本章导语

我们在第二篇和第三篇中，分别将人类服装的发展历程，按中西方的服装体系进行了分类阐述，从中可以看出服装在不同地区的情境中不断变迁、演化的基本状况。

服装作为人类共同创造的物质与精神财富，穿着又是人们日常生活的一种社会行为，我们不仅要把握它们在各自环境中发展的脉络，还应该了解它们之间的相互关系。因而，有必要对不同地区与民族的服装发展历程进行跨文化比较。跨文化比较作为一种现代学术研究方法，着意的不是一个单独的社会或者一种社会习俗方面，而是从更为广阔的视野去看待人类，即不限时空地对群体与群体之间、传统与传统之间做出比较，做到普遍化（一体化），进而达到识别文化的异同及其之所以异同的原因之目的。它寻找社会结构上变异的科学解说，同时又要证明人类群体本身及其习俗的来源和发展。

在这种研究方法的指导下，通过横向比照与分析（主要是中、西方的服装），探寻人类服装发展的普遍性规律，包括差异性模式和共同性模式。“模式”在这里是用来描述服饰行为某些恒定或重复发生的方面，而不是那些随机发生的行为方式。对中西服饰文化差异性的分析，有助于我们在看问题时突破我们自己风俗习惯和传统观念上的局限，而对于其共同性模式的了解，可以使我们对人类服饰行为中的有序性和可预测性有进一步的认识。

关于中西服装的共同性模式，我们已经在第一篇的第二章“人类服装的共性特征”中阐述过，并运用“环境—人—服装”的系统论方法找出人类服装发展的一般规律（详见第一篇第二章第三节）。以下着重从中西服装的差异性模式进行探讨。

第一节 中西服装发展轨迹比照

服装及其穿着行为是在人类诞生以后才开始出现的，人类在创造自身的同时，也创造了与其紧密相连不可分割的服装历史，这一历史贯穿在人类进程的各个阶段。著名学者摩尔根曾将人类发展的进程划分为愚昧、野蛮、文明三个阶段，在长达数百万年的前两个阶段中，处于地球上不同位置的原始人类互不往来，但其有关服装的穿着行为却大致相似，在服装变迁中称之为“无缘类同”的现象。进入人类发展进程的文明阶段后，世界上的不同地区、不同民族、不同国家受各自政治、经济、文化的影响，其服装及穿着行为也必然反映出各自的特点。因此，中国与西方的服装在数千年的社会环境中，也经历了不同的发展轨迹。

一、中国服装发展轨迹扫描

中国是进入人类文明最早的国家之一，并且从未间断过其历史进程，从公元前21世纪~公元前5世纪，经历了古代奴隶制时期；从公元前5世纪~20世纪初，经历了封建王朝时期。从20世纪初~20世纪中叶中国处于战乱时期，从20世纪中后期才逐渐趋于稳定并逐步走向繁荣。

从中国社会发展的历史可以看出，其服装主要是在一种社会结构中生存与发展，即长达四千年的奴隶与封建社会。服装依附于这样的社会结构，具有历史的久远、特有的完备以及传承的延续性和相对稳定的自律性，形成自己独特的风格与体系。在这样的体系中服装走过了先秦时代的形成，秦汉时代的成熟，至隋唐时代达到鼎盛，又经宋元时代的融合、渗透，再到明清时代的完备等不同时期。在这样的体系中无论是男子的冠冕、女子的发髻、上衣下裳的套裙、通身连体的袍衫、还是巧夺天工的刺绣、细密精美的编织、吉祥如意的纹样、灵巧生动的饰物等，无一不表现出了古老的中华民族文化的成熟和别致。在这样的体系中形成了的上衣下裳、与上下连属两种基本的服装形制，它以平面的、二维的、非构筑式的方式构成，各朝代、各时期的各种类服装均按照这两种基本形制发展变化，其服装结构也长期保持着同一种模式，同时男女服装的性别特征上也无太大区别。在这样的体系中中国服装的内在实质始终保持着长期的稳定性，这深刻地反映了中国社会以等级制度为核心的政治内涵，以自然经济为基础的农业社会的经济特征。

当最后一个封建王朝在20世纪初被彻底推翻以后，中国服装也发生了急剧的变革，那些不适应社会发展的东西日趋淘汰与消亡，而那些富有生命力的服装内涵和丰富的服装形态，则随着时代、社会与生活方式的变更，逐渐发生转换与改观。由于中国目前仍属于发展中国家，因而与真正意义的现代服装还有一定的距离。

二、西方服装发展轨迹扫描

在西方服装发展的轨迹中，我们把古埃及、古西亚都归入西方服装范畴，是基于人类最古老文明的影响。从严格意义上说，欧洲本土文明的源头与基础是从近三千年前的古希腊、古罗马时期开始的，到公元5世纪前后才由奴隶社会进入封建社会，长达千余年的封建制度，在15世纪出现的文艺复兴运动中受到冲击。经过17世纪的资产阶级革命和18、19世纪的工业革命，资本主义在西方社会得到全面确立，20世纪经过两次世界大战以及不断兴起的高科技浪潮，更加快了西方社会变化的步伐，使其率先成为世界最发达地区。

西方社会从空间到时间、从社会结构到生存状态的不断变化，使服装也发生了从形式到内容的不断转换。两千多年前的古希腊、古罗马时期是西方古代服装发展最具活力的阶段，其平面式的宽衣形态是西方服装体系的一大源流。公元5世纪以后进入了封建王权、宗教神权的中世纪，虽有拜占庭服饰的瑰丽，但西欧服装在此时处于低潮，封建专制及宗教禁锢严重束缚着人们

的穿着，男女服装区别不大。从15世纪的文艺复兴运动开始改变了欧洲服装面貌，其中哥特式时期出现的立体裁剪方法，在人类服装史上具有里程碑意义，直到后来的资产阶级革命与工业革命，使欧洲的服装从根本上发生变化，服装造型摆脱了古代的平面宽衣形态，进入到窄衣型、构筑式的服装形态，男女服装分道扬镳朝各自方向发展。经历了1789年的法国大革命和19世纪的第二次工业革命，西方男装进一步向符合一定功能并为一般民众所穿着的现代形态确立，在商品经济与城市化的进程中不断翻新的女装成为都市的时尚，随着服装业的发展，服装设计师应运而生。20世纪前半叶，经历了两次世界大战，不仅打乱了西方政治格局，也促成了女装现代形态的转换，在20世纪50年代的巴黎高级时装进入鼎盛的黄金期，给人们留下了许多永恒的经典。20世纪后半叶，受西方社会政治经济文化的影响，并在消费对象的年轻化与大众化，以及科学技术不断发展的推动下，服装再一次的发生了根本的变化，逐步走向成衣化、品牌化、多元化的时代。

三、两种服装发展轨迹比照

人类进入文明社会，已有数千年的时间，根据已出现的人类实践活动，从历史形态上可划分为古代社会、近代社会、现代社会以及当代社会；从政治形态上可划分为奴隶社会、封建社会、资本主义社会等；从经济形态上可划分为农业经济、工业经济或自然经济、商品经济等。在本书中对中西服装发展的阶段划分，

是综合了第一、第二种的形态。

文化学的研究表明：人类文明的历史从文化形态上可划分为前现代、现代与后现代三个时代，对应与它的社会形态是农业社会、工业化社会和后工业化社会。这三种文化、社会形态，在不同地区、不同国家所出现的时间是各不相同的，从这一原则出发来比较中西文化的发展轨迹，就可以清楚地找到他们之间的差异。

服装作为一种文化形态贯穿于人类文明的各个时代，不同的文化与社会形态必然造就出不同的服饰文化与服装形态。从服装的功能而言，前现代的农业社会服装主要是政治的工具，宗教的附庸；现代和后现代社会，服装满足人的各种需求与欲望。在服装的构成上，前现代是平面的二维造型；现代是立体的三维造型；后现代是立体与平面的并存。在服装的装饰手段上，前现代追求烦琐；现代崇尚奢华；后现代趋向简约。在服装材质上，前现代为天然纤维；现代工业化社会常用人造或化学纤维；后工业化时代注重多种材料的并用。在男女服装上，前现代不强调性别特征；现代社会强调性别特征；后现代既有两性对立又有中性化倾向。在审美意向上，前现代显示等级；现代热衷品牌；后现代张扬个性也崇尚品牌。

中国在四千多年文明进程中基本上处于“前现代”时代的文化形态，即农业文明社会。直到西方迈入后现代时期，中国才向工业化时代的现代社会转型。中国的服饰文化在长期的发展过程中只经历了一种文化形态，因而只能适应一种社会生活方式，致使其服装的形制数千年一贯制，其间只有朝代更替使的局部变异，而无实质性的根本变化。

农业社会以手工业生产方式为主，使服装工艺水平高超，技巧精湛。从这个意义上说中国服饰的辉煌是农业文明的辉煌，中国“衣冠王国”的美誉是前现代文化历史的结晶，我们可以为此骄傲，然而当人类社会已出现后工业化文明的今天，我们如果没有追赶时代的紧迫感，势必会被历史所抛弃。在服装文化的物质层面，尽管我们可以用跨越的方式，从前现代迈向现代以至后现代，但从服装文化的精神层面来说现代服装的思想观念及文明素养的形成是不能用“跨越”来解决的，必定要经历一个艰难的过程。只有完成从形式到内容的转变，我们才能真正享受到现代服饰文明给我们带来的快乐。

从古希腊的西方文明开始到15世纪后的文艺复兴，是西方社会的前现代时期，文艺复兴后的资产阶级革命与产业革命到20世纪中期为现代时期，此后为后现代时期。近三千年的农业社会和近三百年的工业社会以及近几十年的后工业化社会，使西方服装经历了三种不同社会、文化时期，也出现了适应社会发展的服装形态，从中表现出完全不同的文化特征，服装的发展适应了社会生活方式的变化。

因而，今天的西方服装文化成为先进的服装体系，为世人所仿效和关注，当现代社会给予西方服装以更为广阔、更为自由的发展空间时，当现今世界上许多国家都在从原有服饰状况中逐渐脱离出来，进入到现代服装的行列时，我们再回顾西方服装所走过的历程，将会更深刻地体会到，它对人类服饰行为所带来的巨大影响和冲击。

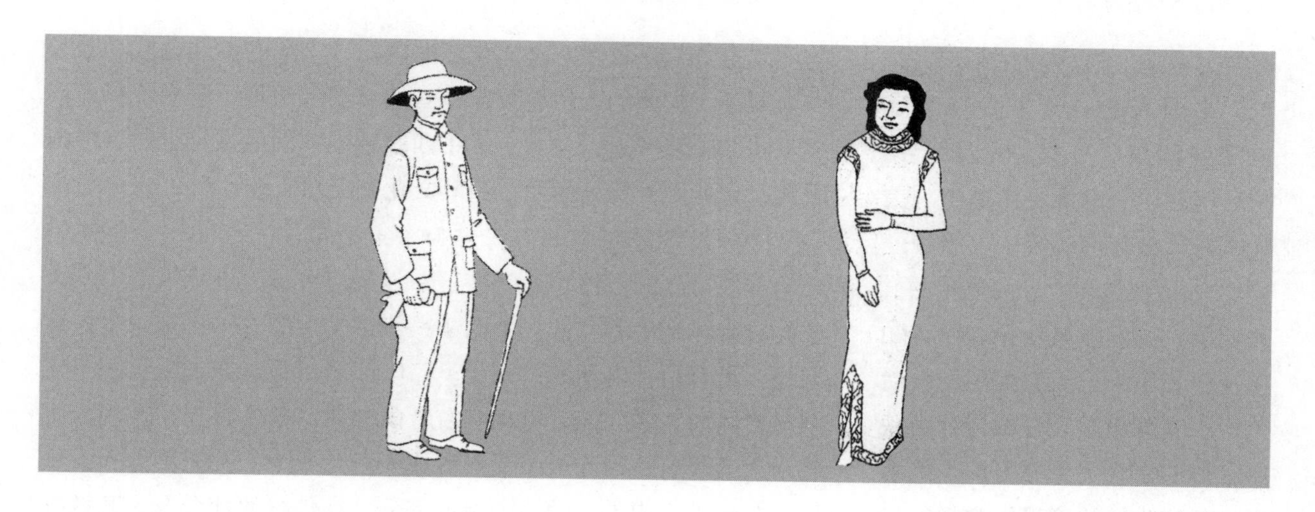

第二节　中西服装文化差异性特征分析

以上从中西服装不同的发展轨迹进行了比照，从而看到其差异的社会历史缘由，下面我们仅以中国与西方（更确切地说是欧洲）服装，在各自发展道路中所表现出来的不同特点进行对比，从这一侧面去认识人类服装发展中差异性的思想缘由。

这里我们仍沿用在上篇第二章第三节中共同遵循的比较原则与比较方法来进行分析。

比较原则是将人类服装看作一个系统，在这个系统中，服装与其他因素所构成的关系为："环境—人—服装"。在这里，"环境"是指服装发展过程中所依托并赖以生存的社会环境与自然环境；"人"是指服装所服务的对象；"服装"即衣物本身在这个系统中所具有的特征。

比较方法是将中西服装在发展历程中所表现出来的不同地方，分别纳入系统中的各个方面进行比照，然后得出初步的结论。

一、注重社会协调与追求自然法则

由于东西方的思维模式不同，带来不同的观念意识，并直接影响到服装的思想理念，因此中国服装文化注重社会的协调，而西方

服装文化则追求自然的法则。

中国人的“天人合一”宇宙观强调整个宇宙的和谐。在与环境相统一的服装体系中。更注重与社会环境的统一。服装一经形成就被纳入社会大系统中。开始了它的发展与变化。服装融入社会环境中，具有强烈的政治色彩。表现出服装是维持社会秩序，调节社会关系不可缺少的因素；并成为统治者巩固政权的一种工具；它是社会礼仪的表现，也是区分社会等级的标志，还是社会伦理道德的体现。从对服装的创造过程与着装观念到具体形制的形成与演化，都体现了中国服装发展道路上特别注重“善”的内容。

西方则强调主观世界与客观世界分离，明确提出主观为我，客观为物，“物”“我”是相对立的，不容混淆的。致使他们习惯于用理性观察世界和探讨规律，并形成一种追求自然法则以获得真理的传统，因而表现出以一种理性的或科学性的态度对待服装，在服装与环境的统一中更强调与自然物质的协调，重视自然科学的认识。服装的发展历程充满了对“真”的把握，研究服装的客观规律，认识服装的本质特征。

二、强调神韵与突出人体

“人”是东西方所共同关注的对象，但由于对“人”的意义的不同思考，导致了两种文化范畴内的“人”的不同含义。服装作为服务于主体的人的事物，也必然由于这两种不同的解释，形成不同的服装理念，并决定了中西服装不同的风格与走向。中国服装文化强调神韵，而西方服装文化则突出人体。

中国传统思想中的人，是与宇宙结合在一起的一个整体，天的本性与人的心性相通。在这一强调宏大，注重感悟，讲究大象的思维体系中的“人，不同于一般意义上的人——是一个包容天地，具有精神内涵的‘人’。”因而服装穿着在人身上，不强调与形体的关系，而着重于穿着者的整体形象。首先，表现为服装是人的服装，因此服装要为“成人”（成为一个完美的人）服务，并成为“成人”的一个组成部分。在传统的社会及家庭教育中，服装行为规范被看作是人的修身的一个内容，并长期影响着中国人的衣生活；其次，人的着装追求精神功能，注重伦理内容，用服装掩盖人体，竭力超越人体的局限，达到以善伤真的道德要求。服装美注重强调表现人的精神、气质、神韵之美，不强调形体的本身，即使形体很美，服装也不必去展示其美，而是调动各种手段，赋予人形体以外的一种精神意蕴的显现；再次，中国服装文化属于一元文化范畴，具有整一性与大同观念，使得着装者注重群体意识，不强调个体效应。个体着装必须融入整体与群体着装意识之中，因而趋向于内在、内向、内含、内倾的特点，人们在穿着中习惯于不去突出个性。

西方文化中的“人”是一个独立而明确的人，一个相对“单纯”的人，一个“一般意义上”的人，一个时代意识强的人。所以，服装在西方的发展表现了它是为崇尚人体美而服务的。其作用在于充分显示人体的美感，弥补人体的缺陷，服装理念以追求“人体美”为核心。突出以人体为前提的穿着形式，显示了外倾、外显、外向、外求的特点。用服装去完善人体的美感，注重研究人体的自然物质特征，使服装与人的形体相结合；注重分析人体各部位尺寸数据，与服装造型的联系十分紧密。同时服装也是为个性而服务的。西方服装文化属于多元文化的范畴，其中最显著的特点是：用服装突出个性，显示性别，用服装来表示对自我价值的肯定与重视。

三、展示平面与塑造人体

对宇宙与人的不同思考，产生了东西方不同的服装理念，并最终导致了在服装这一实体上的显著差异。中国由于历史的原因，人体文化滞后，同时在造型手段和审美观念上都受到特定环境的影响，因而，对服装这一附着在人体上的“第二皮肤”的处理，表现出强烈的东方宽衣特征。西方的人体文化源远流长。在欧洲文明中，人体是大自然最上乘的艺术，具有崇高的地位，对人体生理上的合规律性的研究卓有成就。这种“科学的”和“艺术的”人体意识，对人的“第二皮肤”的服装带来了另一类风格特征的显现。

在服装结构上中国重视二维空间效果，不强调服装与人体各部位保持一致，更不注重用服装表现人体的曲线。与此相应，在服装结构上采取平面裁剪的方法，肩部承受着整个上装，是重要的接触支点，这样使得人体与衣料纤维之间空隙较大，显得宽松，具有一种“自然穿着的构成”，这种构成不重款式，而重面料本身的外观效果，如服装表面的色彩与图案纹样，重工艺加工技术的精湛技巧，重服饰组合方式的整体效应。而这一切都是为了追求穿着者的人格内涵，表现主体的人的精神意韵及社会属性。而在西方服装常被看作是人体艺术的一个组成部分。在服装造型上强调三维空间效果，故有“软雕塑”之称。在结构处理上，以立体裁剪为本，注重试缝、修订和补正，以求最大限度上的合体，使身体与面料之间的空隙极小，追求用服装突出人体的曲线美。讲究服装外轮廓线，并注意整体表现的准确性以及服装物质科学性与艺术的综合反映。在以人体为中心进行服装艺术的创造中，一方面使服装随顺人体曲线走向形成不同的外轮廓；另一方面还可以用服装塑造形体，使自然人体产生人为的变化。根据不同时期的要求，去强调、夸张人体的不同部位，或胸、或肩、或臀部不等。

在服装的造型观念意识上，中国服装在其发展历程中具有强烈的稳固性。在先秦所形成的两种基本服装形制，延续了奴隶社会、封建社会达数千年之久。历代的服装就在这两种基本形制的基础上去发展、演变，具有稳定、持久、少变异的特点，反映出这一服装造型观念注重的是整个社会的精神内容，而不是单体、个人及物质的形式。而西方服装的造型观念，带来了服装形态的变异性、丰富性、复杂性与创新性，着装样式根据时代的不同而变化。随着社会的发展，这种变化表现出周期逐渐缩短、频率逐渐加快的特点。这必然导致时尚与流行的追求和设计师的出现，而流行现象又更进一步促进了服装发生变动。这不断地变动又使设计行为带来服装多样性的创造。

在服装构成的形式法则上，中国服装体现出强调和谐、对称、统一的表现手法。服装倾向于端庄、平衡，忌讳倾斜感和非对称性。服装纹饰两两相对，由于不用省道而无挺拔的皱褶，只有自然下垂、含蓄的衣纹。服装简洁、简约，服饰衣料追求飘逸、宁静；服装色彩清新淡雅，对比柔和，不强烈；服饰图案精致细腻，宛如秀美的工笔画。而西方服装的造型意识，是使服装以抽象的形式美追求外在造型的视觉舒适性；使服装设计师对纯粹的形状、色彩、质感等形式因素有特殊的创造敏感。西方服装在其发展历程中表现出非对称性、不协调性的服装造型方式，常采取自由、拟动、与习惯的冲突、与和谐的对立等表现手法。

在对服装的审美中，中国十分注重服装的神韵与品位的表现。服装审美中包含了强烈的“善”的内容，使服装的美不具有纯粹意义上的美感，夹杂着许多非审美的因素。因此，服装用具体的东西表现抽象的美，最终指向的仍是伦理的精神意义。而西方服装的审美特征表现为一种物质性的审美实现。其文化形式与款式造型区别不大，较吻合，服装的审美追求“真”，注重“形”，具有单纯的审美意义。因此，服装的各构成因素较少受外力的影响。

以上我们仅就中西的服装文化所表现的差异现象，进行了有限的对比分析，从中体验到不同自然及人文环境给服装带来的显著区别。实际上，如果比较来自各种社会文化背景的服装时，我们会更深切地感受人类服饰行为的丰富性和复杂性。由于文化习俗在很大程度上成为我们自身存在的一部分，于是我们很少怀疑其合理性，并且认为它们似乎都很正确，而对于其他的文化习俗则采取不以为然的态度，这显然是不可取的。玛里琳·霍恩告诉我们："如果我们看到进入神圣场所的犹太人带上他们的帽子，基督教徒脱下帽子，而穆斯林教徒却除去鞋子，我们就会意识到，除了在自己的文化背景中，一种仪式的服饰行为并不比其他仪式的服饰行为更'正确'"。我们只有站在客观的立场上，深入了解其他民族，其他地区的服饰文化，以此帮助我们超越自身的局限，让服饰行为向更为理性化的模式发展。

本章综评

人类服装发展的历史告诉我们：任何一个民族服装文化的发展，一靠自身的创造与更新能力，在自身由少到多、由浅入深、由低级到高级的发展过程中不断积累与进步；二靠外来服装文化的不断补充、丰富、启发、刺激，在与外来服装文化的碰撞与摩擦、搏击与竞争、交流与融合中发展壮大自己。这两者有着内在的有机联系，相辅相成，缺一不可。而正确认识服装文化交流与融合的前提则是对中西服装文化异与同进行比较分析，离开了这一点就会陷入盲目性。

我们用跨文化比较的方法，初步分析了中西服装文化的共同性与差异性模式，这将帮助我们更深层次地理解中西服装文化在各方面的差异，以及形成差异的原因，也将促使我们认识到中国服装文化的发展前途既不是固守本土文化，也不是所谓的全盘西化，而是走文化交流、中西融合之路。

中西服装跨文化比较是一项极其浩繁的工程，由于篇幅有限在这里我们只能就其中某些方面进行初步的探讨，希望引起读者的关注，并能对人类服装文化的发展做出积极思考。

人类服装发展的历史还告诉我们：服装既是个人日常生活中最为密切的物质组成部分之一，又是深深根植于特定时代文化模式中的一种精神表现形式之一。

当读完本书后，我们会更深切地体验到，在人类文明史上，服装与人的关系如此密切，它与人的身心形成一体，成为人的"第二皮肤"，它伴随着原始人从远古走来，又紧跟着现代人走向未来。它的出现加快了人类向文明社会的迈进，它的演变直接反映了社会的政治变革、经济变化以及风尚变迁。

服装的发展历史记录人类在服装领域里智慧生命活动的全过程，一部服装发展的历史就是一部人类文明的发展史。

思考题

1. 服装发展分期与社会发展分期有密切关系，你认为哪种分法比较恰当，为什么？
2. 在当今社会中如何处理我国服装变革中的传统继承与创新的问题，谈谈你自己的看法。
3. 西方服装发展的历程对你有什么启示，结合所学专业谈谈你的看法。
4. 根据中西方服装发展的不同轨迹，比较它们的异同，并分析其原因。

参考文献

[1]［美］玛里琳·霍恩. 服饰：人的第二皮肤［M］. 乐竞泓，等译. 上海：上海人民出版社，1991.

[2]［德］赫尔曼·施赖贝尔. 羞耻心的文化史［M］. 辛进，译. 北京：生活·读书·新知三联书店，1988.

[3]［美］布兰奇·佩尼. 世界服装史［M］. 徐伟儒，译. 沈阳：辽宁科技出版社，1987.

[4] 陈维稷. 中国纺织科技史（古代部分）［M］. 北京：科学出版社，1984.

[5] 沈从文. 中国古代服饰研究［M］. 上海：商务印书馆，1981.

[6] 周锡保. 中国古代服饰史［M］. 北京：中国戏剧出版社，1984.

[7] 上海戏曲学校中国服装史研究组. 中国历代服饰［M］. 上海：学林出版社，1990.

[8] 黄能馥，陈娟娟. 中国服装史［M］. 北京：中国旅游出版社，1995.

[9] 孙机. 中国古舆服论丛［M］. 北京：文物出版社，1993.

[10] 吴淑生，田自秉. 中国染织史［M］. 上海：上海人民出版社，1986.

[11] 钱玄. 三礼名物通释［M］. 南京：江苏古籍出版社，1987.

[12] 张竞琼. 西“服”东“渐”——20世纪中外服饰交流史［M］. 合肥：安徽美术出版社，2002.

[13]［英］普兰温·科斯格拉芙. 时装生活史［M］. 上海：东方出版中心，2004.

[14] 李当岐. 西洋服装史［M］. 北京：高等教育出版社，2005.

[15] 冯泽民等. 倾听大师 ［M］. 北京：化学工业出版社，2008.

[16] 卞向阳. 国际服装名牌备忘录［M］. 上海：中国纺织大学出版社，1997.

[17] Julia Moore. History of Art. New York：Harry N. Abrams. Incorporate，1991.

[18] Dalla collezione del Kyoto Costume Institute. La Moda［M］. storia dal XVIII al XX secolo TASCHEN . Italy，2002.

[19] Gerda Buxbaum. Icons of Fashion—The 20th Century［M］. Preste. Munich · Berlin · London · New York，2005.

（第1版）后记

《中西服装发展史教程》的编著历时3年之久，3年间，学术界对服装史的研究有了新的进展，出版了不少与服装史相关的著作，它们各有千秋。本书则从教学的实际出发，将中西服装史合编于一册，用大历史的眼光来观察服装的演变，不再拘泥于一朝一代的服装变化，而是以服装在历史中的大演变为阶段划分出不同时期，并从文化的角度去审视服装演变过程中的一些现象。其中提出了一些新的观点，也保留了一些传统的说法。全书四十余万字，文图丰赡，增加了许多前人未见著录的图片，采用了新的框架结构和编写体例，并将服装史的下限延伸到20世纪末。

3年以来的编著，历尽艰辛，我们在教学、科研工作极其繁重的情况下，共同合作，通力完成此书。根据长期讲授服装史的教学体验，冯泽民制定出每章的细纲与提要，撰写下篇第十三章、第十四章及结语；刘海清撰写上篇、中篇及下篇第一章至第十二章。冯泽民对全书进行了统稿，并拟定出本教程的教学大纲和全部思考题。

在编著过程中，得到许多同仁的关心与支持，并提出了不少中肯意见。在收集资料、整理图片、绘制插图过程中，学生赵静、杨历勇、郑永全、徐建辉、王艳等做了大量工作，在此，一并向他们表示衷心的感谢！

本书终于脱稿，3年的艰辛总算有了结果，然而因学识有限，书中疏漏之处在所难免，敬请专家、读者指正。

我们的联系邮箱：zemin_feng@163.com，lhqwhu@126.com

武汉科技学院（现武汉纺织大学）　冯泽民

中南民族大学　刘海清

2005年4月

于武昌南湖之畔

附录一　国际主要时装品牌检索

国别	名称	中文名称	创办时间	创始人
法国	AGNÈS B.	阿格尼丝·比	1975	阿格尼丝·比
	BALENCIAGA	巴伦夏加	1937	克里斯特巴尔·巴伦夏加
	CARVEN	卡尔旺	1945	玛莱·卡尔旺夫人
	CHANEL	夏奈尔	1913	可可·夏奈尔
	CHLOÉ	克洛耶	1952	雅克·勒努瓦
	CHRISTIAN DIOR	克里斯汀·迪奥	1946	克里斯汀·迪奥
	CHRISTIAN LACROIX	克里斯汀·拉克鲁瓦	1987	克里斯汀·拉克鲁瓦
	COURRÈGES	库雷热	1961	安德烈·库雷热
	EMANUEL UNGARO	伊曼纽尔·温加罗	1965	伊曼纽尔·温加罗
	GIVENCHY	纪梵希	1952	休伯特·德·纪梵希
	GUY LAROCHE	拉罗什	1957	纪·拉罗什
	HANAE MORI	森英惠	1977	森英惠
	HERMÈS	爱玛仕	1837	迪埃里·赫尔梅斯
	JEAN PAUL GAULTHIER	让-保罗·戈尔捷	1978	让-保罗·戈尔捷
	KARL LAGARFELD	卡尔·拉格菲尔德	1984	卡尔·拉格菲尔德
	KENZO	高田贤三	1970	高田贤三
	LACOSTE	鳄鱼	1933	雷恩·拉科斯特
	LANVIN	朗万	1890	让娜·朗万
	NINA RICCI	尼娜·里奇	1932	尼娜·里奇
	PIERRE BALMAIN	皮尔·巴尔曼	1945	皮尔·巴尔曼
	PIERRE CARDIN	皮尔·卡丹	1950	皮尔·卡丹
	SONIA RYKIEL	索尼亚·里基尔	1962	索尼亚·里基尔
	YVES SAINT LAURENT	伊夫·圣·洛朗	1962	伊夫·圣·洛朗
意大利	BENETTON	贝纳通	1968	朱丽安娜·贝纳通
	DIESEL	迪赛尔	1978	伦佐·罗索
	DOLCE&GABBANA	多尔切和加巴纳	1982	多尔切和加巴纳
	FENDI	芬迪	1925	爱德华·芬迪
	FRANCO MOSCHINO	弗兰科·莫斯基诺	1983	弗兰科·莫斯基诺
	GIANFRANCO FERRE	詹弗朗科·费雷	1978	詹弗朗科·费雷
	GIANNI VERSACE	詹尼·范思哲	1978	詹尼·范思哲
	G1ORGlO ARMANI	乔治·阿玛尼	1974	乔治·阿玛尼
	GUCCI	古奇	1923	古驰奥·古奇
	MISSONI	米索尼	1953	米索尼夫妇
	PRADA	普拉达	1913	马里奥·普拉达兄弟
	ROBERTO CAVALLI	罗伯特·卡瓦利	1987	罗伯特·卡瓦利
	VALENTINO	华伦天奴（瓦伦蒂诺）	1960	瓦伦蒂诺·加拉瓦尼

续表

国别	名称	中文名称	创办时间	创始人
英国	ALEXANDER MCQUEEN	亚历山大・麦克奎恩	1996	亚历山大・麦克奎恩
	AQUASCUTUM	拒水	1851	约翰・埃默里
	BURBERRY	巴宝莉	1856	托马斯・巴宝莉
	JOHN GALLIANO	约翰・加里亚诺	1984	约翰・加里亚诺
	MATHEW WILLIAMSON	马修・威廉姆森	1997	马修・威廉姆森
	PAUL SMITH	保罗・史密斯	1970	保罗・史密斯
	VIVIENNE WESTWOOD	维维安・韦斯特伍德	1982	维维安・韦斯特伍德
美国	ANNA SUI	安娜・苏	1991	萧志美
	BILL BLASS	比尔・布拉斯	1970	比尔・布拉斯
	CALVEN KLEIN	卡尔文・克莱恩	1968	卡尔文・克莱恩
	DONNA KARAN	唐娜・卡兰	1985	唐娜・卡兰
	ESPRIT	埃斯普瑞	1968	汤普金斯夫妇
	OSCAR DE LA RENTA	奥斯卡・德拉伦塔	1973	奥斯卡・德拉伦塔
	POLO BY RALPH LAUREN	马球	1968	拉尔夫・劳伦
	TOMMY HILFCER	汤米・西尔菲格	1984	汤米・西尔菲格
	VERA WANG	微拉・王	1990	王微微
	VIVIENNE TAM	维维安・谭	1981	谭燕玉
日本	COMME DES GARCONS	像男孩一样	1969	川久保玲
	ISSEV MIYAKE	三宅一生	1970	三宅一生
	JUNKO KOSHINO	小筱／顺子	1955	小筱／顺子
	JUNYA WATANABE	渡边淳弥	1994	渡边淳弥
	A BATHING APE	安逸猿	1993	长尾智明
	YOHJI YAMAMOTO	山本耀司	1972	山本耀司
德国	ESCADA	埃斯卡达	1976	沃尔夫冈
	HUGO BOSS	波士	1923	胡戈・波士
	JIL SANDER	简・桑德	1968	简・桑德
比利时	DIRES VAN NOTEN	德赖斯・范诺顿	1991	德赖斯・范诺顿
	MARTIN MARGIELA	马丁・马吉拉	1988	马丁・马吉拉
荷兰	VIKTOR&ROLF	维克多与罗夫	1992	维克多・赫斯丁与罗夫・史罗文
奥地利	HELMUT LANG	赫尔缪・朗	1977	赫尔缪・朗
塞浦路斯	HUSSEIN CHALAYAN	侯赛因・卡拉扬	1994	侯赛因・卡拉扬

附录二　中国56个民族服饰简图

汉　族　　蒙古族

德昂族　　达斡尔族

布朗族　　东乡族

独龙族　　侗　族

回　族　　维吾尔族

布依族　　朝鲜族

仡佬族　　俄罗斯族

傣　族　　鄂伦春族

哈尼族　　景颇族

哈萨克族　　赫哲族

基诺族　　京　族

高山族　　鄂温克族

阿昌族　　仫佬族

拉祜族　　柯尔克孜族

黎　族　　傈僳族

撒拉族　　羌　族

纳西族　　苗　族

毛南族　　佤　族

满　族　　璐巴族

普米族　　怒　族

白　族　　门巴族

土　族　　土家族

水　族　　畲　族

彝　族　　裕固族

乌孜别克族　　保安族

塔塔尔族　　塔吉克族

壮　族　　藏　族

瑶　族　　锡伯族